# 标准化文件的起草

（第二版）

DRAFTING OF STANDARDIZING DOCUMENTS
(2nd Edition)

附编写工具软件 SET 2025（WORD 版）

白殿一　刘慎斋 等　著

中国质量标准出版传媒有限公司
中　国　标　准　出　版　社

北　京

**图书在版编目(CIP)数据**

标准化文件的起草：附编写工具软件 SET 2025：WORD 版/白殿一，刘慎斋等著.--2 版.--北京：中国质量标准出版传媒有限公司，2025.4.--ISBN 978-7-5026-5803-8
Ⅰ. G307.4
中国国家版本馆 CIP 数据核字第 2025YD5507 号

中国质量标准出版传媒有限公司
中　国　标　准　出　版　社　出版发行
北京市朝阳区和平里西街甲 2 号(100029)
网址：www.spc.net.cn
总编室：(010)68533533　发行中心：(010)51780238
读者服务部：(010)68523946
北京联兴盛业印刷股份有限公司印刷
各地新华书店经销
*
开本 880×1230　1/16　印张 29.75　字数 703　千字
2025 年 4 月第 2 版　2025 年 4 月第 18 次印刷
*
定价 198.00　元

## 著者名单

白殿一　刘慎斋　王益谊

杜晓燕　李　佳　逄征虎

# 代序

## 如何起草一个好的标准

光阴荏苒，GB/T 1.1—2009[①] 发布实施已过十余年，GB/T 1.1—2020[②] 实施之际，再次翻开十多年前为《标准的编写》一书所作的序，再次阅读当时提出的两个问题——好标准的标准是什么？如何编写一个好的标准？以及尝试给出的好标准需具备的三个条件——选择适合的标准化对象，抽取恰当的技术要素，起草规范的标准文本。然而，这三个条件只是指出了形成一个好标准的方向，并没有回答需要通过什么样的路径才能起草并形成好标准的问题。

十多年来为了给出让我们自己满意的答案，我们不懈地分析研究，逐渐清晰地意识到一个好标准不应仅停留在文本的规范性上，文件的核心技术要素及其条款的确定更加重要。因此，作为普遍适用各类标准化文件的 GB/T 1.1，不仅要提供文件的总框架，还要与其他基础标准相结合，指导如何选择和确立标准化文件中的技术条款，进而形成文件的技术要素。基于这样的认识，我们将普遍适用的 GB/T 1.1、GB/T 1.2《标准化工作导则　第 2 部分：以 ISO/IEC 标准化文件为基础的标准化文件起草规则》和适用不同功能类型的 GB/T 20001(所有部分)《标准起草规则》相结合，并将研究成果分别规定在相应标准的技术要素中。

今天，我们再次回答上述两个问题，所能给出的答案更加明确，提供的原则更成体系，描述的方法更具操作性。我们确立了标准化概念体系，梳理了标准的分类，确定了标准类别和功能类型。在此基础上，进一步明确了标准化文件的编制目标、文件的起草原则、表述原则，并且确立了起草具体功能类型标准遵循的一系列原则。

---

① GB/T 1.1—2009《标准化工作导则　第 1 部分：标准的结构和编写》。

② GB/T 1.1—2020《标准化工作导则　第 1 部分：标准化文件的结构和起草规则》。

写作《标准化文件的起草》一书，就是要在回答什么是好标准这一问题的同时，向广大标准化文件起草者阐释如何起草一个好标准。当然，好标准的标准不是简单几句话能够阐述清楚，起草一个好标准更不是简单的操作就可实现的。对于好标准的标准是什么这个问题，在本书中阐明了应满足的三个条件。

第一，起草的文件紧扣需求——遵循文件起草三项原则。起草标准化文件要准确把握标准化需求，本书第一章的第三节充分论述了需要遵循的三项原则：确认标准化对象或领域、明确文件使用者及其需求、确定文件编制目的（目的导向）。在综合考虑这三项原则后应将确定的标准化对象或领域、文件使用者的需求、文件的编制目的列出清单。在文件整体框架的搭建，标准类别或功能类型的确定，文件核心技术要素、其他规范性要素及其条款的选择和确定时，都需要查看该清单，以便起草的文件紧扣标准化需求。

第二，核心要素反映标准功能——遵守各功能类型标准对应的原则。在考虑了起草文件遵循的三原则的基础上，确定了标准的类别或功能类型后，当编写各类标准化文件的核心技术要素时，要遵守第三章中阐述的相应原则（如规范标准需要遵守"性能/效能原则""可证实性原则"；规程标准需要遵守"可操作性原则""可追溯/可证实性原则"；指南标准需要遵守"指导方向明确原则"），以便某功能类型标准的核心技术要素中确定的条款，能够反映标准的功能类型，也就是说要通过遵守相应原则形成的条款，赋予标准相应的功能。

第三，要素表述清楚准确——遵守文件表述三原则。要素的表述（见第六章），一是要形成清楚、准确和无歧义的条款，以便被未参加文件编制的专业人员所理解，为此需要遵守一致性原则、协调性原则；二是起草的文件要便于应用，为此需要遵守易用性原则，运用好要素的各种表述形式，准确表述文件中的条款和附加信息。

对于如何起草一个好的标准这个问题，在本书第一章的第三节中给出了“起草标准化文件的途径和步骤”，指出起草标准化文件通常有两种途径：一是自主研制标准化文件，需要遵守 GB/T 1.1；二是以 ISO/IEC 标准化文件为基础起草我国国家标准化文件，在遵守 GB/T 1.1 的基础上，还需要遵守 GB/T 1.2。文件起草者根据具体情况首先选择对应的途径，然后履行相应的起草步骤，遵循有关原则，才能形成满足上述三个条件的标准化文件。

对于自主研制标准化文件，书中描述了八个起草步骤，并给出了起草步骤示意图。该图在呈现起草步骤的同时，还指出了具体步骤需要遵循的原则、考虑的因素及产出的结果，并标示了确定的标准类别或类型对后续哪些步骤产生影响。充分理解本书第一章的第三节中阐述的内容才能有效履行起草步骤。除此之外，对本书其他各章内容的理解和掌握程度也将影响履行步骤四到步骤八的具体效果。

对于以 ISO 和/或 IEC 标准化文件为基础起草我国国家标准化文件，从本书的第七章可看出，GB/T 1.2 并不以采用 ISO/IEC 标准化文件形成的文件作为判定好标准的条件，而是要形成适用性好的国家标准化文件。从其起草步骤可看出，并不是预先设定等同还是修改采用 ISO/IEC 标准化文件，然后再具体起草我国国家标准化文件；而是要先“研究并评估技术内容”，根据评估结果，对保留还是改变原 ISO/IEC 标准化文件的条款做出决定，然后再判定一致性程度。可见，以 ISO/IEC 标准化文件为基础起草国家标准化文件，适用性是判定好标准的依据。第七章给出了以 ISO/IEC 标准化文件为基础起草国家标准化文件的五个起草步骤，认真履行这些步骤是起草好的标准化文件的前提条件。

我们期望各位读者阅读本书后，能够体会到：好的标准化文件不仅仅取决于标准化文件的层次如何划分，内容如何表述，以及文件的格式如何编排，而更取决于能否恰当地选择与确定文件的技术要素及其条款。本书虽然给出了起草标准化文件需要遵循的原则和采取的步骤，但是在起草具体文件时，还需要文件起草者领会其中的要点，融会贯通后才能形成一个好的标准化文件。我们真诚地希望每位文件起草者在实践中不断积累经验，能够起草形成好的标准化文件。

在本书中我们尽可能地阐明起草标准化文件需要掌握的原则、路径与方法，但一定会有一些想说明的内容并没有说透，也会有许多不尽如人意的地方。在本书的写作过程中，我们也深深地感到针对如何起草好的标准化文件还有许多需要研究的内容，标准的功能类型也还需要扩展。如果本书的面世能够对标准化文件的起草者起草好标准有一些启迪作用，能够提供更加系统、全面、更有指导意义的帮助，那么我们将感到无比的欣慰。

2020 年 9 月 5 日

# 前言

标准化是人类为获得最佳秩序，促进共同效益而开展的一项重要活动。标准化活动的主要内容是制定并应用标准化文件，而确立条款和编制文件是制定标准化文件必不可少的两项活动。标准化文件的起草就是通过确立条款、构建文件结构、编写文件要素以及表述文件内容，进而形成清楚准确、无歧义且适用性好的文件。这些文件的广泛应用，将达到促进贸易、交流与技术合作的作用。

标准化文件的起草通常有两种途径：一是自主研制标准化文件；二是以ISO/IEC标准化文件为基础起草我国的国家标准化文件。GB/T 1.1—2020《标准化工作导则　第1部分：标准化文件的结构和起草规则》和GB/T 1.2—2020《标准化工作导则　第2部分：以ISO/IEC标准化文件为基础的标准化文件起草规则》，是上述两种途径所依据的标准。此外，按照标准内容的功能可将标准划分为不同的功能类型。标准的功能类型不同，其核心技术要素就会不同，遵循的起草原则也会不同。GB/T 20001（所有部分）《标准起草规则》是指导起草各功能类型标准所依据的特定标准。

本书首先对起草标准化文件需要了解的相关概念进行了明确界定，对标准化文件和标准进行了系统分类，介绍了支撑标准化工作的基础性国家标准体系，详细论述了"起草标准化文件需要遵循的三项原则"和"起草标准化文件的途径和步骤"。其次，从自主研制标准化文件的角度，按照编写顺序依次阐述了标准化文件名称的编写方法、文件结构的构建方式，全面阐释了核心技术要素、其他技术要素、资料性要素的编写以及要素的表述。再次，从以ISO/IEC标准化文件为基础起草我国标准化文件的角度，系统阐述了相应的起草规则。最后，详细介绍了标准化文件文本的编排规则。

本书内容兼顾理论性、系统性和可操作性。从基本概念、分类体系到起草原则与途径，力求使读者在全面掌握文件编写各方面内容的同时，深入理解其背后的规则体系。书中在阐述标准化文件各要素的编写方法时，尽量给出示例，并且提供了现行有效标准中的大量实例①，使读者能够更好地理解并应用相关知识，增强了内容的可操作性。

自2020年9月首版发行以来，本书受到了广大标准化工作者的欢迎与支持，成为标准起草者案头不可或缺的书籍。一些读者为了能够更加便捷高效地查阅书中所需内容，使用时在书页中贴上了便于检索的标签，这从侧面印证了本书在实际工作中的实用价值。

---

① 本书中的一些示例改编自某些标准化文件，其目的是为了帮助读者更好地理解GB/T 1.1、GB/T 1.2和GB/T 20001中的规则。此类改编不对原文件的完整性与有效性产生任何影响。

为了进一步提升本书的使用体验，使其既适合作为系统学习标准化文件起草的权威用书，又具备便捷检索的实用工具书属性，在本次再版过程中进行了优化与完善。一方面，对部分内容进行了梳理与修改，使表述更加准确与清晰；增加了两种途径起草标准化文件的各环节与本书各章节对应关系的导引图，便于读者有针对性地使用本书的各章节。另一方面，增加了诸多便于检索的实用元素。一是目录优化：在目录中增设图表目次，方便读者快速查找图表资源。二是结构导引：图 0-1 给出了本书全部章节结构的导引，帮助读者快速了解全书框架；各章开头附有章结构导引图，各节开头附有节结构及内容导引图，助力读者精准把握章节重点。三是检索工具：增设关键词/短语索引，使读者能够快速定位到所需内容。通过这些设计，本书不仅能够满足读者系统学习的需求，还能在实际工作中作为高效的工具书使用，帮助读者快速获取所需信息。

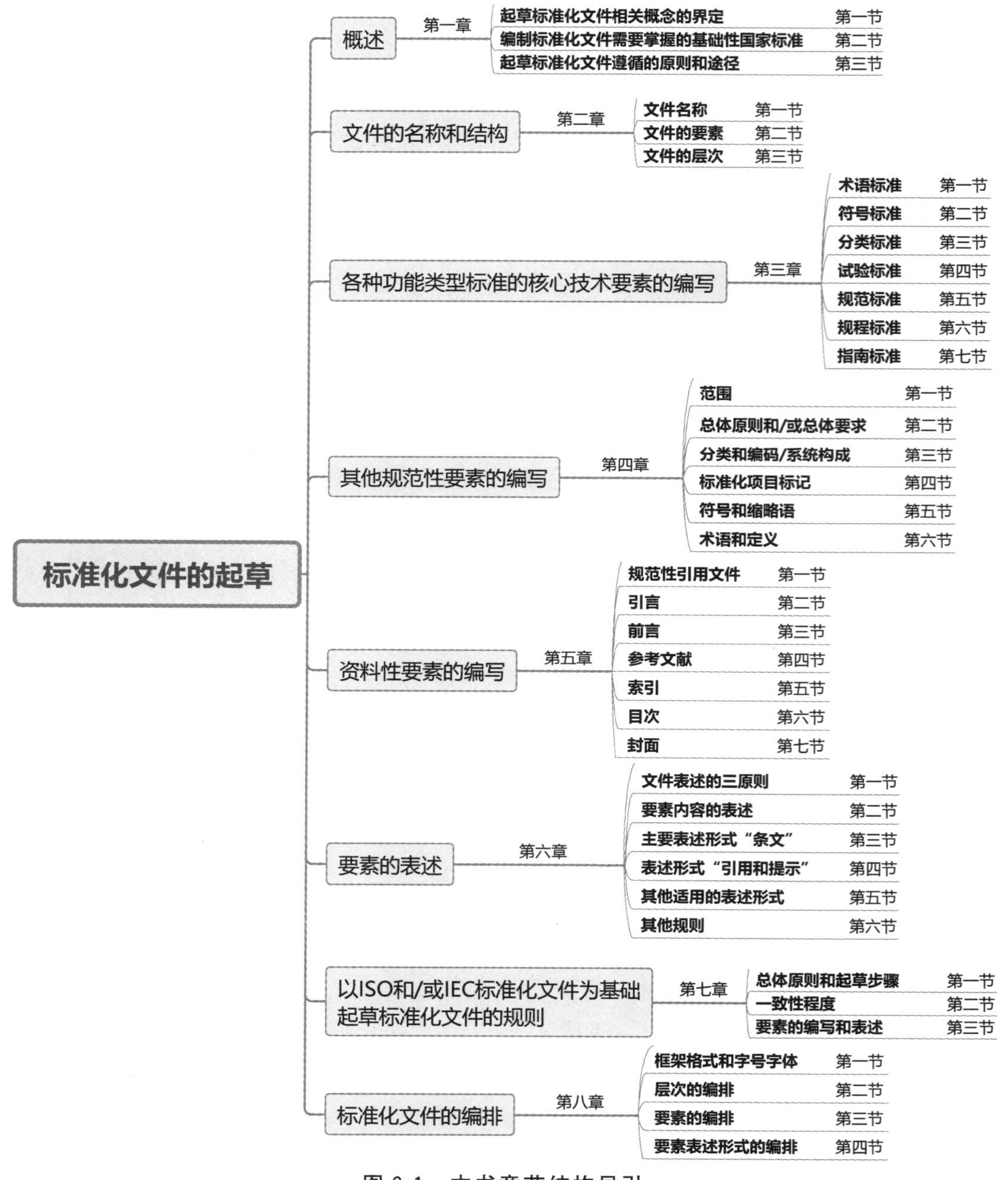


图 0-1　本书章节结构导引

本书作者均是GB/T 1.1和GB/T 1.2的主要起草人。每位作者撰写的具体章节为：

白殿一：第一章，第二章，第三章第一、二、五节，第四章第一、二、五、六节，第五章，第六章第一、二、四、五节，第八章，附录一、附录四、关键词/短语索引以及各章节的导引图；

杜晓燕：第三章第三、四、六节，第四章第三、四节，附录五；

王益谊：第三章第七节；

逄证虎：第六章第三、六节；

李　佳：第七章，附录二、附录三；

全书由白殿一、刘慎斋、王益谊统稿。

书中增附了《标准化文件编写工具软件SET 2025（Word版）》。该软件是一款辅助标准化文件编写的工具性软件，由白殿一、李红杰、杜晓燕、曹勇、宋晶、王益谊研发。SET 2025（WORD版）的相关说明、下载地址及激活码见封底的折页处。

本书的出版得到了各方面人员的大力支持。GB/T 1.1—2020主要起草人白德美、肖邦国、马德军、冯海悦、李刚、王文利、强毅、欧阳劲松、陆锡林、丁树伟对标准的形成贡献了他们的智慧；国家市场监督管理总局标准技术管理司的有关领导对“支撑标准化工作的基础性国家标准体系”的建立以及标准的制定工作给予了大力的支持；全国标准化原理与方法标准化技术委员会的委员始终不渝地支持我们的工作；中国标准出版社的编辑人员为本书的出版付出了大量的心血和劳动。在此，全体作者对所有支持和帮助本书出版的人员表示诚挚的谢意。

鉴于起草标准化文件涉及领域的广泛性，各类文件中条款确立、规范性要素的选择和确定等相关研究仍需不断深化，加之写作时间的限制，书中难免存在瑕疵和纰漏。我们诚挚恳请广大读者予以指出并提出宝贵意见，以激励我们进一步努力研究，持续改进，不断完善，从而更好地为广大标准化工作者服务。

著　者

2025年3月27日

# 目录

第一章　概述 …… 1

第一节　起草标准化文件相关概念的界定 …… 2

一、标准化与标准化文件 …… 3

二、标准化文件的分类 …… 6

三、标准的分类 …… 8

第二节　编制标准化文件需要掌握的基础性国家标准 …… 17

一、支撑标准化工作的基础性国家标准体系 …… 17

二、选择基础性国家标准体系中的具体标准化文件 …… 20

第三节　起草标准化文件遵循的原则和途径 …… 21

一、起草标准化文件遵循的三项原则 …… 21

二、起草标准化文件的途径和步骤 …… 28

第二章　文件的名称和结构 …… 35

第一节　文件名称 …… 36

一、名称的构成和形式 …… 37

二、名称中各元素的选择 …… 37

三、不同类别标准的文件名称的表述 …… 40

四、部分名称 …… 46

五、编写文件名称需要注意的方面 …… 47

第二节　文件的要素 …… 52

一、要素的分类 …… 52

二、要素的构成和表述形式 …… 55

三、文件中各要素的选择与编排 …… 57

第三节　文件的层次 …… 59

一、部分 …… 60

二、章 …… 64

三、条 …… 65

四、段 …… 69

五、列项 …… 70

第三章 各种功能类型标准的核心技术要素的编写 …… 75
第一节 术语标准 …… 76
一、总体原则 …… 77
二、概念体系的构建 …… 77
三、定义和术语 …… 78
四、术语条目 …… 82
第二节 符号标准 …… 89
一、总体原则 …… 90
二、符号或标志的规范性 …… 90
三、符号的呈现 …… 93
四、符号表的编写 …… 95
五、其他内容的编写 …… 103
第三节 分类标准 …… 104
一、总体原则 …… 105
二、分类方法的类型及编写 …… 106
三、分类结果的识别与表述 …… 110
第四节 试验标准 …… 120
一、总体原则 …… 121
二、要素“试验步骤”的编写 …… 122
三、要素“试验数据处理”的编写 …… 128
四、其他规范性技术要素的编写 …… 129
第五节 规范标准 …… 141
一、总体原则 …… 142
二、要素“要求”的编写 …… 145
三、要素“证实方法”的编写 …… 150
四、产品规范标准 …… 153
五、过程规范标准 …… 165
六、服务规范标准 …… 168
第六节 规程标准 …… 172
一、总体原则 …… 173
二、要素“程序确立”的编写 …… 174
三、要素“程序指示”的编写 …… 176
四、要素“追溯/证实方法”的编写 …… 179
第七节 指南标准 …… 181
一、总体原则 …… 182
二、要素“总则”的编写 …… 182
三、要素“需考虑的因素”的编写 …… 184
四、要素的表述 …… 194

第四章　其他规范性要素的编写 …… 195
第一节　范围 …… 196
一、界定和构成 …… 197
二、范围中需要陈述的内容及表述 …… 197
三、不同功能类型文件范围的表述 …… 202
四、范围表述需要注意的问题 …… 205
第二节　总体原则和/或总体要求 …… 208
一、总体原则 …… 208
二、总体要求 …… 210
第三节　分类和编码/系统构成 …… 212
一、分类和编码/系统构成的界定 …… 212
二、分类和/或编码的编写 …… 213
三、系统构成的编写 …… 216
第四节　标准化项目标记 …… 220
一、标准化项目标记的界定和应用 …… 220
二、标准化项目标记的编写 …… 221
三、国际标准化项目标记的采用 …… 224
第五节　符号和缩略语 …… 226
一、界定和构成 …… 226
二、引导语 …… 226
三、清单和说明 …… 226
第六节　术语和定义 …… 228
一、界定和构成 …… 228
二、需定义术语的选择 …… 229
三、引导语和说明 …… 231
四、术语条目 …… 231
五、术语条目的来源 …… 233
第五章　资料性要素的编写 …… 235
第一节　规范性引用文件 …… 236
一、设置要素“规范性引用文件”的原因 …… 236
二、引导语和说明 …… 237
三、引用文件清单 …… 237
第二节　引言 …… 240
一、界定 …… 240
二、引言的编号 …… 240
三、引言中包含的内容 …… 241
四、编写引言需注意的问题 …… 244

第三节　前言 …… 246
一、界定 …… 247
二、前言中需要说明的事项 …… 247
三、前言中说明各事项的内容及表述 …… 247
四、编写前言需注意的问题 …… 254
第四节　参考文献 …… 256
一、界定 …… 256
二、参考文献中列出的文献 …… 257
三、如何列出参考文献 …… 257
第五节　索引 …… 258
一、界定 …… 259
二、索引的检索和表述 …… 259
三、术语标准、符号标准索引的编写 …… 260
第六节　目次 …… 264
一、界定 …… 264
二、目次列出的内容 …… 264
三、编写目次需注意的问题 …… 266
第七节　封面 …… 267
一、界定 …… 267
二、封面标明的各类信息 …… 267
三、封面中标明的信息的具体表述 …… 268

**第六章　要素的表述 …… 276**

第一节　文件表述的三原则 …… 277
一、一致性原则 …… 277
二、协调性原则 …… 280
三、易用性原则 …… 281
第二节　要素内容的表述 …… 283
一、条款 …… 284
二、附加信息 …… 289
三、通用内容 …… 296
第三节　主要表述形式“条文” …… 298
一、汉字和标点符号 …… 299
二、常用措辞的使用 …… 300
三、全称、简称和缩略语 …… 301
四、数和数值的表示 …… 302
五、尺寸和公差 …… 303
六、数值的选择 …… 305
七、量、单位及其符号 …… 308

第四节　表述形式“引用和提示” …… 310
一、引用和提示的原因 …… 311
二、提及文件自身或文件中的具体内容 …… 312
三、被引用文件的限定条件 …… 313
四、注日期或不注日期引用 …… 314
五、具体内容或所有内容的引用 …… 318
六、规范性或资料性 …… 319
七、标明来源 …… 321
八、规范性引用其他文件需注意的问题 …… 322
第五节　其他适用的表述形式 …… 323
一、图 …… 324
二、表 …… 329
三、数学公式 …… 333
四、附录 …… 335
第六节　其他规则 …… 340
一、商品名和商标的使用 …… 340
二、专利 …… 342
三、重要提示 …… 343

**第七章　以 ISO 和/或 IEC 标准化文件为基础起草标准化文件的规则** …… 345

第一节　总体原则和起草步骤 …… 346
一、ISO 和/或 IEC 其他类型标准化文件 …… 346
二、总体原则和要求 …… 347
三、起草步骤 …… 353
第二节　一致性程度 …… 355
一、一致性程度分类 …… 355
二、一致性程度标识的构成和标示 …… 361
三、双编号的组成和使用 …… 362
第三节　要素的编写和表述 …… 363
一、规范性要素中的内容 …… 364
二、资料性要素的编写 …… 367
三、附录的编写 …… 376

**第八章　标准化文件的编排** …… 379

第一节　框架格式和字号字体 …… 380
一、幅面和字号字体 …… 380
二、单数页和双数页 …… 382
三、正文首页 …… 382
四、末页和封底 …… 382

第二节 层次的编排 …… 387
一、章、条和段 …… 387
二、列项 …… 387
第三节 要素的编排 …… 388
一、封面 …… 388
二、目次 …… 395
三、前言和引言 …… 395
四、规范性引用文件 …… 395
五、术语和定义 …… 395
六、参考文献和索引 …… 395
第四节 要素表述形式的编排 …… 400
一、附录 …… 400
二、图和表 …… 402
三、数学公式 …… 402
四、注和脚注 …… 402
五、示例 …… 403
六、量、单位及其符号 …… 403

**附录** …… 405

附录一 GB/T 1.1—2020 与 GB/T 1.1—2009 相比的主要变化 …… 406
附录二 GB/T 1.2—2020 与 GB/T 20000.2—2009 相比的主要变化 …… 412
附录三 编写标准化文件常用的基础标准化文件目录 …… 418
附录四 标准编排格式示例 …… 424
附录五 与行业标准和地方标准有关的信息 …… 440

参考文献 …… 443
关键词/短语索引 …… 447

图 0-1 本书章节结构导引 …… ·6·
图 1-1 对标准化文件进行分类形成的文件类别 …… 6
图 1-2 对标准进行分类形成的标准类别 …… 9
图 1-3 自主研制标准化文件的起草步骤及相关内容 …… 29
图 1-4 起草标准化文件各环节与本书各章节对应关系导引图 …… 34
图 2-1 文件中要素的分类 …… 53
图 2-2 层次编号示例 …… 67
图 3-1 线分类法示意图 …… 106
图 3-2 面分类法示意图 …… 107
图 3-3 同位类依据不同属性进行划分形成的线分类体系示意图 …… 108

图 3-4 同位类依据相同的属性进行划分形成的线分类体系示意图 …… 108
图 3-5 面分类体系示意图 …… 109
图 3-6 采用“先线后面”划分形成的混合分类体系示意图 …… 109
图 3-7 采用“先面后线”划分形成的混合分类体系示意图 …… 110
图 4-1 标记体系的构成 …… 221
图 5-1 封面标明的信息 …… 269
图 8-1 单数页格式 …… 383
图 8-2 双数页格式 …… 384
图 8-3 正文首页格式 …… 385
图 8-4 封底格式 …… 386
图 8-5 国家标准封面格式 …… 390
图 8-6 行业标准封面格式 …… 391
图 8-7 地方标准封面格式 …… 392
图 8-8 团体标准封面格式 …… 393
图 8-9 企业标准封面格式 …… 394
图 8-10 目次格式 …… 396
图 8-11 前言或引言格式 …… 397
图 8-12 参考文献格式 …… 398
图 8-13 索引格式 …… 399
图 8-14 附录格式 …… 401

表 1-1 GB/T 1《标准化工作导则》的组成部分 …… 18
表 1-2 GB/T 20000《标准化活动规则》的组成部分 …… 18
表 1-3 GB/T 20001《标准起草规则》的组成部分 …… 19
表 1-4 GB/T 20002《标准中特定内容的编写指南》的组成部分 …… 19
表 1-5 GB/T 20004《团体标准化》的组成部分 …… 20
表 1-6 各种功能类型标准的核心技术要素以及所使用的条款类型 …… 32
表 2-1 文件名称中表示标准功能类型的词语 …… 41
表 2-2 要素的构成 …… 56
表 2-3 附加信息的功能说明及其适用的要素 …… 57
表 2-4 文件中各要素及其构成和表述形式 …… 58
表 2-5 层次及其编号 …… 60
表 3-1 流程图中常用的符号 …… 176
表 5-1 文件名称中表示标准功能类型的词语的英文译名 …… 273
表 6-1 各类条款使用的句子语气类型、能愿动词及其等效表述 …… 285
表 6-2 附加信息及其表述 …… 290
表 7-1 ISO、IEC 表示“要求”的用词对应我国的用词 …… 352
表 7-2 ISO、IEC 表示“推荐”的用词对应我国的用词 …… 352
表 7-3 ISO、IEC 表示“允许”的用词对应我国的用词 …… 352

表 7-4 ISO、IEC 表示“能够和可能”的用词对应我国的用词 …… 353
表 7-5 一致性程度代号 …… 361
表 8-1 文件中使用的字号和字体 …… 380
附表 1-1 GB/T 1.1—2020 与 GB/T 1.1—2009 相比主要技术变化对照表 …… 407
附表 2-1 GB/T 1.2—2020 与 GB/T 20000.2—2009 相比主要技术变化对照表 …… 413
附表 5-1 行业标准代号、领域和主管部门 …… 440
附表 5-2 省、自治区、直辖市行政区划代码表 …… 442

# 第一章 概述

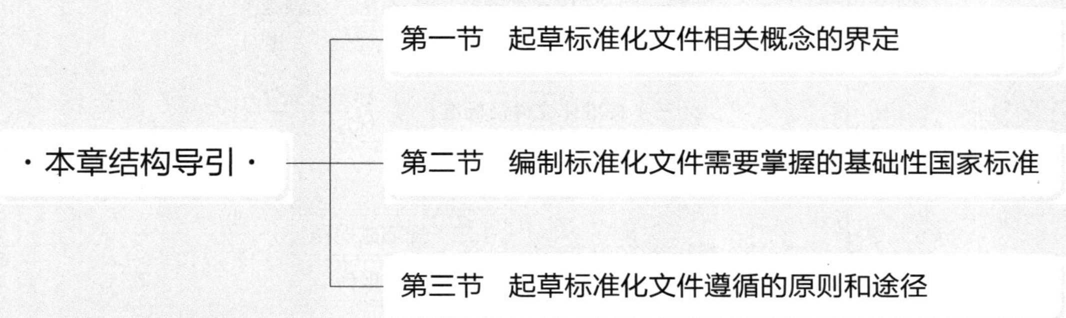


起草一个好的标准化文件除了需要具有相应的技术专业知识之外，还要具备标准化的基础知识，掌握标准化的核心概念，了解支撑标准化工作的基础性国家标准体系，正确运用起草文件的原则，遵循起草文件的途径和步骤。

注：本书在不引起误解的情况下将“标准化文件”简称为“文件”，包括划分出的“部分”。在特指某类标准时，如“术语标准”“规范标准”“产品标准”等，使用“标准”。只有在确需单独指出“部分”时，才使用“部分”。

# 第一节　起草标准化文件相关概念的界定

## ※ 本节结构及内容导引 ※

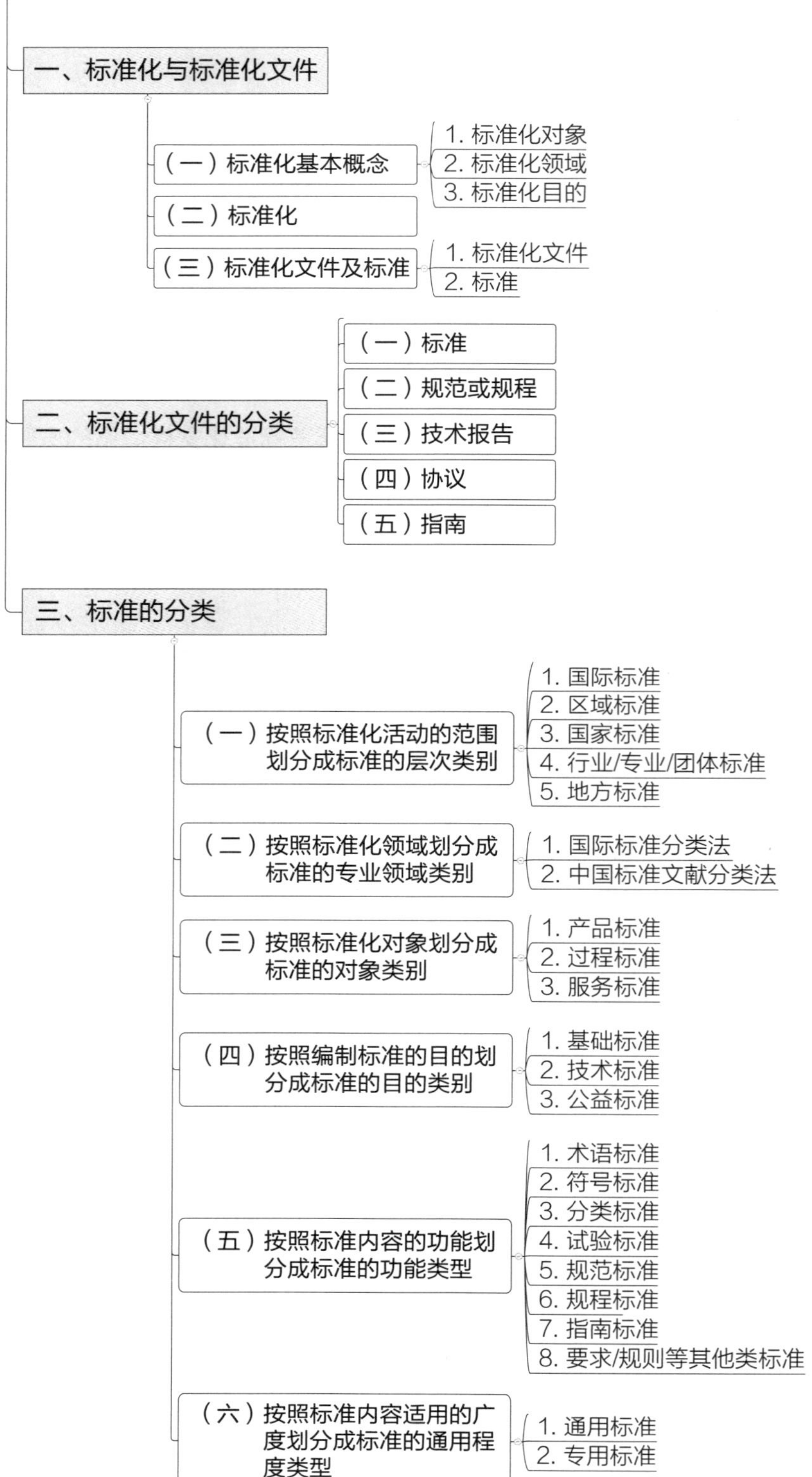

起草标准化文件至少要掌握相关的标准化基本概念。首先，需要掌握标准化以及与标准化直接相关的概念——标准化文件及标准；其次，还要掌握标准的分类、标准化文件的分类。只有了解并掌握这些概念，才能起草边界清晰的标准化文件。

## 一、标准化与标准化文件

标准化这一概念是标准化专业领域中众多概念中的根本概念，该领域中的其他概念都是在标准化概念的基础上衍生出来的或者是与标准化概念相关的概念。与标准化概念关系最密切的概念是标准化活动产生的成果之一——标准化文件（绝大部分为标准）。

### （一）标准化基本概念

为了更好地阐释标准化这一根本概念，以下先对“标准化对象”“标准化领域”“标准化目的”三个概念进行界定。

**1. 标准化对象**

标准化对象是指“需要标准化的主题”①。对标准化对象的理解可以从宏观、中观和微观三个层面来考察。将标准化活动从宏观层面来观察，其对象是“现实问题或潜在问题”[见下文中的（二）]；涉及制定标准的中观层面，可以将标准化对象聚焦到“产品、过程或服务”，更进一步可以细化到“原材料、零部件或元器件、制成品、系统、过程或服务”；针对每一个具体标准的微观层面，其标准化对象就是具体的产品、过程或服务，如洗衣机、安全操作过程、旅游服务等。

**2. 标准化领域**

标准化领域是指“一组相关的标准化对象”②。例如农业、冶金、工程建设、运输等都可视为标准化领域。

**3. 标准化目的**

标准化活动的总体目的是“获得最佳秩序，促进共同效益”[见下文中的（二）]。具体到每一项标准化活动都有其特定的目的。这些特定的目的通常涉及以下方面：相互理解、可用性、互换性、兼容性、相互配合、品种控制、安全、健康、环境保护、资源利用等[详见本章第三节“一”中的（三）]。

### （二）标准化

标准化是指“为了在既定范围内获得最佳秩序，促进共同效益，对现实问题或潜在问题确立共同使用和重复使用的条款以及编制、发布和应用文件的活动”“标准化活动确立的条款，可形成标准化文件，包括标准和其他标准化文件”“标准化的主要效益在于为了产品、过程或服务的预期目的改进它们的适用性，促进贸易、交流以及技术合作”③。

该定义将标准化界定为一项活动，确切地说是人类的一项活动。人类从事着众多的活动，标准化是人类诸多活动中的一种，它有着区别于其他活动的独自的特点。上述定义包含了以下六个方面的特点。

第一，活动的目的。人类的任何活动都不是盲目的，是有意识、有目标的。为了达到活动

---

① GB/T 20000.1—2014《标准化工作指南 第1部分：标准化和相关活动的通用术语》，定义3.2。

② GB/T 20000.1—2014《标准化工作指南 第1部分：标准化和相关活动的通用术语》，定义3.3。

③ GB/T 20000.1—2014《标准化工作指南 第1部分：标准化和相关活动的通用术语》，定义3.1及其注1、注2。

的目的，人类在从事各种活动的过程中会形成各自的路径或结果。在社会化大协作的时代，人类交流与合作中的不同行为或行为结果会不一致，进而导致混乱，包括人类活动本身秩序的混乱和活动结果（产品、服务）秩序的混乱。这些无序的状态不利于人们实现交流与合作所要达到的目的。为此人类需要从事一项专门的活动——标准化。标准化活动的总体目的就是消除混乱、建立最佳秩序，并通过秩序的获得促进人类的共同效益。而每项标准化活动都有其特定目的，见前文（一）中的“3”。

第二，活动的范围。任何一项标准化活动都有其既定的范围，活动的目的是在“既定范围”内获得最佳秩序，也就是说最佳秩序的获得不是无限范围的，凡是在某个范围内获得最佳秩序即达到了目的。这里的“既定范围”包括两层意思：其一，是指标准化活动所涉及的地域范围是既定的，如标准化机构所涉及的地域——国际、区域、国家等是确定的；其二，是指标准化活动所涉及的标准化领域[见前文（一）中的“2”]的专业范围是既定的，如标准化机构中的技术委员会针对的领域是确定的，一些学协会的领域也是确定的。标准化活动的范围还表示了参与标准制定或标准应用涉及人员所代表的地域范围或专业范围。

第三，活动的对象。标准化活动针对的是“现实问题或潜在问题”。如果已经发现在某个范围内现实的无序状况日趋明显，或者意识到将来可能会出现无序的状况，为了便于交流与合作，利益相关方需要考虑将出现无序状况的现实问题或潜在问题的主题确定为标准化对象，通过标准化活动，达到从无序到有序，进而促进人们的共同效益。这里将“现实问题或潜在问题”作为标准化对象，是将标准化活动作为一个总体，从宏观层面作出的总概括，具体的标准化活动都有其特定的具体对象[见前文（一）中的“1”]。

第四，活动的内容。标准化活动包括四方面的内容：确立条款、编制文件、发布文件和应用文件。确立条款的主要活动是在众多的技术解决方案中选择一种或重组一种技术解决方案并形成条款；编制文件的主要活动是起草标准化文件的草案，同时要履行相应的程序；发布文件的主要活动是审核批准已经编制完成的文件草案并予以发布；应用文件是标准化活动的重要环节，只有标准化文件得到应用，才能建立起最佳秩序并取得效益。在标准化活动中经常会涉及“制定”这一概念，它是确立条款、编制文件和发布文件三方面内容的总称。制定文件的核心工作是确立条款，条款的表述和应用都需要有相应的载体——文件，因此编制文件、发布文件成为文件制定活动的内容。实际上发布的文件的核心技术内容是条款，应用文件也是要应用文件中的条款。

第五，活动的结果。从上述分析可看出，标准化活动确立的是“条款”；编制和发布的是“标准化文件”。这些标准化文件中大部分为“标准”[见下文（三）中的“2”]，它是标准化活动中制定文件产生的成果，而应用文件产生的结果为建立技术秩序①。

第六，活动的效益。标准化活动产生的文件的广泛应用，建立了技术秩序，产生巨大的效益，即改进产品、过程或服务预期目的的适用性，促进贸易、交流以及技术合作。

### （三）标准化文件及标准

前文在阐释标准化概念时谈到，标准化的成果之一是标准化文件，而标准是标准化文件中的一种，是主要的标准化文件。那么什么是标准化文件？什么是标准呢？

---

① 包括“概念秩序”“行为秩序”或“结果秩序”。

1. 标准化文件

标准化文件是“通过标准化活动制定的文件”①。从该定义可知，凡是标准化活动形成的文件都称为标准化文件。根据前文对标准化的定义可知，标准化文件是标准化活动的主要成果之一。换一个角度来说，标准化活动确立的条款的集合，再加上其他文件要素（如封面、前言、范围等）所形成的文件即是标准化文件。标准化文件属于规范性文件的一种，与其他规范性文件在形成过程上的主要区别在于它产生于标准化活动。

2. 标准

标准是指“通过标准化活动，按照规定的程序经协商一致制定，为各种活动或其结果提供规则、指南或特性，供共同使用和重复使用的文件”“标准宜以科学、技术和经验的综合成果为基础”②。

该定义将标准界定为一种文件，并指出了这种文件与其他文件相区别的五个特征：特定的形成程序、共同并重复使用的特点、特殊的功能、产生的基础以及独特的表现形式。

第一，标准的形成需要“通过标准化活动，按照规定的程序经协商一致制定”。定义中的表述首先强调了标准与标准化的联系，指出标准产生于标准化活动，也就是说只有通过标准化活动才有可能形成标准，没有标准化活动就没有标准。然而标准化活动形成的不仅仅是标准，还会有其他标准化文件，只有“按照规定的程序”并且达到了形成标准所要求的协商一致③程度的文件才能称其为“标准”。这里“规定的程序”指各标准化机构为了制定标准而明确规定并颁布的标准制定程序。所以说，履行了标准制定程序的全过程，并且达到了普遍同意的协商一致后形成的文件才称其为标准。

第二，标准具备的特点是“共同使用和重复使用”。共同使用是从空间上界定的，指标准要具有一定的使用范围，如国际、国家、协会等范围。重复使用是从时间上界定的，即标准不应仅供一两次使用，它不但现在要用，而且将来也要经常使用。“共同使用”与“重复使用”两个特点之间是“和”的关系，也就是说，只有某文件具备被大家共同使用并且多次重复使用的特点，才有可能需要形成标准。

第三，标准的功能是“为各种活动或其结果提供规则、指南或特性”。最佳秩序的建立首先要对人类所从事的“活动”以及“活动的结果”确立规矩。标准的功能就是提供这些规矩，包括对人类的活动提供规则或指南、对活动的结果给出规则或特性。不同功能类型标准[见本节“三”中的（五）]的主要功能会不同，通常标准中具有六种典型功能：规定、确立、描述、提供、给出和界定，例如规定要求、确立总体原则、描述方法、提供指导或建议、给出信息、界定术语等。[参见第四章第一节“二”（一）中的“2”]

第四，标准产生的基础是“科学、技术和经验的综合成果”。标准是对人类实践经验的归纳、整理，是充分考虑最新技术水平并规范化的结果。因此，标准是具有技术属性的文件，标准中的条款是技术条款，这一点是它区别于其他文件（如法律法规）的特征之一。

第五，标准的表现形式是一种“文件”。文件可理解为记录有信息的各种媒介。标准的形成过程及其具有的技术规则的属性决定了它是一类规范性的技术文件。标准的形式有别

---

① GB/T 20000.1—2014《标准化工作指南　第1部分：标准化和相关活动的通用术语》，定义5.2。

② GB/T 20000.1—2014《标准化工作指南　第1部分：标准化和相关活动的通用术语》，定义5.3及其注1。

③ 指“普遍同意，即有关重要利益相关方对于实质性问题没有坚持反对意见，同时按照程序考虑了有关各方的观点并且协调了所有争议”。（GB/T 20000.1—2014《标准化工作指南　第1部分：标准化和相关活动的通用术语》，定义3.7）

于其他的规范性文件。通常每个标准化机构都要对各自发布的标准的起草原则、要素的选择、结构及表述作出规定。按照这些规定起草的标准,其内容协调、形式一致、文本易于使用。

通过前文对标准界定的分析,可以看出标准是“按照规定的程序经协商一致制定”的,这就确保了:一方面在标准形成过程中具有代表性的技术专家会参与其中,最新技术水平会被充分考虑,相对成熟的技术中可量化或可描述的成果会被筛选出来并确定为标准的技术条款;另一方面经过利益相关方协商一致通过的标准,会被各方高度认可,发布的标准可以公开获得,并且在必要的时候,还会通过修正或修订保持与最新技术水平同步。因此,可以说标准是“公认的技术规则”①。

## 二、标准化文件的分类

标准化活动的主要成果之一是形成标准化文件。对标准化文件进行分类并对各类文件进行界定,可以从外延上明确各类文件之间的界限,从而划清标准化文件所涉及的边界,同时也进一步厘清标准与其他标准化文件之间的界限。

标准化文件中的大部分为标准,标准之外的文件为其他标准化文件。标准与其他标准化文件之间的主要区别就在于是否履行了协商一致程序并且达到了形成标准所要求的协商一致程度。回答是肯定的,则为标准,反之则是其他标准化文件。根据文件的内容以及文件形成过程履行程序的情况,可以将其他标准化文件划分为规范或规程、技术报告、协议、指南等。图 1-1 给出对标准化文件进行分类形成的文件类别。

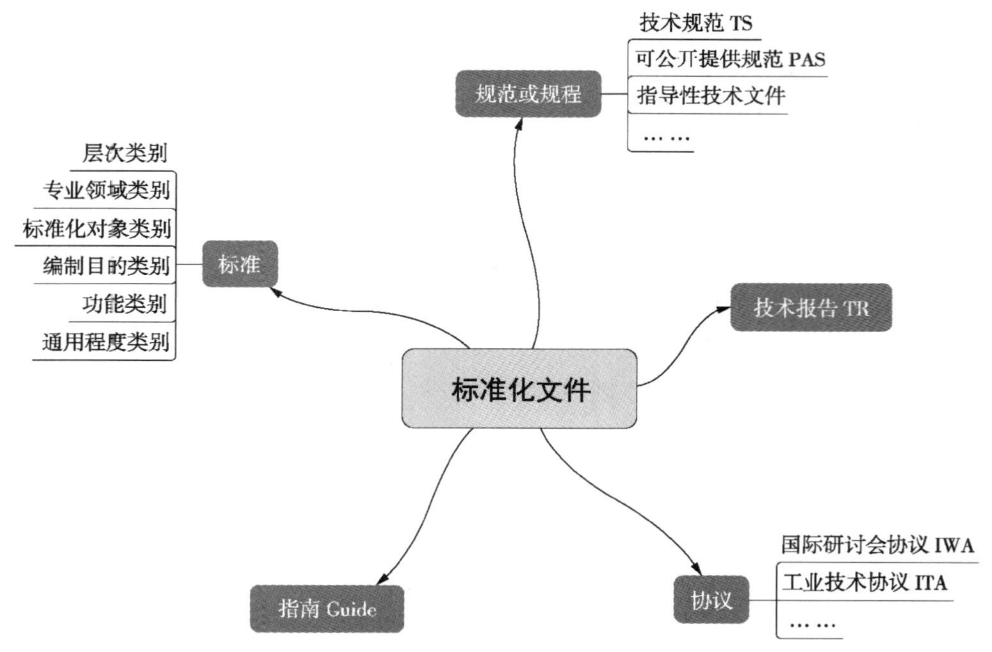


图 1-1 对标准化文件进行分类形成的文件类别

各标准化机构在开展标准化活动的过程中,除了制定标准以外,出于种种原因(如公认

① 指“大多数有代表性的专家承认的能反映最新技术水平的技术条款”。(GB/T 20000.1—2014《标准化工作指南 第 1 部分:标准化和相关活动的通用术语》,定义 3.5)

的标准化机构为了更好更快地适应市场需求)会通过降低协商一致程度,如不完全履行标准制定程序或按照其他特定程序,形成标准之外的其他标准化文件。对国际上不同类别的标准化文件有一个全面的了解,在以国际标准化文件为基础起草国家标准化文件时,将能够帮助文件起草者确定是将国际标准化文件转化形成我国的标准还是标准化指导性技术文件(见第七章)。

其他标准化文件与标准在文件代号上有明显的区别。通常情况下,在文件代号中除了有文件发布组织的代号外,还有文件类型的特定代号(技术规范为 TS、可公开提供规范为 PAS、技术报告为 TR、指南为 Guide 等)。我国的国家标准化指导性技术文件的文件代号为 GB/Z。

### (一) 标准

任何标准化机构都会规定并发布明确的标准制定程序。按照这一程序形成的文件,我们称其为标准,见本节"一"(三)中对标准的界定以及相关阐述,还可参考本节"三"中对标准的分类。

### (二) 规范或规程

这里提及的规范或规程是指标准化文件的一种类型。凡是为产品、过程或服务规定了需要满足的要求,并且描述了用于判定该要求是否得到满足的证实方法的标准化文件都可称其为规范;凡是为活动的过程规定明确的程序,并且描述了判定该程序是否得到履行的追溯/证实方法的标准化文件都可称其为规程。这些规范或规程如果严格执行了标准化机构规定的标准制定程序,形成的文件就是规范标准或规程标准;如果未完全履行标准制定程序,则形成的文件就是其他标准化文件中的规范或规程。这类文件通常在国际、区域、国家、企业等层次上都存在。

国际上普遍存在的技术规范(Technical Specification,TS)、可公开提供规范(Publicly Available Specification,PAS)即属于这类文件。与 TS 相比,PAS 的协商一致程度要更低一些。与标准不同,对 TS、PAS 的复审次数和存活期都有具体的限制,到了一定的期限,如果不能转化为标准,就必须撤销。在国际上,不管是国际标准化组织,还是国家标准机构发布的 TS 或 PAS 都是以最终形成标准为目标,如果最终没能形成标准就要被撤销。

我国的指导性技术文件是我国标准化机构发布的标准之外的规范或规程类标准化文件。在我国国家层次上发布的这类文件被称为国家标准化指导性技术文件(GB/Z)。"指导性技术文件发布后三年内必须复审,以决定是否继续有效、转化为国家标准或撤销"[①]。

企业的规范或规程是企业发布的一类标准化文件。为了尽快满足企业内部生产、管理的需要,企业规范(如产品技术规范)或规程(如工艺规程)的形成通常履行其特定的制定程序,文件也会有其适合的形式。企业规范或规程的技术内容可能会涉及企业的专利技术/技术秘密,是企业内部的不对外公开的标准化文件。对于企业内部颁布的技术规范、工艺流程、操作手册等,利用其组织的约束力要求执行即可,通常无须编制或转化成企业标准。

---

① 国家质量技术监督局.国家标准化指导性技术文件管理规定.1998 年 12 月 24 日.

### (三)技术报告

技术报告(Technical Report,TR)是标准化机构发布的包含不同于标准或技术规范的数据的文件。例如标准化活动中获得的数据、工作数据,或与某些机构相关标准的特定标准化对象最新技术水平的数据。这些文件的内容完全是资料性的,因此技术报告通常不会转化为规范、规程或标准。技术报告也是属于未完全履行标准制定程序形成的文件,由于其自身内容的资料性特点,决定了它不需要较高的协商一致程度,经过相关技术委员会P成员简单多数赞成即可发布。技术报告的复审通常没有严格的期限,一般由承担工作的技术委员会定期复审。这类文件通常在国际、区域、国家等层次上都存在。

### (四)协议

协议是标准化机构针对某个快速发展的技术领域与另一机构、组织、论坛等通过签署协议合作发布的文件。为了尽快反映市场的需求,这类文件的制定过程并没有遵循标准化机构的标准制定程序,而是按照通过协议议定的特定程序形成并发布。

研讨会协议是这类文件中的典型文件。该协议的制定不是由标准化机构的技术委员会负责,而是通过开放的专题研讨会来完成。虽然研讨会协议的制定程序不同于标准的制定程序,但需要符合标准化机构制定RPC发布这类文件的相应要求。发布这类文件的最大好处是,能够在现有标准化技术组织和专家未涉及的领域,或者由于快速发展导致已有的标准制定程序不能满足市场需求的领域,更快速地反映标准化的需求。

典型的协议,如国际标准化组织(ISO)发布的国际研讨会协议(International Workshop Agreement,IWA),IEC发布的工业技术协议(Industry Technical Agreement,ITA),欧洲标准化委员会(CEN)和欧洲电工标准化委员会(CENELEC)发布的欧洲标准组织研讨会协议CWA。

### (五)指南

指南(Guide)是指由标准化机构发布的为该机构标准化活动提供规则、指导或建议的文件。指南是供标准化机构内部从事标准化活动使用的文件,通常不再转化为标准。

指南的制定遵循专门的特定程序。它通常不由标准化机构的技术委员会制定,而由机构中单独设立的项目负责委员会或工作组制定。

## 三、标准的分类

前文对标准的定义界定了其内涵。对标准进行分类并对各类标准进行界定,可以从外延上明确各类标准之间的界限,从而进一步厘清标准所涉及的边界。从起草标准的角度所涉及的标准分类应该与标准的制定有关联。首先,分出的类别,在标准文本上应有所体现;其次,不同类别的标准,其结构或内容应该有所不同。标准应该按照分类依据的属性进行分类。由于标准所适用的范围、标准化领域、标准化对象、标准的编制目的、标准所具有的功能以及标准内容适用的广度是影响标准技术内容的相关属性;因此,有必要从标准起草的角度,按照这六个属性对标准进行分类。以下将进一步详细讨论按照这些属性将标准分出的类别,见图1-2。

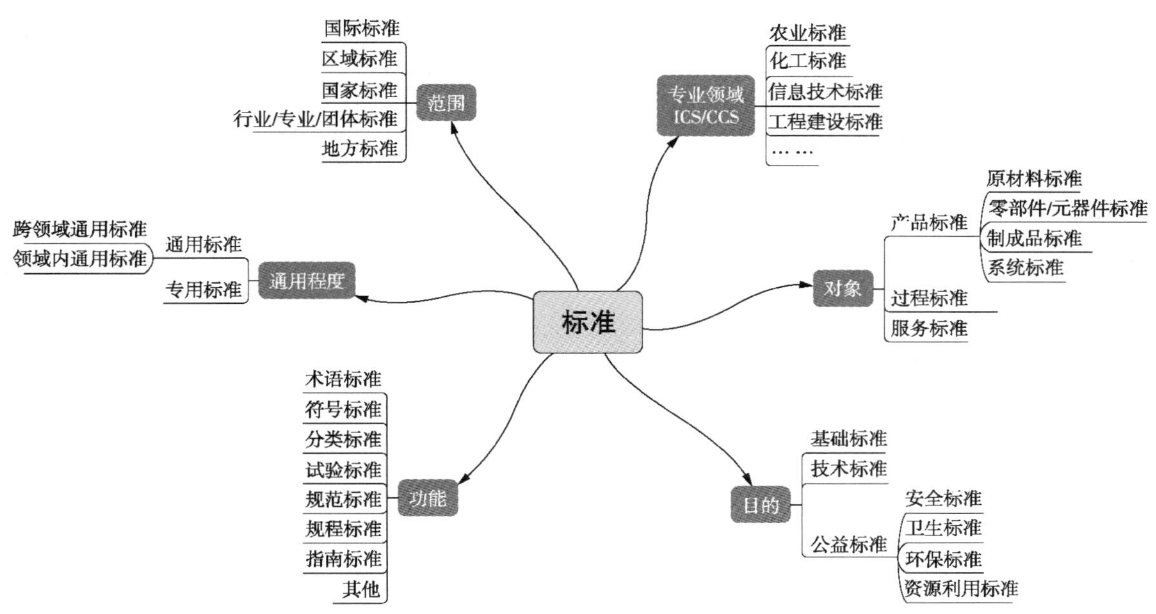


图 1-2　对标准进行分类形成的标准类别

### （一）按照标准化活动的范围划分成标准的层次类别

标准化活动的范围通常取决于标准化机构的影响范围。标准化机构不同，所涉及的领域可能会不同，参加标准化活动的人员来自的范围就会不同，发布的标准影响的范围也会不同。标准化活动的范围可以是全球的，也可以是某个区域或某个国家层次的；还可以是某个国家中的地区、行业学协会层次的。因此按照标准化活动的范围可以将标准分为国际标准、区域标准、国家标准、行业/协会/团体标准、地方标准等。其中，国际标准、区域标准、国家标准、一些国际性的学协会标准，由于它们可以公开获得，必要时通过修订保持与最新技术水平同步，因此被视为构成了公认的技术规则。其他层次的标准，如一些学协会标准、团体标准，虽然不一定被认为构成公认的技术规则，但在一定范围内可能有较大的影响。

从标准化活动的范围这一维度对标准进行分类，可以将标准划分成不同的层次类别。这种分类的意义在于，可以从标准的层次方便地辨识标准化机构的影响范围，从而了解标准适用的领域或地域范围。

#### 1. 国际标准

国际标准是指“由国际标准化组织或国际标准组织通过并公开发布的标准”①。

国际标准都是由国际标准化组织或国际标准组织制定。目前国际标准主要由世界上的三大标准组织发布：国际标准化组织（ISO）发布的 ISO 标准，国际电工委员会（IEC）发布的 IEC 标准，国际电信联盟（ITU）发布 ITU-T 建议书②（Rec.ITU-T）和 ITU-R 建议书（Rec.ITU-R）。ISO、IEC、ITU 这三个国际标准组织发布的标准几乎覆盖了所有与标准化活动有关的技术领域。

---

① GB/T 20000.1—2014《标准化工作指南　第 1 部分：标准化和相关活动的通用术语》，定义 5.3.1。定义中的“组织”“标准化组织”“标准组织”等概念也见 GB/T 20000.1—2014。

② ITU-T 和 ITU-R 将发布的标准称作“建议书”（Recommendation）。

除ISO、IEC、ITU之外，在某个专业范围内发布国际标准的还有几十个机构或组织，诸如国际计量局（BIPM）、国际原子能机构（IAEA）、国际海事组织（IMO）、世界卫生组织（WHO）等。这里界定的“国际标准”包括了这些国际标准化组织发布的标准。

国际标准发布后在世界范围内适用，作为世界各国贸易、交流和技术合作的基本准则。

**2. 区域标准**

区域标准是指“由区域标准化组织或区域标准组织通过并公开发布的标准”①。区域标准均由具备地域型特点的区域标准化组织或区域标准组织制定。目前有影响的区域标准包括以下几种。

欧洲地区：欧洲标准化委员会（CEN）和欧洲电工标准化委员会（CENELEC）发布的欧洲标准（EN）；欧洲电信标准学会（ETSI）发布的电信领域的欧洲标准（ETSI EN）和欧洲电信标准学会标准（ETSI ES）；欧亚标准化、计量和认证委员会（EASC）发布的独立国家联合体标准（ГОСТ）。

美洲地区：泛美标准委员会（COPANT）发布的泛美地区标准（COPANT）。

亚洲、非洲及阿拉伯地区：南亚标准化组织（SARSO）发布的SAARC标准（SARS）；非洲地区标准化组织（ARSO）发布的非洲地区标准（ARS）；阿拉伯标准化与计量组织（ASMO）发布的阿拉伯地区标准（ASMO）。

区域标准发布后在区域范围内适用，作为区域内贸易、交流和技术合作的基本准则。

**3. 国家标准**

国家标准是指“由国家标准机构通过并公开发布的标准”②。

在我国，国家标准是指由国家标准化管理委员会（SAC）发布的中国国家标准（GB/T）。国际上具有影响力的国家标准大多由公认的国家标准机构（非权力机关）发布，主要有：英国标准学会（BSI）发布的英国标准（BS），德国标准化学会（DIN）发布的德国标准（DIN），法国标准化协会（AFNOR）发布的法国标准（NF），美国国家标准学会（ANSI）发布的美国国家标准（ANSI），加拿大标准理事会（SCC）发布的加拿大标准（CAN），日本工业标准调查会（JISC）发布的日本工业标准（JIS），俄罗斯联邦技术法规和计量局（GOST R）发布的俄罗斯国家标准（ГОСТ Р），印度标准局（BIS）发布的印度标准（IS），巴西技术标准协会（ABNT）发布的巴西标准（ABNT NBR）等。

国家标准发布后在某个国家的范围内适用。

**4. 行业/专业/团体标准**

行业/专业/团体标准是指由某个国家的行业标准化机构或学协会/团体标准化组织通过并公开发布的标准。

我国政府有关部门可以制定发布标准，这类标准称为行业标准。我国的行业标准需经国务院标准化行政主管部门审查确定并统一给予行业标准代号，如农业（NY）、机械（JB）、化工（HG）、船舶（CB）、旅游（LB）等。（见附录五）

在我国依法成立的社会团体制定的标准称为团体标准。团体标准的统一代号为“T”，每个团体标准的代号为在“T”后加上“/团体代号”。

国外一些学协会发布的标准③往往在某些专业领域中具有广泛的影响，如电气电子工程师

---

① GB/T 20000.1—2014《标准化工作指南　第1部分：标准化和相关活动的通用术语》，定义5.3.2。

② GB/T 20000.1—2014《标准化工作指南　第1部分：标准化和相关活动的通用术语》，定义5.3.3。

③ 在一些国家，如德国由行业协会发布的文件称作技术规范。

学会(IEEE)发布的标准(IEEE Std),美国测试与材料协会(ASTM)发布的标准(ASTM),美国机械工程师协会(ASME)发布的标准(ASME),万维网联盟(W3C)发布的建议(W3C Recommendation)。

**5. 地方标准**

地方标准是指"在国家的某个地区通过并公开发布的标准"①。

在我国,地方标准主要由省、自治区、直辖市标准化行政主管部门组织编制、审批、编号和发布。我国地方标准的统一代号为"DB",每个地方标准的代号为在"DB"后加上各地方行政区划代码的前两位数,如 DB 11 为北京市地方标准的代号。(见附录五)

### (二)按照标准化领域划分成标准的专业领域类别

从标准化领域这一维度对标准进行划分,可以将标准分为不同的专业类别。在国际上被广泛使用、我国已经采用的国际标准分类法(International Classification for Standards,ICS),以及我国同时使用的中国标准文献分类法(China Classification for Standards,CCS)中划分出的标准类别即属于按照标准化领域分类的结果。

这种分类的意义在于通过分类的代码识别某标准针对的标准化对象所属的专业领域,方便标准化机构按照标准涉及的领域对标准进行管理。由于标准涉及的标准化领域一般都非常广泛,各标准化机构为了辨识和管理,通常都采用这种分类方法。

**1. 国际标准分类法**

ICS 是国际标准化组织(ISO)1992 年发布的标准文献国际分类法②。ICS 根据标准化对象所属的标准化领域对标准进行分类,由三级类目构成。第一级设 40 个大类,例如:机械制造,电气工程,电信、音频和视频技术,纺织和皮革技术,农业,食品技术,化工技术等。第一级大类共被分为 407 个二级类,其中的 134 个又被细分为 896 个三级类。ICS 采用阿拉伯数字编码,第一级到第三级分别用两位、三位、两位数字表示,各级之间使用下脚点相隔。例如:

一级:35　信息技术、办公机械设备

二级:35.100　开放系统互连(OSI)

三级:35.100.10　物理层

一个完整的分类表述为:ICS 35.100.10。

**2. 中国标准文献分类法**

CCS 是原国家技术监督局于 1989 年发布的适用于我国标准文献的专用分类法。该分类以专业领域为划分依据,采用字母与数字的混合标识制度,由两级类目构成。一级类目共设 24 类,用字母标识,如 B 表示农业、E 表示石油、G 表示化工、L 表示电子元器件与信息技术、P 表示工程建设、W 表示纺织、X 表示食品等;二级类目用双位数字标识。如 G 25 表示"化工 农药"。

从上述"1"和"2"中可看出,我们经常所称的农业标准、化工标准、信息技术标准、工程建设标准、纺织标准、食品标准等,即是从标准化领域这一维度进行分类后所得到的标准类别。

---

① GB/T 20000.1—2014《标准化工作指南　第 1 部分:标准化和相关活动的通用术语》,定义 5.3.5。

② 在我国被译为国际标准分类法。

### （三）按照标准化对象划分成标准的对象类别

标准化对象是“需要标准化的主题”。从标准化对象这一维度对标准进行分类，可以将标准划分成不同的对象类别。通常所称的产品、过程或服务就是对标准制定活动中的标准化对象的概括，以这种概括的标准化对象为依据对标准进行分类，可以得出产品标准、过程标准或服务标准的对象类别。

按照标准化对象将标准划分成对象类别的意义在于：一方面可以清楚地区分出标准的主题，便于标准的应用；另一方面可以根据标准化对象的具体情况，确定针对其整体编制形成单独的标准，或针对其不同的方面将标准分成系列部分。

**1. 产品标准**

产品标准是指“规定产品需要满足的要求以保证其适用性的标准”①。

产品标准是相对于过程标准和服务标准而言的一大类标准。根据上述定义可以归纳出产品标准的特点：标准化对象为具体的产品，编制标准的目的是保证产品的适用性，标准中规定的内容为“产品应满足的要求”。只有符合上述特点的标准才可划入产品标准这一类别。产品标准的标准化对象可进一步细分，根据细分的结果还可将产品标准分为原材料标准、零部件或元器件标准、制成品标准或系统标准②等。

**2. 过程标准**

过程标准是指“规定过程应满足的要求以保证其适用性的标准”③。

过程标准是相对于产品标准和服务标准而言的一大类标准。根据上述定义可以归纳出过程标准的特点：标准化对象为过程，编制标准的目的是保证过程的适用性，标准中规定的内容为“过程应满足的要求”。只有符合上述特点的标准才可划入过程标准这一类别。

过程标准的标准化对象通常会涉及诸如：设计、制造/操作、安装、使用或管理；申请、评定或检验等。

**3. 服务标准**

服务标准是指“规定服务应满足的要求以保证其适用性的标准”④。

服务标准是相对于产品标准和过程标准而言的一大类标准。根据上述定义可以归纳出服务标准的特点：标准化对象为服务，编制标准的目的是保证服务的适用性，标准中规定的内容为“服务应满足的要求”。只有符合上述特点的标准才可划入服务标准这一类别。

### （四）按照编制标准的目的划分成标准的目的类别

编制任何一项标准都有其特定目的［见本节“一”（一）中的“3”］，编制标准目的不同，标准的技术内容就会不同。从编制标准的目的这一维度对标准进行分类，可以将标准划分成不同的目的类别。

以目的为依据对标准进行分类，可以快速确认编制标准的目的，这样一方面可以编写为达到标准编制目的需要的技术内容；另一方面按照明确的目的编制形成的标准为更好地应用标

① GB/T 20000.1—2014《标准化工作指南　第1部分：标准化和相关活动的通用术语》，定义7.9。

② 系统标准是指“规定系统需要满足的要求以保证其适用性的标准”。

③ GB/T 20000.1—2014《标准化工作指南　第1部分：标准化和相关活动的通用术语》，定义7.10。

④ GB/T 20000.1—2014《标准化工作指南　第1部分：标准化和相关活动的通用术语》，定义7.11。

准打下了良好的基础。

文件编制目的，如果是基础适用方面的目的，形成标准的目的类别即为基础标准；如果是可用性和多个产品或服务配合方面的目的，形成标准的目的类别则为技术标准；如果是公共利益方面的编制目的，形成标准的目的类别为公益标准，通常包括卫生标准、安全标准、环保标准等。

**1. 基础标准**

基础标准是指以相互理解或品种控制为编制目的形成的具有广泛适用性的标准。基础标准具有广泛的适用性，其中的内容在编制其他标准（如服务标准、技术标准、规范标准等）时常常会用到，相关内容往往会被其他标准所引用。换句话说，基础标准是编制其他标准的基础。

由于术语标准、符号标准、分类标准、试验标准的编制目的是促进相互理解或品种控制，因此从编制目的的维度来看，它们都属于基础标准。

**2. 技术标准**

技术标准①是指以保证可用性、互换性、兼容性、相互配合或品种控制为目的而编制，规定标准化对象需要满足的技术要求的标准。这里所指的技术标准，其编制目的是针对技术问题，不是针对出于公共利益关注的目的（如安全、健康等）。技术标准是通过市场机制的作用广泛应用的，因此，这类标准不会编制成强制性标准。

为了上述目的编制的“产品标准、过程标准和服务标准”以及“分类标准、规范标准、规程标准、指南标准”［见下文中的（五）］等属于技术标准。

**3. 公益标准**

公益标准是指以安全、健康、环境保护、资源利用等为目的编制，规定为达到这些目的，标准化对象需要满足的要求的标准。根据编制标准的具体目的，公益标准又可以细分为安全标准、卫生标准、环保标准以及资源利用标准。

（1）安全标准

安全标准是指以“免除了不可接受的风险的状态”②为目的编制的标准。安全是一个相对的概念，没有绝对的安全。因此，针对产品、过程或服务编制安全标准时，通常考虑的是获得包括诸如人类行为等非技术因素在内的若干因素的最佳平衡，将伤害到人员和物品的风险降低到可接受的程度。

安全标准中可以规定产品、过程或服务需要满足的安全要求，也可以规定为了安全的目的必须涉及的结构，执行的程序、工艺，等等。

只有安全成为编制标准的惟一目的，即标准是专门为了安全目的而编制的，这类标准才称为安全标准，也才有可能编制成强制性标准，如消费品安全标准、电气安全标准等。以适用性为目的编制的标准，也可能涉及安全内容，例如产品标准中规定了一些安全要求，但这类标准不属于安全标准，只是标准中涉及了安全内容。

---

① 这里所称的技术标准与经常提到的技术标准在概念上有差别。后者是相对于管理标准而言的一大类标准，它的概念过于宽泛，包括了基础标准、产品标准（设计、工艺、设备、设施、服务）、试验标准、安全标准、卫生标准、环境标准等，它涵盖了本书对标准分类依据的“对象维度、目的维度和功能维度”。

② GB/T 20002.4—2015《标准中特定内容的起草　第4部分：标准中涉及安全的内容》，定义3.14。

（2）卫生标准

卫生标准是指以保障健康为目的编制的标准。卫生标准通常根据健康要求规定产品、过程、服务以及环境中化学的、物理的及生物有害因素的卫生学容许限量值，即最高容许浓度。该浓度是根据环境中有害物质和机体间的剂量-反应关系，考虑到敏感人群和接触时间而确定的一个对人体健康不会产生直接或间接有害影响的“相对安全浓度”。

只有保障健康成为编制标准的惟一目的，即所编制的标准是专门为了健康的目的，这类标准才称为卫生标准，也才有可能编制成强制性标准，如生活饮用水卫生标准、空气消毒剂卫生要求、酱油厂卫生规范等。以适用性为目的编制的标准，也可能涉及卫生内容，例如产品标准中列出了一些卫生指标，但这类标准不属于卫生标准，只是标准中涉及了卫生的内容。

（3）环保标准

环保标准是指以保护环境为目的，使得环境免受产品的使用、过程的操作或服务的提供造成的不可接受的损害的标准。环保标准通常规定如下内容。

污染物排放限制：为了实现保护环境的目的，对污染源排入环境的污染物质或各种有害因素所作的限制性规定。污染物排放标准可分为大气污染物排放标准、水污染物排放标准、固体废弃物等污染控制标准等。

环境质量：为了保护生存环境、维护生态平衡，对环境中污染物和有害因素的允许含量所作的限制性规定。

只有环境保护成为编制标准的惟一目的，即所编制的标准是专门为了环保的目的，这类标准才称为环保标准，也才有可能编制成强制性标准，如工业污染物排放标准、锅炉大气污染物排放标准等。

（4）资源利用标准

资源利用标准是指以资源节约（如节能、节水、节材、节地、新能源与可再生能源）与综合利用（如矿产资源综合利用、废旧产品及废弃物回收与再利用）为目的编制的标准。

资源利用标准通常规定能效限定值、节能评价值或能效分等分级等。能效限定值是指在规定测试条件下所允许的用能产品的最大耗电量或最低能效值；节能评价值是用能产品是否达到节能产品认证要求的评价指标；能效分等分级是根据耗电量和能效水平的高低将产品分为1、2、3、4、5级，1级表示能效水平最高，最节能，5级表示仅达到了能效限定值指标。

### （五）按照标准内容的功能划分成标准的功能类型

每个标准都有其要发挥的功能，功能不同其内容也会不同，而其中的主要功能取决于标准的核心技术要素。对于同一个标准化领域，相同的标准化对象，如果标准所提供的功能不同，其核心技术要素的内容就会不同，随之标准的结构和表述形式也会不同。从标准核心技术要素的内容这一维度对标准进行分类，可以将标准划分成不同的功能类型。

以内容的功能为依据对标准进行分类，其意义在于通过对功能类型的辨识，可以明确具有不同功能的标准中的技术内容，从而可以对相关标准的编写方法进行规定。

#### 1. 术语标准

术语标准是指“界定特定领域或学科中使用的概念的指称及其定义的标准”①。术语标准

① GB/T 1.1—2020《标准化工作导则　第1部分：标准化文件的结构和起草规则》中4.2b)列项的第一项。

的功能为“界定”特定领域或学科中使用的概念，通过对概念下定义并赋予指称（即“术语”）。这类标准的核心技术要素为“术语条目”，通常含有术语和定义，有时还附有示意图、注、示例等。术语标准通常包含了某个领域、学科或某个标准化对象使用的概念的全部或大部分术语和定义。这些术语和定义可以构成某领域、学科或某标准化对象的概念体系。术语标准的典型内容及表现形式为：“按照概念体系编排的术语条目”加上“术语及其外文对应词的索引”。

术语标准中界定的术语是人类相互交流，尤其是技术交流的基础，有了被严格定义的术语，人类的科技、生产和贸易活动才成为可能。

**2. 符号标准**

符号标准是指“界定特定领域或学科中使用的符号的表现形式及其含义或名称的标准”①。符号标准的功能为“界定”涉及某个领域的符号，通常要界定符号的表现形式，并且确定其含义或名称。这类标准的核心技术要素为“符号或标志及其含义”。符号标准的典型内容及表现形式为：“符号表”加上“符号含义（或名称）及其外文对应词的索引”。

符号标准界定的符号将便于各种语言、文化、知识背景的人们的相互交流，这些符号在人们日常生活和科学技术活动中发挥着不可替代的作用。

**3. 分类标准**

分类标准是指“基于诸如来源、构成、性能或用途等相似特性对产品、过程或服务进行有规律的排列或者确立分类体系的标准”②。

分类标准的功能为“确立”分类体系，其核心技术要素是“分类和/或编码”。分类结果是具体类目/项目。这些类目/项目可以通过命名的名称（由文字组成）、赋予的代码（由阿拉伯数字、拉丁字母或它们的组合构成）予以识别。

**4. 试验标准**

试验标准又称试验方法标准，是指“在适合指定目的的精密度范围内和给定环境下，全面描述试验活动以及得出结论的方式的标准”③。

试验标准的功能为“描述”试验方法，其核心技术要素通常包括详细的“试验步骤”“试验数据处理”（结果的计算方法）。试验标准有时附有与试验相关的其他内容，例如原理、实验条件、试剂或材料、仪器设备、样品、试验报告等。

试验标准通常规定下述内容：首先，它应该规定试验所依据的试验步骤；其次，试验是有具体目标的，即要测定出产品或服务的具体特性值，也就是要得出试验数据并给出结果的计算方法；再次，它要根据确定的目标指明该试验所得出的结果的精密度。也就是说，试验标准要通过一个标准化的过程，得出在一定精密度范围内的结果或结论。

**5. 规范标准**

规范标准是指“为产品、过程或服务规定需要满足的要求并且描述用于判定其要求是否得到满足的证实方法的标准”④。大多数标准化对象——无论是产品、过程还是服务，都可以成为规范标准的对象。

规范标准的功能为“规定”要求，其核心技术要素是规定标准化对象（或其某个特殊方面）

---

① GB/T 1.1—2020《标准化工作导则　第1部分：标准化文件的结构和起草规则》中4.2b）列项的第二项。

② GB/T 1.1—2020《标准化工作导则　第1部分：标准化文件的结构和起草规则》中4.2b）列项的第三项。

③ GB/T 1.1—2020《标准化工作导则　第1部分：标准化文件的结构和起草规则》中4.2b）列项的第四项。

④ GB/T 1.1—2020《标准化工作导则　第1部分：标准化文件的结构和起草规则》中4.2b）列项的第五项。

需要满足的“要求”，同时描述判定是否符合要求所使用的“证实方法”。也就是说规范标准中应该有由要求型条款构成的要素“要求”。在声明符合标准时，要素“要求”中所规定的要求需要严格遵守并且能够证实，因此规范中需要同时指出判定符合要求的证实方法。

**6. 规程标准**

规程标准是指“为活动的过程规定明确的程序并且描述用于判定该程序是否得到履行的追溯/证实方法的标准”①，其中的过程包括但不限于设计、制造/操作、安装、使用或管理；申请、评定或检验等。

规程标准的功能为“确立”程序、“规定”程序指示，其核心技术要素是为活动的过程“确立程序”，规定履行程序的一系列“程序指示”并描述“追溯/证实方法”。

规程标准主要规定的是履行过程的行为指示，而规范标准规定的是对标准化对象的技术要求，这是规程标准与规范标准的主要区别。履行规程标准规定的程序指示不产生任何试验结果，而履行试验标准中描述的试验步骤必定产生试验结果，这是规程标准与试验标准的主要区别。

**7. 指南标准**

指南标准是指“以适当的背景知识提供某主题的普遍性、原则性、方向性的指导，或者同时给出相关建议或信息的标准”②。

指南标准的功能为“提供”指导，其核心技术要素为“需考虑的因素”。在“需考虑的因素”中提供某主题的普遍性、原则性或方向性的指导。在提供指导的同时，通常会以适当的背景知识给出相关信息，必要时还会提供相关建议。

指南提供的是指导、建议或给出信息，但不规定要求、不推荐具体的惯例或程序。这是指南标准与规范标准或规程标准的本质区别。

**8. 要求/规则等其他类标准**

除了上述按照标准内容的功能分出的标准类型之外，还有一些具有其他功能的标准，这里统称为要求/规则类标准，包括以下几类标准。

原则与要求类标准：这类标准的核心技术要素包含了要素“原则”和“要求”。

要求类标准：这类标准的核心技术要素包含了针对标准化对象的要素“要求”，或者包含了由多方面要求构成的多个“要求类”要素。由于包含要素“要求”和“证实方法”的标准，属于规范标准，因此，要求类标准不包含要素“证实方法”。

规则类标准：这类标准中未设要素“要求”，但在各规范性要素中包含了要求型条款、推荐型条款、允许型条款等各种类型的条款。

### （六）按照标准内容适用的广度划分成标准的通用程度类型

一些标准的内容可以适用多个领域或一个领域中的多个专业，有些标准的内容仅适用于某个特定的标准化对象。按照标准内容适用的广度可以将标准分为通用标准和专用标准。

**1. 通用标准**

通用标准是指包含某个或多个特定领域普遍适用的条款的标准。包含多个领域普遍适用的条款的标准属于“跨领域通用标准”；仅包含某个特定领域内普遍适用的条款的标准属于“领

---

① GB/T 1.1—2020《标准化工作导则　第1部分：标准化文件的结构和起草规则》中4.2b)列项的第六项。

② GB/T 1.1—2020《标准化工作导则　第1部分：标准化文件的结构和起草规则》中4.2b)列项的第七项。

域内通用标准”。通用标准在其名称中常包含词语“通用”,例如通用规范、通用技术要求等。

2. 专用标准

专用标准是指仅包含适用某个特定标准化对象的条款的标准。实际上除了通用标准都属于专用标准。

## 第二节　编制标准化文件需要掌握的基础性国家标准

※ 本节结构及内容导引 ※

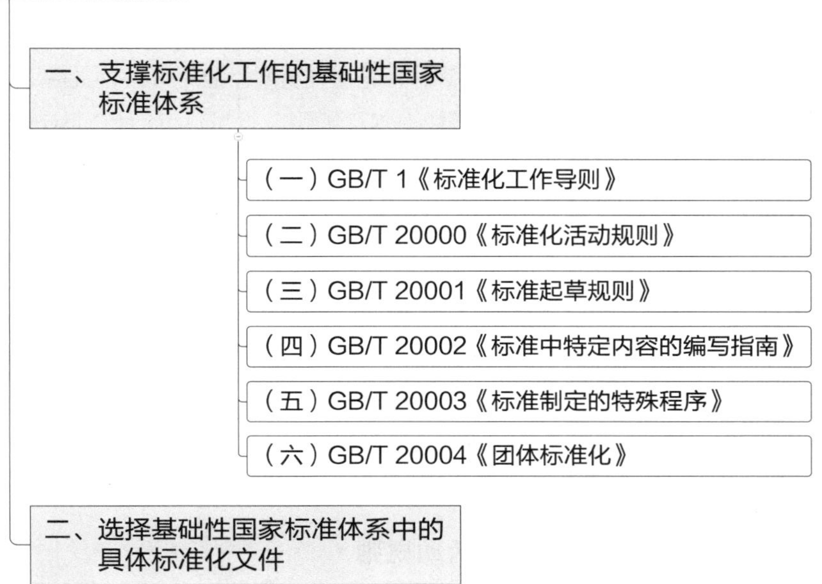


大家知道,起草我国标准化文件需要遵守 GB/T 1.1—2020《标准化工作导则　第 1 部分:标准化文件的结构和起草规则》。GB/T 1.1 是适用于起草各类标准化文件的最基础的标准,然而要想编制一个高质量的标准化文件,仅遵守 GB/T 1.1 是远远不够的。在具体编制标准时,还需要遵守其他相应的基础标准。

### 一、支撑标准化工作的基础性国家标准体系

针对标准化工作,我国目前已经发布了一系列的标准,形成了由 6 项标准构成的“支撑标准化工作的基础性国家标准体系”:GB/T 1《标准化工作导则》、GB/T 20000《标准化活动规则》、GB/T 20001《标准起草规则》、GB/T 20002《标准中特定内容的编写指南》、GB/T 20003《标准制定的特殊程序》和 GB/T 20004《团体标准化》。从事标准化工作,尤其是起草标准,需要全面了解支撑标准化工作的基础性国家标准体系。

#### (一) GB/T 1《标准化工作导则》

GB/T 1《标准化工作导则》是指导我国标准化工作最基础的标准,旨在确立普遍适用于标准化文件起草、制定和组织工作的准则。该项标准目前拟由 5 个部分构成,已经发布了以

下2个部分:GB/T 1.1—2020确立了普遍适用于各类、各层次标准编写的通用规则,包括编写标准需要遵守的总体原则和要求、标准的结构、要素的编写与表述规则,以及标准的编排格式;GB/T 1.2—2020确立了以ISO和/或IEC标准化文件为基础形成我国国家标准化文件的起草规则,包括总体原则和要求、起草步骤,以及相关要素和附录的编写规则。GB/T 1设定的结构见表1-1。

**表1-1 GB/T 1《标准化工作导则》的组成部分**

| 序号 | 标准编号 | 文件名称 | 对应的国际标准化文件 |
|---|---|---|---|
| 1 | GB/T 1.1—2020 | 标准化工作导则 第1部分:标准化文件的结构和起草规则 | ISO/IEC Directives, Part 2, 2018, Principles and rules for the structure and drafting of ISO and IEC documents(Eighth Edition) |
| 2 | GB/T 1.2—2020 | 标准化工作导则 第2部分:以ISO/IEC标准化文件为基础的标准化文件起草规则 | ISO/IEC Guide 21:2005, Regional or national adoption of International Standards and other International Deliverables |
| 3 | GB/T 1.3—20XX | 标准化工作导则 第3部分:强制性标准的结构和起草规则 | — |
| 4 | GB/T 1.4—20XX | 标准化工作导则 第4部分:标准化文件的制定程序 | ISO/IEC Directives, Part 1, Procedures for the technical work |
| 5 | GB/T 1.5—20XX | 标准化工作导则 第5部分:标准化技术组织 | ISO/IEC Directives, Part 1, Procedures for the technical work |

### (二)GB/T 20000《标准化活动规则》

GB/T 20000《标准化活动规则》旨在为标准化活动有关事项有序开展确立通用规则、提供指导。截至2024年底,该项标准由包括以下内容的6个部分组成:建立标准化活动概念体系的GB/T 20000.1,提供规范性文件中引用标准化文件的原则与表述的GB/T 20000.3,提供标准化良好实践的GB/T 20000.6,给出建立标准制定程序阶段代码系统遵照的原则和指南的GB/T 20000.8,以及指导国家标准的英文译本翻译与表述的GB/T 20000.10和 GB/T 20000.11。GB/T 20000的具体结构见表1-2。

**表1-2 GB/T 20000《标准化活动规则》的组成部分**

| 序号 | 标准编号 | 文件名称 | 对应的国际标准化文件 |
|---|---|---|---|
| 1 | GB/T 20000.1— 2014 | 标准化工作指南 第1部分:标准化和相关活动的通用术语 | ISO/IEC Guide 2:2004 |
| 2 | GB/T 20000.3—2014 | 标准化工作指南 第3部分:引用文件 | — |
| 3 | GB/T 20000.6—2024 | 标准化活动规则 第6部分:良好实践指南 | ISO/IEC Guide 59:2019 |
| 4 | GB/T 20000.8—2014 | 标准化工作指南 第8部分:阶段代码系统的使用原则和指南 | ISO Guide 69:1999 |

表 1-2（续）

| 序号 | 标准编号 | 文件名称 | 对应的国际标准化文件 |
| --- | --- | --- | --- |
| 5 | GB/T 20000.10—2016 | 标准化工作指南　第 10 部分：国家标准的英文译本翻译通则 | — |
| 6 | GB/T 20000.11—2016 | 标准化工作指南　第 11 部分：国家标准的英文译本通用表述 | — |

## （三）GB/T 20001《标准起草规则》

GB/T 20001《标准起草规则》是为起草各类标准建立的规则。截至 2024 年底，该项标准由 10 个部分组成。在遵守 GB/T 1.1 的前提下，编写术语标准、符号标准、分类标准、试验标准、规范标准、规程标准、指南标准和评价标准等各功能类型的标准应分别遵守 GB/T 20001.1～20001.8 中规定的总体原则和要求，以及核心技术要素和相关要素的编写规则。另外，起草产品标准、管理体系标准应分别遵守 GB/T 20001.10、GB/T 20001.11 规定的起草规则。GB/T 20001 的具体结构见表 1-3。

表 1-3　GB/T 20001《标准起草规则》的组成部分

| 序号 | 标准编号 | 文件名称 | 对应的国际标准化文件 |
| --- | --- | --- | --- |
| 1 | GB/T 20001.1—2024 | 标准起草规则　第 1 部分：术语 | — |
| 2 | GB/T 20001.2—2015 | 标准编写规则　第 2 部分：符号标准 | — |
| 3 | GB/T 20001.3—2015 | 标准编写规则　第 3 部分：分类标准 | — |
| 4 | GB/T 20001.4—2015 | 标准编写规则　第 4 部分：试验方法标准 | — |
| 5 | GB/T 20001.5—2017 | 标准编写规则　第 5 部分：规范标准 | — |
| 6 | GB/T 20001.6—2017 | 标准编写规则　第 6 部分：规程标准 | — |
| 7 | GB/T 20001.7—2017 | 标准编写规则　第 7 部分：指南标准 | — |
| 8 | GB/T 20001.8—2023 | 标准起草规则　第 8 部分：评价标准 | — |
| 9 | GB/T 20001.10—2014 | 标准编写规则　第 10 部分：产品标准 | — |
| 10 | GB/T 20001.11—2022 | 标准编写规则　第 11 部分：管理体系标准 | — |

## （四）GB/T 20002《标准中特定内容的编写指南》

GB/T 20002《标准中特定内容的编写指南》是指导编写标准中某些特定内容的标准。截至 2024 年底，该项标准由 5 个部分组成，针对标准中涉及安全、儿童安全、老年人和残疾人、中小微企业需求以及产品标准中涉及环境内容提供了指导和建议。GB/T 20002 的具体结构见表 1-4。

表 1-4　GB/T 20002《标准中特定内容的编写指南》的组成部分

| 序号 | 标准编号 | 文件名称 | 对应的国际标准化文件 |
| --- | --- | --- | --- |
| 1 | GB/T 20002.1—2008 | 标准中特定内容的起草　第 1 部分：儿童安全 | ISO/IEC Guide 50：2002 |
| 2 | GB/T 20002.2—2008 | 标准中特定内容的起草　第 2 部分：老年人和残疾人的需求 | ISO/IEC Guide 71：2001 |

表 1-4（续）

| 序号 | 标准编号 | 文件名称 | 对应的国际标准化文件 |
| --- | --- | --- | --- |
| 3 | GB/T 20002.3—2014 | 标准中特定内容的起草　第 3 部分：产品标准中涉及环境的内容 | ISO/IEC Guide 64：2008 |
| 4 | GB/T 20002.4—2015 | 标准中特定内容的起草　第 4 部分：标准中涉及安全的内容 | ISO/IEC Guide 51：2014 |
| 5 | GB/T 20002.6—2022 | 标准中特定内容的编写指南　第 6 部分：涉及中小微型企业需求 | ISO/IEC Guide 17：2016 |

### （五）GB/T 20003《标准制定的特殊程序》

GB/T 20003《标准制定的特殊程序》是为特殊情况或特定类型标准的制定确立的特殊程序。截至 2019 年底，该项标准发布了 1 个部分，即 GB/T 20003.1《标准制定的特殊程序　第 1 部分：涉及专利的标准》，该部分规定了标准制定过程中涉及专利问题的处置要求和特殊程序。

### （六）GB/T 20004《团体标准化》

GB/T 20004《团体标准化》是指导如何开展团体标准化活动的标准。截至 2019 年底，该项标准由 2 个部分组成，提供了社会团体开展标准化活动的指南，包括良好行为及其评价的指南。GB/T 20004的具体结构见表 1-5。

表 1-5　GB/T 20004《团体标准化》的组成部分

| 序号 | 标准编号 | 文件名称 | 对应的国际标准化文件 |
| --- | --- | --- | --- |
| 1 | GB/T 20004.1—2016 | 团体标准化　第 1 部分：良好行为指南 | — |
| 2 | GB/T 20004.2—2018 | 团体标准化　第 2 部分：良好行为评价指南 | — |

## 二、选择基础性国家标准体系中的具体标准化文件

从事标准化工作首先要对标准化的基本概念以及概念体系有一个全面的了解，然后要熟悉从事标准化工作的良好行为规范。有了正确、清晰的标准化概念，在标准化活动中遵守良好行为规范，才能较好地完成起草标准的工作。

在起草具体标准化文件时，首先要遵守 GB/T 1.1 的规定，如果是以 ISO/IEC 标准为基础起草我国的国家标准还应遵守 GB/T 1.2 的规定，同时还要注意按照 GB/T 20003 的规定在编制标准的过程中处理好专利问题。其次，要根据所起草标准的具体情况，在支撑标准化工作的基础性国家标准体系中选择对应的标准化文件，按照相应文件中的规定，遵循文件中的指导、原则或方法起草标准化文件。根据起草标准的功能类型，要遵守 GB/T 20001 相应部分的规定；如果起草的标准涉及安全、环境以及特定人群的特定需求，要遵守 GB/T 20002 中相应部分的规定；如果需要编制团体标准，要考虑 GB/T 20004 对良好行为给出的原则与建议。

# 第三节　起草标准化文件遵循的原则和途径

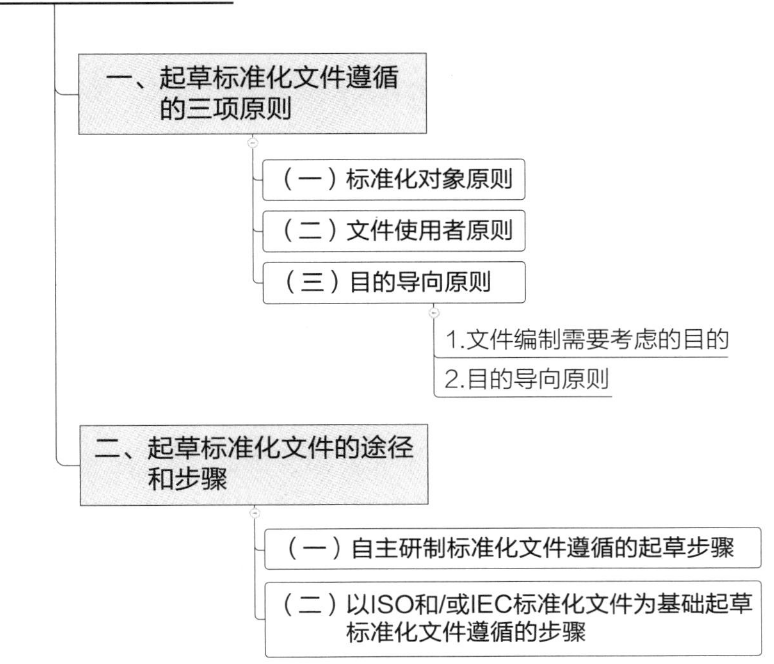


标准化文件的起草要达到这样一个具体明确的目标：编制形成清楚、准确和无歧义的条款，使得文件能够为未来技术发展提供框架，并被未参加文件编制的专业人员所理解且易于应用，从而促进贸易、交流以及技术合作。

由于标准化文件是公认的技术规则，所以文件中不应规定诸如索赔、担保、费用结算等合同要求，也不应规定诸如行政管理措施、法律责任、罚则等法律法规要求。

为了达到起草标准化文件的目标，在编制形成文件时宜充分考虑最新技术水平和当前市场情况，认真分析所涉及领域的标准化需求；在准确把握标准化对象、文件使用者和文件编制目的的基础上，明确文件的类别和/或功能类型（见本章第一节中的“三”），选择和确定文件的规范性要素，合理设置和编写文件的层次和要素，准确表达文件的技术内容。

本节将详细阐述起草标准化文件需要遵循的三项原则，以及需要遵循的途径和起草步骤。

## 一、起草标准化文件遵循的三项原则

起草标准化文件时，首先要做的工作就是确立条款以及选择和确定文件的规范性要素。在考虑一个文件需要对哪些技术内容标准化时，需要遵循并综合考虑标准化对象或领域、文件使用者以及目的导向三项原则。这三项原则直接影响着文件整体框架的搭建、文件类别或功能类型的确定、文件核心技术要素和其他规范性要素及其条款的选择和确定。

### （一）标准化对象原则

标准化对象是指“需要标准化的主题”。从编制标准化文件这个角度可以将标准化对象理解为“产品/系统、过程或服务”[见本章第一节“一”(一)中对“标准化对象”的界定]。针对每个特定的文件，其标准化对象就是具体的产品/系统、过程或服务，如电冰箱、变电站监控系统、管理过程、快递服务等。

标准化对象原则是指起草文件时需要确定标准化对象或领域，即拟标准化的是产品/系统、过程或服务，还是与某领域相关的内容；是标准化对象所有必备方面，还是某个特殊方面，从而确保规范性要素中的内容与标准化对象或领域紧密相关。标准化对象将从以下几个方面影响文件的起草。

第一，针对一个标准化对象通常宜编制成一个无须细分的文件，只有在特殊情况下才可编制成分为若干部分的文件。换句话说，无论文件作为一个整体，还是分成若干部分发布，都应该是针对一个标准化对象。

第二，标准化对象与标准的对象类别[见本章第一节“三”中的(三)]直接相关。标准化对象不同，标准的对象类别，即产品标准/系统标准、过程标准或服务标准就会不同。标准的对象类别不同，进而标准中的技术内容就会不同。因此标准化对象会影响标准中具体技术内容的选取甚至规范性要素的构成。例如，标准化对象为产品，则可能起草产品标准，标准的内容可能会涉及产品的使用性能、理化性能等；标准化对象为服务，则可能起草服务标准，标准的内容可能会涉及服务效果、宜人性、响应性等效能特性的内容。进而标准的规范性要素就可能会涉及(技术)要求、证实/试验/评价等方法，甚至标志、标签等。即使标准化对象为产品，但具体对象不同时，标准中的技术内容也会不同。例如，具体对象为“咖啡研磨机”，则文件会涉及使用性能、机械、物理、电学性能、外形尺寸等要求；具体对象为“氯化钠”，则可能会涉及纯度、杂质等方面的要求。

第三，标准化对象不同，形成标准化文件的适用范围以及文件的层次有可能不同。标准化对象涉及宏观、复杂、新兴的领域或主题，或者适用跨行业的产品、过程或服务，就有可能形成国家标准化文件；标准化对象是行业内重要的产品、过程或服务，就有可能编制成行业或团体标准化文件；对于具体的、适用范围较窄的产品、服务或工艺等，则通常适合于编制成企业内部使用的企业标准化文件。

综上，标准化对象原则是在起草标准化文件开始阶段就需要考虑的原则，确定标准化对象是为了规划文件的整体框架，确保文件中规范性要素及其条款与具体的标准化对象(或领域)或其特殊方面紧密相关。

### （二）文件使用者原则

文件使用者也即利益相关方，一般包括：设计者、生产者/提供者/操作者/执行者、安装者、供应者，通常称为第一方；使用者/消费者、订货者/采购者、维护者(有时由第一方提供维护)等，通常称为第二方；检测者/检验者、认证者、管理者等，通常称为第三方。

文件使用者原则是指起草文件时需要考虑该文件是给谁用的、他们的具体需求是什么。为了满足文件使用者的不同需求，拟编制文件的功能类型会不同。文件使用者从以下几个方面影响文件的起草。

第一，满足文件使用者的需求是文件分成部分的影响因素之一。不同的文件使用者的需求不同，关注的方面也会不同。因此针对一个标准化对象，往往需要从使用者需求的角度考虑将文件分成若干部分，每个部分仅规定与特定使用者的需要相关的内容。这样使用者应用文件时，看到的内容都是他所需要的。

第二，文件使用者的需求不同，拟起草的文件功能类型会不同。

如果文件使用者（通常为技术交流方）的需求是在某领域中能够使用被大家认同的术语或符号，以便顺畅地交流，那么就要在文件中“界定”概念的指称及其定义，或者“界定”符号的表现形式及其含义。这样形成的标准的功能类型为“术语标准”或“符号标准”。

如果文件使用者（通常为技术交流方、技术文件的编制者、产品或服务的设计者）的需求是在某领域（或较复杂的标准化对象）中能够使用被广泛认同的分类体系或分类结果，以便在产品、过程或服务的辨识上达到共识，那么就要在文件中“确立”分类体系，给出分类结果。这样形成的标准的功能类型为“分类标准”。

如果文件使用者（通常为试验、测试、检测人员或机构）的需求是能够履行明确的试验或测试程序并得出相应的结论，以便对产品的性能或服务的效能进行证实，那么就要在文件中全面“描述”试验活动并给出得出结论的方式。这样形成的标准的功能类型为“试验标准”。

如果文件使用者（通常为贸易双方，认证、管理机构等）的需求是能够判定具体的活动（如过程）及其结果（如产品或服务等）是否符合相应的“要求”，那么就要在文件中对标准化对象“规定”可证实的要求。这样形成的标准的功能类型为“规范标准”。

如果文件使用者（通常为具体的产品生产者、服务提供者或者相关管理人员）的需求能够履行规定的“程序”并能够追溯/证实该程序是否被履行，那么就要在文件中“规定”可追溯/可证实的过程/程序。这样形成的标准的功能类型为“规程标准”。

如果文件使用者（通常为技术文件/技术解决方案的编制者）的需求是要了解并掌握某些宏观、复杂、新兴的主题的发展规律，以便编制相应的标准或技术文件，或者形成相应的技术解决方案，那么就要在文件中“提供”方向性的指导、具体的建议或给出有参考价值的信息。这样形成的标准的功能类型为“指南标准”。

第三，不同功能类型的标准的核心技术要素不同。标准的功能类型一旦确定，其核心技术要素也就随之确定。核心技术要素中的条款也会受到标准功能类型的影响。

总之，文件使用者原则同样是在起草标准化文件的开始阶段就需要遵守的原则。这一方面能够通过将文件划分成不同的部分，使得文件更加适合不同使用者的需求；另一方面能够形成适应文件使用者需求的标准功能类型，从而保证文件的规范性要素及其技术内容都是特定使用者所关注、所需要的。

### （三）目的导向原则

起草标准化文件时还需要考虑文件编制目的，遵守目的导向原则，即以编制目的为导向选择并确定文件的技术内容。

#### 1. 文件编制需要考虑的目的

起草标准化文件的目的通常包括四个方面：基础适用、可用性、多个产品或服务的配合、公共利益。

（1）基础适用

在基础适用方面，通常包括促进相互理解和利于品种控制两个具体目的。

• 促进相互理解

相互理解是指技术交流的各方或使用标准化文件的各方对相关的概念、符号、分类体系，以及是否履行了程序、达到了要求的结果等能够达到共识。只有达到了相互理解，各方才能够顺利地交流，标准化文件才能得到广泛应用。交流各方如果对相关的概念、技术问题没有一致的认识，交流就无法进行；只有建立一致的规则，才能够彼此相互理解，交流才能够实现。因此，促进相互理解是标准化活动的重要目的之一，在一个领域内开展标准化活动，往往首先要以相互理解为目的编制相应领域的基础标准。

• 利于品种控制

品种控制是指“为了满足主导需求，对产品、过程或服务的规格或类型数量的最佳选择”①。品种控制可以通过对标准化对象分出的类型进行选择，并对初期产品或服务单元进行标准化，以达到基础适用的目的。

对于各类产品广泛使用的原材料、零部件、电子元器件和电线、电缆等，由于使用场合千变万化，要求也各不相同，往往会产生繁杂和众多的规格或类型。同样，对于服务产品，通常也是由一个个具体的服务环节、服务内容等单元构成，往往也会由于服务场所、接受服务的需求的差异，而导致各组成单元的类型和内容的差异很大。所有这些都会给生产、服务和供应的组织管理造成极大的不便和困扰，降低了产品或服务单元的利用效率。

因此，有必要将品种控制作为编制标准化文件所要考虑的目的。通过标准化方法对构成产品或服务的初期品种或单元进行控制，从而减少差错、提高效率。为了实现这一目的，在标准化文件中往往需要对产品的某些性能或外形尺寸、服务的效能或内容提出合理的、可供选择的数值或指标，还可以给出一系列数值或级差（见第六章第三节中的“六”）。为了达到品种控制的目的，在确定要求时通常使用简化、系列化的方法。

终端产品的多样性是建立在对初期产品（原材料、零部件、服务单元等）标准化的基础上的。只有对初期产品运用标准化的方法达到了品种控制的目的，才能够在此基础上进一步运用通用化、系列化、组合化的方法，实现终端产品的多样性。

（2）可用性

可用性是指标准化对象独自使用或提供时实现其基本功能的能力，它和标准化对象的直接用途相关，是标准化对象的重要功能特性之一。任何标准化对象要可用才会有价值，因此对于具体的标准化对象，编制文件首先要考虑的目的是保证所涉及的产品、过程或服务独自使用或提供时的可用性。

在保证可用性时，如果涉及的是产品，就要规定产品独自使用时需要满足的基本性能，如对于洗衣机就要保证在正常使用的情况下，洗衣机易操作，并且达到洗净衣服的基本性能；如果涉及的是过程，就要规定该过程独自操作时需要达到的基本效能，如对于标准制定过程就要通过履行标准制定程序达到各利益相关方意见表达的有效性，从而认同标准技术内容；如果涉及的是服务，就要规定该服务单独提供时需要满足的基本效能，如保洁服务就要达到被服务对象的基本需求，服务的结果起码要达到环境、物体的清洁。

---

① GB/T 20000.1—2014《标准化工作指南 第1部分：标准化和相关活动的通用术语》，定义4.4。

(3) 多个产品或服务的配合

可用性强调的是标准化对象独自使用的能力。然而在许多情况下,标准化对象还要与其他的产品或服务一起使用或提供。因此,编制文件还需要考虑标准化对象与其他产品、过程或服务一起使用或提供时,需要满足的要求,以便实现其功能。因此,互换性、兼容性或相互配合就有可能成为编制标准化文件的目的。

- 互换性

互换性是指“某一产品、过程或服务能用来代替另一产品、过程或服务并满足同样要求的能力”[①]。产品中的易损件、服务或过程中的可替换环节或内容,需要经过标准化的过程,形成标准化的产品、过程或服务,才能够实现彼此之间无障碍的互换。

为了达到互换的目的,对于产品标准需要考虑对互换件进行规定。达到互换性通常需要满足“尺寸互换性”和“功能互换性”。前者需要规定几何参数及其公差,后者还要规定机械物理等方面的性能参数及其公差。对于服务标准,要考虑到受环境、气象等因素影响有些服务环节或内容无法执行的问题,为此,在文件中就要规定可替换的服务环节或内容。对于过程标准,如标准制定过程,在审查环节就可以有会审、函审两个可替换的过程,在相应的过程标准中就要规定会审或函审可否替换的条件。

- 兼容性

兼容性是指“诸多产品、过程或服务在特定条件下一起使用时,各自满足相应要求,彼此间不引起不可接受的相互干扰的适应能力”[②]。兼容性主要考虑多个产品、过程或服务一起使用时,保证每个标准化对象能够发挥各自的功能,还能彼此之间不相互干扰。如果需要考虑满足兼容性的目的,在保证标准化对象自身可用性的前提下,还需要考虑以下要求:其一,不对与其一起使用的其他产品、过程或服务产生影响。其二,不受与其一起使用的其他产品、过程或服务的影响。为此,在标准化文件中需要提出相关的要求。

例如,电磁兼容是典型的产品兼容的实例。为了达到电磁兼容的目的,标准化文件中需要包括两个方面的要求:一方面要求设备在正常运行过程中对所在环境产生的电磁骚扰不能超过一定的限值;另一方面要求设备对所在环境中存在的电磁骚扰具有一定程度的抗扰度。在服务标准中,也需要考虑兼容性的问题,比如,旅游或博物馆讲解服务,就要考虑讲解人员的讲解既不要对其他讲解造成干扰,又不受其他讲解或现场情况的干扰的问题。为了解决这一问题,在文件中就要对相关的流程规定要求,或者规定需要提供相关的设备等。

- 相互配合

相互配合是指“多个产品/系统、过程或服务在特定条件下一起使用时,能互相协调动作,满足预定要求的能力”。相互配合往往是编制涉及系统、复杂的制成品、大型服务等方面的标准化文件需要考虑的目的。

如果需要达到相互配合的目的,产品标准需要规定各相关部件之间,系统标准需要规定各子系统或系统组成要素之间,服务标准需要规定各服务环节、人员或资源之间需要满足协调动作的相关要求,以及它们需要达到的共同要求。例如,公共信息导向系统要达到导向的目标,需要系统中设置的各种导向要素的相互配合;医院中的洗牙服务,需要牙医与其助手的相互配

① GB/T 20000.1—2014《标准化工作指南 第1部分:标准化和相关活动的通用术语》,定义4.3。

② GB/T 20000.1—2014《标准化工作指南 第1部分:标准化和相关活动的通用术语》,定义4.2。

合才能达到洗牙的目的，既能提高洗牙的效率，又能减少患者的不舒适。

相互配合和兼容性都是指不同产品/系统、过程或服务一起使用时需要考虑的特性。相互配合强调系统中的各子系统、各产品或提供服务的人员要通过相互协调动作或状态（如导向要素的设置位置等）来满足共同的要求；而兼容性是要满足标准化对象的各自要求，只要产品/系统、过程或服务在各自使用或提供时不互相干扰即可。

（4）公共利益

在起草标准化文件时，除了上述保证可用性等目的之外，往往还会考虑公共利益方面的文件编制目的，通常包括保证安全、保障健康、保护环境或促进资源利用等目的。为了达到这些目的，不但要考虑标准化对象正常使用时产生的影响，而且还要重点考虑遇到特殊状态下的影响，甚至可能还要考虑产品生产或服务提供过程中产生的影响。

如果只考虑产品或服务正常使用的情况，而不考虑突发安全、健康问题等异常情况，就会出现虽然产品或服务的可用性符合了要求，但是由于安全和健康等原因导致出现其他严重问题。另外，虽然保护环境或促进资源利用的目的不会直接影响产品的使用或服务的提供，但涉及人类的可持续发展。为了满足上述目的，起草标准化文件时需要选择有关的技术特性并规定相应的要求，或者需要履行特定的程序。

- 保证安全

安全是指“免除了不可接受的风险的状态”①。标准化考虑产品、过程或服务的安全时，通常是为了获得包括诸如人类行为等非技术因素在内的若干因素的最佳平衡，将伤害到人员和物品的风险降到可接受的程度。

因此在编制产品标准时，如果考虑安全这一目的，应通过标准中的规定使符合标准的产品不会在使用中造成不可接受的伤害。通常需要规定产品在防机械损伤、防辐射、防电击、防火灾、防爆炸、预防化学和污染等方面的要求。

在编制过程标准、服务标准时要考虑哪些操作步骤或环节存在风险，有可能对人员造成伤害。从而在标准中对相关环节、步骤提出安全要求，或在确立程序时避开可能造成人员伤害的阶段或步骤，或者用风险程度低的阶段替换风险程度高的阶段；还可以在进行程序指示时，通过明确、安全的行为指示，避免伤害的发生。

- 保障健康

编制涉及食品、直接接触食品材料（如食物包装材料等）、日用品、玩具、建筑材料等产品标准时，在规定满足可用性目的之外，常常需要考虑保障健康目的的有关要求：

——食品标准中可能涉及亚硝酸盐含量、细菌总数、大肠杆菌、黄曲霉毒素等的限量要求；

——涂料标准中可能涉及对挥发性有机化合物（VOC）、游离甲醛、重金属、苯系物等的限量要求；

——玩具标准中可能涉及有可能危害儿童健康的有害成分（如可迁移元素）的最大限量要求；

——食物包装材料、购物袋标准中会涉及对卫生指标的要求；

——机械产品标准中可能涉及对运转部分的噪声限制等。

对于与健康有关的服务标准、过程标准，也需要考虑在服务的提供、过程的操作时设置保障健康的阶段，或者规定相应的要求。

---

① GB/T 20002.4—2015《标准中特定内容的起草 第4部分：标准中涉及安全的内容》，定义3.14。

- 保护环境

保护环境是指“使环境免受产品的使用、过程的操作或服务的提供所造成的不可接受的损害”①。保护环境还意味着保护自然资源和对自然资源的合理利用。如果将保护环境作为文件编制的目的，通常从产品或服务的生命周期的角度考虑以下方面，并且规定相关要求，提出行为指示：

——产品生产过程或服务提供过程中对环境的影响；

——产品的使用、服务的提供中产生的废弃物或排放等对环境影响；

——产品中的有害物质(通常涉及产品废物处理)对环境影响。

考虑到对自然资源的合理利用，还可能在标准化文件中规定：

——直接消耗能源产品的耗能指标，如耗电、耗油、耗煤、耗气、耗水等；

——对社会生产和消费过程中产生的各种废物进行回收和再生利用的要求。

**2. 目的导向原则**

目的导向原则是指起草文件时需要充分考虑文件编制目的，并以确认的编制目的为导向，确定标准的目的类别[见本章第一节“三”中的(四)]，进而通过对标准化对象的功能分析，识别出文件中拟标准化的内容或特性。文件编制目的将从以下几个方面影响文件的起草。

第一，文件编制目的是文件分成部分的另一个影响因素。针对同一个标准化对象，从编制目的角度可以将文件分成不同的部分，每个部分仅规定与编制目的有关的内容。

第二，文件编制目的不同，标准的目的类别就会不同。文件编制目的为促进相互理解或利于品种控制时，标准的目的类别为基础标准；文件编制目的为可用性、互换性、兼容性、相互配合等时，标准的目的类别为技术标准；文件编制目的为保证安全、保障健康、保护环境等时，标准的目的类别为公益标准，可细分为安全标准、卫生标准、环保标准等。标准的目的类别不同，标准中的技术内容就会不同。

第三，文件编制目的会对规范性要素中需要标准化的技术内容或特性产生直接的影响。文件编制可以只有一个目的，也可以有多个目的。编制目的越多，文件中需要涉及的技术内容或特性就越多。

如果文件编制目的是为了保证产品的可用性，那么就会针对反映该产品基本使用功能的特性规定要求，根据具体情况，通常需要规定产品的使用性能、理化性能、环境适应性、人类工效性能等方面的技术要求。如果还要考虑该产品与其他产品一起使用或者相互替代的情况，那么互换性、兼容性或相互配合就有可能成为文件编制的目的，为了达到这些目的，就需要选择与之相关的特性并规定要求。更进一步考虑，标准制定中可能还需要满足安全、资源利用的目的，那么也需要提出相应的要求。

以编制洗衣机产品标准为例，满足洗衣机的可用性目的，也就是要通过对洗衣机的操作，在不损坏衣物的前提下，能够达到洗净衣服的预期功能，并且考虑洗衣机的易操作、外观美观等人类工效性能要求。为此，在洗衣机的标准中，可以规定使用性能：包括洗净性能、漂洗性能、脱水性能，对织物的磨损率、无故障运行等；环境适应性：包括使用环境温度、空气相对湿度等；人类工效性能：包括洗衣机面板的易操作性，面板显示的易理解性，外观要求等。为了保证互换性，需要对紧固件、易损件提出要求；为了资源利用的目的，需要对用电量、用水量进行规定。可见，文件编制目的越多，需要规定的技术内容也就越多。

---

① GB/T 20000.1—2014《标准化工作指南　第1部分：标准化和相关活动的通用术语》，定义4.6。

再以编制服务标准为例，同样也是首先需要考虑满足服务的可用性目的，为此，通常需要规定反映服务效果的要求，进而可以规定反映服务过程的效能特性，如针对宜人性、响应性的要求；在此基础上，还可能需要考虑服务节点上的衔接顺畅（接口）、不同团队之间协调配合（相互配合）等目的，并为此针对与之相关的特性规定要求。

除了上述技术内容之外，文件中常常为了满足相互理解的目的而包含相应的技术内容。如，为了对文件中使用的术语有一致的理解，在文件中的"术语和定义"要素中界定相应的术语和定义；为了对技术要求中用到的产品或服务的类别有一致的认识，在文件中对相关产品或服务进行分类。

综上，目的导向原则是在起草标准化文件开始阶段就需要考虑的原则。这一方面能够通过将文件划分成不同的部分，使得每个部分规定的内容都与编制目的紧密相关；另一方面就是要以编制目的为导向选择并确定文件的技术内容，也就是说文件编制目的决定了文件中技术内容的选取和确定。以目的为导向，能够保证文件中规定的技术内容都是为了满足文件编制目的而设定的。

## 二、起草标准化文件的途径和步骤

标准化文件的起草通常有两种途径：一是自主研制标准化文件，需要遵守 GB/T 1.1《标准化工作导则　第 1 部分：标准化文件的结构和起草规则》；二是以 ISO/IEC 标准化文件为基础起草我国国家标准化文件，在遵守 GB/T 1.1 的基础上，还需要遵守 GB/T 1.2《标准化工作导则　第 2 部分：以 ISO/IEC 标准化文件为基础的标准化文件起草规则》。

### （一）自主研制标准化文件遵循的起草步骤

自主研制标准化文件是在起草我国标准化文件时没有以国际标准化文件为蓝本，文件结构的搭建、技术内容的表述不以任何一个国际文件为基础。当然，在编写文件的过程中，收集国内、国外的相关标准化文件、资料是必需的，文件中的一些指标、方法参考一些国际标准化文件、资料也是很正常的事情。自主研制标准化文件通常需要履行八个起草步骤。

自主研制标准化文件的起草步骤以及涉及的原则、方法，考虑的因素及产生的结果等内容见图 1-3。

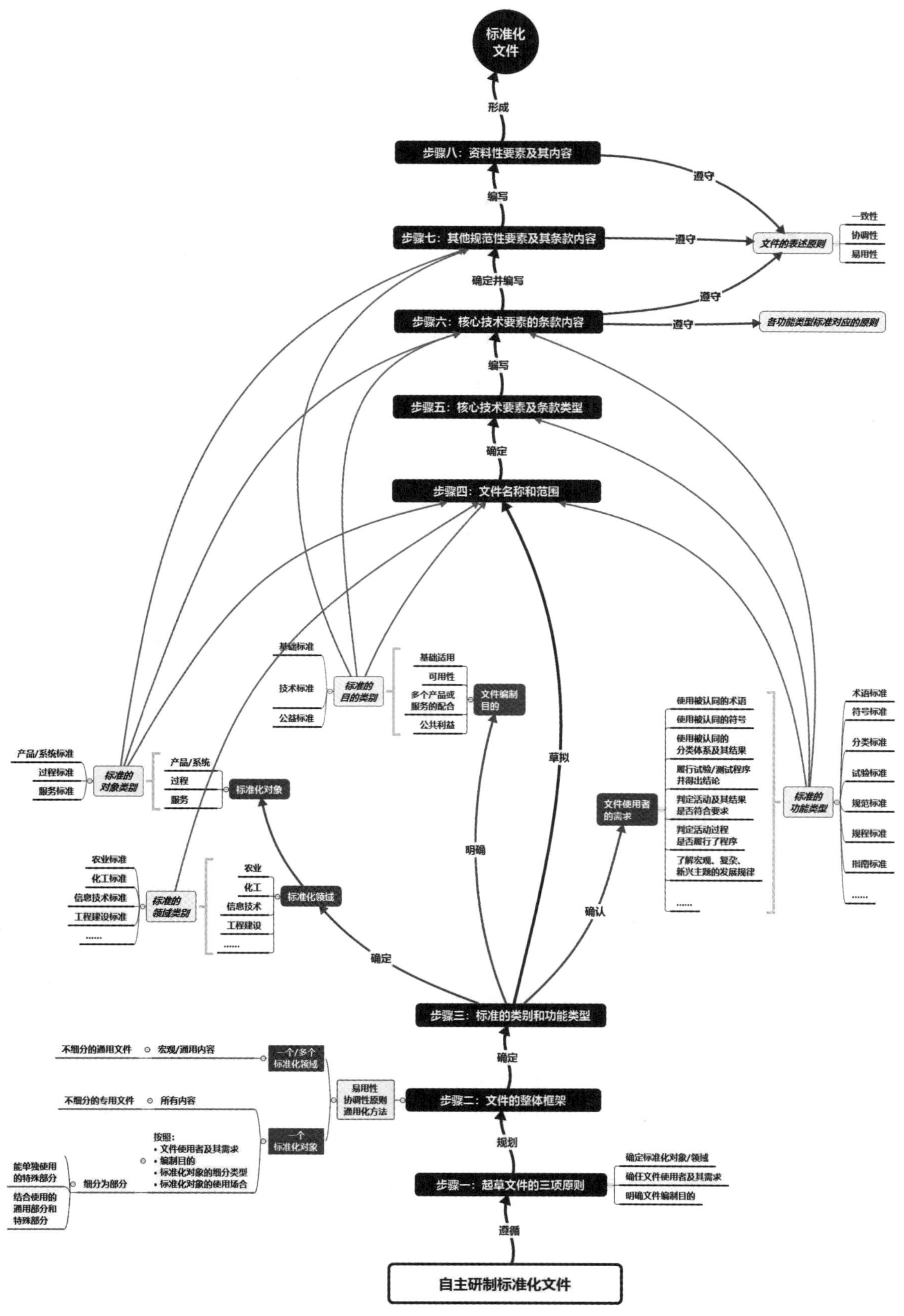


图 1-3 自主研制标准化文件的起草步骤及相关内容

**步骤一:遵循起草文件的三项原则**

在着手起草标准化文件时,要认真考虑起草文件需要遵循的三项原则(见本节中的"一"),在分析研究的基础上确定标准化对象或领域、确认文件使用者及其需求、明确文件编制目的。

确定标准化对象或领域。要确定拟起草文件是属于哪个标准化领域,是涉及整个标准化领域,还是与某领域相关的内容,或者是针对领域中的具体标准化对象,即产品/系统、过程或服务。在此基础上还要进一步确定,拟标准化的是哪种具体的产品/系统、过程或服务;是标准化对象的所有必备方面,还是某些特殊方面。

确认文件使用者及其需求。要考虑拟起草的文件是给谁用的,文件针对的是利益相关方的哪一方使用者,并确认他们的需求。

明确文件编制目的。要遵守目的导向原则,明确文件编制目的是涉及基础适用、可用性、多个产品或服务的配合、公共利益等哪些方面的目的。

经过上述研究分析后,要将确认的结果,即标准化对象或领域、标准使用者及其需求、文件编制目的列出清单,以便在后续步骤中使用。

**步骤二:规划文件的整体框架**

考虑了上述三项原则,确定了拟编制文件针对的标准化对象、文件使用者的需求、文件编制目的后,就要对文件的整体框架进行规划。在遵守易用性、协调性原则的基础上,恰当运用通用化方法来确定,是编制成一个无须细分的整体文件,还是编制成分成若干部分的文件;是编制成通用文件,还是专用文件;是编制成能单独使用的特殊部分,还是结合使用的通用部分和特殊部分。

(1) 整体和部分

针对一个标准化对象应该编制成一个文件,这个文件通常是一个未细分成部分的整体文件,只有在特殊情况下才可考虑编制成分为若干部分的文件。

当编制的文件会涉及标准化对象的所有内容,或者涉及一个领域中的通用内容(领域内通用)或几个领域的通用内容(跨领域通用),那么就要编制成不再细分的整体文件。在考虑了下面的情况下可以将一个文件分成若干部分:文件使用者及其需求、文件编制目的、标准化对象的细分类型/使用场合,以及文件的篇幅。为了方便不同的文件使用者,满足其不同的需求,或为了达到不同的编制目的,或者需要针对标准化对象的不同细分类型或使用场合,可以考虑将一个文件编制成多个部分。当文件的篇幅过长时,可在考虑上述情况后将文件分为不同的部分。

在规划文件的整体框架时,要遵循框架的搭建原则并统筹考虑上述各种情况。例如,在文件篇幅过长,加之不同的使用者会分别使用文件中的不同内容,这时就可将文件中的相关内容分为不同的部分。然而如果文件中的内容对于所有使用者都适用,也不应仅仅由于文件篇幅过长就强行将文件拆分成不同的部分;反之,如果文件篇幅不算太长,但其不同的内容分别适用不同的使用者,那么也可能需要将文件分成不同的部分。

文件被分为部分后,每个部分可以单独编制、修订和发布。这样避免了篇幅过长的文件,一旦需要修订其中的某些内容时,不得不修订整个文件的情况。

部分的划分详见第二章第三节中的"一"。

(2) 通用和专用

编制一个标准化文件,还要考虑是编制一个通用的文件,还是编制一个专用的文件。

通常，涉及某个领域，或者宏观、复杂、新兴的标准化对象的通用内容宜编制成一个通用文件（通常不分成部分），该文件适于在编制其他文件时遵守或引用。针对适用范围单一的标准化对象的所有内容宜编制成不分成部分的专用文件，如某个具体的产品标准，这类文件或许会引用相关的通用文件（如通用要求标准、试验方法标准等），但它通常不会被其他文件所引用。

对于需要分成部分的文件中，其中通用的内容宜编制成文件的通用部分（如通用要求、试验方法、术语等），该部分适于文件内部其他部分引用；文件中的其他部分则为特殊部分，它们通常引用该文件的通用部分。

适用范围单一的标准化对象中的某些具体内容，不宜编制成专用文件，仅适于编写成文件中的相关要素。

例如，对于试验方法，如果适用于测试广泛的多种产品的特性，宜编制成试验标准，供相关的产品标准引用；如果适用于测试某类产品的特性，可能会编制成分为若干部分的文件中的试验方法部分，以便文件中的其他部分引用。而对于仅适用于某产品的具体特性的测试，由于不具有普遍性，那么形成该产品标准中的“试验方法”要素即可，不宜形成试验方法标准。

对“通用标准”和“专用标准”的界定参见本章第一节“三”中的（六）。

**步骤三：确定标准的类别和功能类型**

规划完成文件的整体框架之后，就要着手确定未细分的文件或分成部分的文件中的各部分的类别和功能类型。在前文步骤一中已经将研究确认的标准化对象或领域、标准使用者及其需求、文件编制目的列出了清单，这些确认的事项对标准的类别和功能类型的确定密切相关。从图 1-3 的步骤三可看出标准化领域的确定，就可以直接确认标准化文件所针对的宏观、复杂、新兴的标准化领域或标准化的主题，标准的领域类别[见本章第一节“三”中的（二）]随之确定；标准化对象的确定，可以清晰地划定标准化对象所涉及的边界，标准的对象类别[见本章第一节“三”中的（三）]也就随之确定；文件编制目的的明确，标准的目的类别[见本章第一节“三”中的（四）]随之确定；文件使用者及其需求的确认，可以识别出拟编制的文件需要发挥的功能，标准的功能类型[见本章第一节“三”中的（五）]即可随之确定。

**步骤四：草拟文件名称和范围**

在确定了标准的类别和功能类型之后，需要草拟文件的名称和范围。从图 1-3 的步骤四可看出，标准的领域类别、对象类别、目的类别和功能类型都对文件名称和范围的编写产生着影响。在文件名称中要反映出已经确定的标准化领域[通过引导元素反映（如需要）]、标准化对象（通过主体元素反映）、文件编制目的（可通过补充元素反映），以及文件使用者的需求（可通过使用表示标准功能类型的词语进行反映）（使用的具体词语以及文件名称的编写详见第二章第一节）。文件的范围除了要覆盖文件名称的内容之外，还要反映文件的使用者，也就是要说明文件是给谁用的（详见第四章第一节）。

**步骤五：确定核心技术要素及条款类型**

标准的功能类型确定后，标准的核心技术要素及其条款类型也就随之确定，也就是说标准的核心技术要素及其条款类型完全取决于标准的功能类型。表 1-6 给出了各种功能类型标准的核心技术要素以及使用的条款类型。

表 1-6　各种功能类型标准的核心技术要素以及所使用的条款类型

| 标准功能类型 | 核心技术要素 | 使用的条款类型 |
|---|---|---|
| 术语标准 | 术语条目 | 界定术语的定义使用陈述型条款 |
| 符号标准 | 符号/标志及其含义 | 界定符号或标志的含义使用陈述型条款 |
| 分类标准 | 分类和/或编码 | 陈述、要求型条款 |
| 试验标准 | 试验步骤<br>试验数据处理 | 指示、要求型条款<br>陈述、指示型条款 |
| 规范标准 | 要求<br>证实方法 | 要求型条款<br>指示、陈述型条款 |
| 规程标准 | 程序确立<br>程序指示<br>追溯/证实方法 | 陈述型条款<br>指示、要求型条款<br>指示、陈述型条款 |
| 指南标准 | 需考虑的因素 | 推荐、陈述型条款 |
| 注：如果标准化指导性技术文件具有与表中规范标准、规程标准相同的核心技术要素及条款类型，那么该标准化指导性技术文件为规范类或规程类。 | | |

**步骤六：编写核心技术要素的条款内容**

核心技术要素确定以后，就要着手编写条款的具体内容。核心技术要素中的条款内容，除了依据标准的功能类型进行编写以外，还需要根据标准的对象类别和目的类别进行选择和确定，也就是这些要素中的内容与标准化对象或领域紧密相关，而且是为了实现编制目的而选取的。

例如，术语标准中的“术语条目”的确定取决于所涉及的标准化领域，以及为了在该领域内达到相互理解的目的所要建立的概念体系；试验标准中“试验步骤”内容的确立，一是针对具体的试验（标准化对象），二是要满足各方在待测试的特性上达到相互理解的目的；规范标准中的“要求”这一要素的内容，一方面要针对具体的产品、过程或服务，另一方面还要满足已经确定的文件编制目的，如可用性、安全等。

在编写不同功能类型标准核心技术要素的条款内容时，需要遵守各自对应的原则。各种功能类型标准的核心技术要素的编写见第三章。

**步骤七：确定并编写其他规范性要素及其条款内容**

核心技术要素编写完成后，如果需要，就要开始确定并编写其他规范性要素。其他规范性要素也是与标准化对象和文件编制目的紧密相关。如在编制基础标准之外的其他标准化文件时，在文件所针对的标准化对象的基础上，如果考虑到相互理解的目的，就需要对文件中用到的术语进行定义，对符号或缩略语进行解释，对涉及的产品或服务予以分类，对系统的构成予以界定。因此，在文件的核心技术要素之外就会设置术语和定义、符号和缩略语、分类和/或编码等要素，并编写相关内容。又如，对于试验标准，还可能会设置并编写试剂或材料、仪器设备等要素；在编制某些文件时，为了达到编制目的，还可能需要设置要素“总体原则和/或总体要求”，并编写相关内容。

在文件的规范性要素基本编写完成时，还需要根据这些要素的实际内容重新审看文件的“范围”，调整其表述，以便准确反映文件的规范性内容。

标准化文件中通常涉及的其他规范性要素的编写见第四章。

**步骤八：编写资料性要素及其内容**

规范性要素编写完成后，就需要编写相应的资料性要素。资料性要素的选择和确定源于标准化文件中的规范性要素，因此它们要在规范性要素编写完成后再着手编写。首先需要编写的是“规范性引用文件”，它是一个必备/可选要素。凡是文件条款中规范性引用了其他文件，都应该在要素“规范性引用文件”中列出这些文件。凡是文件中资料性引用了其他文件，就应该设置要素“参考文献”，并将这些资料性引用的文件，如必要连同文件编制过程中参考的其他文件列入参考文件。如果分为部分的文件的每个部分，或者文件的某些内容涉及了专利，就需要设置引言，以便做出相应的阐述；如必要，可在引言中陈述编制文件的原因和目的，并对涉及的技术进行说明。前言是必备要素，主要用于说明正在起草的文件与其他文件的关系。如果需要给文件使用者提供一个不同于目次的检索文件内容的途径，设置索引就成为一个选择。如果需要展示文件的结构，并且给文件使用者检索文件的结构及其内容提供方便，那么有必要设置目次。封面是必备要素，通常应在编写完成其他要素之后进行设置。

各类资料性要素及其内容的编写见第五章。

上述步骤六到步骤八，在编写文件要素的过程中都涉及如何表述文件的要素。出于表述的需要，可以将文件设置成章条等层次。文件中要素由“条款和附加信息”组成，它们又有不同的表述形式。在表述要素的内容时，需要遵守文件表述三原则，即一致性原则、协调性原则和易用性原则。在遵守这些原则的基础上，要运用好要素的各种表述形式，准确表述要素的条款和附加信息。

文件中章条等层次设置见第二章的第三节。文件要素的具体表述见第六章。

### （二）以 ISO 和/或 IEC 标准化文件为基础起草标准化文件遵循的步骤

以 ISO 和/或 IEC 标准化文件为基础起草国家标准化文件时，需要采取以下五个步骤。

步骤一：翻译 ISO/IEC 标准化文件，形成准确的译文。

步骤二：研究并评估技术内容对我国的适用性。

步骤三：如需要在起草国家标准化文件时对相应内容进行改变。

步骤四：判定国家标准化文件与对应 ISO 和/或 IEC 标准化文件的一致性程度。

步骤五：依据判定的一致性程度编写国家标准化文件的具体要素和附录。

以 ISO 和/或 IEC 标准化文件为基础起草国家标准化文件的相关规则详见本书的第七章。

图 1-4 给出了按照两种途径起草标准化文件各关键环节与本书各章节及内容的对应关系。

文件的全部要素及其内容起草完成，标志着标准化文件草案初步形成。该草案需要履行标准制定程序并形成不同阶段的草案，才能最终作为标准化文件批准发布。

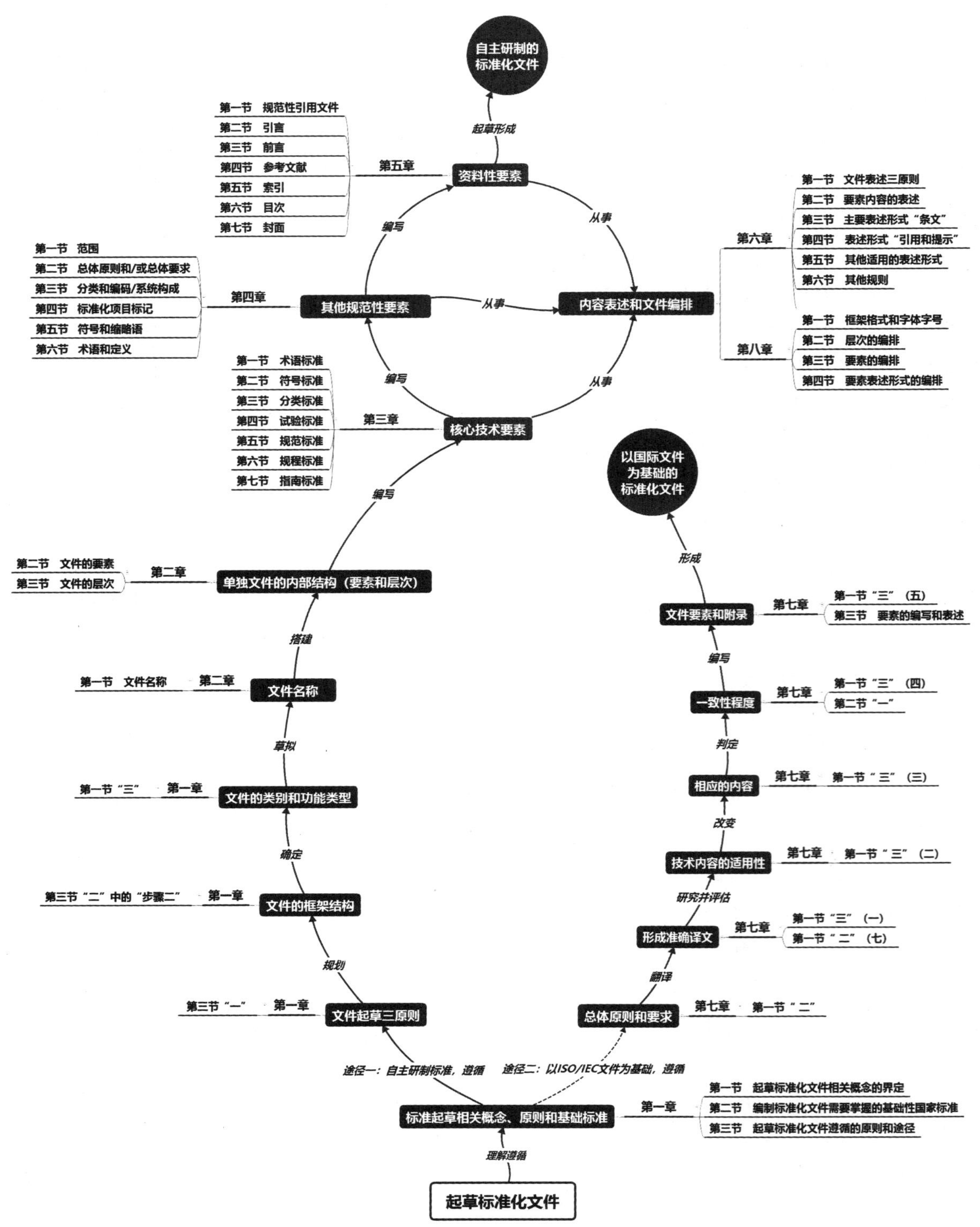


图 1-4 起草标准化文件各环节与本书各章节对应关系导引图

# 第二章 文件的名称和结构

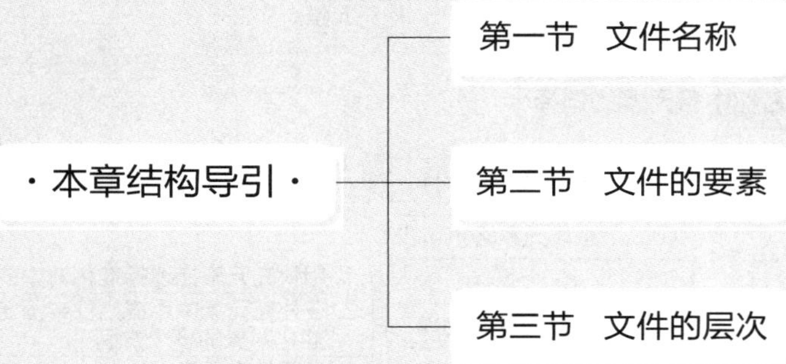


从第一章的第三节可看出，起草标准化文件，在经过了若干研究分析，确定了文件的整体框架，明确了标准的类别和类型之后，就需要草拟文件名称并进一步确定文件的结构。

与章、条、图表标题类似，标准化文件的名称可以看作文件的标题。文件名称是对文件所覆盖的主题的清晰、简明的描述，是文件使用者应用、收集和检索文件的主要依据。文件名称编写是否适当、正确，直接关系到文件主要信息的传递效果，因此文件名称的正确编写是十分重要的。

文件的结构是文件的基本骨架，结构搭建的完好与否是决定文本质量好坏的重要因素之一。标准化文件涉及的领域十分广泛，标准化对象种类繁多，不同的文件之间具有很大差异，很难针对各种文件分别给出各自适用的结构。然而，标准化文件又有其独自的特点，它与科技图书的结构完全不同，与设计文件、工艺文件也存在着差异，与法律法规等规范性文件也有着明显的区别。文件内容的特殊性决定了其形式的独特性。标准化文件特殊结构的表现形式，使得文件使用者能够一目了然地辨认出它是标准化文件，而不是其他的文件。

标准化文件中不同的内容发挥着各自的功能，每个相对独立的功能单元称之为“要素”。在编写文件的内容时，出于表述的需要，将文件的内容划分成具有从属关系的若干“层次”，层次是文件内容的外在表现形式。文件内容中发挥各自功能的“要素”和文件内容的表现形式“层次”构成了文件的结构。界定文件结构的另一种规范的表述为：结构是指“文件中层次、要素以及附录、图和表的位置和排列顺序”①。

搭建文件的结构是起草文件首先要进行的必不可少的工作。在确立了文件的技术内容，开始起草文件的草案时，要根据文件的内容合理安排文件的要素和层次，并在此基础上编写文件的具体条款，最终形成高质量的标准化文件。

---

① GB/T 1.1—2020《标准化工作导则　第1部分：标准化文件的结构和起草规则》，定义3.2.1。

# 第一节　文件名称

## ※ 本节结构及内容导引 ※

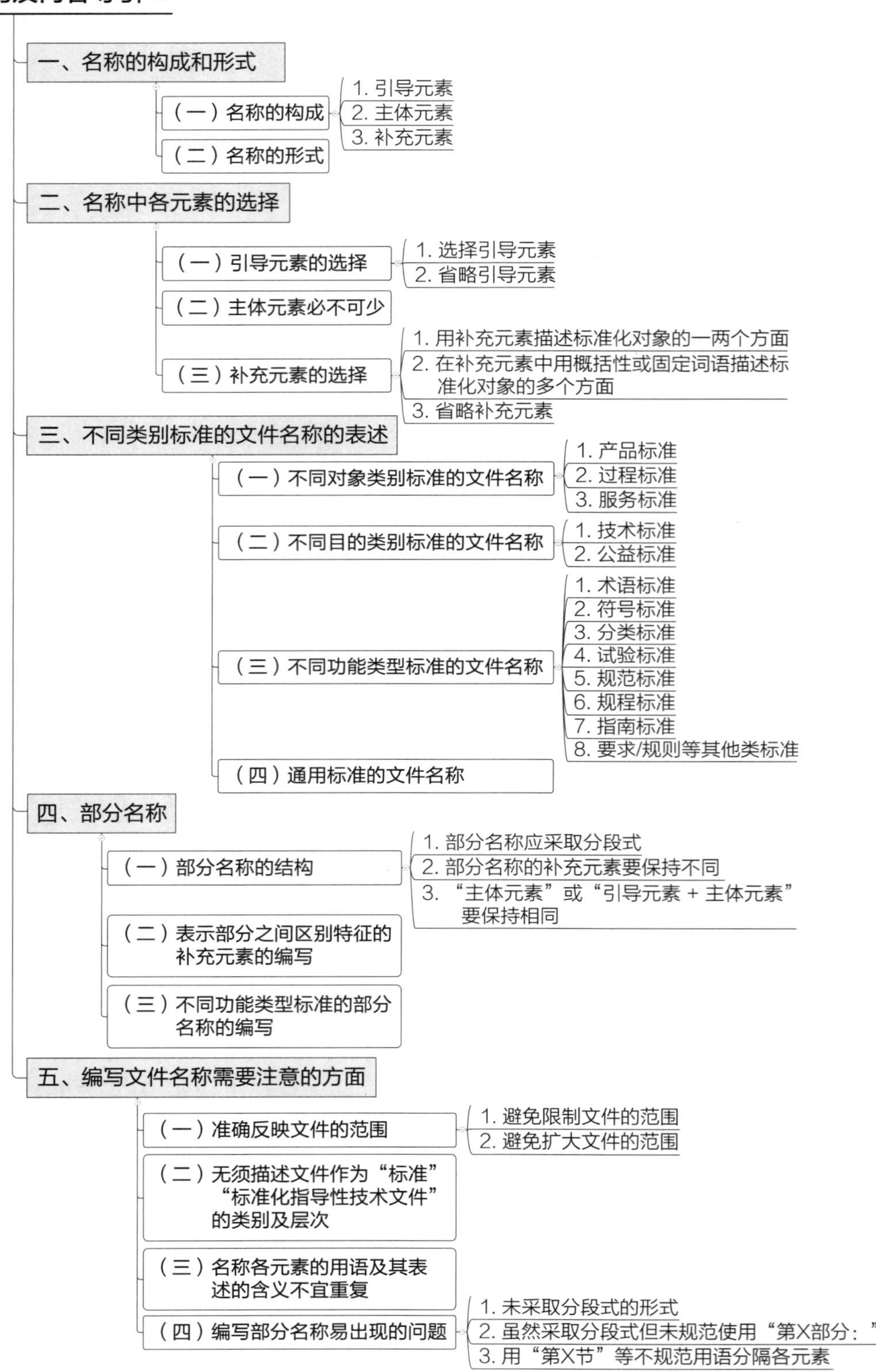

文件名称即文件的标题。任何文件均应有文件名称，并被置于正文首页的最上方和文件的封面中。文件名称的功能是简洁清晰地反映文件最核心的信息。通过名称文件使用者能够快速地了解文件的主要内容以及标准的类别和类型等文件的特征，包括：文件针对的标准化对象（对象类别）、所属的标准化领域（专业领域类别）、所要达到的目的（目的类别）和需要发挥的功能（功能类型）等。

## 一、名称的构成和形式

文件名称的表述要使得文件易于与其他文件相区分，并尽可能简短，不应涉及不必要的细节，任何必要的补充说明都在范围中给出。

为了能够准确、简洁地反映文件的类别，文件名称最好采取分段的形式，从而发挥每段名称所具有的特定功能。

### （一）名称的构成

文件名称最多由三段构成，每段称为名称元素。换句话说，文件名称最多由尽可能简短的三段名称元素构成：引导元素、主体元素和补充元素。在名称中这三个元素的顺序按照由一般到特殊排列，即：引导元素 ＋ 主体元素 ＋ 补充元素。

#### 1. 引导元素

引导元素表示文件所属的领域，反映文件的专业领域类别。它是一个可选元素，可根据具体情况决定文件名称中是否有引导元素。

#### 2. 主体元素

主体元素表示在上述领域内文件所涉及的标准化对象，反映文件的对象类别。它是一个必备元素，即在文件名称中一定要有主体元素。

#### 3. 补充元素

补充元素表示上述标准化对象的特殊方面，或者给出某文件与其他文件，或分为若干部分的文件的各部分之间的区分信息。对于未分为部分的文件，补充元素是一个可选元素，可根据情况酌情取舍。然而，对于分成部分的文件的各个部分，补充元素是一个必备元素。

### （二）名称的形式

由于在文件名称的三元素中只有主体元素是必备元素，其他两个元素都是可酌情取舍的元素，因此，引导元素和补充元素的有无以及它们与主体元素各种组合的结果，会衍生出不同形式的文件名称，可能具有的形式如下：

——一段式：只有主体元素，例如“手术无影灯”；

——两段式：引导元素 ＋ 主体元素，例如“化学试剂　苯”；

主体元素 ＋ 补充元素，例如“休闲潜水服务　实施浮潜观光游的要求”；

——三段式：引导元素 ＋ 主体元素 ＋ 补充元素，例如“叉车　钩式叉臂　术语”。

## 二、名称中各元素的选择

在起草文件名称时，通过恰当地选择文件名称中的各元素，能够确切地表述文件的主题、类别和类型。因此，准确选择并恰当组合名称中的三个元素是起草一个好的文件名称的前提。

### （一）引导元素的选择

按照起草文件的步骤一[见第一章第三节“二”中的(一)]，首先要考虑拟起草的文件是属于哪个标准化领域。文件名称的引导元素的编写要与这一步骤中确认的标准化领域相一致。由于文件名称的引导元素是一个可选元素，因此存在是否选择该元素的问题。

**1. 选择引导元素**

如果省略引导元素会导致主体元素所表示的标准化对象不明确，那么文件名称中应该选择引导元素，以便通过给出标准化对象所属的专业领域，来对标准化对象加以明确。

示例 2-1 中，由于名称中的主体元素“散装物料机械”表示的标准化对象不是十分明确，无法分辨它是属于矿山机械、建筑机械，还是农业机械；因此这种情况下需要选择引导元素。通过用标准化对象所属的专业领域“农业机械和设备”，来进一步对标准化对象“散装物料机械”加以明确。

**【示例 2-1】**

**正　确：**农业机械和设备　散装物料机械　装载尺寸
**不正确：**　　　　　　　　散装物料机械　装载尺寸

标准化文件归口的标准化技术委员会的名称也可以选择作为文件名称的引导元素。如全国人类工效学标准化技术委员会编制的文件可用“人类工效学”作为文件名称的引导元素，例如“人类工效学　工作岗位尺寸　设计原则及其数值”。

**2. 省略引导元素**

如果主体元素（或者同补充元素一起）能够确切地表示文件所涉及的标准化对象，那么文件名称中应省略引导元素。

示例 2-2 中，由于名称中的主体元素“散装乳冷藏罐”不可能是“畜牧机械与设备”以外的其他机械或设备，所以不需要用引导元素“畜牧机械与设备”来明确标准化对象“散装牛奶冷藏罐”所属的专业领域。示例 2-3 也同样示出了省略引导元素的情况。

**【示例 2-2】**

**正　确：**　　　　　　　　散装乳冷藏罐　技术规范
**不正确：**畜牧机械与设备　散装乳冷藏罐　技术规范

**【示例 2-3】**

**正　确：**　　　　工业用过硼酸钠　堆积密度测定
**不正确：**化学品　工业用过硼酸钠　堆积密度测定

### （二）主体元素必不可少

每个文件的名称都应有主体元素，在任何情况下，主体元素都不应省略。主体元素的具体编写同样要与起草文件的步骤一［见第一章第三节“二”中的(一)］中确认的标准化对象相一致。

从本节“一”中的(二)可以看出，不论文件名称是由一段式、两段式还是三段式构成，其主体元素都是不可或缺的。

### （三）补充元素的选择

按照起草文件的步骤一[见第一章第三节“二”中的(一)]，在确认了标准化对象之后，还要进一步确认拟标准化的是标准化对象的所有必备方面，还是某些特殊方面，同时还要考虑文件的编制目的，确定文件的目的类别，考虑文件使用者的需求，确定文件的功能类型。

如果起草的文件仅是涉及主体元素(标准化对象)的某些方面，如针对文件不同编制目的规定(标准的目的类别不同)，针对文件使用者需求(标准的功能类型不同)的规定等，那么在文件的名称中，尤其是在名称的补充元素中就要有所体现。

**1. 用补充元素描述标准化对象的一两个方面**

如果文件所规定的内容仅涉及了主体元素所表示的标准化对象的一个或两个方面，那么通常情况下，需要用文件名称的补充元素指出具体涉及的方面。示例 2-4 中，名称的补充元素描述了文件涉及的标准化对象的具体方面，如“使用性能要求及检验方法”“特性和测试方法”“分类与性能要求”等。

**【示例 2-4】**

——网版印刷　感光胶　使用性能要求及检验方法

——模拟计数率表　特性和测试方法

——软钎剂　分类与性能要求

文件涉及的各个方面可以从以下几点来考虑：

a) 文件的编制目的不同，涉及的标准化对象的特殊方面就不同，不同目的类别的文件名称的具体表述见下文“三”中的(二)；

b) 文件功能类型不同，文件的核心技术要素会不同，不同功能类型的文件名称的具体表述见下文“三”中的(三)；

c) 文件中规定的特性不同，文件针对的技术方面就会不同，反映不同特性的文件名称的具体表述见下文“三”(三)中的“8”。

**2. 在补充元素中用概括性或固定词语描述标准化对象的多个方面**

如果文件所规定的内容涉及了主体元素所表示的标准化对象的几个(不是一两个，但也不是全部)方面，那么需要用补充元素描述这些方面，但不必一一列举，而应由诸如技术规范[见下文“三”(三)中的“5”]、技术要求[见下文“三”(三)中的“8”]或通用要求[见下文“三”中的(四)]等概括性的术语来表达。

**3. 省略补充元素**

如果文件中的内容同时具备以下两个条件，应省略补充元素：

——涉及主体元素所表示的标准化对象的所有必备方面，并且

——是与该标准化对象相关的惟一现行文件(而且拟继续保持)。

也就是说，这种情况下可以用标准化对象的名称作为文件的名称。

**【示例 2-5】**

**正　确：**咖啡研磨机

**不正确：**咖啡研磨机　术语、符号、材料、尺寸、机械性能、额定值、试验方法、包装

示例 2-6 给出了一些产品、过程或服务标准的名称中省略补充元素的例子。

【示例 2-6】

——履带起重机

——工业硝酸钠

——爆炸物品分类程序

——CAD 文件管理程序

——旅游度假区服务

——城镇供热服务

## 三、不同类别标准的文件名称的表述

前文介绍了文件名称的构成以及选择名称中各元素的规则。然而文件的类别较多,为了能够简明快速地表示出文件的类别,在文件名称中需要使用表述不同文件类别的典型词语。

### (一)不同对象类别标准的文件名称

不同对象类别的标准,在文件名称的主体元素中,应指明需要标准化的对象,即具体的产品、过程或服务。

**1. 产品标准**

产品标准通常在文件名称中给出具体产品或系统的名称。

【示例 2-7】

——家用和类似用途电动洗衣机

——智能家用电器系统　架构和参考模型

——楼寓对讲系统　第 2 部分:全数字系统技术要求

**2. 过程标准**

过程标准在名称中要给出具体过程的名称,通常包含“……程序”“……流程”“……过程”等词语。

【示例 2-8】

——合成生橡胶抽样检查程序

——以人为中心的交互系统设计过程

——应急气象服务工作流程

——心理咨询服务　第 2 部分:服务流程

**3. 服务标准**

服务标准在名称中要给出具体服务的名称,通常包含词语“服务”。

【示例 2-9】

——博物馆开放服务规范

——山岳型旅游景区清洁服务规范

——家具售后服务要求

### (二)不同目的类别标准的文件名称

不同目的类别的标准,在文件名称的补充元素或主体元素中应有反映相应编制目的的词语,如互换性、兼容性、接口、安全、卫生、环保等。

1. 技术标准

对于编制目的为可用性、互换性、兼容性、相互配合或品种控制的技术标准，如果文件的编制仅涉及一两个目的，那么在文件名称的补充元素中应直接指出具体目的。

【示例 2-10】

——机床　主轴端部与花盘　互换性尺寸

——半导体生产设施　电磁兼容性要求

——船用导航雷达　接口要求

2. 公益标准

对于编制目的为安全、健康、环境保护或资源利用的公益标准，根据具体目的，文件名称中需要给出安全（见示例 2-11）、健康或卫生（见示例 2-12）、环境保护（见示例 2-13）、资源利用（见示例2-14）等词语。

【示例 2-11】

——镍冶炼　安全生产规范

——金融服务　生物特征识别　安全框架

——消毒剂安全性毒理学评价程序和方法

——起重机械超载保护装置　安全规范

【示例 2-12】

——家禽健康养殖规范

——学生心理健康教育指南

——中小学校教室换气卫生要求

【示例 2-13】

——船舶与海上技术　海上环境保护　船上垃圾的管理和处理

——数字微波接力站电磁环境保护要求

——改性塑料　环保要求和标识

——集装箱　环保技术要求

【示例 2-14】

——印刷机械　资源利用技术规范

——生活垃圾　综合处理与资源利用　技术要求

### （三）不同功能类型标准的文件名称

对于不同功能类型标准，在其名称的补充元素或主体元素中应含有表示标准功能类型的词语，所用词语宜从表 2-1 中选取。

表 2-1　文件名称中表示标准功能类型的词语

| 标准功能类型 | 名称中的词语 |
|---|---|
| 术语标准 | 术语 |
| 符号标准 | 符号、图形符号、标志 |
| 分类标准 | 分类、编码 |
| 试验标准 | 试验方法、……的测定 |

表 2-1（续）

| 标准功能类型 | 名称中的词语 |
|---|---|
| 规范标准 | 规范 |
| 规程标准 | 规程 |
| 指南标准 | 指南 |
| 要求/规则类标准 | 要求、规则 |

**1. 术语标准**

术语标准的名称应包含词语“术语”，以表明标准的功能类型。

如果是针对某个标准化领域建立概念体系，那么可以用该标准所属的专业领域作为术语标准名称的主体元素。

**【示例 2-15】**

——电子商务　基本术语

——制糖工业术语

如果是针对某个标准化对象建立概念体系，那么可以用标准化对象作为术语标准名称的主体元素。

**【示例 2-16】**

——墙体材料　术语

——钎焊术语

**2. 符号标准**

符号标准的名称应包含词语“符号”“文字符号”或“图形符号”，以便在表明标准功能类型的同时，能够区分符号的类别。

**【示例 2-17】**

——电子管参数符号

——气体激光器　文字符号

——林业机械　图形符号

图形符号标准的名称应给出区分图形符号类别［见第三章第二节的“二”中的(一)］的词语。

**【示例 2-18】**

——消防技术文件用消防设备图形符号

——电气简图用图形符号

——金属船体制图　图形符号

——电气设备用图形符号

——标志用公共信息图形符号

**注**：标有下划线的文字表示了图形符号的类别。

### 3. 分类标准

分类标准的名称应包含“分类的对象”和“分类的内容”两个必备的元素。分类的内容宜通过词语“分类”或“编码”表明标准的功能类型。

如果标准中包含了：

——分类方法，但未给出其他内容，宜使用“……分类方法”作为文件名称；（见示例 2-19）

——分类方法和命名，文件名称中宜使用词语“分类与命名”；（见示例 2-20）

——分类方法、命名以及分类的最终结果，宜使用“……分类”作为文件名称；（见示例 2-21）

——编码方法，但未给出其他内容，宜使用“……编码方法”作为文件名称；（见示例 2-22）

——编码方法和代码，文件名称中宜使用词语“编码及代码”；

——编码方法、代码以及编码的最终结果，宜使用“……编码”作为文件名称；

——分类方法、命名、编码方法、代码，以及分类和编码的最终结果等内容，宜使用“……分类与编码”作为文件名称。（见示例 2-23）

**【示例 2-19】** 烟花爆竹　危险等级分类方法

**【示例 2-20】** 环境工程技术　分类与命名

**【示例 2-21】** 湿地　分类

**【示例 2-22】** 复合材料纤维增强体取向编码方法

**【示例 2-23】** 物流服务　分类与编码

### 4. 试验标准

试验标准的名称应包含词语“试验方法”或“……的测定”，以便表明标准的功能类型。

试验方法标准的名称通常由三种元素组成：

试验方法适用的对象 ＋ 所测的指定特性 ＋ 试验方法的性质

**【示例 2-24】**

工业用轻烯烃　痕量氯的测定　威克鲍尔德(Wickbold)燃烧法

若试验方法标准用于检测多种特性，则文件名称宜使用省略指定特性和试验方法性质的通用名称。

**【示例 2-25】**

丁基橡胶药用瓶塞　通用试验方法

当针对同一特性，标准中包含多个试验方法时，文件名称中宜省略有关试验方法性质的表述。

**【示例 2-26】**

硫化橡胶或热塑性橡胶　密度的测定

### 5. 规范标准

规范标准的名称应包含词语“规范”，以表明标准的功能类型。

(1)如果规范标准中仅对标准化对象的一两个方面规定了要求，应在文件名称中直接指出这些具体要求。

【示例 2-27】

——面向老年人的家用电器　用户界面设计规范

——可穿戴产品　数据规范

——锄草机器人　性能规范

(2) 当标准中规定的要求涉及标准化对象的两种以上的性能(如使用性能、理化性能、人类工效学性能、环境适应性、结构等)或效能(如愉悦性、舒适性、宜人性、响应性等),或者针对两个以上的编制目的(如可用性、互换性、兼容性、相互配合等)时,在文件名称中可以使用“技术规范”等概括性的词语来表述。

【示例 2-28】

——日常防护型口罩　技术规范

——生产现场可视化管理系统　技术规范

——快递末端投递　服务规范

——钟表售后维修服务　技术规范

**6. 规程标准**

规程标准的名称应包含词语“规程”,以表明标准的类型,根据需要宜表明程序或阶段的具体名称。

【示例 2-29】

——马铃薯脱毒试管苗繁育　规程

——棉花原种生产技术　操作规程

——柴油打桩机　安全操作规程

**7. 指南标准**

指南标准的文件名称应包含词语“指南”,以表明标准的类型。在文件名称中宜表明指南标准的类型,包括试验方法类、特性类、程序类等。

【示例 2-30】

——搪瓷制品和瓷釉　涂搪制品瓷层的试验方法选择指南

——建筑用绝热材料　性能选定指南

——土壤质量　土壤采样程序设计指南

——智慧化工园区　建设指南

——团体标准化　第 1 部分:良好行为指南

**8. 要求/规则等其他类标准**

*(1) 要求类标准*

要求类标准的文件名称应包含词语“要求”,以表明标准的类型。

如果标准中仅对标准化对象规定了一两种要求,应在文件名称的补充元素中直接指出这些具体要求。

【示例 2-31】

——三轮汽车和低速货车　车速表使用性能

——电阻焊机　机械和电气要求

——塔式起重机　稳定性要求

——服装　防雨性能要求

——家具售后服务要求

当标准中规定的要求涉及标准化对象的两种以上的性能(如使用性能、理化性能、人类工效学性能、环境适应性、结构等),或者针对两个以上的编制目的(如可用性、互换性、兼容性、相互配合等)时,在文件名称中可以使用"技术要求"等概括性的词语表述。

【示例 2-32】

——回转容积泵　技术要求

——旋转割草机刀片　技术要求

——液压挖掘机　技术要求

(2) 原则与要求类标准

原则与要求类标准的文件名称应包含词语"原则和要求""原则与要求",以表明标准的类型。

【示例 2-33】

——土地生态服务评估　原则与要求

——疏散平面图　设计原则与要求

——公共信息导向系统　设置原则与要求

——产业园区废气综合利用原则和要求

(3) 规则类标准

规则类标准的文件名称应包含词语"规则",以表明标准的类型。

【示例 2-34】

——塔式起重机　安装与拆卸规则

——小麦储存品质判定规则

——新闻出版　知识服务　知识关联通用规则

——汉语叙词表编制规则

### (四) 通用标准的文件名称

通用标准是为某个或多个特定领域,或者为一类或多种产品、过程或服务规定普遍适用的条款。在通用标准名称的补充元素或主体元素中应包含"通用""总"等词语。

【示例 2-35】

——饲料添加剂　调味剂　通用要求

——轻型燃气轮机　通用技术要求

——家电物流服务　通用要求

——旅游服务　通用要求

——无线传声器系统　通用规范

——漏泄电缆无线通信系统　总规范

——钢丝及钢丝制品　通用试验方法

——新鲜水果、蔬菜包装和冷链运输通用操作规程

——控制图　第 1 部分:通用指南

## 四、部分名称

文件被分为若干部分(见本章第三节的“一”)后,每个细分出来的部分都是一个独立的文件。为了叙述方便,将这个细分出来的独立文件的名称称为“部分名称”。部分名称的编写首先需要遵守编写文件名称的总规则(见本节的“一”至“三”),其次还要遵守部分名称的编写规则。

### (一) 部分名称的结构

为了从名称上容易识别出它是一个部分名称,名称的结构要有其独自的特点。从名称上既要保证将一个文件的各个部分区分开来,又要能够体现部分之间的联系。

**1. 部分名称应采取分段式**

部分名称的典型结构为:引导元素(可选)+ 主体元素 + 第X部分:+ 补充元素。

从上述结构可以看出,部分名称区别于未分部分的文件名称的显著特点是:名称采取分段式,并且在补充元素之前多了一个“第X部分:”,其中的“X”为阿拉伯数字,并且要与部分的编号保持相同。

**2. 部分名称的补充元素要保持不同**

部分名称中“补充元素”要具有提供部分之间区别信息的功能,因此补充元素不可缺少,它成为部分名称的必备元素。为了提供区别信息,拥有同一个文件顺序号的各个部分名称的“补充元素”应该保持彼此互不相同。

**3. “主体元素”或“引导元素+主体元素”要保持相同**

部分名称的“引导元素(如果有)和主体元素”的功能是要反映出该部分与其他部分共同属于拥有同一个文件顺序号的文件。为此,这些部分的名称的“主体元素”或“引导元素+主体元素”应保持相同。

从示例2-36可看出,GB/T 10394的4个部分名称的主体元素是相同的“饲料收获机”,表示这4个部分属于拥有同一个文件顺序号“10394”的文件;部分名称的补充元素各不相同,表示它们属于不同的部分。

**【示例2-36】**

——GB/T 10394.1—2002 饲料收获机 第1部分:术语
——GB/T 10394.2—2002 饲料收获机 第2部分:技术特征和性能
——GB/T 10394.3—2002 饲料收获机 第3部分:试验方法
——GB/T 10394.4—2009 饲料收获机 第4部分:安全和作业性能要求

### (二) 表示部分之间区别特征的补充元素的编写

对于部分名称来说,补充元素不但具有表示标准化对象的特殊方面或文件的功能类型的功能,还具有给出某部分与其他部分之间的区别信息的功能,后者往往成为部分名称的补充元素的主要功能。可以通过用补充元素指出具体的标准化对象(如主体元素由标准化领域和文件的功能类型构成)(见示例2-37),或给出标准化对象的应用领域(如在分为通用部分和特定部分的情况下,引导元素给出标准化对象、主体元素给出特殊方面)来给出区分部分之间的细节(见示例2-38)。

【示例 2-37】

——GB/T 7679.1—2005　矿山机械术语　第 1 部分:采掘设备
——GB/T 7679.2—2005　矿山机械术语　第 2 部分:装载设备
——GB/T 7679.3—2005　矿山机械术语　第 3 部分:提升设备
——GB/T 7679.4—2005　矿山机械术语　第 4 部分:矿用运输设备

【示例 2-38】

——GB/T 15566.1—2007　公共信息导向系统　设置原则与要求　第 1 部分:总则
——GB/T 15566.2—2007　公共信息导向系统　设置原则与要求　第 2 部分:民用机场
——GB/T 15566.3—2007　公共信息导向系统　设置原则与要求　第 3 部分:铁路旅客车站
——GB/T 15566.4—2007　公共信息导向系统　设置原则与要求　第 4 部分:公共交通系统
——GB/T 15566.5—2007　公共信息导向系统　设置原则与要求　第 5 部分:购物场所

### (三) 不同功能类型标准的部分名称的编写

不同功能类型标准的文件名称中代表功能类型的词语通常位于补充元素中[见本节“三”中的(三)]。然而,在部分名称中,根据情况这些词语可置于主体元素中(见示例 2-39)。

【示例 2-39】

——纳米科技　术语　第 13 部分:石墨烯及相关二维材料
——电气简图用图形符号　第 3 部分:导体和连接件
——全国主要产品分类与代码　第 1 部分:可运输产品
——塑料衬里压力容器试验方法　第 3 部分:耐高温检验
——社区能源计量抄收系统规范　第 6 部分:本地总线
——起重机械　检查与维护规程　第 9 部分:升降机
——振动发生器　选择指南　第 1 部分:环境试验设备

## 五、编写文件名称需要注意的方面

文件名称虽然字数不多,但是如果没有很好地掌握编写要点,常常会出现一些问题。在编写文件名称时要注意以下方面。

### (一) 准确反映文件的范围

文件名称要准确反映文件所涉及的标准化领域、对象以及涉及的方面,不应无意中缩小或扩大文件的范围。

#### 1. 避免限制文件的范围

在文件名称中不宜包含任何不必要的细节,以免无意中限制了文件的范围,出现“小帽子、大内容”的错误。假如文件名称为《汽车齿轮润滑剂》,如果文件中的内容不仅涉及汽车齿轮,也涉及拖拉机、通用机械的齿轮,那么文件名称就将文件涉及的范围缩小了。

有些文件名称本来不需要补充元素,如果随意添加了补充元素就会限制文件涉及的范围。例如,标准化对象为“咖啡研磨机”,其文件的规范性要素包含了“术语、符号、材料、尺寸、机械性能、额定值、试验方法、包装”等,基本涉及了标准化对象的所有必备方面,因此可以用标准化对象的名称,即“咖啡研磨机”作为文件的名称。如果将文件名称改为“咖啡研磨机　技术要求”就是犯了限制文件范围的错误,因为实际上该文件中除了技术要求之外,还包含了许多其他内容。

然而，当文件仅涉及一种特定类型的产品、过程或服务时，应在文件名称中反映出来。

【示例 2-40】

——航天　1 100 MPa/235 ℃级单耳自锁固定螺母

——内六角花形半沉头自攻螺钉

——30°楔形防松螺纹

**2. 避免扩大文件的范围**

在文件名称中必要的内容不应省略，以免无意中扩大了文件的范围，出现“大帽子、小内容”的错误。假如文件名称为《量具包装技术要求》，而文件的实际内容并未将各种量具的包装全部包括进去，那么这样的文件名称就是将文件的范围扩大了。

如果将文件名称《工程机械轮胎技术要求》中的补充元素“技术要求”省略，成为《工程机械轮胎》，那么就是扩大了文件的范围。因为文件本来仅规定了“技术要求”，但省略了“技术要求”就会被误认为规定了工程机械轮胎的全部内容。

### （二）无须描述文件作为“标准”“标准化指导性技术文件”的类别及层次

我国的标准化文件有标准、强制性国家标准、国家标准化指导性技术文件等。在标准化文件的封面上方都会通过给出“……国家标准”“……行业标准”“……地方标准”“标准化指导性技术文件”标示出标准的层次或文件的类别，另外还会通过文件编号反映文件的层次和类别[见第五章第七节“三”中的(一)]。因此，在文件名称中不应使用“……标准”“……强制性国家标准”“……行业标准”“……地方标准”或“……标准化指导性技术文件”等词语。

以下给出了一些现行国家标准的文件名称中包含了“标准”的不规范的示例。

【示例 2-41】

**不正确：**

——污水综合排放标准

——食品中多菌灵最大残留限量标准

——放射工作人员的健康标准

——疟疾控制和消除标准

——风景名胜区管理通用标准

——中国造船质量标准

——民用建筑节约材料评价标准

### （三）名称各元素的用语及其表述的含义不宜重复

简洁是起草文件名称最基本的要求之一，为此由多段构成的文件名称各元素中的词语或语义不宜重复，各元素中不同用语的概念也不应重复。然而在已经发布的现行标准中这种用语或语义重复的现象经常发生。

示例 2-42 给出的不正确的名称中，“城市绿地草坪”“建植”“管理”“技术规程”等词语在名称的主体元素和补充元素中多次重复。经过调整，删除了重复的词语，得到了简洁正确的名称。

【示例 2-42】

**不正确：**

——城市绿地草坪建植与管理技术规程　第 1 部分：城市绿地草坪建植技术规程

——城市绿地草坪建植与管理技术规程　第 2 部分：城市绿地草坪管理技术规程

**正　确：**

——城市绿地草坪　第 1 部分：建植技术规程

——城市绿地草坪　第 2 部分：管理技术规程

示例 2-43 不正确的名称中，一方面，“图形符号”一词在三个元素中重复两次，甚至三次；另一方面，“表示规则”与“原则”“导则”虽然词语不同，但在概念上也有一定的重叠或交叉。通过对名称做适当调整，得到了正确的名称，避免了重复的错误。

**【示例 2-43】**

**不正确：**

——图形符号表示规则　设备用图形符号　第 1 部分：符号原图的设计原则

——图形符号表示规则　设备用图形符号　第 2 部分：箭头的形式和使用

——图形符号表示规则　设备用图形符号　第 3 部分：应用导则

——图形符号表示规则　设备用图形符号　第 4 部分：屏幕和显示器用图形符号（图标）的设计指南

**正　确：**

——设备用图形符号表示规则　第 1 部分：符号原图的设计

——设备用图形符号表示规则　第 2 部分：箭头的形式和使用

——设备用图形符号表示规则　第 3 部分：应用指南

——设备用图形符号表示规则　第 4 部分：屏幕和显示器用图标的设计指南

示例 2-44 中，“绝缘子”重复了 3 次，“绝缘子元件”重复了 2 次，存在较大改进空间。

**【示例 2-44】**

标称电压高于 1 000 V 的架空线路绝缘子　交流系统用瓷或玻璃绝缘子元件　盘形悬式绝缘子元件的特性

### （四）编写部分名称易出现的问题

文件分成部分后，针对各个部分的名称有其特殊的规则（见本节的“四”）。然而，现行的文件名称中常常出现不符合要求的现象，主要表现在以下三个方面。

#### 1. 未采取分段式的形式

某些部分名称没有采取两段或三段的形式，只采取了一段式的名称。

在示例 2-45 中，GB 3102—1993 各个部分的名称没有采取分段式，更谈不上标出“第 X 部分”，因此从名称中无法找出一个一致的主体元素（虽然在大多数部分中能够找到“量和单位”，但在GB 3102.11和 GB 3102.12 的名称中却没有“量和单位”）。在引用或提及 GB 3102 的所有部分时，无法使用统一的称谓[即“引导元素（可选）＋ 主体元素”]，有极大的不便。按照GB/T 1.1的要求，示例中的名称宜统一修改为：量和单位　第 X 部分：××××××××。

**【示例 2-45】**

**不正确：**

——GB 3102.1—1993　空间和时间的量和单位

——GB 3102.2—1993　周期及其有关现象的量和单位

——GB 3102.3—1993　力学的量和单位

——GB 3102.4—1993　热学的量和单位
——……
——GB 3102.11—1993　物理科学和技术中使用的数学符号
——GB 3102.12—1993　特征数
——GB 3102.13—1993　固体物理学的量和单位

在示例 2-46 中，GB/T 8321 分成了若干部分，但部分名称没有遵守相应的编写规则。仅有一个文件名称《农药合理使用准则》，缺少“第 X 部分：”以及“补充元素”。名称中的“（一）”到“（九）”是十分不规范的用法。

**【示例 2-46】**

**不正确：**
——GB/T 8321.1—2000　农药合理使用准则（一）
——GB/T 8321.2—2000　农药合理使用准则（二）
——GB/T 8321.3—2000　农药合理使用准则（三）
——GB/T 8321.4—2006　农药合理使用准则（四）
——GB/T 8321.5—2006　农药合理使用准则（五）
——GB/T 8321.6—2000　农药合理使用准则（六）
——GB/T 8321.7—2002　农药合理使用准则（七）
——GB/T 8321.8—2007　农药合理使用准则（八）
——GB/T 8321.9—2009　农药合理使用准则（九）

**2. 虽然采取分段式但未规范使用“第 X 部分：”**

部分名称的补充元素之前应标明“第 X 部分：”，但在编写具体名称时常常出现以下错误。

（1）未标明“第 X 部分：”

名称的补充元素前未标明“第 X 部分：”的现象比较多见，由此导致名称上作为部分的标识的缺失。

示例 2-47 中的 GB/T 10XX5 的各部分的名称虽然采取了两段式的结构，但在补充元素之前没有给出“第 X 部分：”。因此，在没有给出文件编号的情况下，只从文件名称上看不出它是分为部分的文件中的某个部分，当然更看不出是第几部分。

**【示例 2-47】**

**不正确：**
——GB/T 10XX5.1—2017　涂布纸和纸板　涂布美术印刷纸（铜版纸）
——GB/T 10XX5.2—2018　涂布纸和纸板　轻量涂布纸
——GB/T 10XX5.3—2018　涂布纸和纸板　涂布白卡纸
——GB/T 10XX5.4—2017　涂布纸和纸板　涂布白纸板
——GB/T 10XX5.5—2008　涂布纸和纸板　涂布箱纸板

（2）“第 X 部分：”中的“X”没有使用阿拉伯数字①

在有些分成部分的文件中，名称的补充元素之前的“第 X 部分”中的“X”使用了汉字，没有按照规定使用阿拉伯数字。

① 目前，这种情况已经大大减少。经在国家标准化管理委员会网站的“全国标准信息公共服务平台”中检索，在 2007 年之后发布的现行标准中，名称中的“第 X 部分”中的“X”基本上没再使用汉字表述。

**【示例 2-48】**

**不正确：**

——GB/T 19XX8.1—2005　信息与文献　书目数据元目录　第一部分：互借应用

——GB/T 19XX8.2—2005　信息与文献　书目数据元目录　第二部分：采访应用

——GB/T 19XX8.3—2005　信息与文献　书目数据元目录　第三部分：情报检索

——……

**3. 用"第 X 节"等不规范用语分隔各元素**

文件可以划分成部分，而部分不应进一步细分为分部分，任何其他的划分和命名方法都是不正确的。因此文件划分成部分后，编写部分名称时应注意：第一，补充元素之前只应使用"第 X 部分："而不应使用一些不规范的短语，例如"第 X 节"等；第二，不应在主体元素之前使用"第 X 部分："或其他不规范的短语。

示例 2-49 给出了使用不规范用语分割文件名称元素的例子。示例中文件名称的问题在于将标准和书籍相混淆。为了纠正这类错误，可以将示例中的三个部分分成三项标准，每项标准再划分为部分，而不是划分为"节"。

**【示例 2-49】**

**不正确：**

——GB/T 11XX9.1—1989　卫星通信地球站无线电设备测量方法　第一部分：分系统和分系统组合通用的测量　第一节：总则

——GB/T 11XX9.2—1989　卫星通信地球站无线电设备测量方法　第一部分：分系统和分系统组合通用的测量　第二节：射频范围内的测量

…………

——GB/T 11XX9.5—1989　卫星通信地球站无线电设备测量方法　第一部分：分系统和分系统组合通用的测量　第五节：噪声温度测量

——GB/T 11XX9.6—1989　卫星通信地球站无线电设备测量方法　第二部分：分系统测量　第一节：概述　第二节：天线(包括馈源网络)

——GB/T 11XX9.7—1989　卫星通信地球站无线电设备测量方法　第二部分：分系统测量　第三节：低噪声放大器

…………

——GB/T 11XX9.10—1989　卫星通信地球站无线电设备测量方法　第二部分：分系统测量　第十节：高功率放大器

——GB/T 11XX9.11—1989　卫星通信地球站无线电设备测量方法　第三部分：分系统组合测量　第一节：概述

——GB/T 11XX9.12—1989　卫星通信地球站无线电设备测量方法　第三部分：分系统组合测量　第二节：4 GHz～6 GHz 接收系统品质因数(G/T)测量

…………

——GB/T 11XX9.15—1989　卫星通信地球站无线电设备测量方法　第三部分：分系统组合测量　第五节：天线跟踪和控制

# 第二节　文件的要素

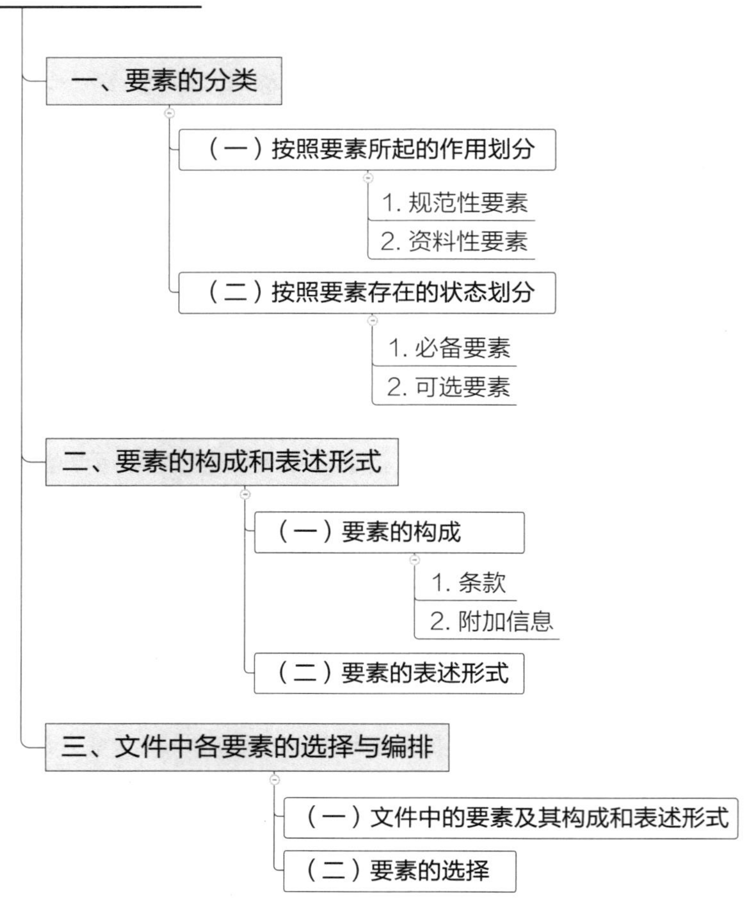


要素是构成文件结构的要件之一。按照文件内容具有的功能可以将文件内容划分为相对独立的功能单元——要素。这些要素的有序编排构成了文件结构的基本框架。本节将首先界定文件中要素的类别;其次介绍要素是如何构成,如何表述的;最后阐述文件中要素的编排。

## 一、要素的分类

为了更好地搭建文件的结构,按照相关属性对文件中的要素进行划分,将有助于更好地发挥要素的作用,为进一步编写文件的内容打下良好的基础。通常依据两种属性对要素进行划分,即按照要素所起的作用和要素存在的状态(见图 2-1)。

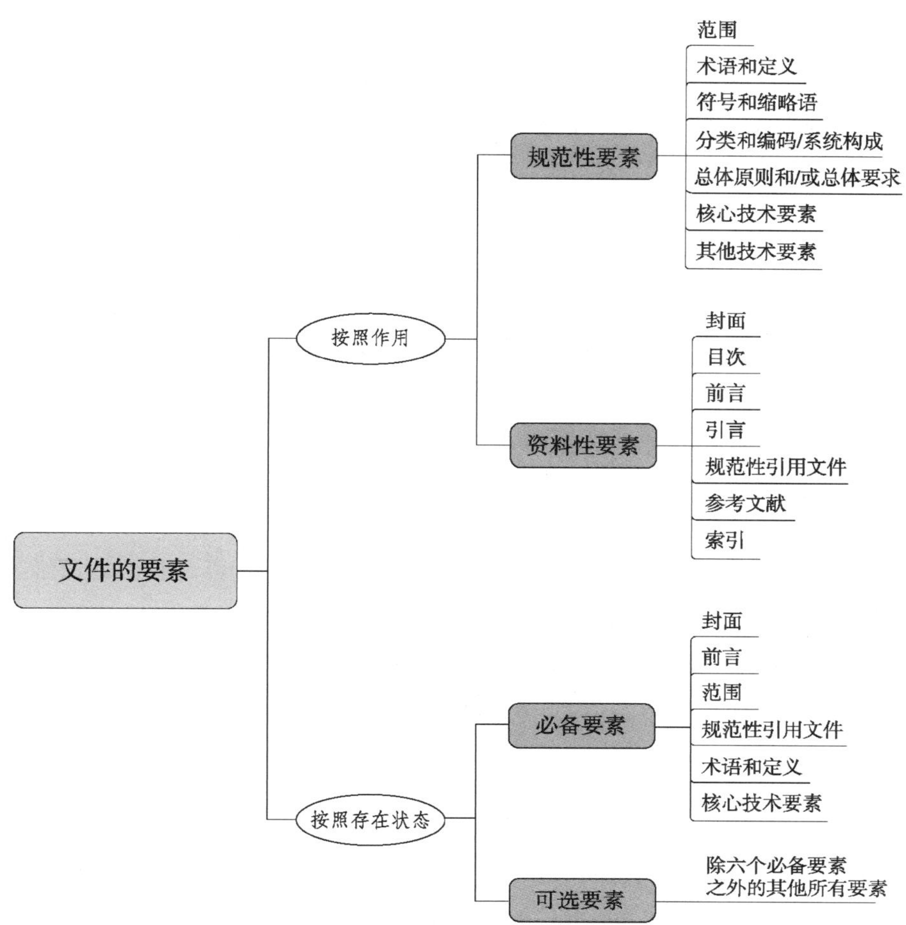


图 2-1　文件中要素的分类

### （一）按照要素所起的作用划分

要素在文件中起到两个方面的作用，根据所起的作用这一属性来划分，可将文件中的要素分为两类：规范性要素、资料性要素。

**1. 规范性要素**

规范性要素是“界定文件范围或设定条款的要素”①。从该定义可看出，规范性要素具有两方面的功能：其一，“界定”文件的范围。通过陈述文件的标准化对象、涉及的技术内容、适用的领域和文件使用者等对文件的边界进行界定。其二，“设定”条款。这是规范性要素的主要功能，它的作用是将条款固定下来。换句话说，设定条款就是将条款聚集在一起形成具有某种功能的要素。条款就是需要文件使用者遵守、理解或作出选择的内容，或者需要产品、过程或服务符合的内容[见本节“二”中的(一)]。

无论是要素“范围”，还是设定条款的要素，具体来讲规范性要素就是应用标准化文件，声明符合文件时，需要研读的要素。首先，“范围”需要研读，以便清晰了解文件涉及的各方面的边界；其次，其他规范性要素中的条款更要研读，以便根据条款的类型，采取相应的行为或决定，如严格遵守，尽可能使用，或者根据情况选用。

文件中的第 1 章即是对文件边界进行界定后形成的规范性要素“范围”。除了范围，文件中设定条款的规范性要素通常有：术语和定义、符号和缩略语、分类和编码/系统构成、总体原

① GB/T 1.1—2020《标准化工作导则　第 1 部分：标准化文件的结构和起草规则》，定义 3.2.3。

则和/或总体要求、核心技术要素、其他技术要素等(见图 2-1)。

从以上分析可看出,规范性要素主要是由“条款”构成。然而,为了帮助文件使用者更好地理解和使用条款,在规范性要素中还可包括少量附加信息(如示例、注、脚注等),以便对规范性内容进一步解释或说明。

**2. 资料性要素**

资料性要素是“给出有助于文件的理解或使用的附加信息的要素”①。从该定义可看出,对于资料性要素的理解有两个关键点,一是“有助于”,二是“附加信息”。资料性要素提供的不是供文件使用者直接“理解或使用”的条款,而是帮助“理解或使用”的信息,并且是依附于条款的附加信息。

在应用文件、声明符合文件时,资料性要素不见得一定要研读,也就是说,不会因为没有阅读资料性要素而造成使用者遗漏那些需要遵守、符合或选择的内容。然而资料性要素在文件中的存在发挥着其独特的功能,即帮助更好地理解或使用文件中的条款,它起到了提高文件适用性的作用。

文件中的资料性要素有:位于文件正文之前的封面、目次、前言、引言,位于文件正文的规范性引用文件,位于文件正文之后的参考文献、索引(见图 2-1)。

资料性要素全部由附加信息构成,通常有:规范性引用文件或参考文献中的“文件清单”和“信息资源清单”、目次中的“目次列表”和索引中的“索引列表”以及其他资料性要素中给出的“信息或说明”等。

**请注意:**

“规范性”“资料性”这两个词语在规定如何起草标准化文件的表述中经常会用到。它们在本书中也经常使用,以表达相关的概念,除了规范性要素、资料性要素之外,本书中还涉及了规范性引用、资料性引用;规范性引用文件、资料性引用文件;规范性提示、资料性提示;规范性附录、资料性附录等。那么什么是规范性、什么是资料性呢?

凡是用到“规范性”一定是与“条款”有关[见本节“二”(一)中的“1”]。规范性引用,即所引的内容就会成为引用它的文中的“条款”;规范性提示,即提示文件使用者遵守、履行或符合文件自身其他位置的“条款”;规范性附录中的内容(除附加信息外)都是由“条款”构成。

凡是使用“资料性”一定与“附加信息”有关[见本节“二”(一)中的“2”],资料性意味着只起辅助作用,是帮助文件理解或使用的内容。资料性内容存在与否不会对文件的使用造成实质影响。资料性引用,即所引的内容都会成为引用它的文件的附加信息;资料性提示,即是提示文件使用者参看文件自身其他位置的内容,以帮助对文件的理解;资料性附录中的内容都是有助于理解或使用文件的附加信息。

### (二)按照要素存在的状态划分

根据要素在文件中是否存在的状态这一属性来划分,可将文件中的要素分为两类:必备要素、可选要素。这种划分的目的就是要明确文件中哪些要素是一定要存在的,哪些要素是可酌情取舍的。

**1. 必备要素**

必备要素是指“在文件中必不可少的要素”②,也就是说在任何文件中都应有这类要素。文件的规范性要素中有三个必备要素:范围、术语和定义、核心技术要素;资料性要素中也有三个

① GB/T 1.1—2020《标准化工作导则　第1部分:标准化文件的结构和起草规则》,定义 3.2.4。

② GB/T 1.1—2020《标准化工作导则　第1部分:标准化文件的结构和起草规则》,定义 3.2.5。

必备要素：封面、前言、规范性引用文件。

**2. 可选要素**

可选要素是指“在文件中存在与否取决于起草特定文件的具体需要的要素”①。也就是说，可选要素是那些在某些文件中可能存在，而在另外的文件中就可能不存在的要素。例如，在某文件中设置了要素“符号和缩略语”；在另一个文件中，由于没有需要解释、说明的符号和缩略语，所以文件中就不会设置这一要素。因此，“符号和缩略语”这一要素是可选要素。

文件中除了封面、前言、范围、规范性引用文件、术语和定义以及核心技术要素这六个必备要素之外，其他要素都是可选要素。

这里需要说明的是，文件中的“规范性引用文件”“术语和定义”这两个要素，其章编号和标题的设置是必备的，然而其内容的有无须要根据文件的具体情况进行选择，即在有些文件中可以出现“规范性引用文件”“术语和定义”标题下具体内容为空白的情况。

## 二、要素的构成和表述形式

标准化文件是由要素构成的，而要素又是由“条款和附加信息”组成，并且有条文、图、表、数学公式、附录、引用或提示等多种表述形式。

### （一）要素的构成

条款和附加信息组成了要素。规范性要素中主要有条款，还有少量附加信息；资料性要素中全部是附加信息。

**1. 条款**

条款是“在文件中表达应用该文件需要遵守、符合、理解或作出选择的表述”②。从该定义中可看出，凡是需要文件使用者遵守、理解或作出选择的内容，或者需要产品、过程或服务符合的内容的表述都称作条款。条款可在以下文件内容中使用：规范性要素的条文，图表脚注、图与图题之间的段或表内的段中。

条款是文件中的规范性内容，这些内容是需要文件使用者研读的内容。根据条款表达的功能可将其分为五种类型：要求、指示、推荐、允许、陈述型条款（条款的具体表述见第六章第二节的“一”）。

（1）要求型条款

要求型条款是指“表达声明符合该文件需要满足的客观可证实的准则，并且不准许存在偏差的条款”③。从该定义可看出，要求是文件中的一类条款，一旦声明符合该文件，那么这类条款中规定的“客观可证实的准则”就要被满足，并且“不准许存在偏差”。文件中规定要求时，或者要量化，以便能够通过试验、测试等客观方法来验证，判断是否存在偏差；或者要明确，以便能够通过检查、核查、对比等其他客观方法达到可证实。因此，凡是无法客观证实的内容，文件中都不应以要求的形式作出规定。

可见要求是标准化文件中最严格的规定之一。要求可以针对产品、过程或服务的任何方面。不管是产品、过程还是服务，如果声明符合某个标准化文件，该文件中规定的所有要求都应该严格、没有偏差地遵守或符合。

---

① GB/T 1.1—2020《标准化工作导则　第1部分：标准化文件的结构和起草规则》，定义3.2.6。

② GB/T 1.1—2020《标准化工作导则　第1部分：标准化文件的结构和起草规则》，定义3.3.1。

③ GB/T 1.1—2020《标准化工作导则　第1部分：标准化文件的结构和起草规则》，定义3.3.2。

（2）指示型条款

指示型条款是指“表达需要履行的行动的条款”①。从该定义可看出，指示也是文件中最严格的规定之一，它表达的是需要履行的行动，通常针对人类行为本身，不涉及人类行为的结果。该条款在规程或试验方法中用来表示直接的指示，例如需要履行的行动、采取的步骤等。

文件中的指示型条款意味着只有履行了文件中规定的指示，才能够声称符合该文件。因此，文件中对人类行为的指示要十分清晰明确，以便一旦声称某一过程符合某个标准化文件，可以通过核查文件中规定的行为指示是否被履行来进行判断。

（3）推荐型条款

推荐型条款是指“表达建议或指导的条款”②。从该定义可看出，推荐型条款可以表达两方面的含义：一是表达指导，二是表达建议。因此，在文件中表达原则、指导、建议等内容时，要使用推荐型条款，而不使用要求型条款。在文件中凡是需要表达不易证实或无法证实的内容，可以通过使用推荐型条款提供相应的指导或建议。

（4）允许型条款

允许型条款是指“表达同意或许可（或有条件）去做某事的条款”③。从该定义可看出，允许型条款表达三方面的含义：同意做某事、许可做某事或有条件去做某事。在文件中表述允许时往往会附加条件。如“专利权人可以在互惠或防御性终止条件下作出上述声明”“对于人员少于 10 人的企业，可不提供……”“按照文件内容的从属关系，可以将文件划分为若干层次”。

（5）陈述型条款

陈述型条款是指“阐述事实或表达信息的条款”④。从该定义可看出，陈述型条款有两个功能：一是陈述某种事实，二是给出某种信息。陈述型条款与前面四种类型的条款最大的区别是，陈述型条款表述的内容通常没有倾向性，不施加任何影响，这也是陈述型条款的最大特点。

**2. 附加信息**

附加信息是有助于文件的理解或使用的信息。它是文件中的资料性内容，其功能是帮助文件使用者理解和使用文件或文件中的条款。附加信息是和条款相对应的内容，也即是说标准化文件中除了条款之外的内容都属于附加信息。这些信息本身不能独立存在，它是依附于条款的，如果条款不存在，这些信息也就没有存在的必要了。规范性要素和资料性要素中都可能包含附加信息。

表 2-2 给出了构成规范性要素的具体条款和附加信息，以及构成资料性要素的具体附加信息。

**表 2-2　要素的构成**

<table>
<tr><th colspan="2">规范性要素</th><th>资料性要素</th></tr>
<tr><th>条款</th><th>附加信息</th><th>附加信息</th></tr>
<tr><td>要求型条款<br>指示型条款<br>推荐型条款<br>允许型条款<br>陈述型条款</td><td>示例或例如<br>条文中的注、术语条目中的注<br>图中的注或表中的注<br>条文脚注<br>未包含要求的图表脚注</td><td>条文中的注、图中的注或表中的注<br>条文脚注、未包含要求的图表脚注<br>文件清单/信息资源清单<br>目次列表<br>索引列表<br>事实和信息的陈述</td></tr>
<tr><td colspan="3">注：包含要求的图表脚注不属于附加信息。</td></tr>
</table>

① GB/T 1.1—2020《标准化工作导则　第 1 部分：标准化文件的结构和起草规则》，定义 3.3.3。

② GB/T 1.1—2020《标准化工作导则　第 1 部分：标准化文件的结构和起草规则》，定义 3.3.4。

③ GB/T 1.1—2020《标准化工作导则　第 1 部分：标准化文件的结构和起草规则》，定义 3.3.5。

④ GB/T 1.1—2020《标准化工作导则　第 1 部分：标准化文件的结构和起草规则》，定义 3.3.6。

每类附加信息都有各自的功能。表 2-3 列出了附加信息的功能及其适用的要素。各种附加信息的具体表述见第六章第二节的“二”。

**表 2-3　附加信息的功能说明及其适用的要素**

| 附加信息 | 功能说明 | 适用的要素 |
| --- | --- | --- |
| 示例 | 通过特定的形式呈现的具体例子，以便于更好地理解或使用文件或文件中的条款 | 规范性要素 |
| 例如 | 通过在条文中给出的简单例子，以便于更好地理解文件中的条款 | 规范性要素 |
| 注 | 通过特定的形式给出有助于理解或使用文件内容（条文、术语条目、图、表）的说明 | 规范性要素<br>资料性要素 |
| 条文脚注 | 通过特定的形式，针对条文中具体的词、句子、数字或符号等给出附加说明或注释 | 规范性要素<br>资料性要素 |
| 图表脚注[a] | 除给出附加信息之外，还可包含要求型条款 | 规范性要素<br>资料性要素 |
| 清单 | 通过特定的清单形式给出的信息，从而能够进一步检索其他相关的文件，便于文件的使用或理解 | 资料性要素 |
| 列表 | 通过特定的列表形式给出的检索信息，从而能够检索文件自身的内容，便于文件使用 | 资料性要素 |
| 事实或信息的陈述 | 资料性要素（如前言、资料性附录）中，通过给出事实、提供信息的陈述，达到更好地理解或使用文件 | 资料性要素 |
| [a] 包含要求的图表脚注不属于附加信息。 | | |

### （二）要素的表述形式

前文（一）中表明要素是由条款和附加信息构成的，而要素的内容又可以有不同的表述形式，通常的表述形式有：条文、图、表、数学公式、附录、引用或提示等。其中，由文字或文字符号组成的条文是要素最常使用的表述形式（详见第六章第三节）；图、表、数学公式是为了便于条文的理解对条文所做的“就地变形”，是根据条文内容采取的更加适合的表述形式（详见第六章第五节中的“一”至“三”）；附录是为了便于文件结构的安排对条文所做的“异地安置”，是将条文的内容移作附录的一种表述形式（详见第六章第五节中的“四”）；而引用或提示是为了使用其他文件中的内容或文件自身其他位置的内容时，所采取的表述形式（详见第六章第四节）。

## 三、文件中各要素的选择与编排

前文给出了按照要素所起的作用和存在的状态对要素的分类，阐释了构成要素的条款和附加信息，并介绍了要素的几种表述形式。以下将阐述各类要素在文件中的编排，以及起草文件时如何选择各类要素。

### （一）文件中的要素及其构成和表述形式

表 2-4 展示了构成标准化文件的各要素及其类别，列出了组成各要素的具体条款或附加信息，给出了各要素所允许的表述形式以及是否允许进一步细分等。表中最左边的一列显示了文件中要素的典型编排次序，这些要素形成了文件的基本框架。

**表 2-4　文件中各要素及其构成和表述形式**

| 要素 | 要素的类别 | | 要素的构成 | 要素所允许的表述形式 | 细分层次 |
|---|---|---|---|---|---|
| | 必备或可选 | 规范性或资料性 | | | |
| 封面 | 必备 | 资料性 | 附加信息:标明文件信息 | — | 不可 |
| 目次 | 可选 | | 附加信息:列表(自动生成的内容) | — | 不可 |
| 前言 | 必备 | | 附加信息:注、脚注 | 条文、移作附录 | 不可 |
| 引言 | 可选 | | | 条文、图、表、数学公式、移作附录 | 可以 |
| 范围 | 必备 | 规范性 | 条款:陈述<br>附加信息:注、脚注 | 条文、表 | 可以 |
| 规范性引用文件[a] | 必备/可选 | 资料性 | 附加信息:清单、注、脚注 | — | 不可 |
| 术语和定义[a] | 必备/可选 | 规范性 | 条款:陈述<br>附加信息:示例、注 | 条文、图、数学公式、引用、提示 | 可以 |
| 符号和缩略语 | 可选 | 规范性 | 条款:陈述<br>附加信息:注、脚注 | 条文、图、表、引用、提示、移作附录 | 可以 |
| 分类和编码/系统构成 | 可选 | | 条款:陈述<br>附加信息:示例、注、脚注 | | 可以 |
| 总体原则和/或总体要求 | 可选 | | 条款:陈述、推荐/要求<br>附加信息:示例、注、脚注 | 条文、引用、提示 | 可以 |
| 核心技术要素 | 必备 | | 条款:要求、指示、推荐、允许、陈述<br>附加信息:示例、注、脚注 | 条文、图、表、数学公式、引用、提示、移作附录 | 可以 |
| 其他技术要素 | 可选 | | | | 可以 |
| 参考文献 | 可选 | 资料性 | 附加信息:清单、脚注 | — | 不可 |
| 索引 | 可选 | | 附加信息:列表(自动生成的内容) | — | 不可 |

[a] 章编号和标题的设置是必备的,要素内容的有无根据具体情况进行选择。

### (二)要素的选择

表 2-4 中所列的规范性要素中,范围、术语和定义、核心技术要素是必备要素,其他是可选要素,其中术语和定义(详见第四章第六节)内容的有无可根据具体情况(即文件中是否有需要定义的术语)来确定。表中所列的核心技术要素是一个统称,每个功能类型标准都有其特定的核心技术要素,标准的功能类型不同,其核心技术要素就会不同。(详见第三章)

规范性要素中的可选要素可根据所起草文件的具体情况在表 2-4 中选取,或者进行合并或拆分,要素的标题也可调整(详见第四章),还可设置其他技术要素,例如试验条件、仪器设备、取样、标志、标签和包装、标准化项目标记、计算方法等。有关标准化项目标记的编写见第四章第四节。

资料性要素中的封面、前言、规范性引用文件是必备要素,其他是可选要素,其中规范性引用文件(详见第五章第一节)内容的有无可根据具体情况(即文件中是否规范性引用了其他文件)来确定。资料性要素在文件中的位置、先后顺序以及标题均应与表 2-4 所呈现的相一致。(详见第五章)

# 第三节 文件的层次

## ※ 本节结构及内容导引 ※

- 一、部分
  - （一）部分的划分需考虑的因素
    - 1. 根据文件使用者的需求
    - 2. 根据编制文件的目的
    - 3. 按照文件的使用方式
    - 4. 部分不细分为分部分
    - 5. 针对一个标准化对象的不同方面，宜编制形成一个文件的多个部分，不宜形成多个标准
  - （二）部分编号
  - （三）部分名称
- 二、章
  - （一）章的设置需考虑的方面
    - 1. 正文中一个要素通常设为一个章
    - 2. 正文中一些要素可以合并或拆分后形成章
    - 3. 引言、附录可以看作“章”
  - （二）章编号
  - （三）章标题
- 三、条
  - （一）条的设置需考虑的方面
    - 1. 内容明显不同
    - 2. 有可能在提示或引用中提及
    - 3. 存在两个或两个以上的条
    - 4. 无标题条不再分条
  - （二）条编号
  - （三）条标题
    - 1. 第一层次的条宜设标题
    - 2. 条标题设置的一致性
    - 3. 无标题条的主题
- 四、段
- 五、列项
  - （一）列项的设置需考虑的方面
    - 1. 突出并列的各项
    - 2. 强调各项的先后顺序
    - 3. 便于引用列项中的各项
  - （二）列项的形式
    - 1. 引语与被引出各项的标点符号
    - 2. 引语与被引出各项的内容
  - （三）列项中各项的编号
    - 1. 无编号列项
    - 2. 有编号列项
    - 3. 第二层次列项的编号
  - （四）列项中各项的主题
  - （五）编写列项需要注意的问题
    - 1. 引语不应省略
    - 2. 条或段不应表述成列项的形式
    - 3. 引语引导的内容与列项中的内容应相符
    - 4. 引语与列项的内容不应相互重复

上一节讲述了构成文件结构的要件之一——要素。本节将介绍构成文件结构的另一个要件——层次。从方便文件内容的表述出发，按照文件内容的从属关系，可以从形式上将文件的内容划分为若干层次。文件的层次使用部分、章、条、段、列项等形式。部分、章、条编号都采用阿拉伯数字加下脚点的形式；列项如需编号，采取拉丁字母和阿拉伯数字的编号形式。文件可能具有的层次及相应的编号示例见表 2-5。

表 2-5 所示的层次是一个文件可能具有的所有层次。文件中实际所具有的层次及其设置应视篇幅的多少、内容的繁简而定。但无论什么样的文件，至少要有章、条、段三个层次。可以说它们是文件的必备层次。除了章、条、段，其余的层次都是可选的，例如，有些文件未分成“部分”，有些文件没有“列项”。

**表 2-5 层次及其编号**

| 层次 | 编号示例 |
|---|---|
| 部分 | XXXX.1 |
| 章 | 5 |
| 条 | 5.1 |
| 条 | 5.1.1 |
| 段 | [无编号] |
| 列项 | 列项符号：“——”和“·”；列项编号：a)、b) 和 1)、2) |

## 一、部分

部分是一个文件划分出的第一个层次。一个文件的不同部分都有各自的部分编号，但是它们拥有同一个文件顺序号。一旦一个文件分成了若干部分，那么该文件就由这些部分构成。文件分为部分后，每个部分可以分别编制、修订和发布，并与未分为部分的文件遵守同样的起草原则和规则。

这里，有一个概念需要澄清：部分在国际上一直被认为是标准化文件的内部结构，但在我国往往将其视作独立的标准，或被认为是组成系列标准的文件之一。实际上，一个部分不能算作一个标准，它是一个文件的内部结构。

**请注意：**一个文件的若干部分所针对的应是同一个标准化对象。

### （一）部分的划分需考虑的因素

通常情况下，针对一个标准化对象宜编制成一个无须细分的文件，只有在特殊情况下才可编制形成分为若干部分的文件。那么，在什么情况下我们需要将一个文件划分成部分，又是如何划分部分呢？

划分部分所遵循的总原则是要提高文件的适用性，便于文件的使用。比如，文件的篇幅过长，已经不便于使用了，这时就要考虑是否将该文件分为若干部分。除此之外，还需考虑以下因素。

**1. 根据文件使用者的需求**

不同的文件使用者的需求不同，关注的方面也会不同。因此针对一个标准化对象，往往需要从使用者的角度考虑将文件分成若干部分，每个部分仅规定与使用者的需要相关的内容。这样使用者应用文件时，看到的内容都是他所需要的。

示例 2-50 针对不同使用者将一个文件分成五个部分，分别针对产品的生产者、技术管理者、检验人员、安装人员，以及后期维护服务人员。

**【示例 2-50】**

第 1 部分：生产操作流程
第 2 部分：技术要求
第 3 部分：检验方法
第 4 部分：安装规则
第 5 部分：维护和服务要求

**2. 根据编制文件的目的**

文件编制目的不同，规定的技术内容就会不同。针对一个标准化对象，从编制目的角度可以将文件分成不同的部分，每个部分仅规定与编制目的有关的内容。

示例 2-51 针对不同的编制目的将一个文件分成四个部分，分别针对相互理解、可用性、兼容性，以及安全的目的。

**【示例 2-51】**

第 1 部分：术语及分类
第 2 部分：技术性能要求
第 3 部分：兼容性要求
第 4 部分：安全要求

**3. 按照文件的使用方式**

（1）每个部分都能够单独使用

将标准化对象分为若干特殊方面，每个部分分别涉及其中的一两个方面，并且都能够单独使用。

示例 2-52 将标准化对象青瓷器分为若干细类，针对具体细类形成了各个部分，每个部分都能够单独使用。

**【示例 2-52】**

GB/T 10813.1—2015　青瓷器　第 1 部分：日用青瓷器
GB/T 10813.2—2015　青瓷器　第 2 部分：陈设艺术青瓷器
GB/T 10813.3—2015　青瓷器　第 3 部分：纹片釉青瓷器
GB/T 10813.4—2015　青瓷器　第 4 部分：青瓷包装容器

（2）通用和特殊部分配合使用

将标准化对象分为通用和特殊两个方面。这种情况下，通用方面通常作为文件的第 1 部分，特殊方面作为其余各部分。由于通用部分规定的是其余部分中都涉及的通用规定，所以涉及特殊方面的部分都不再规定通用的内容，而采取引用通用部分的表述形式，这样避免了不同部分都各自规定相关通用内容而导致的不一致、不协调问题。

在这类文件中，由于针对具体的标准化对象，仅有通用要求没有特殊要求不完全；反之，仅有特殊要求没有通用要求也不完整，只有综合了通用方面和特殊方面的内容才能表达全面的要求。因此这类文件中的各个部分都不能单独使用，而应将通用部分和特殊部分配合使用。

示例 2-53 中，文件的第 1 部分界定了各个领域都需要使用的图形符号，其他各部分都首先引用了第1部分，在此基础上再进一步界定各自需要的图形符号。

【示例 2-53】

——GB/T 10001.1 公共信息图形符号 第1部分：通用符号
——GB/T 10001.2 公共信息图形符号 第2部分：旅游休闲符号
——GB/T 10001.3 公共信息图形符号 第3部分：客运货运符号
——GB/T 10001.4 公共信息图形符号 第4部分：运动健身符号
——GB/T 10001.5 公共信息图形符号 第5部分：购物符号
——GB/T 10001.6 公共信息图形符号 第6部分：医疗保健符号
——GB/T 10001.7 公共信息图形符号 第7部分：办公教学符号
——……

在示例2-54中，将标准化对象的一个方面“要求”，分为通用要求和特殊要求（热学、空气纯度、声学）；而示例2-55中，也是将标准化对象的一个方面“试验方法”，分为试验方法总则和各种特定试样的制备和应用。

【示例 2-54】

——第1部分：通用要求
——第2部分：热学要求
——第3部分：空气纯度要求
——第4部分：声学要求

【示例 2-55】

——第1部分：试验方法总则
——第2部分：弯梁试样的制备和应用
——第3部分：U型弯曲试样的制备和应用
——第4部分：单轴加载拉伸试样的制备和应用
——第5部分：C型环试样的制备和应用
——第6部分：预裂纹试样的制备和应用
——第7部分：慢应变速率试验

分成部分的文件还常常将各部分共同使用的“术语”“符号”或“分类”等基础的部分作为文件的第1部分（或靠前的第2、第3部分），而其他部分引用这些基础部分。示例2-56中，第2部分、第3部分中的要素“术语和定义”都引用了第1部分。

【示例 2-56】

——GB/T 27917.1—2011 快递服务 第1部分：基本术语
——GB/T 27917.2—2011 快递服务 第2部分：组织要求
——GB/T 27917.3—2011 快递服务 第3部分：服务环节

**4. 部分不细分为分部分**

部分不进一步细分为分部分。如果特殊情况下需要对划分出的部分进一步区分，可以采用对部分分组的方法。部分的分组可以通过部分的编号予以区分，示例2-57中将各部分分为两组；示例2-58中将各部分分为三组。然而通常情况下部分的划分是连续的（见上述示例2-50至示例2-56）。

【示例 2-57】

——第 1 部分：通用要求

——第 11 部分：电熨斗的特殊要求

——第 12 部分：离心脱水机的特殊要求

——第 13 部分：洗碗机的特殊要求

【示例 2-58】

——第 1 部分：通则和指南

——第 21 部分：振动试验（正弦）

——第 22 部分：配接耐久性试验

——第 31 部分：外观检查和测量

——第 32 部分：单模纤维光学器件偏振依赖性的检查和测量

**5. 针对一个标准化对象的不同方面，宜编制形成一个文件的多个部分，不宜形成多个标准**

针对一个标准化对象的不同方面，如果编制形成了多个文件，那么宜将这些文件修订成为一个文件的多个部分。

示例 2-59 中，四个文件的标准化对象相同，从它们的名称和内容来判断，符合分为“通用和特殊两个方面”的部分划分原则[见前文“3”中的(2)]。将它们调整成一个文件的不同部分后，将方便文件的应用与管理。

【示例 2-59】

**不恰当的文件框架：**

——GB/T 30XX7—2014　燃气燃烧器和燃烧器具用安全和控制装置　通用要求

——GB/T 37XX9—2019　燃气燃烧器和燃烧器具用安全和控制装置　特殊要求　自动和半自动阀

——GB/T 37XX2—2019　燃气燃烧器和燃烧器具用安全和控制装置　特殊要求　自动截止阀的阀门检验系统

——GB/T 38XX0—2019　燃气燃烧器和燃烧器具用安全和控制装置　特殊要求　压力传感装置

**调整后的文件框架设计：**

——GB/T 30XX7.1—20XX　燃气燃烧器和燃烧器具用安全和控制装置　第 1 部分：通用要求

——GB/T 30XX7.2—20XX　燃气燃烧器和燃烧器具用安全和控制装置　第 2 部分：自动和半自动阀特殊要求

——GB/T 30XX7.3—20XX　燃气燃烧器和燃烧器具用安全和控制装置　第 3 部分：自动截止阀的阀门检验系统特殊要求

——GB/T 30XX7.4—20XX　燃气燃烧器和燃烧器具用安全和控制装置　第 4 部分：压力传感装置特殊要求

### （二）部分编号

部分编号应置于文件编号中的顺序号之后，使用从 1 开始的阿拉伯数字；部分编号与顺序号之间用下脚点相隔。例如 GB/T 27917.1、GB/T 27917.2，其中 27917 是文件的顺序号；“1”和“2”是部分编号，它并不是文件顺序号的组成成分。“部分”是文件的层次之一。与章条编号一样，部分编号是一项文件的内部编号，只不过被置于文件编号中。

部分可以连续编号（见上述示例 2-56），也可以分组编号。以下给出了采取分组形式的部分编号示例：

**【示例 2-60】**

——GB/T XX501.1、GB/T XX501.2、GB/T XX501.3；

——GB/T XX501.10、GB/T XX501.11、GB/T XX501.12；

——GB/T XX501.20、GB/T XX501.21、GB/T XX501.22、GB/T XX501.23、GB/T XX501.24。

由于部分不应再进一步细分成分部分，因此，不应给予以下编号形式：GB/T 12XX9.1.1、GB/T 12XX9.1.2……。

**请注意**：从部分的编号可以看出，一个文件的不同部分都拥有同一个文件顺序号，可以说这些部分是共用一个文件顺序号的文件；因此可以将"部分"称为"共序文件"。与此相对应，由于未进一步划分成部分的文件独自拥有一个文件顺序号，因此可以将其称为"专序文件"。将部分这类文件和未进一步细分的文件分别称为"共序文件"和"专序文件"，可以方便人们提及这两类文件。

### （三）部分名称

每个部分都应该有名称。部分名称的组成方式与未进一步细分的文件的名称遵守同样的规则。在此基础上，部分名称还要反映出部分自身的特点。

部分名称的结构以及编写规则等内容见本章第一节的"四"和"五"。

## 二、章

在起草一个文件时，需要对文件正文①进行层次划分，以便表述文件内容的从属关系。这时首先分出的层次就是章，它构成了文件正文层次结构的基本框架。

### （一）章的设置需考虑的方面

章是文件正文中分出的第一个层次。在文件中，某些内容可以表述在多个章中；而在另一种情况下，这些内容又可以合并在一个章中表述。那么章的划分依据是什么呢？通常情况下，章的设置需要考虑以下方面。

#### 1. 正文中一个要素通常设为一个章

章与文件正文中的要素紧密相关，通常将一个要素设置成一个章。正文中的必备要素都应该设置为章，包括要素"范围""规范性引用文件""术语和定义"以及不同功能类型标准的核心技术要素。其他可选要素，如"符号和缩略语""分类和编码/系统构成""总体原则和/或总体要求"通常也需要各自设章。

#### 2. 正文中一些要素可以合并或拆分后形成章

在一些特定情况下，正文中一些要素可以根据具体情况合并或拆分后形成章。某些章的内容过少，或者与其他章的内容有联系，可以考虑与其他章合并，如规范标准中的"试验方法"可以并入"要求"一章。某些章的内容较多，也可以考虑按照相应的规则拆分成若干章，如规范

---

① 正文是指"从文件的范围到附录之前位于版心中的内容"。（GB/T 1.1—2020《标准化工作导则　第1部分：标准化文件的结构和起草规则》，定义 3.2.2）

标准中的“要求”，通常设置为一章，但如果需要满足的目的较多，要求的内容所占篇幅过大，也可考虑按照编制目的将相应的要求分别设章。

**3. 引言、附录可以看作“章”**

引言是文件中的资料性要素，不会对引言编号；然而，如果需要对引言进行细分，那么仅可将引言进一步划分为条，条编号为0.1、0.2……（见第五章第二节）。实际上，我们可以将引言看作文件的第0章。

附录源于正文中的条文，可以对附录编号，如附录A、附录B……；还可以对附录进一步细分，分出的第一个层次为条，条编号为A.1、A.2……；B.1、B.2……。可见，从编号的层次以及附录所占据的篇幅来看，可以将附录看作章，将A、B等看做章的编号。

### （二）章编号

每一章都应编号。章的编号使用阿拉伯数字从1开始编写。在每个文件中，章的编号从范围开始一直连续到附录之前。

### （三）章标题

章标题是必备的，即每一章都应有章标题，并应置于编号之后。文件中的核心技术要素的章标题需要根据文件的具体功能类型进行确定（见表1-6中针对不同功能类型标准给出的具体核心技术要素）；文件中的其他技术要素的章标题需要根据具体要素进行确定。

## 三、条

在章之下，或者文件的引言或附录之下，如果需要进一步细分，可以设置有编号的层次——条。条是对章的细分，凡是章以下有编号的层次均称为“条”。

条的设置是多层次的，第一层次的条可分为第二层次的条，第二层次的条还可继续细分，需要时最多可以分到第五层次。虽然文件中条的层次可以分到第五层，但是为了便于引用、叙述和检索，尽量不要将条划分过多的层次。

### （一）条的设置需考虑的方面

某一章或某一条中的内容，可以被编成几个段落，也可以编成几个条。那么，什么情况下编成条，什么情况下编成段呢？条的设置通常需要考虑以下方面。

**1. 内容明显不同**

划分条的主要依据是内容明显不同。如果段与段之间所涉及的内容明显不同，为了便于区分，则需要将它们分成彼此独立的条。

**2. 有可能在提示或引用中提及**

当文件的章或条中的某些段落会被文件自身所提及，以便提示使用者遵守或参考，或者有可能被其他文件所引用时，就应该将相关的段落设为条。这样通过直接提及相应的条编号就可以实现准确提示或引用的目的。

例如，在起草 GB/T 1.1—2020 的过程中，曾经在条文中出现以下提示信息“（见 6.6.9.1 中的最后一段）”，在文件定稿时，为了便于引用并保证准确性，将 6.6.9.1 进一步细分，将其中的最后一段调整为 6.6.9.1.2，原来的提示信息就直接改为“（见 6.6.9.1.2）”。

**3. 存在两个或两个以上的条**

在文件的章或条中不应仅包含一个下一层次的条，换句话说同一层次中有两个或两个以上的条时才可设条。例如，9.2 中至少要有 9.2.1 和 9.2.2 两条，才可将 9.2 进一步划分为第二层次的条；也就是说，如果没有 9.2.2，就不应将 9.2 中的条文给予 9.2.1 的编号。

**4. 无标题条不再分条**

为了不在引用或提及时产生混淆，不应在无标题条[见下文的（三）]之下再分条。如果无标题条再进一步细分，就会出现“悬置条”（见示例 2-61），这会给引用或提示造成困扰。假设另一文件需要引用示例 2-61 中紧跟 5.2.3 后的内容（不包括 5.2.3.1 和 5.2.3.2 中的内容），如指明“按照 5.2.3 的规定”就会产生混淆，因为在这种情况下 5.2.3 还包括了 5.2.3.1 和 5.2.3.2。

鉴于这种情况，无标题条不应再进一步细分条。也就是说，虽然条可以向下细分五个层次，但是一旦某一层次的条没有标题，也就意味着该条的细分层次到此为止。

**【示例 2-61】**

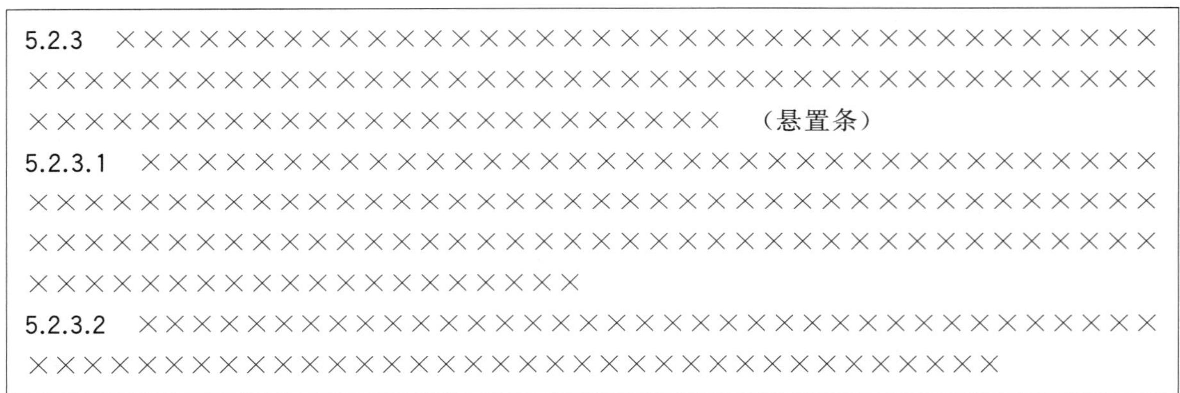

5.2.3 ×××××××××××××××××××××××××××××××××××××
××××××××××××××××××××××××××××××××××××××××
××××××××××××××××××××××××× （悬置条）

5.2.3.1 ××××××××××××××××××××××××××××××××××××
××××××××××××××××××××××××××××××××××××××××
××××××××××××××××××××××××××××××××××××××××
××××××××××××××××××××

5.2.3.2 ×××××××××××××××××××××××××××××××××××××
××××××××××××××××××××××××××××××××××××

## （二）条编号

条编号使用阿拉伯数字加下脚点的形式，即层次用阿拉伯数字，每两个层次之间加下脚点。条编号在其所属的章内或上一层次的条内进行，例如，在第 6 章内，第一层次条编为 6.1、6.2……，第二层次条编为 6.1.1、6.1.2……，一直可编到第五层次，即 6.1.1.1.1.1、6.1.1.1.1.2……。

附录中可以设条，附录中条的编号见第六章第五节“四”（三）中的“3”。

图 2-2 层次编号示例中展示了文件中的条编号，包括附录中的条编号。图中还展示了章编号。

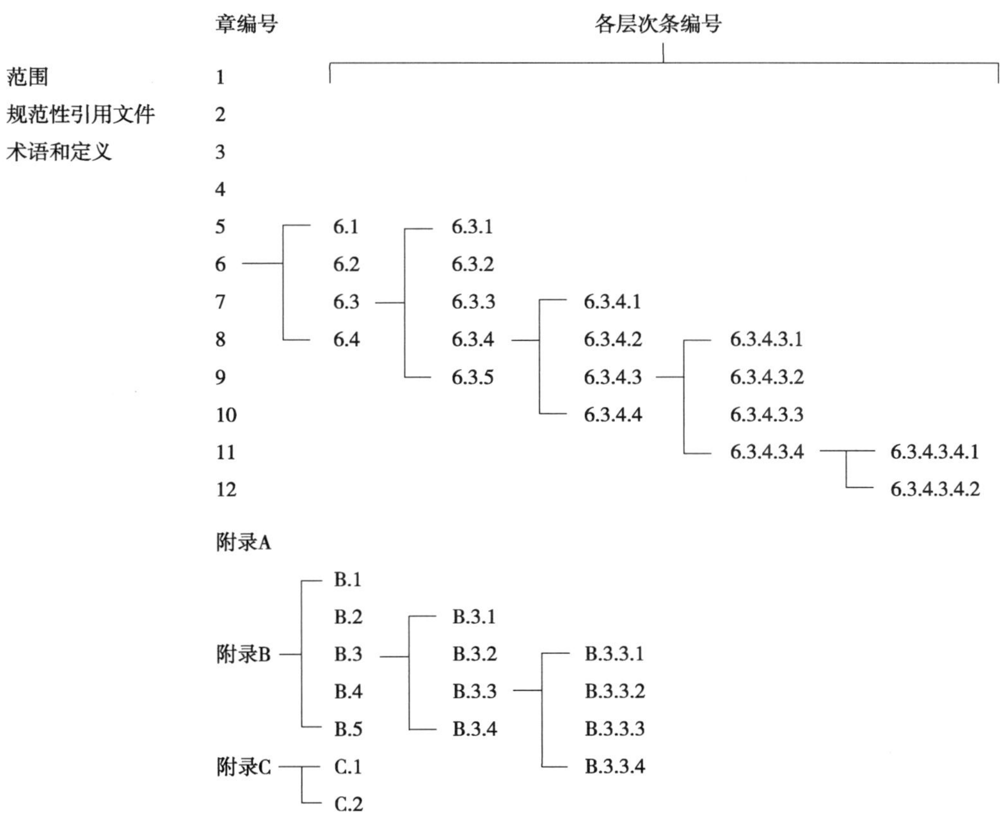


文件的具体内容是按照从属关系编排的。章编号统管所有章编号相同的条，即同一章下所有的条编号都从属于该章；每下一层的条编号从属于其上一层的条编号，以此类推。

图 2-2 层次编号示例

## （三）条标题

条标题的设置是可选的，可以根据文件的具体情况决定是否设置标题。如果设置了标题，则置于条编号之后。如果不设标题，则条编号后紧接着条的内容。

### 1. 第一层次的条宜设标题

每个第一层次的条最好设置标题。第二层次的条可根据情况决定是否设置标题。

### 2. 条标题设置的一致性

虽然条标题的设置是可选的，但在某一章或条中，其下一个层次上的各条有无标题应一致。例如：如果第 8 章的下一层次 8.1 有标题，则处于同一层次上的 8.2、8.3……也应有标题；同样，如果8.2条的下一层次 8.2.1 有标题，则 8.2.2、8.2.3……亦应有标题；反之，如果 8.2.3.1 无标题，则8.2.3.2、8.2.3.3……也应无标题。

对于不同章中的条，或不同条中的条，虽然处于同一层次，标题的设置无须一致。

示例 2-62 中，虽然 5.2.1、5.2.2……；5.5.1、5.5.2、5.5.3；6.2.1、6.2.2……都属于第二层次的条，但 5.5.1、5.5.2 和 5.5.3 有标题，其他条没有标题，这种情况是允许的。这是因为 5.5.1、5.5.2、5.5.3 与 6.2.1、6.2.2……分属不同的章，而 5.5.1、5.5.2、5.5.3 与 5.2.1、5.2.2……虽然在同一章中，但它们却不在同一条中（分属 5.5、5.2）。只有在某一章或条的内部，才要求其下一个层次中各条的标题设置与否要保持一致。

【示例 2-62】

5　设计

…………

5.2　构形

5.2.1　××××××××××××××××××××××××××××××××××××××××
×××××××××××××××××××××××××××。

5.2.2　××××××××××××××××××××××××××××××××××××××××
×××××××××××××××××××××××××××××××××××××××××××
×××××××××××××××。

××××××××××××××××××××××××××××××××××××××××××
××××××××××××××××××××××××××××。

…………

5.5　组合

5.5.1　一般规定

…………

5.5.2　复合组件的图形符号

…………

5.5.3　包含流向的图形符号

…………

6　应用

…………

6.2　取向调整

6.2.1　×××××××××××××××××××××××××××××××××××××××
××××××××××××××××××××××××××××××××××××××××××
×××××××××××××××。

6.2.2　××××××××××××××××××××××××××××。

…………

**3. 无标题条的主题**

对于无标题的条，如果需要强调各条所涉及的主题，可将无标题条首句中的关键术语或短语标为黑体，通过突出显示的方式引起对相关主题的注意。

强调无标题条的主题时也需要遵守一致性原则。如果某一条的下一层次的无标题条中，有用黑体字强调主题的情况，那么该层次上的每个无标题条都应有用黑体标出的主题。

无标题条中用黑体标出的术语或短语不应在目次中列出；如果有必要列入目次，则不应采取这种形式，而应选用有标题条的形式，将相应的术语或短语作为条标题。

【示例 2-63】

> 7.3.1 **条**是章内有编号的细分层次。条可以进一步细分，细分层次不宜过多，……
> 7.3.2 **条编号**应使用阿拉伯数字并用下脚点与章编号或上一层次的条编号相隔。……
> 7.3.3 第一层次的条宜给出**条标题**，并应置于编号之后。第二层次的条可同样处理。……

## 四、段

段是对章或条的细分。段与条最明显的区别就是它没有编号，也就是说段是章或条中不编号的层次。

为了不在引用或提及时产生混淆，不宜在章标题与条之间或条标题与下一层次条之间设段（这样的段称为"悬置段"）。

示例 2-64 的左侧，按照章条的隶属关系，第 5 章不仅包括所标出的"悬置段"，还包括 5.1 和5.2。这种情况下，当需要引用第 5 章中悬置段的内容时，如果指明"应按照第 5 章规定的要求"，就会在理解上产生混淆：有人认为只提及了悬置段，而另一些人会认为还包含 5.1 和 5.2。为了避免混淆，采取的方法之一就是将悬置段改为条。如示例右侧所示，将未编号的悬置段编号并增加标题，即"5.1　通用要求"（也可给出其他适当的标题），然后将现有的 5.1 和 5.2 重新编号，依次改为 5.2 和 5.3。在这种情况下，避免混淆的其他方法还包括将悬置段移到别处或删除。

【示例 2-64】

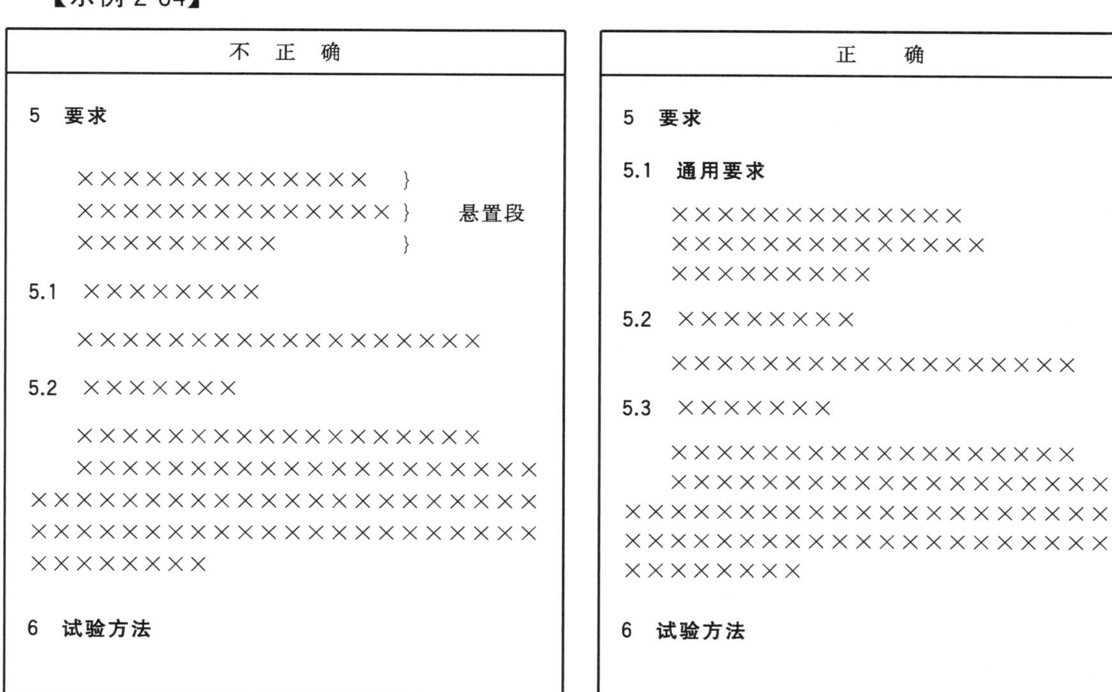


通常来说，悬置段都是在做具体规定之前，编写一些总体的、通用的内容。因此，将悬置段作为条处理后，需要根据原悬置段中规定的内容选择相应的标题。原悬置段凡是规定了一些原则、规则或要求的内容，可以分别使用"总则""通则""通用要求"等作为条的标题；凡是给出陈述或说明的内容，可以使用“概述”作为条的标题。避免设置悬置段的规定使得文件中段的编写，以及文件之间的相互引用或文件内部的提示更加清楚明确。

要素“术语和定义”中的引导语引出的是“术语条目”，“符号和缩略语”中的引导语引出的是“符号和/或缩略语清单”，这两处的引导语都不符合上述对悬置段的定义（章标题与条之间或条标题与下一层次条之间的段）。因此，这些引导语都不是悬置段。文件中的“重要提示”（见第六章第六节中的“三”）无论是否属于悬置段，通常都不会被引用。如特殊情况下确有需要，可以通过提及章条编号和“重要提示”“警示”等进行引用或提示。

## 五、列项

列项是段中的子层次，用于强调细分的并列各项中的内容，它可以设置在文中的任意段或无标题条中。列项可以进一步细分为分项，这种细分不宜超过两个层次。

### （一）列项的设置需考虑的方面

标准化文件中的条文经常需要表述一些列举分承的事项，这些内容通常会表述在段或无标题条中，那么什么情况下会使用列项这种形式呢？列项的设置通常需要考虑以下方面。

**1. 突出并列的各项**

列项具有自己特殊的形式，它在条文中非常突出、醒目。如果需要突出段中并列的各项内容，可在段中设置列项，使得列项中各项内容更加清晰明了。

如果仅是需要突出并列的各项，选择设置无编号列项［见下文（三）中的“1”］即能达到相应的效果］。

**2. 强调各项的先后顺序**

如果在表述文件的内容时，需要强调一些事项的先后顺序。例如规程标准中需要强调行为指示的先后步骤，可以通过设置有编号列项来表述［见下文（三）中的“2”］。

**3. 便于引用列项中的各项**

如果需要引用文中并列的内容，这时有必要将这些内容设置为有编号列项［见下文（三）中的“2”］。通过提及列项的编号可以达到准确引用的目的。

### （二）列项的形式

列项的形式具有其独特性，即列项应由引语和被引出的并列的各项组成。只有同时具备“引语”和“被引出的并列的各项”，列项才是完整的。

**1. 引语与被引出各项的标点符号**

被引出各项末尾使用的标点符号与引语使用的符号是有关联的。

如果被引出各项的结尾需要使用分号（见示例 2-65，又见示例 2-66 中第二层次的列项）或逗号（见示例 2-67），那么就应由后跟冒号的文字做引语。

如果被引出的各项结尾需要使用句号［见示例 2-66a）和 b）的最后一个分项，其结尾使用的是句号］，那么就应由后跟句号的完整句子（由句号结束）做引语。

**请注意：**由于冒号是句内点号（即句子内部的符号），所以以冒号结尾的引语引出的所有各项中都不应使用句号，只有最后一项的结尾使用句号。如果被引出的各项使用了句号结尾，那么就不应使用冒号结尾的引语，只应使用以句号结尾的完整句子做引语。

**2. 引语与被引出各项的内容**

引语与被引出的各项之间是有关系的。引语引出的各项内容：

a) 应与引语引导的含义相符；

b) 不宜与引语中的词语相重复。

**【示例 2-65】**

下列仪器不需要开关：

——正常操作条件下，功耗不超过 10 W 的仪器；

——任何故障条件下使用 2 min，测得功耗不超过 50 W 的仪器；

——连续运转的仪器。

**【示例 2-66】**

导向要素中图形符号与箭头的位置关系需要符合下列规则。

a) 导向信息元素横向排列，并且箭头指：
    1) 左向(含左上、左下)，图形符号应位于右侧；
    2) 右向(含右上、右下)，图形符号应位于左侧；
    3) 上向或下向，图形符号宜位于右侧。

b) 导向信息元素纵向排列，并且箭头指：
    1) 下向(含左下、右下)，图形符号应位于上方；
    2) 其他方向，图形符号宜位于下方。

**【示例 2-67】**

仪器中的振动可能产生于：

——转动部件的不平衡，

——机座的轻微变形，

——滚动轴承，

——气动负载。

## （三）列项中各项的编号

列项可以分为无编号列项和有编号列项。

**1. 无编号列项**

无编号列项是列项中最常见的表现形式。设置列项的目的如果仅是为了突出并列的各项，那么考虑使用无编号列项。编写这类列项时，需要在各项之前标明列项符号，包括：适用于列项的第一层次各项之前的破折号(——)(见示例 2-67、示例 2-68)；或适用于列项的第二层次各项之前的间隔号•)(见示例 2-68)。

**【示例 2-68】**

在被试个人信息页上，留出空白用于填写以下信息：

——测试日期；

——主试姓名；

——被试的年龄段：
  - 15 岁～30 岁(含)，
  - 31 岁～50 岁(含)，
  - 超过 50 岁；

——被试性别；

——被试教育程度。

### 2. 有编号列项

编写有编号的列项需要在各项之前标明列项编号，包括：适用于第一层次各项之前的字母编号［即后带半圆括号的小写拉丁字母，如 a)、b)等］；或适用于第二层次各项之前的数字编号［即后带半圆括号的阿拉伯数字，如 1)、2)等］。有编号的列项适用于以下两种情况。

（1）需要识别

如果列项中的某些项需要识别，例如其中的某一项或某些项有可能被引用，特别是文件自身就需要提示文件中列出的某项，这时就需要对列项进行编号，以方便提及［如：见 4.3.2 a)］。（见示例 2-69）

（2）需要表明先后顺序

如果需要强调列项中各项的先后顺序，那么应对各项进行编号。例如表明设计程序，试验过程的列项，使用编号可以表明设计或试验是按照 a)、b)、c)……的顺序进行的（示例 2-69 中的有编号列项表明，在前言中应按照列项中的顺序给出相应的内容）。因此在某些情况下，有编号的列项表明列项中的各项是有先后顺序的；而无编号的列项可以理解为，各项的顺序不分先后。

**【示例 2-69】**

根据所形成的文件的具体情况，在前言中应依次给出下列适当的内容。

a) 文件起草所依据的**标准**。具体表述为“本文件按照 GB/T 1.1—2020《标准化工作导则 第 1 部分：标准化文件的结构和起草规则》的规定起草。”

b) 文件与其他**文件的关系**。需要说明以下两方面的内容：
   - 与其他标准的关系；
   - 分为部分的文件的每个部分说明其所属的部分并列出所有已经发布的部分的名称。

c) 文件与**代替文件的关系**。需要说明以下两方面的内容：
   - 给出被代替、废止的所有文件的编号和名称；
   - 列出与前一版本相比的主要技术变化。

…………

### 3. 第二层次列项的编号

如果无编号列项中的某项需要进一步细分成第二层次的列项，就只准许细分成无编号的各项，不准许细分成有编号的各项。假如第二层次的列项需要识别或需要强调前后顺序，那么就应将第一层次列项改为字母形式的有编号列项，然后再使用数字编号对第二层次列项的各项进行编号。

如果有编号列项中的某项需要进一步细分成第二层次的列项，根据是否需要识别或表明先后顺序，可以设置成使用数字编号的列项（见前文示例 2-66）或使用间隔号的无编号列项（见示例2-69）。

## （四）列项中各项的主题

为了强调列项中各项的主题，在各项中可使用黑体字突出各项中的关键术语或短语。强调各项主题时也需要遵守一致性原则。如果列项中的某项有用黑体字强调主题的情况，那么

该列项中的每项中都应有用黑体字标出的主题。(见示例2-69)

这类用黑体字标出的术语或短语不应在目次中列出。如果有必要列入目次,则不应使用列项的形式,而应采取条的形式,将相应的术语或短语作为条标题。

### (五)编写列项需要注意的问题

编写列项时,需要注意以下一些问题。

**1. 引语不应省略**

前文(二)中已经介绍,列项由引语和被引出的并列各项组成,因此列项中引语是必需的,不应省略。然而在列项的编写中常常出现没有引语的现象,尤其是经常出现在条标题之后。

示例2-70的a)之前没有引语。由于该示例中列出的各项之间是并列关系,所以只要在列项之前增加引语就可以形成符合规定的列项。

**【示例2-70】**

**不正确的表述:**列项所列的项目之前没有引语。

**5.6.1 测试条件**

a) 水质:符合6.1.2规定的试验用水水质;

b) 水温:(25±1)℃;

c) 进水压力:(0.24±0.02)MPa;

…………

**2. 条或段不应表述成列项的形式**

在文件编写中,有些内容本来应该分条或分段表述,但却错误地使用了列项的形式。这类问题也经常出现在条标题之后。

示例2-71是典型的将条或段的内容表述成列项的例子。示例中既没有引语,a)和b)的内容也不是并列关系,因而不应该用列项的形式表述。在这种情况下,即使在a)之前增加了引语,它也不是列项。针对该示例中的这类问题,根据具体情况可将a)、b)按以下两种方法之一进行修改:

——改为两条,分别为5.4.8.1和5.4.8.2;

——删去a)、b),直接作为两段处理。

**【示例2-71】**

**不正确的表述:**将条或段表述成列项。

**5.4.8 贮存**

a) 必要时应规定贮存要求。特别是对有毒、易腐、易燃、易爆等类产品应规定各种相应的特殊要求;

b) 贮存要求的内容包括:

  1) 贮存场所,指库存、露天、遮篷等;

  2) 贮存条件,指明温度、湿度、通风、有害条件的影响等;

…………

### 3. 引语引导的内容与列项中的内容应相符

引语引导的含义与列项中的各项内容不应出现不一致、甚至矛盾的现象。例如，引语中的表述如为"……应符合以下要求："，那么引出的各项中应全部是要求，不应出现某个分项为推荐。

示例 2-72 中存在如下问题：引语表明引出的各项都是搪玻璃表面的缺陷，但实际列出的不全是缺陷，如"搪玻璃表面色泽均匀"就不是缺陷。

【示例 2-72】

**列项不正确的表述**：引语与列项内容相互重复且不相符。

在距搪玻璃表面 600 mm 处用 100 W 手灯以正常视力观察，不应有以下缺陷：

——搪玻璃表面不应有裂纹、局部剥落等缺陷；

——搪玻璃表面色泽均匀，没有明显的擦伤、暗泡、粉瘤等缺陷；

——搪玻璃表面应没有妨碍使用的烧成托架痕迹，搪玻璃面修理和修补痕迹；

——每平方米搪玻璃面上的杂粒不得超过 3 处，每处面积应小于 4 $mm^2$，且相互间距不得小于 100 mm。

### 4. 引语与列项的内容不应相互重复

引语中已经出现的词语，引出的分列各项中尽可能不重复出现。例如：引语中已经使用了"不应"，分列各项中就不应再出现"不应"。

示例 2-72 中，引语中已有"搪玻璃表面""不应"和"缺陷"等词语，但分列的各项中却多次重复。

鉴于示例 2-72 的列项中存在着"引语引导的内容与实际列项中的内容不相符"以及"引语与列项的内容相互重复"等问题，有必要对该列项进行修改。示例 2-73 只做了较少的修改，示例 2-74做了较大改动，形成了一个比较简洁、理想的列项。

【示例 2-73】

在距离 600 mm 处用 100 W 手灯以正常视力观察，搪玻璃表面：

——不应有裂纹、局部剥落等缺陷；

——应色泽均匀，没有明显的擦伤、暗泡、粉瘤等缺陷；

——不应有妨碍使用的烧成托架痕迹，以及修理和修补痕迹；

——每平方米的杂粒不得超过 3 处，每处面积应小于 4 $mm^2$，且相互间距不得小于 100 mm。

【示例 2-74】

在距离 600 mm 处用 100 W 手灯以正常视力观察，搪玻璃表面应色泽均匀，并且不应有以下缺陷：

——裂纹、局部剥落等；

——明显的擦伤、暗泡、粉瘤等；

——妨碍使用的烧成托架痕迹，以及修理和修补痕迹；

——每平方米超过 3 处，每处面积大于 4 $mm^2$，且相互间距小于 100 mm 的杂粒。

# 第三章

# 各种功能类型标准的核心技术要素的编写

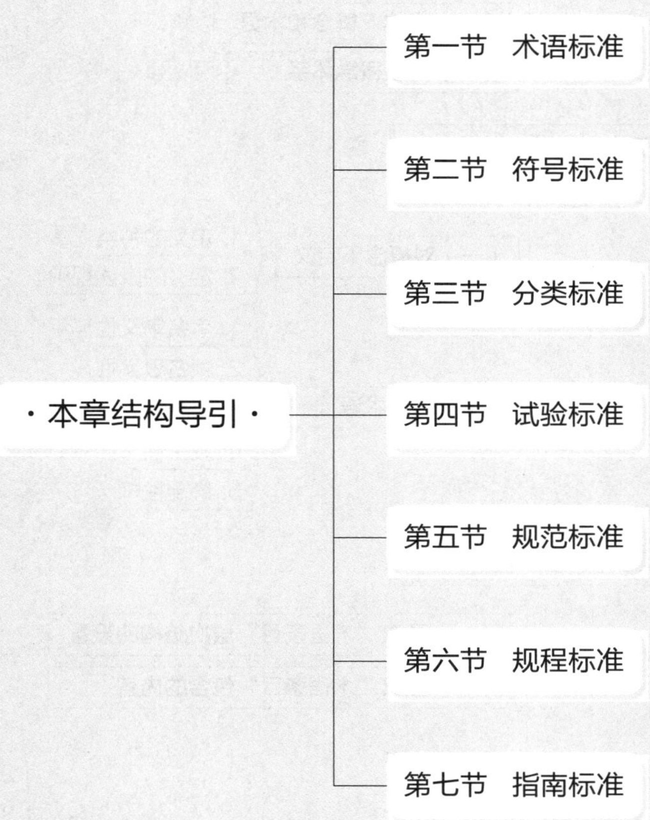


上一章从标准化文件的要素、层次两个方面，对文件的结构进行了介绍和剖析。在起草标准化文件时，确定了具体的标准功能类型，搭建了标准的结构，进而就要着手起草标准文本。起草不同功能类型的标准首先要编写其中的核心技术要素，标准的功能类型不同，核心技术要素就会不同。本章将按照标准的各种功能类型，逐一讨论如何编写相应的核心技术要素。

# 第一节 术语标准

## ※ 本节结构及内容导引 ※

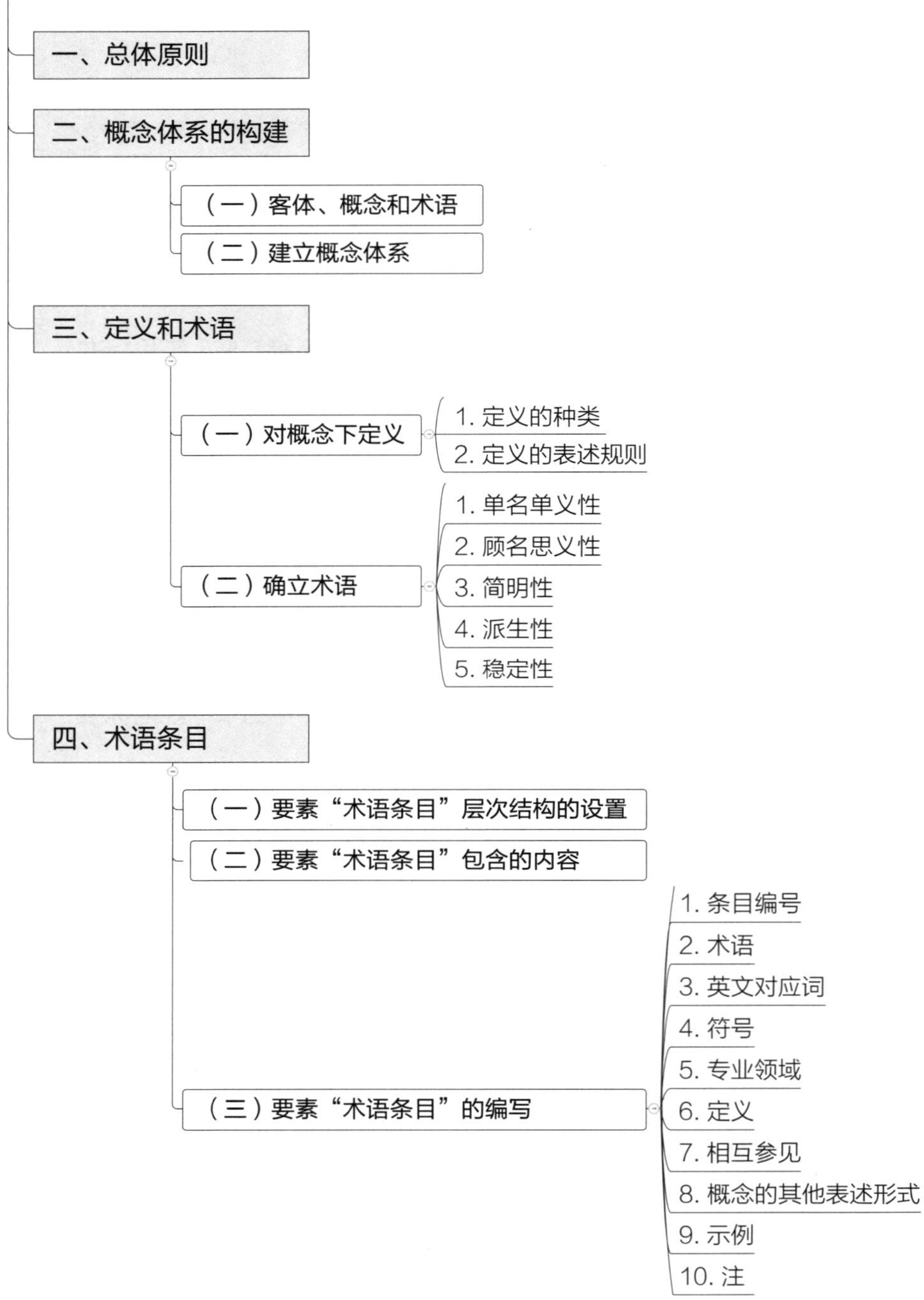

- 一、总体原则
- 二、概念体系的构建
  - （一）客体、概念和术语
  - （二）建立概念体系
- 三、定义和术语
  - （一）对概念下定义
    - 1. 定义的种类
    - 2. 定义的表述规则
  - （二）确立术语
    - 1. 单名单义性
    - 2. 顾名思义性
    - 3. 简明性
    - 4. 派生性
    - 5. 稳定性
- 四、术语条目
  - （一）要素“术语条目”层次结构的设置
  - （二）要素“术语条目”包含的内容
  - （三）要素“术语条目”的编写
    - 1. 条目编号
    - 2. 术语
    - 3. 英文对应词
    - 4. 符号
    - 5. 专业领域
    - 6. 定义
    - 7. 相互参见
    - 8. 概念的其他表述形式
    - 9. 示例
    - 10. 注

术语标准在文本形式上具有典型的结构、特定的要素构成及相应的内容表述规则。术语标准的核心技术要素是“术语条目”，而术语条目中的核心内容为“术语及其定义”。术语标准的起草应遵守GB/T 20001.1《标准起草规则 第1部分：术语》中确立的规则。

起草术语标准首先要确定标准所涉及的领域，其次在起草标准的过程中，需要确立该领域中的概念体系，进而明确每个概念在概念体系中的位置，以及概念之间的关系。在此基础上对概念进行定义、确立术语。随着术语标准编制工作的不断推进，概念体系也将不断完善。

## 一、总体原则

惟一性原则是术语标准中确立概念与术语之间关系的原则，包含两方面的含义：其一，在某领域内构建的概念体系中，每个概念仅有惟一一个确定的位置；其二，概念与其术语一一对应。在相关学科或在一个专业领域内应实现惟一性，否则会出现异义、多义和同义现象。因此，如果存在同义词，宜只选择一个作为首选术语。

术语标准的起草需要遵守惟一性原则。在标准所涉及的概念体系中一个概念不宜在不同的位置出现。概念与术语需要一一对应，即一个概念只由一个术语来表示（单名性）；一个术语只表示一个概念（单义性）。标准中界定的术语及其定义是经过标准化过程在多个备选术语中选择确定的，是被公认的代表某一概念的“惟一”选择；换言之，在编制标准的过程中，如果对某一概念，或者对代表该概念的术语达不成共识，那么标准中就无法对相关概念及其术语进行界定。

## 二、概念体系的构建

编制术语标准的过程是不断完善，最终建立某个领域中的概念体系的过程。依据概念体系，一方面，可以对概念给出准确的符合规则的定义；另一方面，术语标准中给出最终确立的概念体系，能够极大地帮助文件使用者更好地理解和使用标准。

### （一）客体、概念和术语

客体是任何可感知到或想象出的事物。客体可以是有形的或客观存在的物质，例如一台机器、一颗钻石或者一条河流；也可以是抽象的或非物质的，例如财务计划、重力、流动性等；还可以是纯粹虚构的，例如神话人物等①。概念是特定语境或领域内的客体在人们心理上的反映②。

对单独客体形成的概念称为个别概念，个别概念的指称为“名称”（如：李白、中国科学院、地球等）；对具有共有特性的多个客体形成的概念称为一般概念，一般概念的指称为“术语”（如：计算机硬件、重力加速度、三氧化二铝等）。

### （二）建立概念体系

概念体系是由一组相关的概念构成的概念集合。在概念体系中，每个概念都占据一个确切的位置。概念和概念之间主要存在着两种关系。

第一，层级关系：可将概念区分为上位概念（大概念）和下位概念（小概念）。按同一维度划分并处于同一层面的概念称为并列概念。层级关系又可细分为以下两种。

---

① GB/T 10112—2019《术语工作　原则与方法》，第4章。

② GB/T 10112—2019《术语工作　原则与方法》，5.1的第一段。

——属种关系：指概念外延的包含关系。下位概念（种）的外延是上位概念（属）外延的一部分。下位概念除了具有上位概念的一切特征外，还具有本身独有的区别特征。例如：属——树；种——乔木、灌木。

——整体—部分关系：指客体间的包含关系。下位概念对应的客体是上位概念对应客体的组成部分。例如：整体——人体；部分——手、脚、头、四肢、躯干等。

第二，关联关系：当借助经验在概念之间建立关联时，便存在关联关系。它是非层次结构的，反映客体间不具备相互包含的关系，如：

——序列关系：空间（位置）关系、时间关系、因果关系、源流关系、发展关系等等；

——联想关系：推理关系（前提—结论关系）、形式—内容关系、函数关系（自变量—因变量关系）、物体—属性关系、结构—功能关系、行为—动机（目的）关系等等。

术语标准确立的概念体系应便于下定义和规范指称。通常概念体系以属种关系为骨架来构建，有时辅以整体—部分关系、序列关系和联想关系等。通过构建的概念体系能够明确某概念在体系中的相互关系及位置，下定义时就可根据概念之间的相互关系确定其上位概念和区别特征。

## 三、定义和术语

定义和术语都是概念的语言表述。定义是确定概念的外延并与该领域内的其他概念相区别的语言描述[①]。术语是特定领域中由特定语言的一个或多个词表示的一般概念的指称[②]。

### （一）对概念下定义

概念体系建立后，下一步的工作就是对概念体系中的概念进行准确的描述，也就是下定义。

#### 1. 定义的种类

这里涉及两个概念，即概念的内涵和概念的外延。概念的内涵是指“一个概念所反映的客体的全部特征”，例如“船舶是水路交通工具”，这里“水路交通工具”是“船舶”的内涵。概念的外延是指“一个概念所指客体的范围”，例如“船舶”这一概念的外延包括渔船、客轮、货轮以及其他用途的船舶。

对概念下定义需要指出某一概念在概念体系中的确切位置，并将该概念同其他并列概念区分开来。在术语标准中对概念下定义通常选用内涵定义。在存在层级关系的概念体系中，除了最高层概念外，都可以采取内涵定义模式。内涵定义可以用以下表达式来表示：

内涵定义 ＝ 区分所定义概念同其他并列概念的区别特征 ＋ 上位概念

示例 3-1 给出了建立在不同概念之间关系上的内涵定义。

**【示例 3-1】**

——叶轮式松解机：利用叶轮高速旋转产生涡流松解石棉的设备。（种属关系）

——叶：植物利用光合作用制造糖分的器官。（整体—部分关系）

---

① GB/T 10112—2019《术语工作　原则与方法》，6.1 的第一段。

② GB/T 10112—2019《术语工作　原则与方法》，7.2.1 的第一段。

——动机:心理学说明行为产生的原因。(非层级关系中的因果关系)

如果下位概念是众所周知且屈指可数的,又无法给出内涵定义,可采取外延定义,见示例 3-2。

**【示例 3-2】**

太阳系行星:水星、金星、地球、火星、木星、土星、天王星和海王星的总称。

**2. 定义的表述规则**

表述定义时应遵守以下规则。

(1)准确性

在一个以属种关系为基础的概念体系中,定义要指出该概念在体系中的确切位置,既要继承上位概念的本质特征,又要借助区别特征同其他并列概念有效地区分开来。

为了保证准确性宜系统撰写定义。示例 3-3 中,对具有共同的上位概念——安全标志中的各种标志下定义时,都从各个标志功能的角度,选取相应的区别特征,即按相同的模式行文,并按相同顺序表述。使用这种模式下定义更便于比较并列概念间的差别。

**【示例 3-3】**

5.2.1

**安全标志　safety sign**

由呈现在**安全色**(3.4.1.5)形成的**衬底色**(3.4.1.3)上和/或**边框**(3.4.1.2)构成的几何形状中的**图形符号**(2.1.2)形成的传递特定安全信息的**标志**(3.1.1)。

5.2.1.1

**禁止标志　prohibition sign**

禁止某种行为或动作的**安全标志**(5.2.1)。

5.2.1.2

**警告标志　warning sign**

提醒注意周围环境、事物,避免潜在危害的**安全标志**(5.2.1)。

5.2.1.3

**指令标志　mandatory action sign**

强制采取某种措施或做出某种动作的**安全标志**(5.2.1)。

5.2.1.4

**安全状况标志　safety condition sign**

提示安全行为或标示安全设备、疏散设施所在位置的**安全标志**(5.2.1)。

(2)适度性

定义要适度,即定义要紧扣概念的外延,不应过宽或过窄。

**【示例 3-4】** 对“机动车”的定义

**正　确**:以动力装置驱动或牵引的轮式车辆。

**不正确 1**:以机械驱动的交通工具。(定义过宽)

**不正确 2**:以汽油为燃料、机械驱动的车辆。(定义过窄)

**辨　析**:“不正确 1”定义过宽,因为它把轮船和飞机都包括进去了。“不正确 2”定义过窄,因为机动车不限于以汽油为燃料,它将以柴油和其他能源为燃料的热动力机动车以及电车等都排除在外了。

(3) 简明性

定义要简洁,除指明上位概念外,只需写明区别特征,不应包含冗余信息。

**【示例 3-5】** 对“船舶”的定义

> **正　确**:水路交通工具。
> **不正确**:依靠人力或机械驱动的水路交通工具。
> **辨　析**:上述正确的定义中,指出了船舶的上位概念——交通工具,并写明了与其他并列概念(陆路与空中交通工具)的区别特征——水路。上述不正确的定义中,“依靠人力或机械驱动”并没有反映出与并列概念的区别特征,是冗余的,因此应删除。

(4) 正确使用否定形式

只有在概念本身是否定性的情况下,才可使用否定形式。

**【示例 3-6】** 否定形式的使用

> **正　确**:无性繁殖:不通过生殖细胞的结合而由亲体直接产生子代的繁殖方式。
> **不正确**:菱形:没有直角的等边四边形。
> **辨　析**:“无性繁殖”本身是一个否定性的概念,使用否定形式的定义是正确的。然而,对菱形的定义中“没有直角……”,即是不正确使用了否定定义,因为“菱形”不是否定性的概念。
> 菱形的正确定义是:邻边相等的平行四边形。

(5) 不使用循环定义

如果一个概念用第二个概念下定义,而第二个概念又引用第一个概念,这样写成的定义称为循环定义。循环定义无助于对概念的理解,因此不应使用。

**【示例 3-7】** 对“肺炎”的定义

> **正　确**:由细菌,病毒,真菌,寄生虫等致病微生物,以及放射线、吸入性异物等理化因素引起肺泡和肺间质的炎症。
> **不正确**:肺部的炎症。
> **辨　析**:上述不正确的定义中,仅将被定义的术语拆开复述一遍,是在同一定义内部的循环解释。

(6) 遵守替代原则

概念的定义宜能在语境中替代与该概念对应的术语。也就是说,在对概念进行定义时,最好达到这样的效果,即如果文件中使用了某概念对应的术语,假如将该概念的定义移到文中替换其术语,在阅读上应没有任何障碍。为了遵守替换原则,在定义时,要注意避免下列错误。

① 定义中重复术语

定义应直接表述概念,不应表述为,“用于表述……的术语”或“表示……的术语”等说明的形式;具体术语也无须在定义中重复,不应表述为“[术语]是……”或“[术语]意指……”“……称为[术语]”等形式。

【示例 3-8】

> **信息索引标志　information index sign**
> **不正确**：信息索引标志是指列出特定区域服务功能或服务设施位置信息的索引的标志。
> **正　确**：列出特定区域服务功能或服务设施位置信息的索引的标志。

【示例 3-9】

> **TVG 增益曲线**
> **不正确**：声波接收机的电压增益随时间变化的规律称为 TVG 增益曲线。（选自 GB/T 13909—1992）
> **正　确**：声波接收机的电压增益随时间变化的规律。（选自 GB/T 12763.8—2007）

② 定义中用“它”“该”“这个”等代词开头

【示例 3-10】

> **放射性测年**
> **不正确**：它是利用自然界中一些放射性元素……的分析研究方法的总称。（选自 GB/T 13909—1992）
> **正　确**：利用自然界中一些放射性元素……的一种分析研究方法。（选自 GB/T 12763.8—2007）

③ 定义中使用“指”“是”“是指”“表示”

【示例 3-11】

> **溶解氧　dissolved oxygen**
> **不正确**：是指溶解在海水中的氧气。（选自 GB/T 12763.4—1991）
> **正　确**：溶解在海水中的氧气。（选自 GB/T 12763.4—2007）

（7）不应包含附加信息

附加信息不是定义的内容，如果将其放在定义中，会产生定义不能在文中代替术语的问题。需要时附加信息应仅以注或示例的形式给出。

示例 3-12 定义中的“总云量是指天空被所有的云遮蔽的总成数。低云量是指天空被低云遮蔽的成数。”即属于附加信息，如需要应该在术语条目的注中给出。

【示例 3-12】

> **云　量　cloud cover**
> **不正确**：云遮蔽天空视野的成数。总云量是指天空被所有的云遮蔽的总成数。低云量是指天空被低云遮蔽的成数。

［选自 GB/T 12XX3.3—2007《海洋调查规范　第 3 部分：海洋气象观测》］

（8）不应包含要求

定义既不应写成要求的形式，也不应包含要求型条款。示例 3-13 中的定义是不正确的。

【示例 3-13】

> **国家公园　national parks**
>
> **不正确 1**：应由国家设定的保护自然景观和生态资源多样性的生态区域系统。（定义 1）
>
> **不正确 2**：为了保护自然景观和生态资源的多样性由国家设定的生态区域系统，国家公园应使其生态系统自然进化并最小地受人类社会的影响。（定义 2）
>
> **辨　析**：定义 1 采取了要求的形式（下划线标明了能愿动词“应”）；定义 2 中包含了要求型条款（见下划线的内容）。

### （二）确立术语

术语的确立要在对概念定义的基础上，给予概念相应的语言指称——术语。确立术语需要遵守以下规则。

**1. 单名单义性**

首先要遵守确立概念与术语之间关系的惟一性原则。术语和概念之间应一一对应（详见本节“一”中的“惟一性原则”）。在创立新术语之前应先检查有无同义词，并在已有的几个同义词之间，选择符合以下规则的术语。

**2. 顾名思义性**

这里的“义”指定义，术语应能准确扼要地反映定义的要旨，也就是说要能从术语推测出其所指称的概念。

**3. 简明性**

信息交流要求术语尽可能简明，以提高效率。也就是确立的术语要尽可能简短，不要过长。

**4. 派生性**

又称能产性。术语应便于构词，特别是组合成词组使用的基本术语更应如此。基本术语越简短，构词能力越强。

**5. 稳定性**

使用频率较高、范围较广，已经约定俗成的术语，没有重要原因，即使是有不理想之处，也不宜轻易变更。

## 四、术语条目

术语标准中的核心技术要素为术语条目。术语条目应在术语标准的“范围”“规范性引用文件”之后安排。

### （一）要素“术语条目”层次结构的设置

术语标准中，可以在“3　术语和定义”一章中形成多条，将术语条目安排在这些条中（见示例 3-14）；也可以从第 3 章开始形成多章，将术语条目安排在这些章（或章下的条）中（见示例 3-15）。因此，术语标准中的必备要素“术语和定义”可以通过多个章条来呈现。

术语条目无论全部安排在第 3 章，还是安排在多个章条中，都可以设置多个层次。具体条目的层次和顺序要按照所建立的概念体系（见本节“二”），即以逻辑顺序编排。也就是说术语标准中核心技术要素的章、条划分也应与建立的概念体系相吻合。

【示例 3-14】

> 3 术语和定义
> 3.1 真空泵
> 3.2 真空泵部件
> 3.3 附件
> 3.4 真空泵特性

【示例 3-15】

> 3 基础概念
> 4 服务保障
> 5 服务提供

### （二）要素“术语条目”包含的内容

术语条目可包含以下内容：

a） 条目编号；

b） 术语（包括首选术语、许用术语、拒用和被取代术语）；

c） 英文对应词；

d） 符号；

e） 专业领域；

f） 概念的定义；

g） 相互参见；

h） 概念的其他表述形式；

i） 示例；

j） 注。

一个术语条目至少包括条目编号、首选术语、英文对应词、概念的定义四项必备内容（见示例 3-16），根据需要还可增加其他内容。

【示例 3-16】

> 3.4
> **最新技术水平　state of the art**
> 在一定时期内，基于相关科学、技术和经验的综合成果的产品、过程或服务相应技术能力所达到的高度。

［选自 GB/T 20000.1—2014《标准化工作指南　第 1 部分：标准化和相关活动的通用术语》］

### （三）要素“术语条目”的编写

前文（二）中给出了术语条目包含的内容，这些内容中除条目编号、首选术语及其英文对应词、参见相关条目和定义/注中的参见（首选术语）为黑体，其他内容都为宋体。

以下将详细阐述术语条目中通常包含的内容。这些内容(如果有)的前后编排顺序也应与以下介绍的顺序相一致。

**1. 条目编号**

条目编号反映了术语条目在文中的位置和前后顺序。条目编号(如 3.1、3.2、3.2.1、3.2.2)在形式上与条编号(如 4.1、4.2、4.2.1、4.2.2)相似,都是使用阿拉伯数字加下脚点的形式,然而它们是不同的编号。条目编号反映的是该术语条目在概念体系中的相对位置,它既与章、条编号[见前文的(一)]有关,还与上位概念有关。为了反映术语间的层次关系并且便于被提及和查找,每个术语条目都要有一个条目编号,即使在某个编号层次之下,只有一个术语条目也应给予条目编号。而条编号仅反映与章或上一层次条的关系,且一个层次中有两个或两个以上的条时才可设条。为了显示术语条目编号与章条编号的不同,在排版格式上对它们做了特殊的处理,即:术语条目编号单独占一行,而章、条编号与后面的标题或文字内容接排。

术语条目的条目编号可以包含三组信息,第一组反映章、条编号(也可以表示概念层级),第二组编号表示概念层级和概念间的关系,第三组为简单的顺序号。这类条目编号可作为标示该概念在概念体系中的位置标记。如果不需要表示概念间的关系,条目编号可以是简单的顺序号。

术语条目位于第 3 章之下,条目编号如为:3.1、3.2、3.3……,那么编号中第一层次是章编号,第二层次为顺序号;条目编号如为:3.1、3.2、3.3、3.3.1、3.3.2、3.3.3……3.4……,那么编号的第一层次为章编号,第二层次是表示概念层次或概念关系的编号,最后一个层次为顺序号。

术语条目位于第 4 章第 2 条之下,条目编号如为:4.2.1、4.2.2、4.2.3……,那么编号的第一、二层次为章、条编号,第三层次为顺序号;条目编号如为:4.2.1、4.2.2、4.2.2.1、4.2.2.2、4.2.2.3……,那么编号的第一、二层次为章、条编号,第三层次为表示概念层次或概念关系的编号,最后一个层次为顺序号。

示例 3-17 给出了条目编号的一个实例。其中凡是编号后接排文字的都是章或条编号;凡是文字另起一行的为条目编号。条目编号的前两位都与章条编号相一致。

**【示例 3-17】**

**3 图形符号**

**3.1 符号**

3.1.1

**符号 symbol**

3.1.2

**图形符号 graphical symbol**

3.1.3

**文字符号 letter symbol**

3.2 通用概念

…………

3.4 应用领域

3.4.1

**技术产品文件用图形符号 graphical symbols for use in technical product documentation**

3.4.1.1

**简图用符号 symbols for diagram**

3.4.1.2

**标注用符号 symbols for indicating**

3.4.2

**设备用图形符号 graphical symbols for use on equipment**

…………

3.5 设计

…………

2. 术语

(1) 首选术语

宜只选择一个术语作为首选术语。

(2) 许用术语

如果有许用术语,应置于首选术语之后。多个许用术语要按照选用程度排序。每个许用术语另起一行。示例3-18中的串行器为首选术语,并串联变换器、动态转换器为许用术语。

【示例3-18】

11.4.6

**串行器 serializer**

并串联变换器 parallel-serial converter

动态转换器 dynamicizer

将一套同步信号变换为一个相应的时间序列信号的功能装置。

(3) 缩略形式

如果术语的缩略形式为首选术语,那么应置于条目编号的下一行;如果术语的缩略形式为许用术语,那么应置于首选术语的下一行。示例3-19中的"光盘驱动器"为完整形式,"光驱"为缩略形式且是许用术语。

【示例3-19】

7.6

**光盘驱动器 optical drive**

光驱

用激光束在**光盘**(3.2)上进行数据读出、记录和擦除操作的驱动装置。

(4) 拒用和被取代术语

如果有拒用和被取代术语,应置于所有符号(如果有)的下一行,先排拒用术语,后排被取代术语,它们均各自单独占一行。在术语后面的圆括号中要标明其状态(拒用或被取代)。

【示例 3-20】

> 5.3.8
> **可见辐射 visible radiation**
> 光 light(被取代)

**3. 英文对应词**

通常首选术语应给出英文对应词。许用术语、拒用和被取代术语也可给出对应词。英语对应词应空一个汉字排在汉语术语之后。(见示例 3-20)

**4. 符号**

如果术语有对应的符号,应位于许用术语(如果有)的下一行。量和单位符号应符合 GB/T 3101《有关量、单位和符号的一般原则》、GB/T 3102(所有部分)《量和单位》的规定。量的符号用斜体,单位符号用正体。

如果符号来自国际权威组织,应在同一行该符号之后的方括号内标出该组织。

适用于量的单位应在注中给出。

【示例 3-21】

> 2.4.1
> **电阻 resistance**
> *R*[IEC+ISO]
> 〈直流电〉在导体中没有电动势时,用电流除电位差。
> 注:电阻的单位为欧姆。

**5. 专业领域**

如果在一个术语标准中,需要用一个术语表示不同领域中的概念,那么应在定义前的尖括号中标明每个概念所属的专业领域。

【示例 3-22】

> 2.5.1.5
> **一致性 uniformity**
> 〈图形符号〉不同**图形符号**(2.1.2)中表达同一**含义**(2.2.5)的**符号要素**(2.5.4.1)以及具有同一语义关系的**符号要素**(2.5.4.1)间相互位置相同的特性。
> …………
> 6.1.4
> **一致性 uniformity**
> 〈导向系统〉**导向要素**(4.1.3)设计使用的**视觉元素**(3.4.1)以及设置采用的设置方式和位置相近的特性。

[选自 GB/T 15565—2020《图形符号 术语》,做了适当改动]

**6. 定义**

术语标准中,应在标准的范围所限定的界限内,或在概念所属的专业领域内定义概念。

定义应置于拒用和被取代术语(如果有)的下一行。定义需要遵守的规则见本节中的“三”。

**7. 相互参见**

(1) 定义或注中的参见

如果在定义或注中使用了同一个文件中的已定义的术语,则可将该术语用黑体标出,并在其后的括号中给出该术语的条目编号。(见示例 3-22)

(2) 参见相关条目

如果需要提示文件使用者参考定义中没有涉及的同一文件中的其他术语,那么应在定义的下一行,给出“参见:术语(条目编号)”,其中的“术语”如是首选术语使用黑体,许用术语使用宋体。如果参见的条目多于一个,应使用逗号隔开。

示例 3-23 定义中“计算机程序”为文件中已经定义的术语;而“参见”中提示文件使用者参考的“软件库”“系统库”为定义中没有涉及,但同一文件中已经定义的术语。

**【示例 3-23】**

2.359

**程序库　program library**

**计算机程序**(3.81)的有组织的集合。

参见:**软件库**(3.447),**系统库**(3.494)。

**8. 概念的其他表述形式**

概念的其他表述形式包括数学公式、图等。当概念需要界定量之间的关系时,可以在“参见:”(如果有)之下给出相应的数学公式。由于图可有效展示物体的结构,显示整体和部分之间的关系(如机器和它的零件),所以当辅以图形时,有助于对界定的概念的理解,可以在“参见:”(如果有)之下提供相应的图。图也可以用“示例”的形式给出(见示例 3-24 中 3.4.1.2 示例中给出的图)。

**【示例 3-24】**

3.4　视觉元素

3.4.1

**视觉元素　visual element**

构成**导向要素**(4.1.3)的各个组成部分。

**注**:通常包括图形符号、图像、箭头、文字、数字、颜色、衬底色、边框等。

3.4.1.1

**衬边　border**

**标志**(3.1.1)的**边框**(3.4.1.2)或外缘周围与**边框**(3.4.1.2)或外缘颜色成**对比色**(3.4.1.6)的具有一定宽度的条带。

**示例**:见图 13b)。

3.4.1.2

**边框　enclosure**

形成**标志**(3.1.1)几何形状外缘的线形。

**示例**:见图 13。

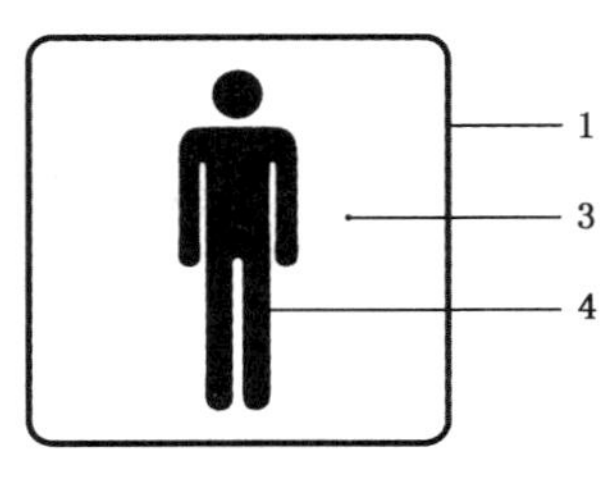


a）

b）

标引序号说明：

1——边框；

2——衬边；

3——衬底色；

4——图形符号。

**图 13　标志的衬边、边框和衬底色**

3.4.1.3

**衬底色　background colour**

形成**标志**(3.1.1)几何形状，衬托**图形符号**(2.1.2)或文字的颜色。

**示例**：见图 13。

### 9. 示例

如果有必要通过实际的例子对定义进一步阐释，那么应在“参见:”(如果有)的下一行给出示例。(见示例 3-24 和示例 3-25)

**【示例 3-25】**

5.3.8

**基数　radix**

底数 base(拒用)

〈基数数制〉为了得到任意数位上邻数位的权，而与本数位的权相乘的正整数。

**示例**：在十进制数制中，每个数位的基数为 10。

**注**：由于术语“底数(base)”的数学应用，因此在本意义中被拒用。

### 10. 注

与定义有关的，有助于理解概念的解释性信息，如典型的外延举例等，不应包含在定义中，而应以注的形式表述。注应位于示例(如果有)的下一行。(见示例 3-25 和示例 3-26)

**【示例 3-26】**

3.4.5

**发泡剂　blowing agent**

在制造空心或蜂窝状制品中用来引起膨胀的物质。

**注**：发泡剂可以是压缩气体，易挥发液体，或分解成(或反应后形成)气体的化学制品。

# 第二节　符号标准

## ※ 本节结构及内容导引 ※

- 一、总体原则
- 二、符号或标志的规范性
  - （一）符号和标志的分类
    - 1. 符号的分类
    - 2. 图形符号的分类
    - 3. 标志的分类
  - （二）标准中界定的图形符号或标志须符合国家标准中的规定
    - 1. 图形符号
    - 2. 标志
  - （三）保证符号标准的整体协调性
    - 1. 采取引用的表述形式
    - 2. 领域内需引用的基础性符号标准
- 三、符号的呈现
  - （一）符号表的布局
  - （二）提供符号原图的设备用图形符号表的布局
- 四、符号表的编写
  - （一）编号栏
  - （二）符号栏
    - 1. 确定符号的前后顺序
    - 2. 图形符号的呈现
    - 3. 标志的呈现
  - （三）名称栏
    - 1. 名称或含义
    - 2. 符合一一对应原则
    - 3. 英文对应词
  - （四）说明栏
    - 1. 对符号本身的说明
    - 2. 代替上一版本符号的说明
    - 3. 标明符号的出处
- 五、其他内容的编写

符号标准在文本形式上具有典型的结构、特定的要素构成及相应的内容表述规则。符号标准通常涉及文字符号、图形符号以及含有符号的标志，因此本节中使用的符号或符号标准是一个统称，根据具体情况还会称为文字符号、图形符号或标志，以及文字符号标准、图形符号标准或标志标准。

符号标准的起草应遵守GB/T 20001.2《标准编写规则　第2部分:符号标准》中确立的规则。符号标准的核心技术要素是“符号(包括文字符号、图形符号)或含有符号的标志”。通常符号标准的典型结构是用表格呈现标准中界定的符号,这是符号标准不同于其他标准的表述形式。

## 一、总体原则

符号标准也需要遵守惟一性原则,即标准中界定的符号与其所要表达的含义之间是一一对应的关系。这包含两方面的含义:其一,一个含义只能用一个符号来表达,只有在特殊情况下,如对于图形符号,为了适用不同的应用情况,需要具有不同的表示形式,才允许用不同的符号来表达;其二,同一领域中,一个符号只能表达一个含义。惟一性原则将保证符号体系中符号与其含义之间一一对应的关系,以便有效发挥符号表达含义、传递信息的独特作用。

遵守惟一性原则,就是要保证经过标准化过程后,标准中界定的符号都是在多个备选符号中选择、确定并被公认的代表某一含义的“惟一”符号。在标准编制的过程中,如果对表达某个含义的符号不能达成共识,那么标准中就无法对相关的符号进行界定。

## 二、符号或标志的规范性

要素“符号”“图形符号”或含有符号的“标志”,以及它们的含义是符号标准的核心技术要素,也就是说只有设置了要素“符号”“图形符号”或“标志”并说明了其含义的标准才能称其为符号标准。可见符号标准中主要是对符号进行界定,因此要在掌握符号或标志分类的基础上,了解这些符号需要符合的相关规定。

### (一)符号和标志的分类

符号或标志发挥的功能不同,应用的领域不同,会具有不同的构型。从不同的维度对它们进行分类,一方面可以针对不同类别的符号编制相应的创制规则;另一方面,可以规定不同构型的符号或标志在标准中的呈现形式和编写规则。

#### 1. 符号的分类

符号可分为文字符号和图形符号。

文字符号是“由字母、数字、汉字等或它们的组合形成的符号”①。可见文字符号的构成是字母、数字或汉字中的一种或它们的组合,这是这类符号区别于其他符号的主要特征。文字符号有时又称代号。

图形符号是“以图形为主要特征,信息的传递不依赖于语言的符号”②。图形符号在两个方面区别于其他的符号:其一,图形符号的主要特征是“图形”③;其二,构成图形符号的图形要具有不需要语言的解释即能理解所传递的信息的功能。这两个方面,一个是它的外在表现“图形”,一个是其内在功能——不依赖语言、易理解。

#### 2. 图形符号的分类

图形符号标准中界定的图形符号应符合GB/T 16900《图形符号表示规则　总则》确定的

---

① GB/T 15565—2020《图形符号　术语》,定义2.1.3。

② GB/T 15565—2020《图形符号　术语》,定义2.1.2。

③ 图形是指“在二维空间以点、线和面构建的可视形状”。(GB/T 15565—2020《图形符号　术语》,定义2.2.1)

分类体系中的类别，也就是按照应用领域将图形符号分成三类。

第一，技术文件用图形符号，是指“用于技术产品文件，表示对象和/或功能，或表明生产、检验和安装的特定指示的图形符号”[①]。主要包括：

——简图用符号：在简图中表示系统或设备各组成部分相互之间的关系；

——标注用符号：表示在产品设计、制造、测量和质量保证等全过程中涉及的几何特性（如尺寸、距离、角度、形状、位置、定向等）和制造工艺等。

第二，设备用图形符号，是指“用于各种设备，作为操作指示或显示其功能、工作状态的图形符号”[②]。主要包括：

——显示符号：呈现设备的功能（如：连接端子、加注点等）或工作状态（如：开、关，通、断，告警等）；

——控制符号：作为操作指示；

——图标：呈现在设备屏幕上表示计算机系统对象和/或应用程序的功能。

第三，标志用图形符号，是指“在基本模型[③]上设计的，在标志上使用的图形符号”[④]。主要包括：

——公共信息图形符号：向公众传递信息，无须专业培训或训练即可理解；

——安全符号：与安全色及安全形状共同形成安全标志，以传递安全信息；

——交通符号：与颜色及几何形状共同形成交通标志，以传递交通安全及管理信息。

**3. 标志的分类**

标志是指“由呈现在衬底色和/或边框构成的几何形状中的符号形成的传递特定信息的视觉构型”[⑤]。其中的衬底色是指“形成标志几何形状，衬托图形符号或文字的颜色”[⑥]，边框是指“形成标志几何形状外边缘的线形”[⑦]。（见前文示例 3-24 中给出的标志及标引序号说明）

标志按照应用领域通常分为公共信息标志、安全标志、交通标志等。这些标志中，传递安全信息的安全标志，由于其功能与构型密不可分，通常将它们分为：

——禁止标志：禁止某种行为或动作的安全标志[⑧]；

——警告标志：提醒注意周围环境、事物，避免潜在危害的安全标志[⑨]；

——指令标志：强制采取某种措施或做出某种动作的安全标志[⑩]；

——安全状况标志：提示安全行为或标示安全设备、疏散设施所在位置的安全标志[⑪]；

——消防设施标志：提示消防设施所在位置或如何使用消防设施的安全标志[⑫]。

---

① GB/T 15565—2020《图形符号　术语》，定义 2.4.1。

② GB/T 15565—2020《图形符号　术语》，定义 2.4.2。

③ 基本模型是指“用于设计标志用图形符号的通用模板”。（GB/T 15565—2020《图形符号　术语》，定义 2.5.2.3）

④ GB/T 15565—2020《图形符号　术语》，定义 2.4.3。

⑤ GB/T 15565—2020《图形符号　术语》，定义 3.1.1。

⑥ GB/T 15565—2020《图形符号　术语》，定义 3.4.1.3。

⑦ GB/T 15565—2020《图形符号　术语》，定义 3.4.1.2。

⑧ GB/T 15565—2020《图形符号　术语》，定义 5.2.1.1。

⑨ GB/T 15565—2020《图形符号　术语》，定义 5.2.1.2。

⑩ GB/T 15565—2020《图形符号　术语》，定义 5.2.1.3。

⑪ GB/T 15565—2020《图形符号　术语》，定义 5.2.1.4。

⑫ GB/T 15565—2020《图形符号　术语》，定义 5.2.1.5。

### （二）标准中界定的图形符号或标志须符合国家标准中的规定

为了保证标准中界定的符号本身的规范性，各类图形符号或标志需要遵守相关标准中的规定。

1. 图形符号

为了保证标准中界定的图形符号符合相关设计规则，图形符号应符合下列标准中的相关规定：

——各类图形符号的创制应符合 GB/T 16900《图形符号表示规则　总则》；

——技术文件用图形符号的创制应符合 GB/T 16901（所有部分）《技术文件用图形符号表示规则》；

——设备用图形符号的创制应符合 GB/T 16902（所有部分）《设备用图形符号表示规则》；

——公共信息图形符号的创制应符合 GB/T 16903《标志用图形符号表示规则　公共信息图形符号的设计原则与要求》。

2. 标志

标准中界定的标志应符合下列标准中的规定：

——安全标志的构型及设计应符合 GB/T 2893.1《图形符号　安全色和安全标志　第 1 部分：安全标志和安全标记的设计原则》；

——安全标志用图形符号的设计应符合 GB/T 2893.3《图形符号　安全色和安全标志　第 3 部分：安全标志用图形符号的设计原则》。

### （三）保证符号标准的整体协调性

为了保证符号标准的整体协调性，起草符号标准时，如现行标准中有适用的符号，应采取引用的表述形式（见第六章第四节），而不宜摘录具体的符号。

1. 采取引用的表述形式

引用其他标准中的符号时，采取如下表示形式：

a） 当广泛引用其他标准中的符号，且需要注日期时，应给出所引用标准的编号；

【示例 3-27】

“……图形符号见表 X，其他有关图形符号见 GB/T 10001.1—2012”。

b） 当广泛引用其他标准中的符号，且不需要注日期时，应给出所引用标准的代号和顺序号；

【示例 3-28】

“……图形符号见表 X，其他有关图形符号应符合 GB/T 10001.1 的规定”。

c） 当需要引用具体的符号时，应在符号表的最后或符号表之外给出所涉及的标准编号，并在标准编号后加圆括号给出符号在被引用标准中的编号。

【示例 3-29】

除以上界定的图形符号之外，下列图形符号也适用于本文件/本领域：

——楼梯，图形符号见 GB/T 10001.1—2012(007)；

——电梯，图形符号见 GB/T 10001.1—2012(013)；

——公园，图形符号见 GB/T 10001.1—2012(029)；
——宾馆，图形符号见 GB/T 10001.1—2012(034)。

**2. 领域内需引用的基础性符号标准**

标准中界定的符号应与本领域基础性符号标准中界定的符号相一致。为此起草：

——机械简图或电气简图用图形符号标准，应引用 GB/T 20063(所有部分)《简图用图形符号》和 GB/T 4728(所有部分)《电气简图用图形符号》中界定的符号；

——设备用图形符号标准，应引用 GB/T 16273(所有部分)《设备用图形符号》中的符号，并宜采用 ISO 7000《设备用图形符号　注册符号》中的符号；

——电气设备用图形符号标准，应引用 GB/T 5465.2《电气设备用图形符号　第 2 部分：图形符号》中的符号；

——公共信息图形符号标准，应引用 GB/T 10001(所有部分)《公共信息图形符号》中的符号；

——安全标志标准，应引用 GB/T 31523.1《安全信息识别系统　第 1 部分：标志》中的安全标志。

## 三、符号的呈现

符号标准中界定的符号宜以表格的形式呈现。符号表中各行的高度宜尽可能相等。

### （一）符号表的布局

表的编制应符合 GB/T 1.1 的规定。根据符号标准要呈现的内容，符号表的纵向栏通常包括编号栏、符号栏、名称栏或说明栏，表头从左到右分别为编号、符号、名称、说明。使用时可根据实际情况调整表头内容，即编号可为序号；符号可为图形符号、图形标志或标志；名称可为含义；说明也可根据说明的内容进行调整。

**【示例 3-30】**

**表×　××××符号**

| 编号 | 符号 | 名称/含义 | 说明 |
|---|---|---|---|
| | | | |

文字符号，如果以名称、符号、说明(定义)的形式出现，也可将这些内容列表编排，表格的内容可为编号栏、名称栏、符号栏、说明(定义)栏，见示例 3-31。文字符号表的编排见示例 3-32。

**【示例 3-31】**

| 编号 | 名称 | 符号 | 说明(定义) |
|---|---|---|---|
| | | | |

【示例 3-32】

表×　××××文字符号

| 编号 | 名称 | 符号 | 说明 |
|---|---|---|---|
| 2-015 | 速度传感器<br>velocity transducer | BS | 振动传感器、加速度计、转速计、测速发电机 |
| 2-016 | 温度传感器<br>temperature transducer | BT | 温度敏感器、温度计 |
| 2-017 | 多变量传感器<br>multiple variables transducer | BU | — |
| …… | …… | …… | …… |

当为了适用不同的应用情况，需要符号具有多种表示形式时，可增加相应的符号栏，并根据符号的应用情况、功能或特点等对增加的符号栏的表头给出相应的内容。

当所有符号不加说明也能理解，又没有其他需要说明的内容时，可省略说明栏。

**请注意**：对于图形符号标准，主要界定的是符号的图形，因此图形符号栏应位于名称栏之前，名称、说明等对图形符号解释的内容位于后面。这一点不同于文字符号标准，更不同于术语标准（界定的是术语及其定义，术语排在定义之前）。有些文件起草者习惯将名称放在符号前面，这是不正确的。

### （二）提供符号原图的设备用图形符号表的布局

设备用图形符号标准，如果提供了符号原图，那么编号、图形符号、名称、说明等内容也可以按照示例 3-33 所示进行布置。

【示例 3-33】

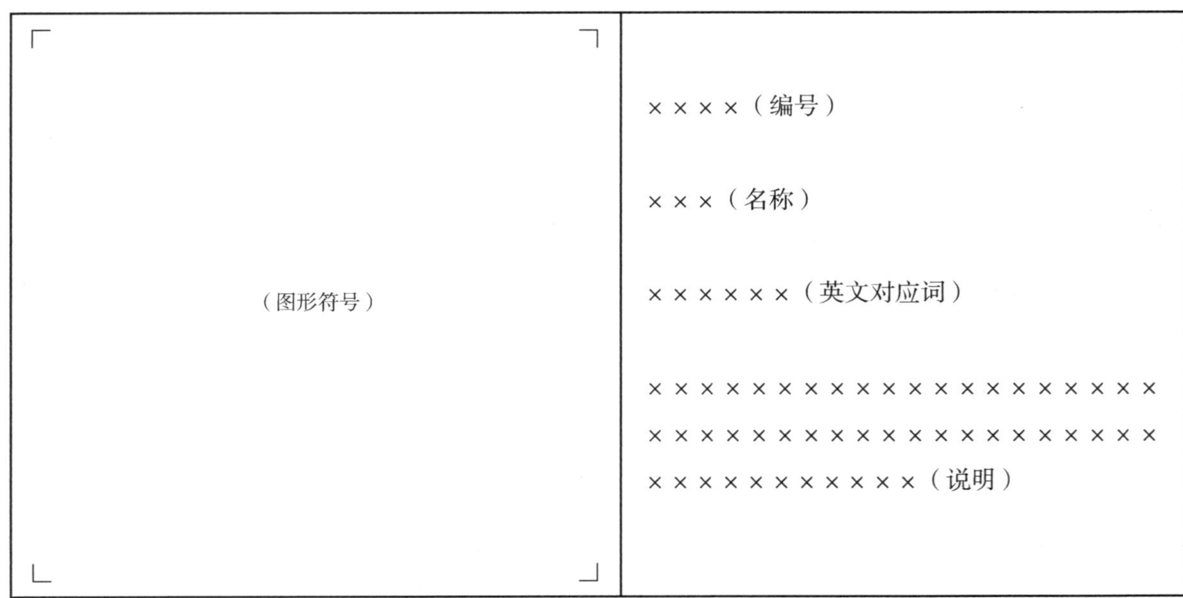

## 四、符号表的编写

符号表中需要呈现的主体内容为符号栏中的符号，其他内容都是为符号服务的：符号的前后顺序由编号栏中的编号或序号来体现，符号的名称或含义在名称栏或含义栏中给出，说明栏给出需要说明的有关内容。

### （一）编号栏

根据具体情况可设置编号或序号栏。如果符号需要分组，应设置编号栏，通过编号对分出的各组进行区分；如果符号无须分组，应设置序号栏，使用顺序号。符号编号方式应符合以下规则。

a） 符号的编号或序号与符号应是一一对应的关系。在标准中，每个符号应赋予一个编号或序号，并且一个编号或序号只对应惟一的符号。标准中要避免符号没有对应编号或序号的情况，还要避免一个编号或序号对应多于一个符号的情况。

b） 符号的编号或序号的前后顺序与符号呈现的顺序相一致。

c） 标准中符号的编号或序号的形式应一致，字符数应相同并尽可能少，字符不够时应使用“0”补齐。

d） 符号编号可以与表编号相关，但应与章条编号无关。为此，符号编号应选用阿拉伯数字和字母（字母通常适用于附录中的符号表），编号层级的间隔使用短横线形式的连接号“-”，而不选用章、条编号使用的下脚点“.”，以免提及符号编号时出现与章条编号相混的现象。

e） 序号通常不与表编号相关，凡是与表编号相关都称其为“编号”。

示例 3-34 示出了与表编号相关的符号编号。

**【示例 3-34】**

——表 1 中的编号为 1-01，1-02，……；表 2 中的编号为 2-01，2-02，……；表 3 中的编号为 3-01，3-02，……。

——表 1 中的编号为 101，102，103，……；表 2 中的编号为 201，202，203，……。

——附录 A 中表 A.1 的编号为 A1-01，A1-02，……。

示例 3-35 示出了反映符号的类别或层次的符号编号。编号中的前两位与符号表的编号相呼应，中间两位则为细分的符号类别，最后两位为顺序编号。

**【示例 3-35】**

——表 1 中的编号为 01-01-01，01-01-02，……；01-02-01，01-02-02，……；

——表 2 中的编号为 02-01-01，02-01-02，……；02-02-01，02-02-02，……。

示例 3-36 给出了序号的编排。

**【示例 3-36】**

——01，02，03，……10，11，……；

——001，002，003，……101，102，……。

编号栏中“编号”或“序号”还可参见下文示例 3-37 至示例 3-43。

## （二）符号栏

符号栏中呈现的符号（尤其是图形符号）应清晰，以保证文件使用者可使用标准中的符号制作（放大、缩小）相应的标志。如果呈现的图形符号或标志为正方形（如设备用图形符号、公共信息图形符号、安全状况标志、消防设施标志等）、圆形（如禁止标志、指令标志等）或三角形（如警告标志），那么相应的图形符号栏的单元格应设置为正方形。如果呈现的是其他类型的图形符号或标志（如技术文件用图形符号等），根据具体情况图形符号栏的单元格宜尽可能设置成正方形。

### 1. 确定符号的前后顺序

符号栏中符号编排的前后顺序应符合如下原则。

a） 按专业分类编排顺序：即按符号的专业类别划分，并按专业的要求编排符号的前后顺序。如 GB/T 24340—2009《工业机械电气图用图形符号》将图形符号依次划分为：导线和连接器件，无源元件，半导体管、光敏、磁敏及数学符号显示器件，电能的发生和转换，开关控制和保护装置，测量仪表、灯和信号器件，控制系统的框图符号等。

b） 按功能分类编排顺序：即按符号的功能划分，相同或类似功能的符号编排在一起。

c） 按隶属分类编排顺序：按照符号之间的隶属关系划分，如通用符号在前，专用符号在后；一般符号在前，特定符号在后；主体符号在前，分支符号在后等等。如大多图形符号国家标准中都是先安排通用、一般符号，然后是专用、特定符号。

d） 按符号名称的汉语拼音字母顺序：如果符号无法或无须分类，或分成大类的子类无须细分，那么可按其名称的汉语拼音字母顺序来编排。

### 2. 图形符号的呈现

图形符号在符号栏中应居中排列，符号与其周边空白比例要恰当。按照应用领域分出的三种类别的图形符号，在符号栏中的呈现需要遵守特定的规则。

（1）技术文件用图形符号

技术文件用图形符号的符号栏的表格间距不宜小于 20 mm，符号与其周边空白比例要恰当。这一规定一是保证不会由于表格间距太小导致符号过小造成的不清晰；二是在表格间距符合要求的前提下，确保不会由于符号与周边的空白过大导致符号太小造成的不清晰。

在符号栏中给出技术文件用图形符号时，如果使用网格系统，应遵守 GB/T 16901.1《技术文件用图形符号表示规则　第 1 部分：基本规则》的规定，并说明设计符号所采用的具体网格系统（即0.1 $M$或 0.125 $M$）。

示例 3-37 给出了使用的网格系统的技术文件用图形符号表的编排实例。在该符号表中符号栏的表格间距符合不小于 20 mm 的规定。

**【示例 3-37】**

**表 6　采矿安全设施图形符号（续）**

| 编号 | 图形符号 | 名称 | 说明 |
|---|---|---|---|
| 6-52 | | 自动喷嘴<br>automatic spray nozzle | 一般符号<br>不同的喷嘴，可在方框内加注代号，如 6-53 |

表 6（续）

| 编 号 | 图 形 符 号 | 名 称 | 说 明 |
|---|---|---|---|
| 6-53 | L | 光控式自动喷嘴 light controlled automatic spray nozzle | L：light |
| 6-54 |  | 防尘水池 water pond for dust removal | — |
| …… | …… | …… | …… |

［选自 GB/T 38110—2019《煤矿采矿技术文件用图形符号》］

（2）设备用图形符号

设备用图形符号应连同角标①一起给出（见示例 3-38）。符号栏中，四个角标所界定的正方形尺寸应为 25 mm×25 mm。尺寸规定是为了标准中界定的设备用图形符号具有足够的尺寸，确保清晰度。给出角标是为了提供一个参照系，以便在对形状各异的设备用图形符号进行复制、制作时有一个衡量符号大小及位置的共同依据。

如在标准中给出设备用图形符号的原图，则四个角标所界定的正方形尺寸应为 75 mm×75 mm［见本节“三”（二）中的示例 3-33］。

**【示例 3-38】**

表 X　设备用图形符号

| 序号 | 图形符号 | 含义 | 说明 |
|---|---|---|---|
| 001 |  | 牙科椅 Dental patient chair | 采用 ISO 7000:2004(1819) |
| 002 |  | 牙科椅，旋转 Dental patient chair，rotation | 采用 ISO 7000:2004(1820) |
| …… | …… | …… | …… |

［选自 GB/T 16273.7—2010《设备用图形符号　第 7 部分：牙科设备用图形符号》］

① 角标指“位于图形符号(2.1.2)外沿四个拐角处相互垂直的线段”，其功能是为界定符号区域提供依据，以便于图形符号的复制和应用。见 GB/T 15565—2020《图形符号　术语》，定义 2.5.3.3 和图 2。

（3）标志用图形符号

标志用图形符号应连同角标[①]一起呈现，角标所界定的图形符号区域不宜小于 40 mm×40 mm。（见示例 3-39）

**【示例 3-39】**

**表 X　旅游休闲符号**

| 序号 | 图形符号 | 含义 | 说明 |
| --- | --- | --- | --- |
| 01 |  | 旅游服务<br>Travel Service | 表示提供旅行接待与服务的部门或场所，如旅行社、导游服务处、旅游报名点等 |
| 02 |  | 团队服务<br>Group Service | 表示提供团队集合、接待、服务的场所或提供团队服务<br>代替 GB/T 10001.2—2006(02) |
| 03 | …… | …… | …… |

**3. 标志的呈现**

标志通常有四种形状。不同形状的标志在标准中给出的尺寸如下：

——正方形标志边长为 45 mm；（见示例 3-40）

——斜置正方形标志边长为 45 mm；（见示例 3-41）

——圆形标志直径为 50 mm；（见示例 3-42）

——正三角形标志边长为 63 mm。（见示例 3-43）

标志带有边框时，上述尺寸包含了边框的尺寸。如果标准中规定的标志除了图形部分外，还有其他内容，例如文字等，则给出的尺寸应以图形标志为准，不包括其他内容。

对标准中各种形状的图形标志的尺寸作出上述规定的目的，首先是为了给出足够大的图

① 公共信息图形符号的角标见 GB/T 15565—2020《图形符号　术语》中的图 4。

形标志，以保证其清晰度；其次是为了使标准中呈现的不同几何形状的图形标志具有相同的表观大小（即给人的主观感觉大小一致），不至于看上去大小不一。经过实验研究证明：正方形、斜置正方形、圆形、正三角形的边长或直径具有 25∶25∶28∶35 的比例关系时，它们的表观大小一致。因此，当正方形边长为 45 mm 时，斜置正方形、圆形、正三角形的尺寸应分别为 45 mm、50 mm 和 63 mm。

在实际使用中，同一应用领域不同形状的标志常常一起呈现，而在设置标志时，往往又需要这些标志具有相同的醒目度，即看上去大小一致。因此，标准中呈现的图形标志大小一致了，在实际使用时，不同形状的图形标志的放大倍数相同即可满足需要。

值得一提的是 45、50 和 63 这三个数都是优先数系 R20 中的数值。这也给标志尺寸系列的确定提供了方便。将来标志尺寸系列的选择就可以在相应的优先数系中方便地取值。（见第六章第三节的“六”）

**【示例 3-40】**

**表 2 疏散方式和应急设施标志**

| 编号 | 图形标志 | 含义 | 说明 |
| --- | --- | --- | --- |
| 2-01 |  | 公共水上救援设备<br>Public rescue equipment | 表示水中使用的救生设备（公共水上救援设备）的所在位置<br>使用公共水上救援设备可以降低受伤或溺水的危险<br>设置在水环境中<br>采用 ISO 20712-1:2008（WSE001） |
| 2-02 |  | 海啸避灾区<br>Tsunami evacuation area | 表示发生海啸时用于避灾的安全地点或地势较高区域的所在位置<br>给出海啸避灾安全区所在位置的指示和导向，可以避免海啸危险区中的人员受伤或溺死<br>与适当方向箭头组合后设置在海啸危险区域中<br>相关标志为 2-03 和 5-14<br>采用 ISO 20712-1:2008（WSE002） |
| …… | …… | …… | …… |

［选自 GB/T 25895.1—2010《水域安全标志和沙滩安全旗　第 1 部分：工作场所和公共区域用水域安全标志》］

【示例 3-41】

表× 斜置正方形图形标志

| 序号 | 图形标志 | 名 称 |
| --- | --- | --- |
| 13 |  剧毒品<br>6 | 剧毒品 |
| 14 |  爆炸品<br>1 | 爆炸品 |
| …… | …… | …… |

【示例 3-42】

表 3 指令标志

| 编号 | 图形标志 | 名称 | 说明 |
| --- | --- | --- | --- |
| 3-05 |  | 必须戴防毒面具<br>Wear respiratory protection | 表示必须戴防毒面具<br>采用 ISO 7010:2011 (M017) |

表 3（续）

| 编号 | 图形标志 | 名称 | 说明 |
| --- | --- | --- | --- |
| 3-06 |  | 必须戴防护面罩<br>Wear a face shield | 表示必须戴防护面罩<br>采用 ISO 7010：2011（M013） |
| …… | …… | …… | …… |

[选自 GB/T 31523.1—2015《安全信息识别系统　第 1 部分：标志》]

【示例 3-43】

表 5　警告标志

| 编号 | 图形标志 | 名称 | 说明 |
| --- | --- | --- | --- |
| 5-01 |  | 通用警告标志<br>General warning sign | 表示一个通用的警告<br>该标志不能单独使用，需要使用辅助标志给出危险的详细信息<br>采用 ISO 7010（W001） |
| 5-02 |  | 当心爆炸<br>Warning；Explosive material | 警示来自易爆炸物质的危险<br>在易爆炸物质附近或处置易爆炸物质时要当心<br>修改 ISO 7010（W002） |
| …… | …… | …… | …… |

[选自 GB/T 31523.1—2015《安全信息识别系统　第1部分：标志》]

### （三）名称栏

在名称栏中需要给出符号的名称或含义，同时给出相应的英文对应词。

**1. 名称或含义**

名称栏中应给出符号、图形符号的名称或含义，符号的名称是对其含义的命名，名称应符合其含义。

**2. 符合一一对应原则**

名称栏中给出的符号名称或含义应符合惟一性原则（见本节的“一”），即符号名称或含义与标准中界定的符号应是一一对应的。如果为了实现不同功能或满足不同应用情况，需要将表达相近或相同含义的图形符号设计成不同形式，那么在一个标准中应针对这些不同形式的图形符号分别赋予不同的名称。

**3. 英文对应词**

在名称或含义之下宜给出相应的英文对应词。如果符号来源于国际标准，则应将国际标准中的名称或含义作为英文对应词。

**请注意：**在一些现行符号标准的符号表中没有将编号栏与名称或含义栏分设，而是将符号的名称或含义与编号都放在一个栏目中；有些标准中的符号名称或含义和说明不分。为避免混淆，符号的名称或含义应在名称或含义栏中给出。

### （四）说明栏

说明栏通常需要给出标准中界定的符号本身的内容，以及与其他标准中的符号的关系，具体可给出三个方面的说明。（参见示例 3-37 至示例 3-43 中的说明栏）

**1. 对符号本身的说明**

说明栏可给出所呈现的特定符号的功能、具体使用场所；应用时符号的颜色选择，绘制、制作方法；设置方法，例如，对具体图形符号的方向选择（如符号是否可以旋转方向，是否可以设在可旋转的载体，如旋钮上等）作出说明。还可根据需要给出与具体符号有关的其他需要说明的内容。

**2. 代替上一版本符号的说明**

修订标准时，如果某符号代替了被修订标准中的某个或几个符号，那么应在说明栏列出相应的说明，具体表述形式为：代替 ＋ 被修订标准的标准编号 ＋（被代替符号在原标准中的符号编号）。这一规定是为了不造成符号的混乱，避免使用已被代替的符号。

**【示例 3-44】**

代替 GB/T 10001.2—2006 中编号为 02 的符号，可表示为：代替 GB/T 10001.2—2006(02)

见示例 3-39 中的说明栏。

**3. 标明符号的出处**

（1）摘录国内标准中的符号的说明

当标准中确有必要摘录其他标准中的少量符号时，应在说明栏中给出相应的说明，具体表述形式为：摘自 ＋ 所摘自的我国标准编号 ＋（符号在所摘自标准中的符号编号）。

这一规定是为了给文件使用者提供信息，以便在应用标准时可以通过查找相应符号的来源，了解来源标准最新版本的变化情况，从而使用最新版本中的符号。当标准设有“参考文献”时，应将所摘录的标准列在参考文献中。

**【示例 3-45】**

摘自 GB/T 10001.1—2012 中编号为 001 的符号，可表示为：摘自 GB/T 10001.1—2012(001)

（2）使用国际标准中的符号的说明

当标准中的符号源自国际标准中的符号时，应在说明栏中给出相应的说明，具体需要标明：采用/修改 ＋ 所源自的国际标准编号 ＋（符号在源自国际标准中的符号编号）。（见示例 3-40、示例 3-42、示例 3-43 的说明栏）

**【示例 3-46】**

——与 ISO 7001:2007 编号为 027 的符号完全一样，可表示为：采用 ISO 7001：2007（027）

——与 ISO/IEC 13251:2004 编号为 018 的符号完全一样，可表示为：采用 ISO/IEC 13251:2004(018)

**【示例 3-47】**

与 ISO 7001:2007 编号为 007 的符号基本一致，但做了少量修改，可表示为：修改 ISO 7001:2007（007）

这一规定提供了符号所源自的国际标准化文件，方便了文件使用者进一步了解相关国际文件的变化。

## 五、其他内容的编写

符号标准中，除了用表格表述的技术内容外，还需要针对某些符号说明一些其他内容，可视情况将相应内容列入表格相应符号的说明栏中。

如果符号在应用时使用的颜色、方位设置（符号是否可转向），图形符号形成标志的方法、制作和应用的规则，标志的色度坐标或色标等内容，涉及了多个或全部符号且需要在标准中规定时，可将相关内容编入表格之外的正文或附录中。

# 第三节　分类标准

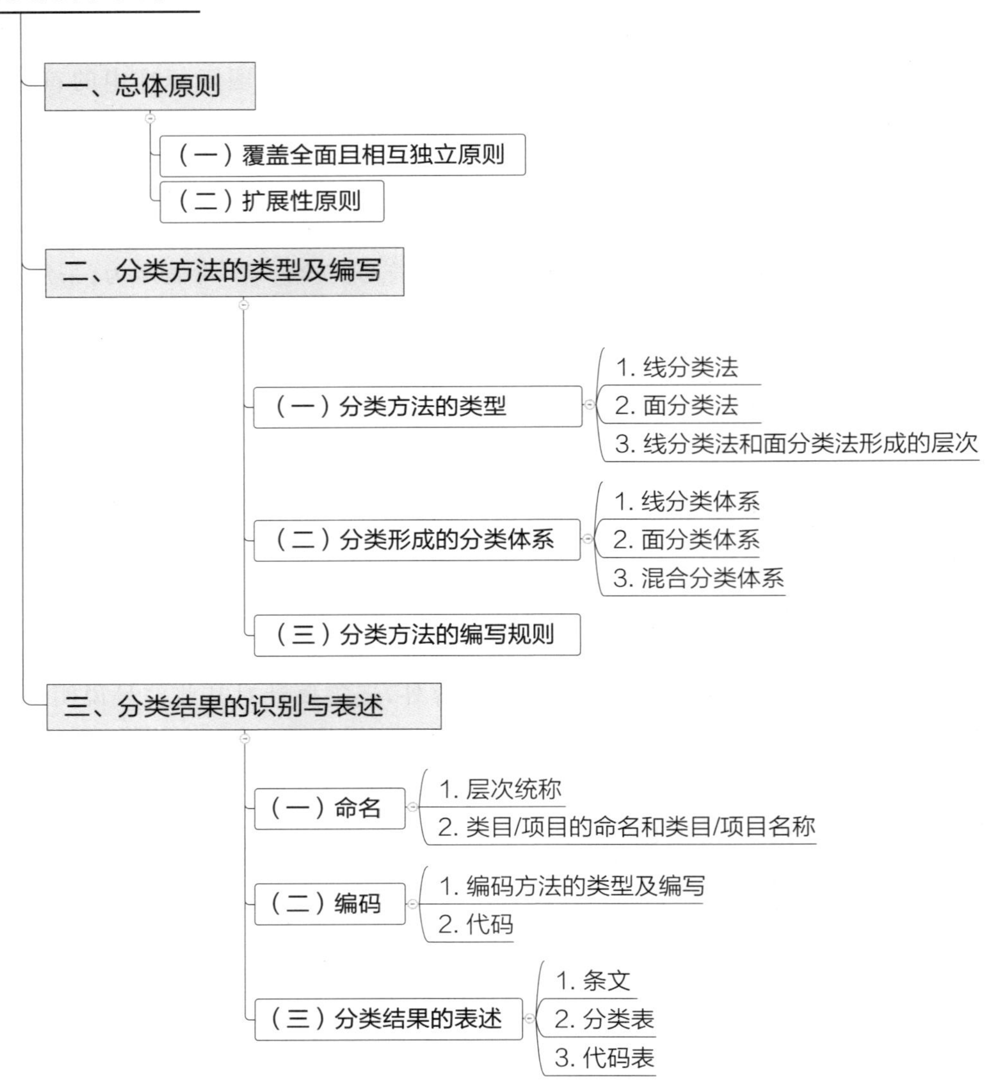


分类标准的核心技术要素是分类和/或编码，即在特定的分类标准中，至少包括“分类”和“编码”两个要素中的一个。如果只针对某分类对象给出分类依据的属性、采取的分类方法和所划分出层次的层次统称或类目名称，那么该分类标准仅涉及了分类的方法，没有给出最终的分类结果。如果只针对某个分类对象给出分类方法（有时可能没有）、分类依据的属性、分类结果（以名称表示），那么该分类标准只包含要素“分类”。如果针对某个已经在其他文件中划分出类别的标准化对象给出编码方法、代码，那么该分类标准只包含要素“编码”。

如果针对某个分类对象同时给出分类方法（有时可能没有）、分类依据的属性、编码方法、以名称和代码表示的分类结果，那么该分类标准同时包含要素“分类”和“编码”。这些内容体现到具体的分类标准中，可以用“分类方法”“命名”“编码方法”“代码”等作为章标题，视情况这些章也可以合并。

分类标准的起草应遵守GB/T 20001.3《标准编写规则　第3部分：分类标准》中确立的规则。本节将重点介绍起草分类标准时，编写核心技术要素“分类”和“编码”遵循的特定原则，以及分类方法、分类结果的编写规则。

## 一、总体原则

起草分类标准需要遵循两项原则：覆盖全面且相互独立原则和扩展性原则。

### （一）覆盖全面且相互独立原则

覆盖全面且相互独立是指，依据特定属性对分类对象进行划分时，划分出的类目①/项目②（用$P_1$、$P_2$……$P_n$表示）之间相互独立，没有交叉重复，且这些类目/项目的总和等于分类对象的外延（用M表示），用公式表示为：$M=P_1+P_2+\cdots+P_n$。其中的“分类对象”在分类标准中是相对的，视情况它可能是某个完整的标准化对象，也可能是需要依据某个/某些属性进一步划分的类目。

覆盖全面且相互独立是分类需要首先遵守的原则。它意味着依据某个属性对分类对象进行有规律的排列或划分时，既不因某种喜好、某种外部因素等而缺失某些类目/项目，又不为了凸显或特意强调某些类目/项目而丧失逻辑合理性。

### （二）扩展性原则

扩展性是指分类结果能够包容未来技术发展可能带来的类目/项目的增加或修改，而不会被整体打乱。它是衡量分类结果适应变化的能力的重要方面。

遵循扩展性原则意味着分类结果中通常设置预留项和/或收容项。其中，预留项用于为新增的类目/项目提供空间，通常采用省略号“……”予以识别；收容项用于容纳现有科学技术水平下不能或没有给予科学命名的类目/项目，通常以尾号为阿拉伯数字“9”、拉丁字母“Z”的代码，以及文字“其他”或“其他×××”（其中的“×××”通常为正在划分的类目的名称）予以识别。

示例3-48中，“使用过程、流通及回收处理领域产生的废电池”依据成分可以细分为含锌锰、含锂、含锌汞、……和其他废电池。其中，“含锌锰”“含锂”“含锌汞”是非常明确识别出来的项目；而省略号“……”是预留项，并从代码“03”到“99”之间空留出了顺序代码；“其他”是收容项，代码设置为“99”，用于容纳那些目前不能或没有科学命名的废电池。

---

① 类目是指依据分类的目的还需依据某个/某些属性进一步划分的分类对象。

② 项目是指不能进一步划分，或依据分类的目的不再进一步划分的最终分类结果。

【示例 3-48】

表 1　废电池代码表

| 代码 | | | 类目/项目名称 |
|---|---|---|---|
| 大类 | 中类 | 小类 | |
| 13 | | | **废电池** |
| | 01 | | 使用过程、流通及回收处理领域产生的废电池 |
| | | 01<br>02<br>03<br>……<br>99 | 含锌锰<br>含锂<br>含锌汞<br>……<br>其他 |

[选自 GB/T 36576—2018《废电池分类及代码》,做了适当改动]

## 二、分类方法的类型及编写

分类方法旨在描述依据什么分类以及如何划分。不同的分类方法具有不同的特征,以下将对分类方法的类型,采用不同的分类方法进行分类后形成的分类体系,以及分类方法的编写等进行介绍。

### (一) 分类方法的类型

常见的分类方法有线分类法和面分类法两种。

**1. 线分类法**

线分类法是将分类对象依据一个属性分成相应的若干类目/项目的一种分类方法(如图3-1所示)。其典型特征是:对分类对象进行划分时依据一个属性。

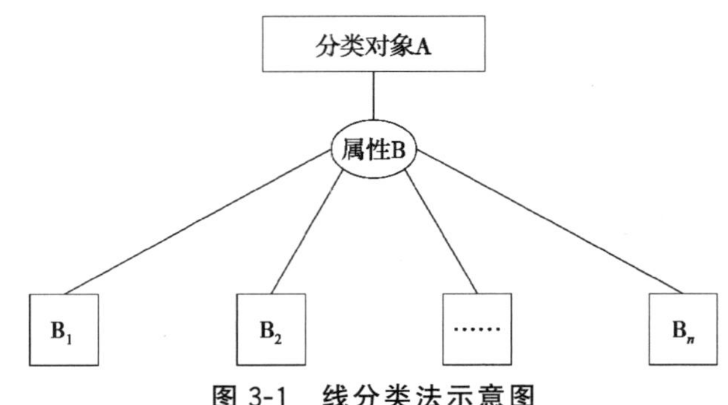


图 3-1　线分类法示意图

**2. 面分类法**

面分类法①是将分类对象同时依据两个及以上属性分别分成相应的若干类目/项目的一种分类方法(如图 3-2 所示)。其典型特征是:对分类对象进行划分时同时依据多个不同属性。

① 由于同时依据分类对象的多个属性进行分类,形成了多面(也就是多个属性)展开的分类结果,所以称为面分类法。

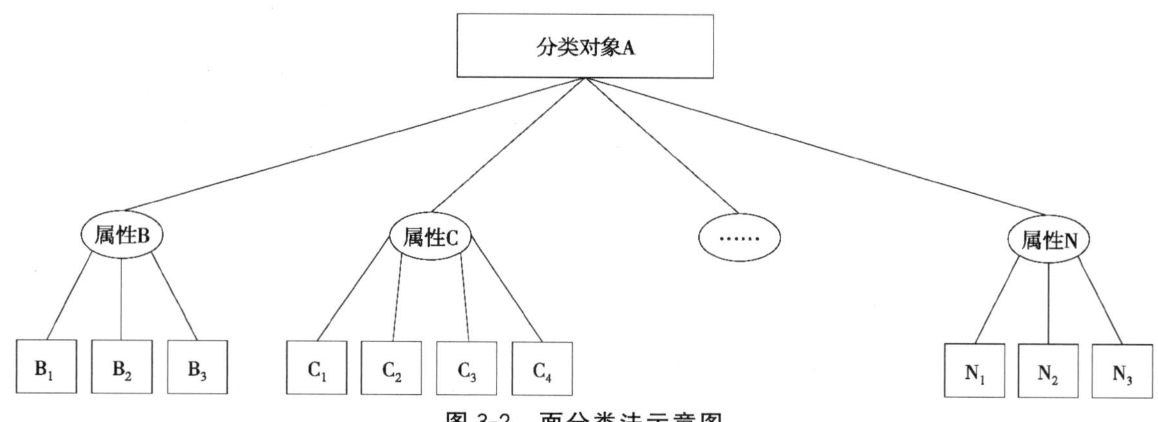


图 3-2 面分类法示意图

3. 线分类法和面分类法形成的层次

在用线分类法和面分类法进行分类时，依据某个属性对分类对象进行划分时形成了上下层次。在这个层次中，被划分的分类对象称为上位类，划分出的类目/项目称为下位类，由分类对象直接划分出来的各类目/项目，彼此称为同位类。例如，示例 3-49 中，"弦鸣乐器"相对于"擦奏、拨奏、……"，前者是上位类，后者是下位类，这些下位类互为同位类。

【示例 3-49】

> 3 乐器分类
>
> 乐器分类采用线分类法。依据声学性质和不同的振动方式，将乐器分为弦鸣乐器、气鸣乐器、膜鸣乐器、体鸣乐器、电鸣乐器五大类。
>
> 五大类属下的乐器依据激发方式分为不同的类别：
>
> ——弦鸣乐器分为：擦奏、拨奏、击奏和风奏弦鸣乐器四类；
>
> ——气鸣乐器分为：边棱音、簧振动、唇振动、机械振动、自由气鸣乐器五类；
>
> ——膜鸣乐器分为：击奏、擦奏、摇奏、吹奏膜鸣乐器四类；
>
> ——……

［选自 GB/T 23173—2008《乐器分类》，做了适当改动］

## （二）分类形成的分类体系

在对分类对象进行分类时，根据实际情况，可能自始至终每次划分都采用相同的分类方法，也可能采用不同的分类方法。根据分类过程中每次采用的方法及其组合形成了不同类型的分类体系。常见的分类体系包括线分类体系、面分类体系和混合分类体系。

1. 线分类体系

线分类体系是每次都采用线分类法对分类对象进行划分所形成的分类体系。由于同位类类目向下划分时可能依据相同属性或各不相同的属性，因而，线分类体系存在两种可能的情形（如图 3-3 和图 3-4 所示）。

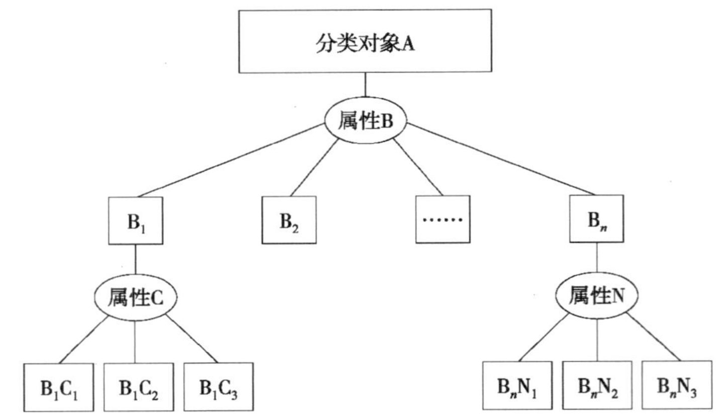


图 3-3 同位类依据不同属性进行划分形成的线分类体系示意图

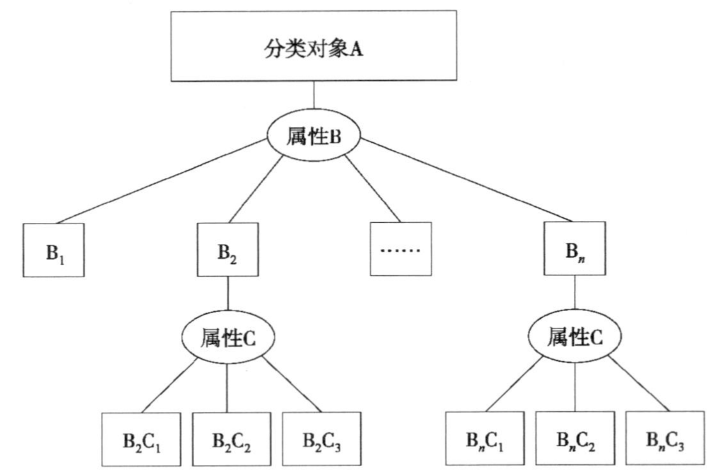


图 3-4 同位类依据相同的属性进行划分形成的线分类体系示意图

例如，前文的示例 3-49 对乐器的分类结果形成了图 3-4 所示的线分类体系。乐器首先依据一个属性——声学性质和不同的振动方式，划分出了五大类；每个大类进一步划分时，都依据一个相同的属性——激发方式，分别划分出不同的类别。

又如示例 3-50 对化学纤维的分类结果形成了图 3-3 所示的线分类体系。化学纤维首先依据一个属性——长度，划分出了两大类；各大类进一步划分时，各自依据一个相互之间不同的属性向下划分。

【示例 3-50】

> 4 化学纤维分类
>
> 化学纤维分类采用线分类法。依据长度将化学纤维分为短纤维和长丝两个大类。
>
> 两个大类属下的化学纤维依据不同的属性划分为小类。短纤维依据线密度分为棉、毛和丝束；长丝依据单丝根数分为复丝和单丝。

[选自 GB/T 38136—2019《化学纤维　产品分类》，做了适当改动]

**2. 面分类体系**

面分类体系是每次都采用面分类法对分类对象进行划分所形成的分类体系（如图 3-5 所示）。

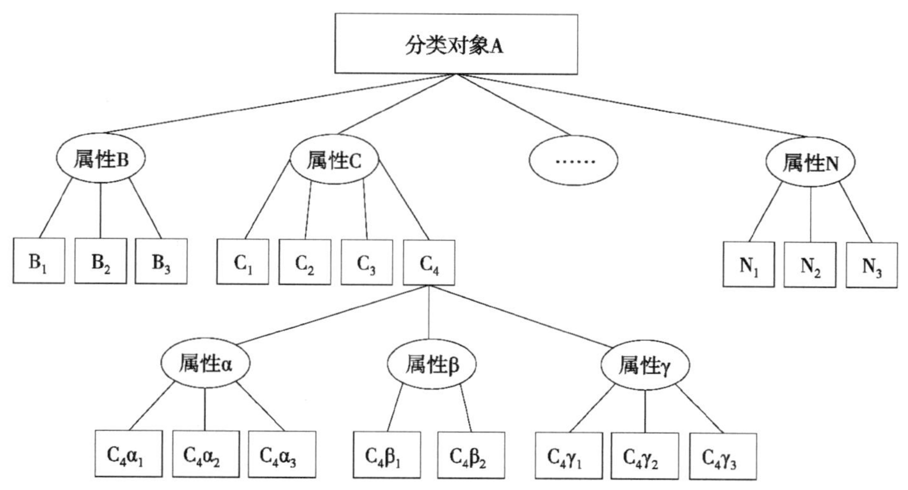


图 3-5 面分类体系示意图

示例 3-51 对全国主要经济功能区的分类结果形成了面分类体系。

【示例 3-51】

> 4 全国主要经济功能区分类
>
> 全国主要经济功能区分类采用面分类法，分别依据所属行政区（省、自治区、直辖市等）、级别、功能类型进行划分。
>
> 依据所属行政区，分为河北省、山东省、陕西省……的经济功能区。依据级别，分为国家级和省级经济功能区。依据功能类型，分为经济功能区、经济技术开发区和高新技术产业开发区。

［选自 GB/T 37028—2018《全国主要经济功能区分类与代码》，做了适当改动］

### 3. 混合分类体系

混合分类体系是每次对分类对象的划分未全都采用同一种分类方法所形成的分类体系。根据首次划分所采用的分类方法，混合分类体系分为“先线后面”（如图 3-6 所示）、“先面后线”（如图 3-7 所示）两种类型。

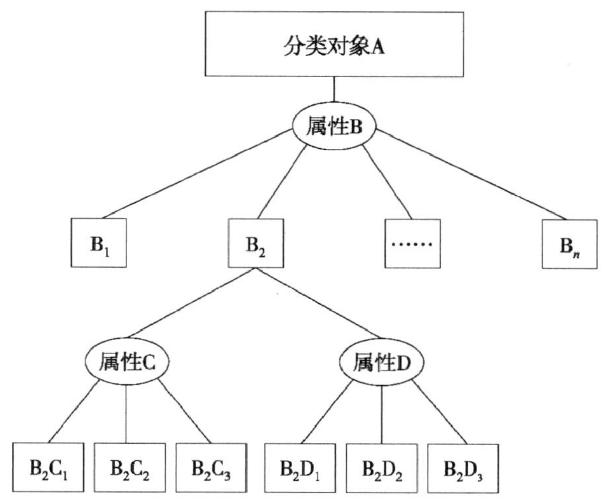


图 3-6 采用“先线后面”划分形成的混合分类体系示意图

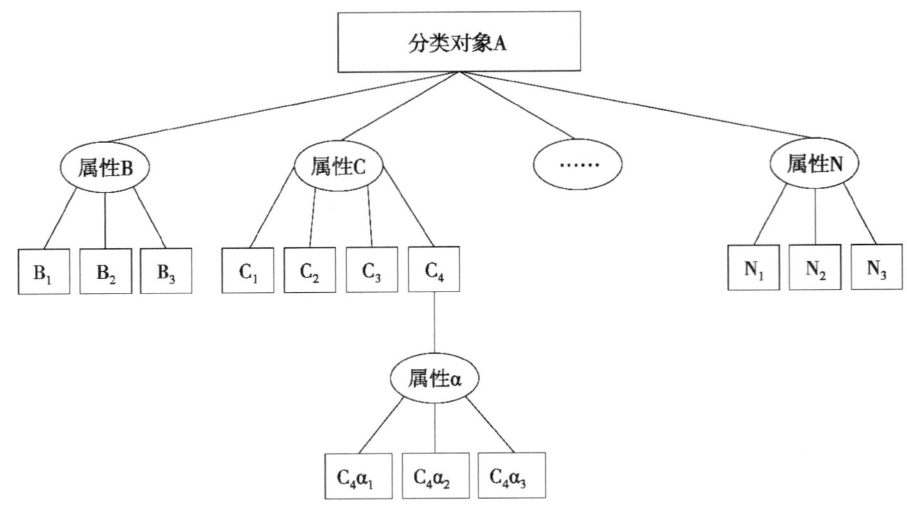


图 3-7　采用“先面后线”划分形成的混合分类体系示意图

示例 3-52 对标准化文件的分类结果形成了“先线后面”的混合分类体系。标准化文件首先采用线分类法，依据制定程序划分为标准和其他标准化文件两种类型。其后，标准采用面分类法进一步分类；其他标准化文件则采用线分类法进一步分类。

【示例 3-52】

> 3　标准化文件分类
>
> 标准化文件分类分别采用线分类法和面分类法。依据制定程序，将标准化文件分为标准和其他标准化文件。其中，标准采用面分类法，依据标准化活动的范围、标准化对象、编制标准的目的和标准内容的功能划分为不同的类别。其他标准化文件采用线分类法，依据文件所承载的内容和履行的程序分为规范或规程、技术报告、指南、协议等类别。

### （三）分类方法的编写规则

无论选择哪种分类方法，在编写时都需遵守以下规则：

a)　依据特定属性进行划分时，遵守覆盖全面且相互独立原则和扩展性原则；

b)　清楚地指明每次对分类对象进行划分所依据的属性；

c)　根据使用的需要确定分类所依据属性的先后次序；

d)　视情况，可以指明类目/项目之间的上下位关系。

## 三、分类结果的识别与表述

分类结果是一个个的具体类目/项目。这些类目/项目可以通过命名的名称（由文字组成）、赋予的代码（由阿拉伯数字、拉丁字母或它们的组合构成）予以识别，使用条文或表格的形式予以表述。

## （一）命名

命名是对划分出的类目/项目赋予名称的过程。在命名时，通常首先考虑位于同一层次上的各类目/项目之间的共性内容，然后再对具体类目/项目赋予名称。在命名的用词方面，宜选用现行文件中界定的术语，如不存在这样的术语，则使用相关领域的规范化词语。

### 1. 层次统称

在对分类对象进行划分时，划分出来的各类目/项目在名称上经常会有一些共性的内容，例如前文示例 3-51 中划分出的河北省、山东省、陕西省……，在名称中都包含“省”。这些位于同一层次上的各类目/项目名称中的共性内容称为层次统称。在一个分类体系中，层次统称具有惟一性。

通常，层次统称有两种形成方法。第一种是以上位类的类目名称作为层次统称，例如，示例 3-49 中擦奏、拨奏、击奏和风奏弦鸣乐器所在层次的层次统称为“弦鸣乐器”，是上位类的类目名称。第二种是以诸如“……型”“……级”“……属”“……种”等作为层次统称。例如在机械、化学、材料等领域，通常依据结构、模式、形状、性能、品质、含量等进行分类，所划分出的层次通常采用“……型”“……类”“……级”等词语作为层次统称。其中，“型”反映同类项目在结构、模式、形状上存在的差异；“类”是“型”的进一步划分，反映在性能上存在的差异；“级”反映含量、品质等方面的差异。在生物学领域，通常依据生物性状差异的程度和亲缘关系的远近进行分类，依此划分出的层次通常采用“……界”“……门”“……纲”“……目”“……科”“……属”“……种”等词语作为层次统称。在自然地理资源领域，通常依据地理实体的形态、成因、规模等进行分类，所划分出的层次通常采用“……域”“……岸”“……滩”“……堤”“……岛”“……岬”“……湾”等词语作为层次统称。

### 2. 类目/项目的命名和类目/项目名称

对类目/项目命名得到的是类目/项目名称。在一个分类体系中，类目/项目名称也是惟一的。

类目/项目名称通常包含两部分内容，一部分是该类目/项目所在层次的层次统称，一部分是该类目/项目区别于其他类目/项目的个性内容。例如，示例 3-53 中，非合金钢依据主要质量等级划分出的项目，命名为普通级、优质级和特殊级，其中，“级”是层次统称，“普通”“优质”“特殊”是各项目名称相互区别的个性内容。

**【示例 3-53】**

| 非合金钢依据主要质量等级分为普通级、优质级和特殊级。 |
|---|

[选自 GB/T 13304.2—2008《钢分类　第 2 部分：按主要质量等级和主要性能或使用特性的分类》，做了适当改动]

## （二）编码

编码是给事物或概念赋予代码的过程。根据具体情况，有时编码仅给出编码方法而不给出具体的代码，有时指明编码方法的同时给出具体的代码。以下将对编码方法和代码的编写进行介绍。

1. **编码方法的类型及编写**

编码方法旨在描述编码结构和如何赋予代码，具体包括码位[①]的数量和排列次序、每个码位所代表的含义、每个码位上代码字符的位数以及所使用的代码字符等内容。其中，编码结构可以采用条文、图(即编码结构图)或条文与图相结合的形式表述。常用的编码方法包括层次编码方法、并置编码方法和组合编码方法三种。

(1) *层次编码方法*

层次编码方法是以划分出的层次为基础，进行连续或递增编码[②]的一种编码方法，具有以下特点：

a) 码位的数量和排列次序基于分类划分出的层次设置和固定。

b) 每个码位代表固定的含义，但是通常使用无含义的代码字符来表示。

c) 每个码位上代码字符的位数根据需要设定，且代码字符的位数一旦确定，赋予代码时同一层次上代码字符的位数等长。例如，当采用顺序码[③]时，应使用001～999，而不使用1～999。

d) 给出分类结果的完整代码时，相邻码位上的代码字符之间通常使用空格隔开。

由于层次编码方法以分类划分出的层次为基础，因而，线分类体系通常采用层次编码方法予以编码。

示例3-54同时以条文和编码结构图的形式示出了层次编码方法在国民经济行业编码中的应用。该编码包含4个码位，并按照门类、大类、中类、小类的次序排列。每个码位上的代码字符本身没有含义，但在编码过程中被赋予了含义。例如，“A”是一个没有含义的拉丁字母，被赋予了“农、林、牧、渔业”的含义。每个码位上的代码字符位数根据所代表的层次上类目/项目的最大数量设置。例如，代表大类的码位使用两位阿拉伯数字表示，主要考虑打破门类界限之后整个分类体系中大类总数不超过100个；代表中类的码位使用一位阿拉伯数字表示，主要考虑在特定的门类和大类中划分出的中类数量不超过9个。

**【示例3-54】**

**4 国民经济行业分类和编码**

国民经济行业分类采用线分类法。依据经济活动的性质，将国民经济行业分为20个门类、97个大类、473个中类、1 380个小类。……

国民经济行业的分类结果采用层次编码方法进行编码。第一层用一位大写拉丁字母表示门类，从A开始依次编码。第二层用两位阿拉伯数字表示大类，打破门类界限，从01开始按顺序编码。第三层用一位阿拉伯数字表示中类，从1开始顺序编码。第四层用一位阿拉伯数字表示小类，从1开始顺序编码。编码结构图见图1。

---

① 码位是指编码结构中用标记标识，赋码后由代码字符占据的位置。每个码位都代表特定含义。

② 递增编码是指按照设定的递增值(比如按照1增加，按照10的倍数增加)对代码进行赋值。

③ 顺序码是指由阿拉伯数字或拉丁字母的先后顺序来标识编码对象的代码。

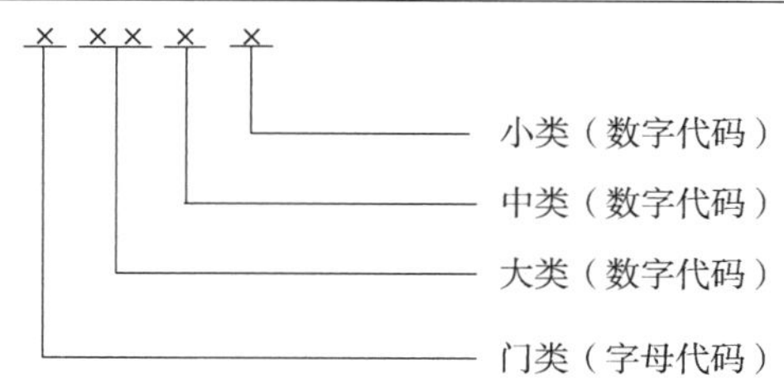


**图 1 国民经济行业编码结构图**

**5 国民经济行业代码表**

国民经济行业代码表见表 1。

**表 1 国民经济行业代码表**

| 代码 | | | | 类目/项目名称 | 说明 |
|---|---|---|---|---|---|
| 门类 | 大类 | 中类 | 小类 | | |
| **A** | | | | **农、林、牧、渔业** | 本门类包括 01～05 大类 |
| | 01 | | | 农业 | |
| | | 1 | | 谷物种植 | |
| | | | 1<br>2<br>3<br>……<br>9 | 稻谷种植<br>小麦种植<br>玉米种植<br>……<br>其他谷物种植 | |
| | | 2 | | …… | |

［选自 GB/T 4754—2017《国民经济行业分类》，做了适当改动］

（2）并置编码方法

并置编码方法是将描绘分类对象若干属性的代码，按照一定次序并排形成“复合代码”①的一种编码方法，具有以下特点：

a） 码位的数量取决于分类所依据的属性的数量；

b） 码位的排列次序宜与分类时所依据属性的先后次序保持一致；

c） 每个码位代表固定的含义，且通常使用有含义的缩写码②或缩写码与顺序码的组合来表示；

d） 每个码位上代码字符的位数根据含义表述的需要设定；

e） 给出分类结果的完整代码时，相邻码位上的代码字符之间通常使用短横线“-”连接。

基于并置编码方法的这些特点，面分类体系通常采用并置编码方法予以编码。

示例 3-55 同时以条文和编码结构图的形式示出了并置编码方法在新风空调设备编码中的应用。在该编码中，包含 6 个码位，码位的数量和排列次序与分类时所依据的属性的个数、先

① 复合代码是指由描绘分类对象若干属性的代码组合而成的代码。

② 缩写码是指按一定的缩写规则取自分类对象或项目名称中的一个或多个字符而形成的代码。

后次序一致；每个码位上所使用的代码字符采用缩写码来表示，代码字符的位数根据含义表述的需要设定，例如，“TF”为“通风”的缩写、“D”为“带能量回收”的缩写。

【示例 3-55】

4 新风空调设备分类和编码

新风空调设备分类采用面分类法，同时依据净化性能、能效及净化能力、是否带能量回收、冷热源提供方式、用途特征、结构型式进行划分。

依据净化性能分为通风型(用 TF 表示)、……。

依据能效及净化能力分为合格级(用 HG 表示)、……。

依据是否带能量回收分为带能量回收(用 D 表示)、……。

依据冷热源提供方式分为自带冷热源(用 ZD 表示)、……。

依据用途特征分为通用机组(用 T 表示)、专用机组(用 Z 表示)。

依据结构型式分为卧式(用 WS 表示)、立式(用 LS 表示)和吊装式(用 DS 表示)。

新风空调设备的分类结果采用并置编码方法进行编码。编码结构图见图 1。

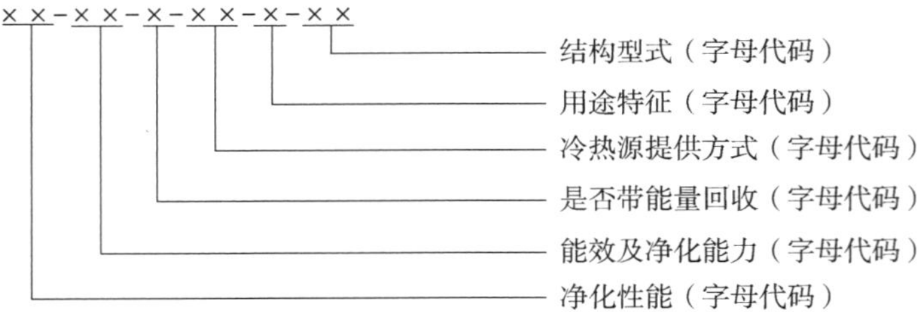


**图 1 新风空调设备编码结构图**

示例：自带冷热源、带能量回收的合格级通风型卧式通用新风空调，代码为：TF-HG-D-ZD-T-WS。

［选自 GB/T 37192—2018《新风空调设备分类与代号》，做了适当改动］

(3) 组合编码方法

组合编码方法是将描绘分类对象若干属性的代码，以及依赖于这些属性的组合而产生的代码，按照一定次序形成“复合代码”的一种编码方法，具有以下特点：

a) 码位的数量与分类所依据的属性的数量相比，通常会多一个，用于放置依赖于分类对象的属性的组合而产生的无序码[①]、校验码[②]或顺序码；

b) 码位的排列次序宜与分类所依据属性的先后次序保持一致，无序码、校验码或顺序码通常置于最后；

c) 每个码位代表固定的含义，且通常使用顺序码，或者顺序码、缩写码或校验码/无序码的组合来表示；

d) 每个码位上代码字符的位数根据含义表述的需要设定；

e) 给出分类结果的完整代码时，相邻码位上的代码字符之间通常使用空格隔开。

① 无序码是指随机赋予编码对象的代码。

② 校验码是指通过数学关系运算得出，用以验证代码正确性的附加字符。

基于组合编码方法的这些特点，面分类体系、混合分类体系通常采用组合编码方法予以编码。

示例3-56同时以条文和编码结构图的形式示出了组合编码方法在全国主要经济功能区编码中的应用。在该编码中，包含4个码位，其中，前三个码位依次按照所属行政区、级别、功能类型的顺序排列，与分类所依据属性的数量和先后次序一致；最后一个码位代表设立的先后顺序，代码为顺序码。该顺序码的赋码依赖于前三个码位代表的行政区、级别、功能类型，只要任何一个发生了变化（相应的代码也会变化），该顺序码都要按照设立的先后顺序重新从001开始赋码。码位上所使用的代码字符采用顺序码、缩写码组合的方式，例如，表示设立的先后顺序的代码使用顺序码，表示级别的代码使用缩写码，“G”为“国”的缩写，“S”为“省”的缩写。

**【示例3-56】**

**5　全国主要经济功能区编码**

全国主要经济功能区的分类结果采用组合编码方法进行编码。所属行政区用两位阿拉伯数字表示，具体代码符合GB/T 2260的规定。级别用一位大写拉丁字母表示，国家级用字母G，省级用字母S。功能类型用两位阿拉伯数字表示，经济功能区为00，经济技术开发区为01，高新技术产业开发区为02。设立的先后顺序用三位阿拉伯数字表示，从001开始依次顺序编码。编码结构图见图1。

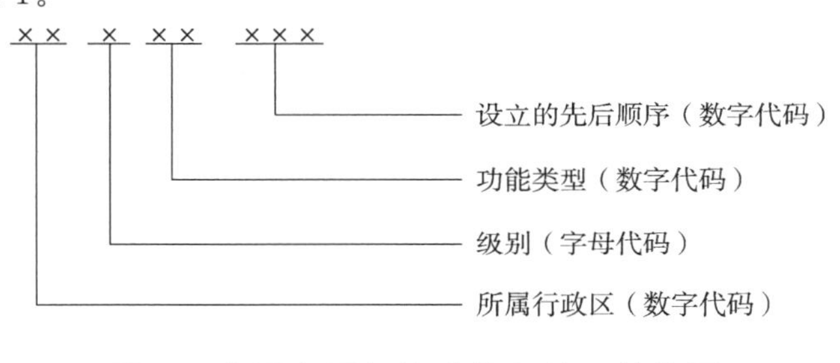


**图1　全国主要经济功能区编码结构图**

[选自GB/T 37028—2018《全国主要经济功能区分类与代码》，做了适当改动]

**2. 代码**

代码是编码的结果，由表示特定事物或概念的一个或一组字符组成。这些字符可以是阿拉伯数字、拉丁字母或便于人和机器识别与处理的其他符号。

（1）代码中使用的字符

在赋予代码时，可以全部使用阿拉伯数字或全部使用拉丁字母，但是不应使用标点符号或数学运算中可能用到的字符，如问号（?）、冒号（:）、加号（+）等，也不应使用在阿拉伯数字与拉丁字母中形相近的字符，如拉丁字母“I”和阿拉伯数字“1”、拉丁字母“O”和阿拉伯数字“0”等。

(2) 特殊情形下代码字符的使用

在赋予代码时,如果使用拉丁字母、阿拉伯数字混用的形式,那么,拉丁字母或阿拉伯数字宜在特殊位置(如首位或末位),不宜在随机的位置。

对于收容项,如果使用代码字符识别,则可以使用代码序列中的最末位字符,如阿拉伯数字序列的"9""99"、拉丁字母序列的"Z"等。

示例 3-57 中,化学试剂代码由五位字符构成,混合使用了阿拉伯数字和拉丁字母,且拉丁字母置于代码的首位。其中的收容项,使用阿拉伯数字"99"。

**【示例 3-57】**

**表 1 化学试剂代码表**

| 代码 | | | 类目/项目名称 |
|---|---|---|---|
| 大类 | 中类 | 小类 | |
| **A** | | | **基础无机化学试剂** |
| | 01 | | 单质 |
| | 02 | | 合金 |
| | …… | | …… |
| | 07 | | 元素的化合物及其溶液 |
| | | 01 | 铝的化合物 |
| | | 02 | 铵的化合物 |
| | | …… | …… |
| | | 99 | 其他 |
| | 99 | | 其他基础无机化学试剂 |
| **B** | | | **基础有机化学试剂** |
| | 01 | | 脂肪烃 |
| | | 01 | 链状脂肪烃 |
| | | 02 | 含取代基链状脂肪烃 |
| | | 03 | 环状脂肪烃及其取代物 |
| | | 99 | 其他 |
| | 02 | | |
| | …… | | |
| | | …… | |
| …… | | | |
| **Q** | | | **其他化学试剂** |

[选自 GB/T 37885—2019《化学试剂分类》,做了适当改动]

### （三）分类结果的表述

分类结果可用条文表述。为了便于直观理解，还可使用分类表表述。如果需要对类目/项目进行编码，那么还可以使用代码表来表述。

**1. 条文**

使用条文表述分类结果时，通常使用陈述型条款，如示例 3-58 所示。

**【示例 3-58】**

依据成因，将湿地分为自然湿地和人工湿地。

依据地貌特征，将自然湿地分为近海与海岸湿地、河流湿地、湖泊湿地、沼泽湿地。

**2. 分类表**

分类表通常由类目/项目名称栏和说明栏组成，如示例 3-59 所示。根据具体情况，表头名称可进行相应调整。如无须进行说明，可省略说明栏。

**【示例 3-59】**

**表 1　废玻璃分类表**

| 类目/项目名称 | 说明 |
|---|---|
| **废玻璃** | |
| 　**废平板玻璃** | 指废弃的板状硅酸盐玻璃 |
| 　　单片无色废平板玻璃 | |
| 　　单片着色废平板玻璃 | |
| 　　镀膜废平板玻璃 | |
| 　　夹层废平板玻璃 | |
| 　　其他废平板玻璃 | |
| 　**废日用玻璃** | 包括废弃的玻璃仪器、日用玻璃制品、玻璃包装容器、玻璃保温容器等 |
| 　　无色废日用玻璃 | |
| 　　绿色废日用玻璃 | |
| 　　棕色废日用玻璃 | |
| 　　杂色废日用玻璃 | |
| 　　…… | |

［选自 GB/T 36577—2018《废玻璃分类及代码》，做了适当改动］

在编排格式方面，类目/项目名称栏中的每个类目/项目的名称均应单起一行，当类目/项目名称较长回行时，应与该类目/项目名称的首行左对齐（如示例 3-60 中类目名称"针织或钩织编织物及其制品制造"的回行所示）；不同层次的类目/项目名称应逐层缩进一个汉字的位置，同一层次的类目/项目名称应左对齐（如示例 3-59 所示）；同一层次的类目/项目名称的字体应一致，如示例 3-59 中"废平板玻璃"和"废日用玻璃"均使用黑体字。

说明栏的内容用于对容易混淆或具有特殊意义的项目进行解释，以便正确理解类目/项目概念的内涵和外延。在编写说明栏的内容时，宜简短、扼要。在编排格式方面，说明栏的内容左起空一个汉字起排，针对每个类目/项目的说明均单起一行，回行时顶格编排；若一个类目/

项目有多个名称，可在说明栏中列出该类目/项目名称的同义词(如示例3-60中，C131谷物磨制也称粮食加工)。

【示例3-60】

**表1 国民经济行业代码表**

| 代码 | | | | 类目/项目名称 | 说明 |
|---|---|---|---|---|---|
| 门类 | 大类 | 中类 | 小类 | | |
| A | | | | **农、林、牧、渔业** | 本门类包括01～05大类 |
| | …… | | | | |
| | | …… | | | |
| | | | …… | | |
| C | | | | **制造业** | 本门类包括13～43大类，指经过物理变化或化学变化成为新的产品，不论是动力机械制造或手工制作，也不论产品是批发销售或零售，均视为制造；…… |
| | 13 | | | 农副食品加工业 | 指直接以农、林、牧、渔业产品为原料进行的谷物磨制、饲料加工、植物油和制糖加工、屠宰及肉类加工、水产品加工，以及蔬菜、水果和坚果等食品的加工 |
| | | 1 | | 谷物磨制 | 也称粮食加工，指将稻谷、小麦、玉米、谷子、高粱等谷物去壳、碾磨，加工为成品粮的生产活动 |
| | …… | …… | …… | | |
| | 17 | | | 纺织业 | |
| | | …… | …… | | |
| | | 6 | | 针织或钩织编织物及其制品制造 | |
| | | | 1 | 针织或钩织编织物织造 | 指采用经编、纬编、横编、钩针编工艺进行的织物加工 |
| | | | 2 | 针织或钩织编织物印染精加工 | 指对非自产的针织品进行漂白、染色、印花、轧光、起绒、缩水等工艺的加工 |

[选自GB/T 4754—2017《国民经济行业分类》，做了适当改动]

3. **代码表**

代码表一般由代码栏、类目/项目名称栏、说明栏组成，如示例3-60所示。根据具体情况，表头名称可进行相应调整；如无须进行说明，可省略说明栏，如示例3-57所示。

代码一般在代码栏内左起顶格编排。当代码栏中给出分类结果的完整代码时，可选择左起顶格编排或居中编排(如示例3-61中的代码栏给出了应急物资的完整代码，且居中编排)。

不同层次的代码应逐层缩进，同一层次的代码应左对齐；当代码层次较多时，代码栏可按层次再进行划分（如示例 3-60 中的代码栏按照门类、大类、中类、小类进行了划分）。同一层次的代码字体应一致（例如示例 3-60 中，表示门类“农、林、牧、渔业”和“制造业”的代码均使用黑体字）。当使用拉丁字母作代码时，应统一用大写或小写，不应大小写混用。

**【示例 3-61】**

**表 1　应急物资代码表**

| 代码 | 类目/项目名称 | 说明 |
|---|---|---|
| 2000000 | 应急装备及配套物资 | |
| 2010000 | 个人防护装备 | |
| 2010100 | 呼吸防护装备 | |
| 2010101 | 正压式呼吸器 | 包括正压式空气/氧气呼吸器，含配件，全面罩/半面罩 |
| 2010102 | 负压式呼吸器 | 包括负压式空气/氧气呼吸器，含配件，全面罩/半面罩 |
| 2010103 | 生氧面具 | 包括配件 |
| 2010104 | 长管呼吸器 | 包括配件 |
| …… | …… | …… |

［选自 GB/T 38565—2020《应急物资分类及编码》，做了适当改动］

## 第四节　试验标准

### ※ 本节结构及内容导引 ※

- 一、总体原则
  - （一）可重复可再现原则
  - （二）准确度原则
    - 1. 准确度、正确度、精密度的定义
    - 2. 准确度、正确度、精密度的区别与联系
    - 3. 遵守准确度原则
- 二、要素“试验步骤”的编写
  - （一）编写试验步骤的一般规则
  - （二）为确保准确度可能进行的试验的编写
    - 1. 预试验或验证试验
    - 2. 空白试验
    - 3. 比对试验
    - 4. 平行试验
  - （三）仪器校准步骤的编写
- 三、要素“试验数据处理”的编写
  - （一）试验数据的录取
  - （二）试验结果的表示方法或计算方法
- 四、其他规范性技术要素的编写
  - （一）要素“警示”的编写
  - （二）要素“原理”的编写
  - （三）要素“试验条件”的编写
  - （四）要素“试剂或材料”的编写
    - 1. 可选的引导语的编写
    - 2. 试剂和/或材料清单的编写
  - （五）要素“仪器设备”的编写
    - 1. 编写的一般规则
    - 2. 市售仪器设备的编写规则
    - 3. 非市售仪器设备的编写规则
  - （六）要素“试样”的编写
    - 1. 编写的一般规则
    - 2. 试样制备相关内容并入试验步骤的编写规则
  - （七）要素“精密度”的编写
  - （八）要素“试验报告”的编写

试验标准的核心技术要素是试验步骤和试验数据处理，描述的是试验活动如何开展以及如何处理试验数据以得出结论。在编写试验标准时，确保任何操作者在任何时间、地点都能够重复开展试验、处理试验数据至关重要。为此，一方面，试验标准核心技术要素的编写遵循着

一些特定的原则和规则；另一方面，根据与核心技术要素的相关性，试验标准中还可能会涉及试验条件（例如温度、湿度等）、试剂或材料、仪器设备、试样等其他规范性技术要素。

试验标准的起草应遵守GB/T 20001.4《标准编写规则　第4部分：试验方法标准》中确立的规则。当试验标准中涉及了其他规范性技术要素时，核心技术要素与其他规范性技术要素通常按照原理、试验条件、试剂或材料、仪器设备、试样、试验步骤、试验数据处理、精密度、试验报告的次序编排。本节将首先阐述试验标准核心技术要素编写的特定原则和规则，然后对其他规范性技术要素的编写进行介绍。

## 一、总体原则

起草试验标准首先需要遵守可重复可再现原则。然而，实践中，受试验所针对的特性及其取值属性的影响，某个试验得出的试验数据可能是连续分布的量值，也可能是计数的数字。对于试验数据为连续分布的量值的情况，还要遵守准确度原则。

### （一）可重复可再现原则

可重复可再现原则是指试验标准中描述的试验方法能够让任何操作者，在规定的试验条件下，使用相同或不同的仪器设备，对同一试样进行试验，都能够呈现相同的规律。即无论由同一操作者、使用相同的仪器设备、在短时间间隔内对同一试样进行试验，还是由不同的操作者、使用不同的仪器设备、对同一试样进行试验，都能够按照标准中的规定多次、大样本量地开展，试验数据呈现相同的规律性。它是衡量试验方法稳定性的重要方面。

遵守可重复可再现原则意味着在编写试验标准核心技术要素时，一方面要按照试验的逻辑次序规定明确的、可操作的试验步骤，以免试验步骤不清楚导致操作者误操作；另一方面，尽可能明确试验条件、仪器设备的特性、试样的特征，以便任何操作者开展试验所得的试验数据具有可比性。这些内容体现到具体的试验标准中，可以用“试验步骤”“试验条件”“仪器设备”“试样”作为章标题。

### （二）准确度原则

准确度原则是指试验标准中描述的试验方法能够确保试验数据的准确度在规定的要求范围内。具体表现为，一方面，使用标准物质或已知成分的物质等进行试验获得的数据稳定在某个数据区间范围内，另一方面，多次独立试验获得的试验数据之间“聚堆”。在阐述该原则时，会涉及准确度、正确度、精密度三个概念，为此，以下将对它们之间的区别与关系进行介绍，以便更好地理解这一特定原则。

**1. 准确度、正确度、精密度的定义**

准确度（accuracy）是测试结果或测量结果与真值间的一致程度①。其中，真值用接受参考值②代替。准确度常用误差表示。当用于一组测试结果或测量结果时，准确度由系统误差分量

---

① GB/T 3358.2—2009《统计学词汇及符号　第2部分：应用统计》，定义3.3.1。

② 接受参考值是指“用作比较的经协商同意的标准值”。它来自：a）基于科学原理的理论或确定值；b）基于一些国家或国际组织的实验工作的指定值或认证值；c）基于科学或工程组织赞助下合作实验工作中的同意值或认证值；d）当以上的a）、b）、c）不能获得时，则用期望值，即测量集合的均值。引自GB/T 3358.2—2009《统计学词汇及符号　第2部分：应用统计》，定义3.2.7。

（正确度）和随机误差分量（精密度）组成，即准确度是正确度和精密度的组合。

正确度（trueness）是测试结果或测量结果期望与真值的一致程度①。测试结果或测量结果期望常用大量测试结果或测量结果的均值表示。正确度通常用偏倚②表示。在试验活动中，常用标准物质等验证正确度。

精密度（precision）是在规定测试或测量条件下，所获得的独立测试结果或测量结果间的一致程度③。精密度仅依赖于随机误差的分布，与真值无关。精密度通常用测试结果或测量结果的标准差来表示，其定量度量严格依赖于所规定的测试或测量条件，重复性条件④和再现性条件⑤为其中两种极端情况。

**2. 准确度、正确度、精密度的区别与联系**

准确度、正确度、精密度字面上看起来易混淆。但是从试验误差角度来解释它们之间的区别与联系就比较容易理解了。试验误差分为系统误差和随机误差。系统误差通常由试验方法本身、仪器设备、试验条件（例如外界温度湿度、磁场等）等引起。随机误差通常受操作者等影响。正确度通常由系统误差表征，精密度由随机误差表征，准确度是系统误差（正确度）和随机误差（精密度）的组合。如果准确度高，正确度和精密度一定高；但如果正确度低，那么即使精密度再高，准确度也不会高。正确度低说明存在偏倚，精密度低说明试验数据离散程度大，因此，所测的结果不可靠。因而，正确度和精密度是保证准确度的先决条件。

**3. 遵守准确度原则**

试验标准的编制目的是确保按照标准化了的方法开展试验所得的结果可靠、可比较，从而促进相互理解。为此，在编写试验数据为连续分布的量值的试验标准时，遵守准确度原则意味着要考虑可能影响试验数据准确度的所有因素，将消除这些因素影响的措施纳入标准条款中。例如，为消除对正确度的影响，可以考虑在标准中严格限定试验步骤、进行平行试验和空白试验，对校准仪器、使用标准物质验证等作出规定；为消除对精密度的影响，分别在重复性条件、再现性条件下或实验室间进行试验，从而明确试验条件、仪器设备的特性要求、试样的特征等。这些内容体现到具体的试验标准中，可以用“试验步骤”“平行试验”“空白试验”“仪器设备”“仪器校准”“试验条件”“试样”等作为章标题。

## 二、要素“试验步骤”的编写

试验步骤是对试验一步一步如何开展的详细操作指示，在编写上遵守可重复可再现原则和准确度原则。有时为了消除系统误差等影响，编写试验步骤时还会引入预试验或验证试验、空白试验等试验，以及仪器校准等内容。以下将对试验步骤编写的一般规则以及预试验或验证试验等试验、仪器校准等的编写进行介绍。

---

① GB/T 3358.2—2009《统计学词汇及符号　第2部分：应用统计》，定义3.3.3。

② 偏倚是指“测试结果的期望与真值（接受参考值）之差，是系统误差的总和”。引自GB/T 3358.2—2009《统计学词汇及符号　第2部分：应用统计》，定义3.3.2。

③ GB/T 3358.2—2009《统计学词汇及符号　第2部分：应用统计》，定义3.3.4。

④ 重复性条件是指“为获得独立测试/测量结果，由同一操作者按相同的方法、使用相同的测试/测量设施、在短时间间隔内对同一测试/测量对象进行测试/测量的观测条件”，引自GB/T 3358.2—2009《统计学词汇及符号　第2部分：应用统计》，定义3.3.6。

⑤ 再现性条件是指“由不同的操作者按相同的方法，使用不同的测试/测量设施，对同一测试/测量对象进行观测以获得独立测试/测量结果的观测条件”，引自GB/T 3358.2—2009《统计学词汇及符号　第2部分：应用统计》，定义3.3.11。

### （一）编写试验步骤的一般规则

试验步骤的编写通常遵守以下规则。

a） 试验中的操作或系列操作有多少，就要按照逻辑次序规定多少，试验步骤也相应分成多少条。如果试验步骤很多，那么可以对试验步骤中的操作或系列操作按照逻辑次序分组，然后依据分组对条进一步细分，逐条规定试验步骤。

b） 为了便于陈述、理解和应用试验步骤，每个操作都使用祈使句，并在适当的条或段中以容易阅读的形式给出。

c） 为避免重复介绍试剂或材料、仪器设备的特性，可以在试验步骤中试剂或材料、仪器设备名称后的括号内给出它们的条目编号［见本节的“四”中的（四）（五）］。

d） 如果在试验步骤中可能存在危险（例如，爆炸、着火或中毒），且必须采取专门防护措施，则需要在“试验步骤”的开头用黑体字标出警示的内容。必要时，可在附录中给出有关安全措施和急救措施的细节。

有时在综合考虑试验标准内部各要素之间的相关性、要素内容的复杂程度、内容结构的均衡等因素基础上，试验步骤中也可能会涉及试样制备等相关内容［编写方法见本节的“四”中的（六）］。

示例 3-62 示出了试验步骤的一般编写方法。该试验共有六个试验步骤，分为六条无标题条，每个试验步骤中的操作都使用祈使句表述。试验步骤中用到了松弛率测定仪等两个仪器，在这两个仪器名称后的括号内给出了仪器的条目编号 4.1、4.2。

**【示例 3-62】**

**6　试验步骤**

6.1　使用异辛烷或其他合适的溶剂擦拭清洁平圆板和试样的表面，以不沾有蜡、脱模剂和油为宜。

6.2　使用石墨和二硫化钼润滑螺栓的螺纹。

6.3　在 21 ℃～30 ℃下，拆开松弛率测定仪（4.1），把试样放入两块平圆板之间，以试样与平圆板同圆心为宜。

6.4　连接并平衡应变显示器（4.2），记录读数。然后将应变显示器的读数调整到初始应力 13.8 MPa±0.3 MPa。

6.5　用扳手紧固螺母给垫片施加压力，直到应变显示器达到平衡。

6.6　从应变显示器达到平衡开始计时，依次在 10 s、1 min、6 min、30 min、1 h、5 h、24 h 时读取应变显示器上的读数。

［选自 GB/T 20671.5—2020《非金属垫片材料分类体系及试验方法　第 5 部分：垫片材料蠕变松弛率试验方法》，做了适当改动］

示例 3-63 以测定有机废水用催化剂活性的湿式催化氧化试验为例，示出了试验步骤按照逻辑次序分组时的编写方法。在该试验中，首先将相关联的系列操作按照逻辑次序分组，分为原料配制、反应釜装料等六个大的试验步骤，再在每个试验步骤下的段中使用祈使句表述各个操作。试验步骤中用到了苯酚、去离子水等试剂或材料，以及专门的仪器设备，在这些试剂或材料、仪器设备名称后的括号内分别给出了相应的条目编号。此外，由于试验步骤中会给反应釜加压，对安全可能有危害，因此，在试验步骤的开头用黑体字给出了警示的内容。

【示例 3-63】

## 8 试验步骤

**警示——反应釜严禁带压进行拆卸操作。**

### 8.1 原料配制

称取 5 g 苯酚(5.1)，精确至 0.1 g，置于 1 000 mL 容量瓶中。将容量瓶置于 75 ℃的水浴中，用去离子水(5.2)定容至 1 000 mL。

### 8.2 反应釜装料

在 500 mL 的反应釜(6.1)中依次加入 200 mL 原料和 1 g 催化剂试料，盖上釜盖，均匀拧紧螺母后，将其接入试验装置(6.2)。

### 8.3 试漏

打开氮气阀，向试验装置通入氮气(5.4)，将试验装置升压至 2.0 MPa，关闭试验装置进出口阀门。如在 30 min 内压力下降小于 0.05 MPa，则视为试验装置密封。打开试验装置出口阀，使试验装置降压至常压，并将测温热电偶插入热电偶套管内。

### 8.4 气体置换及进行催化氧化反应

用氮气将试验装置置换三次，排气降压至常压后，改通氧气(5.3)，置换三次，再排气降压至常压后，将反应釜加热升温。反应釜升温至 180 ℃时，通入氧气，1 min 内将试验装置压力升至 2.0 MPa，控制并保持反应釜压力为 2.0 MPa、温度为 180 ℃±2 ℃、搅拌速度为 1 200 r/min。1 h后停车。

### 8.5 停车

关闭氧气，打开冷却水，待反应釜降温至 60 ℃以下，泄压。用氮气置换试验装置三次后，取出产物 A，用去离子水清理干净反应釜釜体。

### 8.6 化学需氧量的测定

吸取 10.00 mL 产物 A，置于 100 mL 容量瓶中，定容至 100 mL 后，按 GB/T 32208 的规定测定产物 A 中化学需氧量。同时，按上述步骤，测定原料中化学需氧量。

此外，在编写试验步骤时，有时会在主选步骤之外给出多个备选步骤。在这种情况下，需要阐明哪个是仲裁步骤。

### （二）为确保准确度可能进行的试验的编写

有时，为了确保准确度，消除系统误差等影响，还会在试验步骤中引入预试验或验证试验、空白试验、比对试验、平行试验。

### 1. 预试验或验证试验

预试验或验证试验是在每次试验之前，用有证书的标准物质（标准样品）、合成样品、已知纯度的天然产品或少量样品进行试验，摸索出最佳的试验条件或验证试验方法的有效性。通常，进行预试验或验证试验会涉及对所用仪器的预先测试（例如，测试气相色谱仪的性能特性）、对仪器（包括组装后的仪器）功能的验证。

示例 3-64 示出了试验之前对组装的测量系统进行预测量、功能验证的例子。该试验中，测量系统功能验证使用试样分别在室温、试验温度下进行。

**【示例 3-64】**

> **8.2.5　预测量**
>
> 8.2.5.1　试验开始之前，于室温下在弹性范围内对试样反复施加循环力，以确认测量系统（力及应变）工作的正确性。
>
> 8.2.5.2　开展以下测量，以判别在力、位移和测量系统中可能存在的问题。
>
> a）在室温和试验温度下测量弹性模量。在每个温度下测量值的偏差不超过预期值的10%。
>
> b）在实测温度达到规定试验温度并稳定（试验机处在力控模式下的力值零点处）之后确定平均热膨胀系数。热膨胀系数通过用热应变除以从室温到试验温度的温度变化来计算。热膨胀系数的偏差不超过预期值的10%。

［选自 GB/T 38822—2020《金属材料　蠕变-疲劳试验方法》，做了适当改动］

示例 3-65 示出了试验之前对市售的原子吸收光谱仪进行测试和验证例子。该试验中，原子吸收光谱仪功能验证使用标准溶液、标准工作曲线进行。

**【示例 3-65】**

> **5.3　仪器测试与验证**
>
> 对原子吸收光谱仪进行如下测试和验证。
>
> a）特征浓度：在与测量试料溶液的基体相一致的溶液中，镍的特征浓度不大于0.1 μg/mL。
>
> b）精密度：用最高浓度的标准溶液测量 10 次吸光度，其标准偏差不超过平均吸光度的1.0%；用最低浓度的标准溶液测量 10 次吸光度，其标准偏差不超过最高浓度标准溶液平均吸光度的 0.5%。
>
> c）工作曲线线性：将工作曲线按浓度等分为五段，最高段的吸光度差值与最低段的吸光度差值之比不小于 0.70。

［选自 GB/T 20975.14—2020《铝及铝合金化学分析方法　第 14 部分：镍含量的测定》，做了适当改动］

### 2. 空白试验

空白试验是指在不加试样的情况下，采用相同的试验步骤，取相同量的所有试剂进行试验。其作用是排除试验的环境（空气、湿度等）、试验所用的试剂（指示剂等）、试验步骤（误差、滴定终点判断等）等对试验结果的影响。通常，空白试验与正常试验平行进行。

示例 3-66 示出了空白试验不加试样的例子。在该试验中，空白试验用于测试试验中所使用的试剂和材料中是否含有烷基酚成分，试验步骤与添加试样的正常试验相同。

【示例 3-66】

> 6.2.3 空白试验
>
> 不加试样，按照 6.1～6.2.2 的步骤试验，以证明测试过程中使用的试剂和材料中没有烷基酚成分的存在。

［选自 GB/T 35532—2017《胶鞋 烷基酚含量试验方法》］

在某些情况下，不加试样可能导致空白试验与实际测试的原理不同，而影响试验方法的应用。在这种情况下，试验标准中可以说明这些差异，并对空白试验作出详细规定。

示例 3-67 示出了进行空白试验时添加已知纯度物质的例子。该试验中，试验原理是以盐酸和过氧化氢溶解铝及铝合金试料，再使用原子吸收光谱仪测量吸光度。如果空白试验什么都不加，那么空白试验就变成了盐酸和过氧化氢直接发生化学反应了，导致空白试验的原理与试验本身的原理不一致了。因此，该试验中，空白试验以纯铝代替试料进行。

【示例 3-67】

> 4 原理
>
> 用盐酸和过氧化氢溶解试料，于原子吸收光谱仪波长 232.0 nm 处，用空气-乙炔贫燃性火焰测量镍的吸光度，测定镍含量。
>
> ……
>
> 9 试验步骤
>
> 9.1 试料
>
> 称取 1.00 g 试样，精确至 0.000 1 g。
>
> 9.2 平行试验
>
> 平行做两份试验，取其平均值。
>
> 9.3 空白试验
>
> 称取 1.00 g 纯铝代替试料，精确至 0.000 1 g。随同试料做空白试验。
>
> 9.4 测定
>
> ……
>
> 9.4.4 将空白试验溶液和试液于原子吸收光谱仪波长 232.0 nm 处，用空气-乙炔贫燃性火焰，以水调零，测量其吸光度，从工作曲线上分别查出镍质量浓度。
>
> 9.5 工作曲线的绘制
>
> 9.5.1 配制系列标准溶液
>
> 称取 0 mL、1.00 mL、2.00 mL、5.00 mL、8.00 mL、10.00 mL 镍标准溶液 D，分别置于一组 100 mL 容量瓶中，各加入 50 mL 铝基体溶液，以水稀释至刻度，混匀。

> **9.5.2　测量**
>
> 将 9.5.1 中的系列标准溶液于原子吸收光谱仪波长 232.0 nm 处，用空气-乙炔贫燃性火焰，以水调零，测量系列标准溶液的吸光度。以镍的质量浓度为横坐标，吸光度为纵坐标，绘制工作曲线。

［选自 GB/T 20975.14—2020《铝及铝合金化学分析方法　第 14 部分：镍含量的测定》，做了适当改动］

**3. 比对试验**

比对试验是指设置两个或两个以上的试验组，按照预先规定的试验条件、试验步骤等就同一试样进行试验。其作用是考虑或消除某种现象的干扰（例如，“背景”颜色、本底噪声）。如果需要进行比对试验，应给出试验步骤的所有细节。

**4. 平行试验**

平行试验是指取两个以上相同的试样，以完全一致的操作者、试验步骤、仪器设备、试剂材料、试验条件进行试验，看其结果的一致性。其作用是防止偶然误差的产生。如果需要进行平行试验，可以在试验的开头陈述：“平行做××试验”（如示例 3-68 所示）。

**【示例 3-68】**

> **6　试验步骤**
>
> 6.1　将待测膜制备成相同规格的 3 个膜试样，用水洗净，平行做三份试验。
>
> 6.2　选择粒径适宜的标准粒子，配制成质量浓度为 10 mg/L 的分散液。
>
> …………
>
> 6.6　截留率按式（1）计算，结果取三份平行测试的平均值。

［选自 GB/T 38949—2020《多孔膜孔径的测定　标准粒子法》，做了适当改动］

## （三）仪器校准步骤的编写

为了确保准确度，如果每次试验前都需要对仪器进行校准，并且需要规定校准步骤，那么宜将校准步骤作为一条纳入“试验步骤”之前的适当位置。这种情况下，不建议在要素“仪器设备”中规定仪器校准的步骤。

在试验步骤中编写仪器校准相关内容时，通常遵守以下规则。

a）　使用祈使句给出校准的详细步骤。如果需要，还可以给出校准频率（例如，批量测试时）。

b）　如果针对仪器校准有适用的标准化文件，那么需要引用现行适用的标准化文件。

c）　针对特定仪器，编制校准曲线或表格以及使用说明。

示例 3-69 以巴克尔硬度计测试增强塑料硬度的试验为例，示出了试验步骤中涉及仪器校准步骤的编写方法。该试验第一步是进行仪器校准。

【示例 3-69】

7 试验步骤

7.1 仪器校准

7.1.1 满刻度校准

7.1.1.1 观察指示表的指针是否指在零点，若偏离零点超过一格则需要校准。

7.1.1.2 将硬度计放在平板玻璃上，加压于机壳，使压头被迫全部退回满度调整螺丝孔内，此时指示表的指针指在100，即满刻度。若指针没有指在100，则打开机壳，松开下部的锁紧螺母，旋动满度调整螺丝，旋松螺丝指示值下降，旋紧螺丝指示值升高，直至指示值达到100为止。

7.1.2 示值校准

…………

7.2 稳固试样

…………

7.3 施加压力

…………

## 三、要素“试验数据处理”的编写

要素“试验数据处理”需要编写对所得到的试验数据或观察到的现象进行描述和处理的过程。它主要给出录取各项数据的规则、试验结果的表示方法或计算方法。

### （一）试验数据的录取

试验数据分为试验开始前的初始数据和试验过程中直接从仪器设备、标准工作曲线上录取的数据。试验标准中需要列出试验所要录取的各项数据。根据实际情况，有时还需要对试验数据进行修正，这种情况下要明确如何修正。

示例3-70示出了试验数据录取、修正的编写方法。

【示例 3-70】

7 数据录取和修正

7.1 数据录取

数据分为初始数据和吹风数据。测量传感器输出量应重复录取。其样本大小可按测量持续时间长短确定，也可按重复次数确定。

7.2 数据修正

试验数据可进行气流偏角、洞壁干扰、阻塞效应等修正。在不能证明修正方法可靠性时，不宜进行修正。数据修正流程宜在试验报告中分步骤说明。

［选自GB/T 19068.3—2019《小型风力发电机组　第3部分：风洞试验方法》，做了适当改动］

### （二）试验结果的表示方法或计算方法

试验结果的表示方法或计算方法通常以公式的形式给出。在给出计算方法时，需要说明以下内容：

a） 计算公式；

b） 公式中使用的符号的含义；

c） 表示量的单位；

d） 表示结果所使用的单位；

e） 计算结果表示到小数点后的位数或有效位数。

示例 3-71 示出了计算方法的编写方法。

**【示例 3-71】**

> **7 计算公式**
>
> 抗冲击强度计算见式(1)：
>
> $$s=I/t^2 \qquad \cdots\cdots(1)$$
>
> 式中：
>
> $s$ ——抗冲击强度，单位为焦每平方厘米($J/cm^2$)；
>
> $I$ ——冲击能量，单位为焦(J)；
>
> $t$ ——陶瓷器冲击点处厚度，单位为厘米(cm)。
>
> 中心冲击试验结果修约到小数点后一位，边缘冲击试验结果修约到小数点后两位。

[选自 GB/T 38494—2020《陶瓷器抗冲击试验方法》，做了适当改动]

## 四、其他规范性技术要素的编写

为确保所编制的试验标准能够为任何操作者、使用不同的仪器设备对同一试样进行试验，或者帮助使用者理解和使用试验标准，视情况，试验标准还可能会涉及原理、试验条件、试剂或材料、仪器设备、试样、精密度、试验报告、警示等规范性技术要素。其中，设置要素试验条件、试剂或材料、仪器设备、试样的目的是确保标准中描述的试验方法可重复可再现；设置要素原理、精密度、试验报告、警示的目的是帮助使用者理解和使用试验标准。为便于对试验标准结构和要素的整体理解，以下按照在试验标准中的编排顺序介绍这些其他规范性技术要素的编写规则。

### （一）要素“警示”的编写

要素“警示”用于给出在所测试的试样、试剂或材料以及试验步骤对健康或环境可能有危险或可能造成伤害的情况下的注意事项，以引起文件使用者的警惕。通常，表达警示要素的文字使用黑体字。

根据危险的来源不同，要素“警示”的内容置于标准的不同位置。如果危险属于一般性的或来自所测试的试样，则在正文首页文件名称下给出；如果危险来自于特定的试剂或材料，则在“试剂或材料”标题下给出；如果危险属于试验步骤所固有的，则在“试验步骤”的开始给出。

示例 3-72 示出了在正文首页文件名称下给出警示的方法。在该试验方法中，紫外光对健康可能带来的伤害是一般性的，源于试验方法本身，因此，在正文首页文件名称下给出警示。

【示例 3-72】

> **有机化工产品试验方法**
> **第 10 部分：有机液体化工产品微量硫的测定**
> **紫外荧光法**
>
> **警示——接触过量的紫外光有害健康，试验者要避免直接照射的紫外光以及次级或散射的辐射对身体各部位、尤其是眼睛的危害。**

[选自 GB/T 6324.10—2020《有机化工产品试验方法　第 10 部分：有机液体化工产品微量硫的测定　紫外荧光法》]

示例 3-73 示出了在“试剂或材料”标题下给出警示的方法。在该试验方法中，所使用的试剂四氟硼酸具有强腐蚀性、强刺激性，可能会导致人体灼伤，因此，在“试剂或材料”标题下给出警示。

【示例 3-73】

> 5.2　试剂
>
> **警示——四氟硼酸具有强腐蚀性、强刺激性，可致人体灼伤，在滴加过程中注意防护。**
>
> 除非另有说明，在分析中仅使用分析纯及以上的试剂，以及符合 GB/T 6682 规定的一级水。
>
> 5.2.1　硝酸（$HNO_3$）。
>
> 5.2.2　盐酸（HCl）。
>
> 5.2.3　过氧化氢（$H_2O_2$）。
>
> 5.2.4　四氟硼酸（40%）。
>
> …………

[选自 GB/T 38292—2019《塑料材料中汞含量的测定》，做了适当改动]

### （二）要素“原理”的编写

要素“原理”用于指明试验方法的基本原理、方法性质和基本步骤，通常使用陈述型条款表述。

示例 3-74 示出了原理的编写方法。

【示例 3-74】

> 4　原理
>
> 摆锤从一定高度释放到最低点，势能转化为动能冲击陶瓷器使之产生裂纹或破损，以此表征陶瓷器的抗冲击强度。

［选自 GB/T 38494—2020《陶瓷器抗冲击试验方法》，做了适当改动］

对于化学分析试验方法，考虑到对文本理解和计算的需要，要素“原理”还可以给出主要反应式。适宜时，以离子反应式表示。

示例 3-75 示出了编写原理时给出化学反应式的方法。

**【示例 3-75】**

> **3 方法原理**
>
> 将盐酸羟胺的甲醇溶液加到苯乙烯试样中，试样中的活泼醛与盐酸羟胺发生如下反应，生成的盐酸的量和试样中醛类的量相当。
>
> $$RCHO + NH_2OH \cdot HCl \rightarrow RCHNOH + H_2O + HCl$$
>
> 用氢氧化钠或氢氧化钾-甲醇标准滴定溶液滴定反应生成的盐酸，测得苯乙烯中总醛含量。

［选自 GB/T 12688.5—2019《工业用苯乙烯试验方法　第 5 部分：总醛含量的测定　滴定法》］

### （三）要素“试验条件”的编写

要素“试验条件”用于规定开展试验所需的环境条件要求，如温度、湿度、气压、风速、流体速度、电压和频率等，通常使用陈述型条款表述。

示例 3-76 示出了温度、相对湿度、太阳辐射强度等试验条件的编写方法。

**【示例 3-76】**

> **5 试验条件**
>
> 5.1　环境温度 30 ℃±2 ℃。
>
> 5.2　环境相对湿度(50±5)%。
>
> 5.3　太阳辐射强度为 850 $W/m^2$±45 $W/m^2$。

［选自 GB/T 19233—2020《轻型汽车燃料消耗量试验方法》，做了适当改动］

### （四）要素“试剂或材料”的编写

要素“试剂或材料”用于给出试验中所使用的试剂和/或材料的清单，包括市售的试剂或材料，以及配制的试剂。视情况，试剂和/或材料使用“可选的引导语＋清单”的形式给出。根据试验所使用试剂和/或材料的具体情况，要素“试剂或材料”一章可使用“试剂”“材料”或“试剂和材料”作为标题。

**1. 可选的引导语的编写**

在要素“试剂或材料”中，引导语是可选的。当试验所使用的大多数试剂和/或材料具有相同的主要特性（例如，试验所使用的大多数试剂的纯度为分析纯）时，建议使用引导语引出。

在化学分析试验方法中，在列出具体试剂之前，如适用，给出：“除非另有说明，在分析中仅使用……”的表述句式。

例如：“除非另有说明，在分析中仅使用分析纯的试剂和去离子水。”

示例 3-77 示出了以“引导语＋清单”形式给出试剂清单的方法。

**【示例 3-77】**

**5 试剂**

除非另有说明，在分析中仅使用分析纯及以上的试剂。

5.1 水：GB/T 6682，三级。

5.2 碘化钾（KI）。

5.3 重铬酸钾（$K_2Cr_2O_7$）：优级纯。

5.4 五水合硫代硫酸钠（$Na_2S_2O_3 \cdot 5H_2O$）。

5.5 碘化汞（$HgI_2$）。

…………

［选自 GB/T 38794—2020《家具中化学物质安全　甲醛释放量的测定》，做了适当改动］

**2. 试剂和/或材料清单的编写**

试剂和/或材料清单中应给出试验中所使用的试剂和/或材料，不应专门列出水溶液，也不应列出仅在制备某试剂和/或材料过程中所使用的试剂和/或材料。在编写时，主要涉及两方面：一是清单中需要给出的内容；二是清单中试剂和/或材料的排列次序。需要注意的是，即使只有一个试剂和/或材料，也要列出清单。

（1）试剂和/或材料清单的内容

试剂和/或材料清单通常包括三部分：条目编号、试剂和/或材料的名称以及名称后同一行上对该试剂和/或材料主要特性的描述，其中，试剂和/或材料的名称与主要特性之间建议用冒号隔开（如前文示例 3-77 所示），在描述主要特性时建议使用陈述型条款。特殊情况下，根据需要还可能会在特定试剂和/或材料清单之后的段中给出制备方法、标定方法、贮存注意事项等内容。

在给出试剂和/或材料的名称时，对于化学品，建议给出按照《无机化学命名原则》和《有机化学命名原则》的规定命名的化学名称，尽量避免使用商品名或商标名。对于有结晶水的固体试剂或材料，要给出水合物的化学名称和/或化学分子式，以表明结晶水，如前文示例 3-77 中的 5.4 所示。

在描述试剂和/或材料主要特性时，根据需要，给出浓度、密度、纯度等特性；如果试剂有对应的化学文摘登记号，建议给出相应的登记号。

在编写制备方法或标定方法时，通常，对于溶液、悬浮液、标准滴定溶液、标准溶液，给出制备方法；对于标准滴定溶液、标准溶液，必要时要说明其标定方法。如果所用试剂使用通用的制备和核验方法，已经存在现行有效的标准，则要引用这些标准。如果要验证试剂中不含干扰成分，要给出为此所进行的试验。

在编写贮存注意事项时，通常给出贮存方法、贮存期等内容。

示例 3-78 示出了试剂的编写方法。考虑到异辛烷或甲苯中所含的硫会对试验结果产生影响，在 5.1 中提出了必要时对硫含量进行空白校正的要求。对于标准储备液，描述了制备方法，同时考虑到标准储备液含硫，易见光分解，在 5.2 中给出了贮存方法以及贮存有效期。

【示例 3-78】

> 5　试剂
>
> 5.1　异辛烷或甲苯：分析纯，硫含量不高于 0.2 mg/kg。
>
> 必要时对硫含量进行空白校正。
>
> 5.2　标准储备液：硫含量为 1 000 mg/L。
>
> 在 100 mL 容量瓶中加入少量异辛烷或甲苯，准确称取噻吩 0.26 g 或二苯并噻吩 0.58 g，精确至 0.000 1 g，转移至容量瓶中，用异辛烷或甲苯稀释至刻度。
>
> 密封保存，有效期为 3 个月。

[选自 GB/T 6324.10—2020《有机化工产品试验方法　第 10 部分：有机液体化工产品微量硫的测定　紫外荧光法》，做了适当改动]

示例 3-79 示出了给出试剂化学文摘登记号的方法。

【示例 3-79】

> 3　试剂和材料
>
> 3.1　丙酮：色谱纯。
>
> 3.2　苯乙酮标准物质：CAS 号 98-86-2，纯度≥99%。
>
> …………

[选自 GB/T 35531—2017《胶鞋　苯乙酮含量试验方法》，做了适当改动]

(2) 试剂和/或材料清单的编排顺序

试剂和/或材料清单按照下列顺序编排：

a)　以市售形态使用的试剂和/或材料(不包括溶液)；

b)　溶液和悬浮液(不包括标准滴定溶液和标准溶液)；

c)　标准滴定溶液和标准溶液；

d)　指示剂；

e)　辅助材料(干燥剂等)。

前文示例 3-78 示出了试剂的编排顺序，其中，市售试剂“异辛烷或甲苯”排在配制的溶液“标准储备液”之前。

### (五) 要素“仪器设备”的编写

要素“仪器设备”用于给出试验中所使用的仪器设备的清单，包括市售的和非市售的。即使只有一个仪器设备，也要列出清单。

**1. 编写的一般规则**

仪器设备清单通常包括三部分：条目编号、所使用的仪器设备的名称及其主要特性，其中，仪器设备的名称与主要特性之间建议用冒号隔开，在描述主要特性时建议使用陈述型条款。

示例 3-80 示出了仪器设备的一般编写方法。“5.1”“5.2”为仪器设备条目编号，“摆式抗冲击试验仪”“卡尺”为仪器设备名称，名称之后使用冒号隔开，采用陈述型条款给出了仪器设备的主要特性。

**【示例 3-80】**

> **5　仪器设备**
>
> 5.1　摆式抗冲击试验仪：分度值不大于 0.02 J，摆锤为钢质材质，硬度大于 HRC55，中心冲击采用圆弧形摆锤头，直径为 12 mm，边缘冲击采用平面型摆锤头。
>
> 5.2　卡尺：精度为 0.02 mm。

［选自 GB/T 38494—2020《陶瓷器抗冲击试验方法》，做了适当改动］

**2. 市售仪器设备的编写规则**

对于市售仪器设备，需要提及有关实验室的玻璃器皿和仪器的国家标准化文件和其他适用的标准化文件。根据需要，还可以提出仪器、仪表的计量、检定或校准要求，但不宜单独规定仪器校准步骤。

示例 3-81 示出了市售仪器设备提及有关仪器的国家标准的方法。

**【示例 3-81】**

> **6　仪器设备**
>
> 6.1　可见分光光度计：GB/T 26810—2011，Ⅳ级，配有 0.5 cm 比色皿。
>
> …………

［选自 GB/T 6911—2017《工业循环冷却水和锅炉用水中硫酸盐的测定》，做了适当改动］

**3. 非市售仪器设备的编写规则**

对于非市售的仪器设备，需要给出仪器设备的规格和安装准备等要求，以便其他各方能进行对比试验。特殊情况下还可以给出仪器设备的性能参数。对于特殊类型的仪器设备及其安装方法，如果安装准备要求的内容较多，那么建议这些内容在附录中给出，正文中只列出仪器设备的必要特性，并辅以简图或插图。

示例 3-82 以测定有机废水用催化剂活性的湿式催化氧化试验为例，示出了非市售仪器设备的编写方法，以简图示出了仪器设备的安装方法，并以表格形式给出了性能参数。

【示例 3-82】

## 6 仪器设备

### 6.1 反应釜

…………

### 6.2 试验装置

试验装置示意图见图 1。

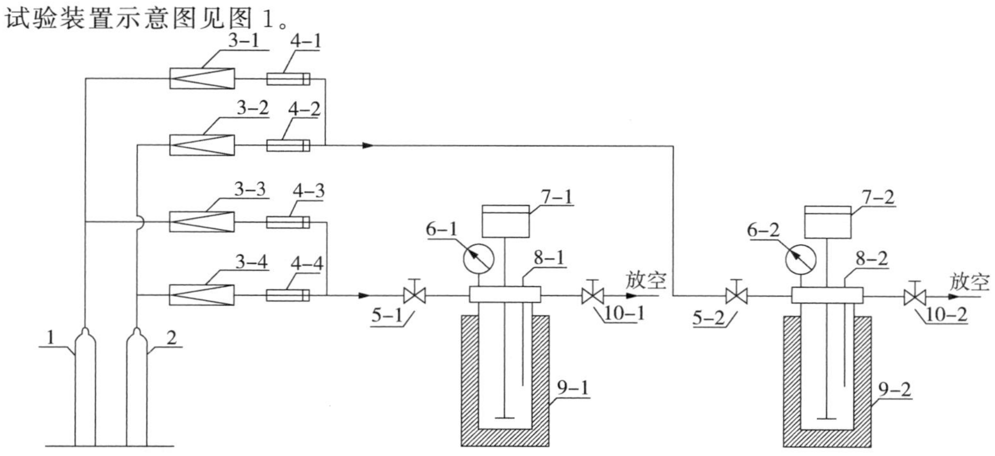


标引序号说明：

1——氮气瓶；

2——氧气瓶；

3-1、3-3——氮气减压阀；

…………

9-1、9-2——反应釜；

…………

图 1 试验装置示意图

试验装置主要性能设计参数见表 1。

表 1 试验装置主要设计参数

| 序号 | 项目 | 性能参数 |
|---|---|---|
| 1 | 最高使用压力/MPa | 10 |
| 2 | 最高使用温度/℃ | 300 |
| 3 | 最高使用转速/(r/min) | 1 500 |
| 4 | 平行性(极差值)/% | ≤3 |
| 5 | 复现性(极差值)/% | ≤3 |

### （六）要素“试样”的编写

要素“试样”用于给出制备试样的步骤和试验前试样需要满足的条件。在试验标准中，试样是指由实验室样品[①]制备的从中抽取试料的样品，可以是流程性物料，也可以是制成品、半成品或部件，如手机、改装的半成品等。要素“试样”是一个统称，在不同的情况下，可能指试件[②]、试料[③]等。在编写时，“试样”可以作为单独要素编写，也可以并入要素“试验步骤”中。

**1. 编写的一般规则**

要素“试样”通常规定以下两方面的内容。

第一，制备试样的步骤。通常使用祈使句作出规定。如果需要，在步骤中还要陈述或用公式表示称量或量取试样的方法（例如，使用移液管量取 50 mL 工业用乙二醇试样），以及所需的测量准确度。

第二，试验前试样需要满足的条件，例如尺寸及数量、技术状态、特性（如粒度分布、质量或体积）等。如果需要某种特定形状的试样，那么还要注明包括公差在内的主要尺寸。为了便于理解，也可辅以显示试样详细信息的示意图。

示例 3-83 示出了使用祈使句对试样、试料的制备步骤作出规定的例子。

**【示例 3-83】**

**7　试样和试料的制备**

**7.1　试样**

取适量催化剂的实验室样品置于玛瑙研钵体内研细，全部通过 75 μm 的试验筛（按照 GB/T 6003.1—2012 中 R40/3 系列），然后放入称量瓶中，在 110 ℃±5 ℃下干燥 5 h，取出置于干燥器中，冷却至室温，备用。

**7.2　试料**

称取 1 g 催化剂试样，精确至 0.001 g，备用。

示例 3-84 示出了试样形状尺寸和储存的编写方法。该试验的试样形状特殊，在注明尺寸和公差的基础上，为便于理解，给出了试样的示意图。由于刮伤、氧化等对试样和试验有影响，对存放和运输作出了特别规定。

---

① 实验室样品是指“为送往实验室供检测或测试而制备的样品”，引自 GB/T 4650—2012《工业用化学产品　采样　词汇》，定义 3.2.10。

② 试件是指以件计数的试样，通常用于试样为制成品、半成品或部件的情况。

③ 试料是指“从试样中取得的（如试样与实验室样品相同，则从实验室样品中取得），并用以进行检验或观测的一定量的物料”，引自 GB/T 4650—2012《工业用化学产品　采样　词汇》，定义 3.2.14。

【示例 3-84】

7 试样

7.1 几何尺寸

试样为圆柱形，见图 1。

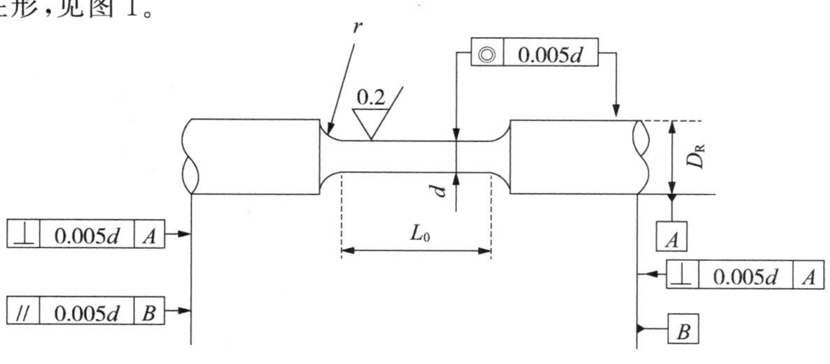


图 1 试样示意图

试样尺寸如下：

——标距段圆柱直径：$d \geqslant 5$ mm；

…………

7.2 试样的制备

7.2.1 取样及标记

…………

7.2.6 存放及运输

试样采用单独的盒子或有封装头的管保存，以防止接触刮伤、氧化等损伤。视情况，可以将试样存放在真空瓶或放有硅胶的干燥器中。宜尽量减少对试样的运输。

［选自 GB/T 38822—2020《金属材料 蠕变-疲劳试验方法》，做了适当改动］

**2. 试样制备相关内容并入试验步骤的编写规则**

如果每次试验前都需要制备试样，且制备工作不需要复杂的描述，那么可以将试样制备相关内容并入试验步骤中。当并入试验步骤中时，通常将试样制备相关内容和试验的操作按照逻辑次序分组，然后依据分组对试验步骤作进一步细分。在这种情况下，可以使用"试样制备（准备/处理）和试验步骤"作为标题。在表述时，试样制备相关内容也使用祈使句。

示例 3-85 示出了将试件处理内容并入试验步骤的编写方法。试验步骤分为试件处理、浸入室温下的软钎剂溶液、取出等，在每个步骤下，又按照操作次序进一步分组，例如，"试件处理"又分为"清洗"和"时效处理"，"清洗"又细分为三个系列操作。

【示例 3-85】

9 试件处理和试验步骤

9.1 试件处理

9.1.1 清洗

9.1.1.1 取 10 件软钎剂试件，使用清洁的夹钳夹持，用丙酮(6.2)去除表面油污，晾干。
9.1.1.2 于室温条件下将试件在酸洗溶液(6.1)中浸泡 20 s 后，移出，在流水中冲洗约 5 s。
9.1.1.3 使用蒸馏水或去离子水清洗后，再用丙酮(6.2)清洗，最后用无酸滤纸(7.3)拭干。

9.1.2 时效处理

9.1.2.1 根据供需双方协商，从 9.1.2.2～9.1.2.3 中给出的时效处理方法中选择一种方法对试件进行时效处理。
9.1.2.2 按照 GB/T 2423.28—2005 中 4.2 规定的蒸汽法，对 9.1.1 中清洁的试件进行时效处理，时效时间为 4 h。
9.1.2.3 按照 GB/T 2423.3—2016 中 4.1 的规定，将 9.1.1 中清洁的试件放入试验箱和测量系统中，时效时间从 1 h、4 h 或 24 h 中选择。

9.2 浸入室温下的软钎剂溶液

…………

9.3 取出

…………

9.4 安装

…………

9.5 干燥和去除氧化膜

…………

9.6 浸入熔融钎料

…………

[选自 GB/T 38265.16—2019《软钎剂试验方法 第 16 部分：软钎剂润湿性能 润湿平衡法》，做了适当改动]

### (七) 要素"精密度"的编写

要素"精密度"用于给出试验方法的精密度数据。对于试验数据是连续分布的量值的试验标准，需要规定与精密度有关内容。如果试验数据是计数的数字，尚无精密度评估的有效办法，在标准中无须给出精密度数据。

在具体试验标准中，根据情况可以选择给出重复性条件下或再现性条件下的精密度数据。

在给出精密度数据时，需要包括以下内容：

a) 指明按照 GB/T 6379《测量方法与结果的准确度(正确度与精密度)》的有关部分或其他适用的标准化文件计算得出的精密度数据；

b) 指明精密度是用绝对项还是用相对项表示。

对于经过实验室间试验的方法，还需要在附录中给出实验室间试验得到的统计数据和其他数据。

示例 3-86 示出了重复性条件下的精密度条款的编写方法。在该示例中，精密度用相对项表示。

**【示例 3-86】**

**9 精密度**

在同一实验室，由同一操作者使用相同设备，按相同的测试方法，并在短时间内对同一被测试样相互独立进行测试获得的两次独立测试结果的绝对差不大于这两个测定值的算术平均值的 15%。

[选自 GB/T 35532—2017《胶鞋 烷基酚含量试验方法》，做了适当改动]

示例 3-87 示出了在重复性条件和再现性条件下的精密度条款的编写方法。

**【示例 3-87】**

**10 精密度**

**10.1 重复性**

在重复性条件下获得的两个独立测试结果的测定值，在表 1 给出的平均值范围内，这两个测试结果的绝对差值不超过重复性限 $r$，超过重复性限 $r$ 的情况不超过 5%。重复性限 $r$ 按表 1 数据采用线性内插法或外延法求得。

**表 1 镍含量平均值及重复性限 $r$**

| $\omega$/% | 0.001 0 | 0.005 0 | 0.009 9 |
|---|---|---|---|
| $r$/% | 0.000 2 | 0.000 8 | 0.001 0 |

**10.2 再现性**

在再现性条件下获得的两次独立测试结果的测定值，在表 2 给出的平均值范围内，这两个测试结果的绝对差值不超过再现性限 $R$，超过再现性限 $R$ 的情况不超过 5%。再现性限 $R$ 按表 2数据采用线性内插法或外延法求得。

**表 2　镍含量平均值及再现性限 $R$**

| $\omega$/% | 0.001 0 | 0.005 0 | 0.009 9 |
| --- | --- | --- | --- |
| $R$/% | 0.000 2 | 0.000 8 | 0.001 0 |

[选自 GB/T 20975.14—2020《铝及铝合金化学分析方法　第 14 部分：镍含量的测定》，做了适当改动]

### （八）要素“试验报告”的编写

要素“试验报告”用于给出使用某种试验方法进行试验所需要记录和报告的内容。通常，在试验标准中对试验报告的内容作出规定时，至少包括以下几个方面：

a）试验对象：指明试验所针对的具体试样及其相关信息，例如试样的名称、数量、来源等；

b）所使用的标准化文件：指明试验所使用的标准化文件编号；

c）结果：给出针对每个试样进行测试/测量的数据或观察到的现象，并根据结果表示方法或结果计算方法给出试验结果；

d）观察到的异常现象：记录试验过程中观察到的异常现象或出现的任何其他异常；

e）日期和时间：指明试验时间和日期、试验报告出具日期等内容。

如果试验标准中针对某种特性给出了多种试验方法，那么，还需要指明所使用的方法。

示例 3-88 示出了典型的试验报告的编写内容，涵盖了上述 a）到 e）中的内容。其中，a）是对试验对象的有关信息的说明。

**【示例 3-88】**

**9　试验报告**

试验报告应包括下列内容：

a）试样本身必要的详细说明；

b）本文件的编号；

c）分析结果；

d）测定过程中存在的任何异常情况；

e）试验日期、试验报告出具日期、实验室名称和地址。

[选自 GB/T 6730.82—2020《铁矿石　钡含量的测定　EDTA 滴定法》，做了适当改动]

# 第五节　规范标准

## ※ 本节结构及内容导引 ※

- 一、总体原则
  - （一）性能/效能原则
    - 1. 性能/效能特性
    - 2. 描述特性和其他特性
    - 3. 性能/效能原则
  - （二）可证实性原则
    - 1. 只应规定能够证实的要求
    - 2. 不必规定无需证实的要求
    - 3. 不宜规定不能在较短时间内证实的要求
    - 4. 只应写入量化的要求
- 二、要素“要求”的编写
  - （一）要求编写的总体要求
  - （二）用文字表述要求型条款
  - （三）以表格形式表述要求
- 三、要素“证实方法”的编写
  - （一）证实方法的类型以及包含的内容
    - 1. 试验或测量方法
    - 2. 留痕方法
    - 3. 主观评价等方法
  - （二）对编写证实方法的通用要求
    - 1. 每条要求都应有对应的证实方法
    - 2. 引用现行适用的标准
    - 3. 给出仲裁方法
    - 4. 证实方法中不应包含要求
  - （三）证实方法在规范标准中的呈现形式
    - 1. 作为单独的章
    - 2. 并入要素“要求”中
    - 3. 作为标准的规范性附录
- 四、产品规范标准
  - （一）要求条款的表述形式
  - （二）由性能特性表述要求
    - 1. 使用性能
    - 2. 理化或生物学性能
    - 3. 人类工效学性能
    - 4. 环境适应性
  - （三）由描述特性或其他特性表述要求
    - 1. 结构
    - 2. 材料
    - 3. 生产过程、工艺
- 五、过程规范标准
  - （一）过程效能
  - （二）活动内容
  - （三）控制条件
- 六、服务规范标准
  - （一）服务结果的效能特性——服务效果
  - （二）服务过程的效能特性
    - 1. 宜人性
    - 2. 响应性
    - 3. 普适性
  - （三）服务内容或服务环境
  - （四）不建议规定的内容

对产品、过程或服务等标准化对象进行标准化，典型的做法之一就是在标准中规定这些标准化对象需要满足的要求。如果有必要判定声称符合这些标准的各种活动及其结果是否满足了这些要求，就要在标准中描述对应的证实方法，这样形成的标准即是规范标准。规范标准的功能是通过提供可证实的要求对标准化对象进行"规定"，其核心技术要素包括"要求"和"证实方法"。这两个要素是规范标准区别于其他类型标准的一个显著特征，它们的有机结合使得判定各种活动及其结果是否符合标准中的规定成为可能。因而规范标准可以作为采购、贸易的基础，作为判定产品、过程或服务符合性的依据，作为自我声明、认证的基准。

规范标准的起草应遵守 GB/T 20001.5《标准编写规则　第 5 部分：规范标准》中确立的规则。本节将从起草规范标准需要遵循的总体原则入手，进而阐述如何编写规范标准的两个必备要素——要求、证实方法。

## 一、总体原则

起草规范标准需要遵循两个原则：性能/效能原则和可证实原则。它们是针对两个必备要素确立的原则：性能/效能原则是针对要求的原则；可证实原则是将要求与证实方法相联系的原则。

### （一）性能/效能原则

性能/效能原则是标准中要求的表述原则。规范标准通常可以从不同方面对标准化对象规定要求，既可以对性能/效能特性，还可以对描述特性，也可以对与标准化对象有关其他特性规定要求，那么如何作出选择呢？性能/效能原则就是解决针对标准化对象的哪些特性或方面规定要求，从而对其进行标准化的问题。掌握这一原则需要在了解什么是性能/效能特性、描述特性以及其他特性的基础上，进一步理解性能/效能原则。

#### 1. 性能/效能特性

任何产品、过程或服务都具有其特定的功能。性能是"反映产品功能的某种能力"①；效能是"反映过程或服务功能的某种能力"②。由此可见性能、效能都是反映标准化对象所具有的功能的某种能力，只不过"性能"是针对产品而言；"效能"是针对过程或服务而言。而特性是"标准化对象所具有的可被辨识的特定属性"③，它通常被赋值。

综上，性能/效能特性就是反映标准化对象功能的可被辨识的特定属性，这种属性通常被赋值。

#### 2. 描述特性和其他特性

描述特性是"与产品使用功能相关的设计、工艺、材料等特性"④。描述特性是对产品本身特性的描述，往往可以显示在实物上或图纸上，如在图纸上描述或标注的产品尺寸、结构、粗糙度等。

对于过程标准、服务标准，可能还会涉及与活动/服务有关的其他特性，如过程运作的控制条件、服务环境、活动内容等。

---

① GB/T 20001.5—2017《标准编写规则　第 5 部分：规范标准》，定义 3.3。

② GB/T 20001.5—2017《标准编写规则　第 5 部分：规范标准》，定义 3.4。

③ GB/T 20001.5—2017《标准编写规则　第 5 部分：规范标准》，定义 3.5。

④ GB/T 20001.10—2014《标准编写规则　第 10 部分：产品标准》，定义 3.3。

### 3. 性能/效能原则

性能/效能原则是规范标准中要求的表述原则，即标准中的要求由反映产品性能、过程或服务效能的具体特性来表述，尽量不使用产品的描述特性或其他特性(如过程运作的控制条件、服务的外部条件/环境、活动内容等相关特性)来表达，通常不对生产过程、工艺，服务机构或人员的资质，服务设备设施等规定要求。

(1) 优先考虑从性能/效能特性的角度规定要求，以便给技术发展留有最大的自由度

从产品性能、过程或服务的效能对标准化对象提出要求，而不对产品的描述特性，或过程运作的条件，服务的外部环境、机构人员的资质、服务设备设施等规定要求，可以给技术发展留有最大的自由度。由于相对产品的性能、过程的效能来说，产品的描述特性，过程或服务的其他特性是多种多样的。当标准从性能/效能特性的角度提出要求时，不同的生产/操作/服务者可以发挥各自的特长，如技术、设备、人员特点、外部条件等，通过选择适合自己的路径，采取各自的技术、方法达到性能/效能特性要求的"结果"，从而提供符合标准所要求的产品、过程或服务。所以，遵循性能/效能原则可以充分发挥标准使用方的优势和创造力，促进技术创新和进步。

(2) 综合考虑选择从描述特性或其他特性的角度规定要求

性能/效能原则是针对标准化对象规定要求时优先考虑的原则。在遵守这一原则时，有可能受到具体情况的限制，需要在是用性能/效能特性表述要求，还是用其他特性表述要求之间，经过权衡后作出选择。考虑性能/效能原则有可能会面临以下四种情况。

第一，在选择相应的特性时，有可能无法确定恰当的性能/效能特性，或者虽然特性能够确定，但无法给出明确的特性值。

第二，虽然特性和特性值都能够确定，但是没有适用的证实方法。按照可证实原则[见下文的(二)]，以性能/效能特性表述要求，需要描述相应的证实方法。如果目前没有适用相应特性的证实方法，就不应选择从性能/效能特性规定要求。

第三，即使存在相应的证实方法，但可能该方法的证实过程非常复杂，需要花费很长的时间并且耗费较多的资金。

第四，为了达到安全与健康的目的，可能需要选择(有时还是必要的)用描述特性或其他特性规定要求，例如规定结构细节(如保证安全的防错装结构)，材料的有害化学成分的含量(如为了保障健康)，加工过程(如保证安全的压力容器的焊接工艺)，对导游在旅游过程中的具体行为作指示(如具体的安全提示，以保证安全)等。

上述四种情况中，遇到第一、二种情况就不应从性能/效能的角度规定要求；遇到第三、四种情况，则需要认真地分析研究、权衡利弊。因此，在编写规范标准的要求时，首先要考虑从性能/效能特性的角度规定要求；其次要综合各种情况，考虑是否需要从描述特性或其他特性的角度规定要求。

(3) 不遗漏对标准化对象的功能有重要影响的性能/效能

在遵守性能/效能原则时，需注意确保要求中不遗漏对标准化对象的功能产生重要影响的产品性能或过程/服务效能。对标准化对象进行功能分析后确定标准的技术要求，可以避免这类问题的发生。

规范标准的标准化对象通常并不是只有一个功能，对于制成品或系统，复杂的过程、大型的服务等常常具有为数众多的功能。要根据标准化对象的预期目的系统地对其功能进行分

析，明确它们的功能定位，确定必要功能，剔除不必要功能，从而最终确定需要对哪些特性规定技术要求。必要功能是实现标准化对象预期目的必须具备的功能，也是用户购买该产品或服务首先要考虑的因素。不必要功能是指使用者不需要的功能，即多余的功能。

例如家用电冰箱的必要功能为：能够将新鲜物品冷冻起来无害保存。另外，使用方便等人类工效性能（如产品的外观、形状、色彩、气味、手感等方面）也应仔细分析。对于消费品，在使用功能之外往往还需要考虑外观功能；而对于工业设备而言，外观功能处于次要位置。又如，如果在普通手表上安装了海拔高度的测量功能，对于一般消费者来说就是不必要功能。再如，对于理发服务，剪发、洗发则为必要功能，而按摩、美容就不一定是必要功能；对于境外旅游服务，国外机场接送站则为必要功能，而国内机场接送站就不一定是必要功能。

标准化对象的功能与其功能定位密切相关，对于某些等级的产品或服务是不必要功能，对于高级别的产品或服务可能就是必要功能，因此需要进行全面的功能分析。对标准化对象进行功能分析后，再依据确定的功能选择标准中需要规定的要求。

以家用洗衣机为例，通过功能分析进而明确需要规定的要求。如果所确定的编制标准的目的之一是可用性，那么就要分析洗衣机达到可用性的必要功能：首先是在磨损或损害最小的情况下将衣物洗干净；其次通常要具有针对各类衣料的不同洗涤方式。这两项功能确定后，就要规定实现该功能需要达到或满足的相应特性及要求。其次由于洗衣机是一件消费品，其操作面板要具有操作便捷、容易理解的功能，外观要满足使用者舒适度的需求，为此要考虑规定人类工效学性能要求。如果保证安全是编制标准的另一个目的，那么要分析保障洗衣机安全的功能所涉及的方方面面。针对洗衣机是个电器产品，并且有机械运转，至少需要针对电气安全、机械运转安全提出要求。如果资源合理利用也是标准的编制目的之一，就要分析洗衣机满足资源利用功能涉及的各方面。由于洗衣机是耗能、耗水产品，有必要规定耗电、耗水的指标，或者必要时通过对其机械结构、电路设计、水流方式的规定，达到资源合理利用。

在进行产品功能分析时，要注意确认产品的具体用途。同一类产品的具体用途不同，标准中对产品的性能要求也会不相同。

### （二）可证实性原则

规范标准中编写要素“要求”还需要满足可证实性原则，即标准中只规定能够在较短时间内得到证实的要求。可证实性原则的一个推论就是，不是所有根据标准编制目的，对标准化对象的特性规定的要求都可以写入“要求”这一要素，只是那些有适用的证实方法的要求才能写入规范标准中。

规范标准中规定的要求，如果在现实中找不到相应的证实方法，生产者一旦声称符合，因为无法证实，只能视作生产者作出的保证。因此，这类规定只能视作保证条件，它是合同概念或商业概念，不是技术概念，不属于标准的内容，所以不应写入标准。遵守可证实性原则需要符合以下规则。

#### 1. 只应规定能够证实的要求

只有能够证实的要求，才可以规定在标准中的“要求”要素中。无论标准化对象的某个特性多么重要，只要没有证实方法就不应写入标准。

例如：统计结果发现，牛奶有使身体增高的“性能特性”。那么在编制牛奶标准时，能否在技术要求中对这一性能特性提出要求呢？答案是否定的，因为这项要求写入标准后，没有相应的证实方法能在短时间内证明具体的牛奶产品能够增加人的身高。

在通过性能特性无法找到合适的证实方法的情况下，乳制品通常用“描述特性”表述要求，如通过蛋白质、脂肪、非脂乳固体和杂质度等理化指标来表述，这些理化指标比较容易在实验室通过测试取得结果，从而证明产品是否符合了标准中规定的描述特性的指标。

**2. 不必规定无需证实的要求**

如果有些要求根本无需证实，则不必在技术要求中规定。多数不需要证实的要求往往是由于曾经需要证实，因此写入了标准，但由于各种原因（如产品材料的改变）原来需要证实的要求可能不再需要证实了。例如，原来由钢化玻璃做的零件有强度要求，需通过跌落试验来证实不破碎，现在材料改为不锈钢，强度有了保证，不再需要证实，所以强度要求就没有必要在标准中规定了。

**3. 不宜规定不能在较短时间内证实的要求**

如果一项要求（如产品的稳定性、可靠性或寿命等）无法在相对较短的时间内被某种证实方法证实，那么该项要求就不宜规定在标准的要求中。例如，产品的使用寿命显然是产品的重要指标之一。除非存在着既省时又适用的老化试验，能够在较短时间证明该产品的使用寿命。否则，即使存在一个试验方法，只要不能在较短时间内证实，也不宜将相关要求写入规范标准。

**4. 只应写入量化的要求**

要素“要求”中的所有要求应定量并使用明确的数值表示，例如“按 5.3 给出的方法测定，产品的数据读取速度不应低于 600 kB/s，数据写入速度不应低于 500 kB/s”。凡是不能量化或没有量化的要求不应写入标准的“要求”要素中。

标准中不应使用诸如“足够坚固”“适当的强度”“相对完善”“得体的仪容仪表”或“恰当的菜单设计”之类的定性表述来规定要求，例如“热水器进出水管应具有足够的强度”“出水温度应适宜”等。这些定性的表述无法判断、无法证实，不应写入要求中，只可以作为一般原则、建议等写入标准的其他要素。

**请注意：**标准中描述了证实方法并不意味着声称符合标准时，一定要实施相关试验进行证实。之所以描述相应的试验方法，只是为一旦需要证实指出所依据的试验方法。这些方法只有在应有关方面要求时才予以实施。

## 二、要素“要求”的编写

“要求”是规范标准中的核心技术要素之一。该要素应全部由要求型条款构成。针对标准化对象需要规定的一个特性通常形成一个要求型条款，要求中需要对多少个特性提出要求，就有多少个要求型条款。按照性能/效能原则，这些要求型条款中大多数应该规定标准化对象的性能/效能特性，如果有必要还可能对少量的描述特性或其他特性规定要求。

### （一）要求编写的总体要求

规范标准中的要素“要求”应通过直接或引用的方式规定以下内容：

——保证产品/过程/服务适用性的所有特性；

——特性值[①]；

---

① 特性值如果是一个物理量，那么表示为：阿拉伯数字后跟该物理量的单位符号。

——适宜时，描述证实方法。

当标准化对象为系统时，规范标准中的要素"要求"应通过直接或引用的方式规定以下内容：

——保证完整的、已安装的系统适用性的所有特性，根据具体情况，还可包括系统各构成要素（或子系统）的特性；

——特性值；

——适宜时，描述证实方法。

根据具体情况，还可包括针对确立系统的构成要素（或子系统）以及各要素（或子系统）之间的关系的规定。

示例 3-89 示出了以系统为标准化对象的产品规范标准，在确立系统的构成要素及各要素之间关系，规定系统的特性及特性值时的编写方法。其中的第 5 章确立了变电站监控系统的构成要素，描述了这些要素之间的关系（见 5.1），以及该系统的各个构成要素的功能及其构成（见 5.2 和 5.3）；第 7 章规定了系统整体的性能要求（见 7.1 和 7.2）。

**【示例 3-89】**

**5　系统结构**

5.1　变电站监控系统由站控层、间隔层两部分组成，并用分层、分布、开放式网络系统实现连接。在应用电子互感器、合并单元的情况下，可增加过程层。

5.2　站控层由计算机网络连接的主机、操作员站和工作站等设备构成，提供站内运行的人机联系界面，实现管理控制间隔层设备等功能，并能与调度中心通信。

5.3　间隔层由测控单元、间隔层网络和各种网络、通信接口设备等构成，完成面向单元设备的监测控制等功能。

…………

**6　系统功能**

**6.1　数据采集处理**

6.1.1　系统应通过测控单元实时采集模拟量、开关量。测控单元以下列方式获取模拟量和开关量：

…………

**7　性能要求**

**7.1　系统性能要求**

系统性能应符合表 1 规定的要求。

**表 1 系统性能要求**

| 序号 | 技术参数名称 | 参数 |
|---|---|---|
| 1 | 模拟量 U、I 测量误差 | ≤0.2% |
| …… | …… | …… |
| 5 | 通信变位传送时间(至站控层) | ≤1 s |
| …… | …… | …… |

**7.2 电磁兼容性能要求**

装置不应通过交直流输入回路外接抗干扰元件来满足有关电磁兼容要求。按表 2 的方法进行试验,装置电磁兼容能力应达到相对应的级别。

**表 2 电磁兼容性能要求及试验方法**

| 编号 | 特性 | 特性值(级别) | 证实方法 |
|---|---|---|---|
| 1 | 静电放电抗扰度 | 四级 | GB/T 17626.2 |
| 2 | 射频电磁场辐射抗扰度 | 三级 | GB/T 17626.3 |
| …… | …… | …… | …… |

[参考 GB/T 24833—2009《1 000 kV 变电站监控系统技术规范》,做了较大改动]

### (二)用文字表述要求型条款

用文字表述要求型条款时,每个条款往往形成要素"要求"中的一条。用文字规定对"结果"的要求时,应将前文"(一)要求表述的总体要求"中对"要求"规定的内容表述为要求的形式,即将特性、特性值、证实方法以及要求型条款的能愿动词"应/不应"等四个元素有机地排列形成要求型条款,典型表述形式为:

——按"证实方法"试验/测定/验证,"特性""应"符合/达到"特性值"的规定;

——按照"证实方法"试验/测定/验证,"特性""应"大于/小于"特性值";

——"特性"按"证实方法"试验/测定/验证"应"符合/达到"特性值"的规定;

——"特性"按照"证实方法"试验/测定/验证"应"大于/小于"特性值"。

**请注意:**上述典型句式中,惟一的能愿动词"应/不应"的位置是在"特性值"之前,不应放在"证实方法"之前,以表明"特性值"是声明符合标准时需要满足的;而由"按/按照"提及的"证实方法"并不是一定要做验证,只是一旦需要证实,则需要遵守由"按/按照"形成的指示型条款的指示使用相应的证实方法进行验证。

典型句式中,根据具体情况证实方法的描述可以有以下不同的形式。证实方法简单时,可以直接在条款中描述相应的方法(见示例 3-90);证实方法较复杂时,可以另外编写一条证实方法,再在要求型条款中采取规范性提示的方式(见示例 3-91);证实方法篇幅较大时,可将其移出形成规范性附录 X,再在要求型条款中指明该附录(见示例 3-92);已经有适用的试验方法标准时,可在要求型条款中采取引用的表述形式(见示例 3-93)。

【示例 3-90】

——气密性要求产品在水深 10 cm 处,保持 2 min 应无气泡逸出。

——快件的投递时限以发件人签发时间到收件人签收时间为准应少于 24 h。

【示例 3-91】

——甲醛含量按 4.5 测定应小于 20 mg/kg。

——按 5.3 给出的方法测定,外层面料在经、纬两个方向上分别承受的拉伸强度应不小于 450 N。

【示例 3-92】

按附录 F 描述的磨损性能试验方法进行试验,不同类型的洗衣机对标准磨损样块的磨损率应符合表 2 中规定的限定值。

【示例 3-93】

——甲醛含量按 GB/T 2912.1—2009 给出的方法测定应不大于 20 mg/kg。

**请注意:** 按照要求的典型表述形式:按"证实方法"试验/测定/验证,"特性""应"符合/达到"特性值"的规定[详见前文"二"中的(二)],规范标准中的证实方法理应在要求中描述或引用证实方法标准,但往往描述证实方法需要占较多的篇幅,因此多数情况下会将证实方法另设为一章、一条或移作附录,再在要求中规范性提及相应的章、条或附录。

在过程标准或服务标准中,经常会对"过程"规定要求。这时,大多情况下是针对个人的行动(做或没做)或行为(做得好不好)提出要求。如示例 3-94 所示,表达"过程"的要求型条款通常只包含三个元素,典型表述形式是:

——"谁""应""怎么做"。

【示例 3-94】

——接到投诉后,出租汽车经营者应在 24 h 内告知乘客是否受理,并于 10 d 内处理完毕且将处理结果告知乘客。

——入住饭店时,领队应向当地导游员提供团队住宿分配方案。

### (三)以表格形式表述要求

必要时(如条款数量较多,或为了便于对比等),规范标准中的"要求"可使用表格表述。这时,应在正文中指明表格之处使用能愿动词"应/不应"及其等效表述,将表格中的内容赋予"要求"的属性,如"……应符合表 X 的规定",如示例 3-95。

【示例 3-95】

**5.13 羊毛织物洗涤性能**

按照 6.14 描述的试验方法进行试验,洗衣机的羊毛织物洗涤性能应符合表 5 的规定值。

**表 5　羊毛织物洗涤性能的规定值**

| 试验项目 | 限定值 |
|---|---|
| 羊毛织物洗净比 | ≥0.65 |
| 羊毛织物缩水比 | ≤0.70 |
| 羊毛织物磨损比 | ≤0.70(波轮) |
| | ≤0.65(搅拌) |
| | ≤0.60(滚筒) |

由于表格中是要求的内容，如果在指明表格的条文中没有使用表达要求的能愿动词，就无法判定表格中的内容是否为要求型条款，如示例 3-96 所示。

**【示例 3-96】** 未使用恰当的能愿动词指明表格所代表的要求型条款

5.1　产品的基本安全技术要求及相应的试验方法见表 1。

表述要求的表格的表头的典型形式为：编号/序号、特性、特性值、证实方法等。其中，编号/序号栏中的编号/序号的形式应与标准的章条编号无关；证实方法栏通常给出该标准中描述的证实方法的章条编号，或者给出引用的其他标准的编号和/或章条号，见示例 3-97、示例 3-98。

**【示例 3-97】**

| 编号 | 特性 | 特性值 | 证实方法 |
|---|---|---|---|
| | | | |

示例 3-98 由一个要求型条款引出表 7，用能愿动词“应”说明了表 7 中的内容是需要满足的要求，不准许存在偏差。

**【示例 3-98】**

**6　技术要求**

平板型太阳能集热器吸热体的技术特性应符合表 7 规定的特性值。

**表 7　平板型太阳能集热器吸热体技术要求**

| 编号 | 特性 | | 特性值 | 试验方法 |
|---|---|---|---|---|
| …… | …… | | …… | …… |
| 7-1 | 涂层<br>(80 ℃时) | 太阳吸收比(AM1.5) | ≥0.92 | 7.3 |
| | | 法向反射比(真空镀、电镀工艺) | ≤0.10 | |
| | | 法向反射比(其他工艺) | ≤0.20 | |

表 7（续）

| 编号 | 特性 | | 特性值 | 试验方法 |
|---|---|---|---|---|
| …… | …… | | …… | …… |
| 7-2 | 耐压 | 工作压力(非承压式吸热体) | ⩾0.06 MPa | 7.4 |
| | | 工作压力(承压式吸热体) | ⩾0.6 MPa | |
| …… | …… | | …… | …… |
| 7-7 | 高温耐久性 | 吸热体表面光学性能的衰减系数 | ⩽0.05 | 7.7 |
| 7-8 | 涂层老化性 | 太阳吸收比<br>法向发射比 | 不小于原值的 0.95<br>不大于原值的 1.05 | 7.8 |
| …… | …… | | …… | …… |

[选自 GB/T 26974—2011《平板型太阳能集热器吸热体技术要求》，做了适当改动]

## 三、要素“证实方法”的编写

“证实方法”是规范标准的另一个核心技术要素。规范标准需要满足“可证实性原则”，标准中要针对每条要求描述对应的证实方法，以便必要时，能够通过证实方法验证标准化对象是否符合标准中的要求。

### （一）证实方法的类型以及包含的内容

规范标准中的证实方法通常包括三种类型：试验/测量方法、留痕方法、主观评价方法等。产品规范标准通常采取试验/测量方法；过程规范标准和服务规范标准通常采取留痕方法、主观评价方法。当然，根据具体情况这些方法可以被各类规范标准使用。

**1. 试验或测量方法**

试验/测量方法，包括，诸如物理试验方法、化学分析方法、电性能测量方法等。

编写试验/测量方法需要描述用于证实产品、过程或服务是否满足要求以及保证结果再现性的所有条款，通常包含：

——试验/测量步骤；

——数据处理(包括计算方法、结果的表述)。

综合考虑相关需要等因素，该方法还可增加其他内容，例如，试验条件、试剂或材料、仪器设备、样品等。规范标准中的试验/测量方法通常不涉及试验方法的原理、化学反应式、精密度和测量的不确定度等内容。

**2. 留痕方法**

留痕方法：如填写操作/过程记录、做标记、拍照、录音、录像、文件存档、扫码上传、履行网络程序等。

留痕方法需要描述的内容包括：实施留痕的主体、频率(或持续时间、起始时间、实施时间)，留痕材料的保留时间，以及留痕的项目、节点、步骤等。

**3. 主观评价等方法**

主观评价等方法，包括，诸如目测检查、审核、客户/服务对象确认/评价等。

主观评价方法需要描述的内容包括：实施评价的主体、实施频率（或持续时间、起始时间、实施时间），目测检查的观察方法，评价/确认的内容、指标，实施评价的程序、操作步骤，评价结果计算方法等。

产品、过程或服务规范标准中，证实方法的编写见下文“四”“五”“六”中给出的示例。

### （二）对编写证实方法的通用要求

规范标准中的证实方法与单独的试验/测量方法标准不同，它只是为了证实标准化对象是否符合标准中的要求而设置的。也就是说规范标准中描述的试验方法都是验证标准中的要求所需要的，不应包括没有对应要求的证实方法。

**1. 每条要求都应有对应的证实方法**

规范标准中针对要素“要求”中的每项要求都应描述对应的证实方法。因此，证实方法中只包含能够证实标准中的要求的必备内容即可，不必要包含试验/测量方法标准中的所有内容。

**2. 引用现行适用的标准**

编写证实方法时，如果存在现行适用的标准，那么应引用这些标准；如果没有适用的标准，才可在标准中描述相应的证实方法。

**3. 给出仲裁方法**

如果存在多种适用的证实方法，原则上规范标准中只描述一种方法。如果由于某种原因需要列入多种方法时，那么应指明仲裁方法。

**4. 证实方法中不应包含要求**

规范标准中只能在要素“要求”中规定要求，要素“试验方法”中只应包含为了证实要求描述的方法，而不应包含要求。

以下示例中，“5　技术要求”已经规定了产品的性能特性（见 5.4.2 和 5.4.5），而第 6 章“试验方法”中，在 6.3.2 和 6.3.4 描述验证具体性能特性的方法时，又用要求型条款分别引用了 5.4.2和 5.4.5。在试验方法中规定“要求”，这种编写方法是不正确的，如示例 3-99 所示。

**【示例 3-99】　不正确的表述：在试验方法中提出“技术要求”**

**5　技术要求**

…………

**5.4.2　复位温度**

5.4.2.1　自动复位式热保护器的复位温度低于额定断开温度 10 K 以上，其容差为±15 ℃。

5.4.2.2　手动复位式热保护器在高于−5 ℃的环境中不应自动复位。

…………

**5.4.5　接触电阻**

在触头闭合状态下，端子间的接触电阻应不大于 50 MΩ。

…………

6 试验方法

…………

6.3.2 复位温度试验

按照6.3.1规定的方法进行复位温度试验，降低空气温度，在高于复位温度上限温度10 K时的温度变化率不超过0.5 K/min至热保护器复位时，所测得的温度应符合5.4.2的规定。

…………

6.3.4 接触电阻试验

用微欧计测量两引出线或端子间的接触电阻，在有异议的情况下去除产品导线和端子，应符合5.4.5的规定。

［选自GB/T 22762—2008《家用和类似用途用装入式电动机热保护器》］

### （三）证实方法在规范标准中的呈现形式

根据具体情况，证实方法在规范标准中可以有三种呈现形式：作为单独的章、并入要求中、作为标准的规范性附录。产品规范标准中的证实方法（如试验/测量方法）通常编写为单独的章。过程规范标准、服务规范标准的证实方法大多并入要素“要求”中，通常在规定的要求之后单独设条描述证实方法。

**1. 作为单独的章**

证实方法通常作为标准中单独的章来编写。在章之下，每一个证实方法通常编写为一个条。如果标准中的每个证实方法需要描述的内容都较多，可以考虑将每一个证实方法都作为一个单独的章来编写。

规范标准中描述的每个证实方法，无论是作为证实方法一章中的条，还是各自作为单独的章，其先后次序都应与其具有对应关系的“要求”的先后次序相一致。

编写试验/测量步骤、数据处理等内容应按照GB/T 20001.4规定的有关规则编写，详见本章第四节的“二”和“三”。

**2. 并入要素“要求”中**

如果证实方法的内容较少，也可以将证实方法的内容并入要素“要求”中。如果标准中每个证实方法都可以并入要求，例如每个证实方法都引自其他标准，则规范标准中可以不设证实方法一章。也就是将标准中的要素“要求”与“证实方法”合并，形成以“要求与证实方法”为标题的章。

**请注意**：规范标准中的证实方法是为了证实标准中的要求而存在的。要素“证实方法”可以并入“要求”。这种情况并不意味着标准中没有了“证实方法”这一要素，而是两个要素都有，只不过进行了合并。合并后的章、条标题宜使用“……要求与证实方法”。

**3. 作为标准的规范性附录**

如果标准中需要描述的证实方法的内容较多，那么可以考虑将该证实方法移作附录。这种情况下，如果在要求中使用典型句式提及证实方法，如“特性”按“证实方法”试验/测定/验证

“应”符合/达到“特性值”的规定”[详见本节“二”中的(二)],应直接指明移作附录的证实方法。就是说,不应先在要素“要求”中规范性提示描述证实方法的章、条,再由章、条提及附录。也就是不应让文件使用者在标准中查找两次才找到相应证实方法的内容。

示例3-100中,5.6、5.7分别提示按照6.7、6.8描述的方法进行试验,但是在6.7、6.8中却又指明按照附录E、附录F进行试验。这种做法不妥,恰当的做法是在5.6、5.7中分别直接指明按照附录E、附录F进行试验并且删除6.7、6.8。

【示例3-100】

> 5　技术要求
>
> …………
>
> 5.6　漂洗性能
>
> 按照6.7描述的方法进行试验,洗衣机的漂洗率应≥92%。
>
> 5.7　磨损性能
>
> 按照6.8描述的方法进行试验,洗衣机对标准磨损样块的磨损率应符合表2的规定值。
>
> …………
>
> 6　试验方法
>
> …………
>
> 6.7　漂洗性能试验
>
> 洗衣机按照附录E进行漂洗性能试验。
>
> 6.8　磨损性能试验
>
> 洗衣机按照附录F进行磨损性能试验。

## 四、产品规范标准

产品规范标准中表述要求时首先需要遵守性能原则,即由反映产品性能的具体特性及特性值来表述要求。根据具体情况,产品规范标准的核心要素“要求”中的具体要求需要按照以下次序进行选择:首选直接规定反映产品使用性能的特性;其次,在无法规定或无法找到使用性能的特性,或者有必要时,推荐规定理化性能、生物学性能、人类工效学性能等特性(这些特性也可以作为“间接反映使用性能的可靠代用指标”);再次,如果确有必要,允许考虑对产品的描述特性(如结构、成分、材料等)或环境条件规定要求;最后,通常情况下不建议产品规范标准中对生产过程、工艺等规定要求。

### (一)要求条款的表述形式

在产品规范标准的“要求”这一要素中,由性能特性表述要求形成的条款为性能条款,由描述特性表述要求形成的条款为描述条款。示例 3-101 给出了分别用性能条款和描述条款规定洗衣机特性的例子。

【示例 3-101】

性能条款:按附录 A 给出的洗净性能试验方法测定,洗衣机的洗净比应不小于 0.70。

描述条款:洗衣机手动挤水辊的辊面应采用弹性材料。

示例 3-102 给出了从不同性能特性的角度,或从描述特性的角度对产品进行规定的例子。其中 a)为直接规定产品的使用性能,b)为间接规定产品的使用性能(物理特性),c)为规定产品的描述特性。通常情况下产品规范标准应首先考虑选择 a),其次选 b),十分必要时才选择 c)的表述形式。

【示例 3-102】

a) 按 6.7.2.1 给出的试验方法进行试验,甲级防盗安全门的防破坏时间应不小于 30 min。(规定直接反应使用性能的指标)

b) 按 GB/T 231.1给出的试验方法测定,甲级防盗安全门钢质板材的硬度应高于 600 N/mm$^2$。(规定间接反应使用性能的指标)

c) 甲级防盗安全门钢质板材门扇的外面板、内面板厚度均应大于 1.00 mm。(规定描述特性的指标)

## (二)由性能特性表述要求

产品规范标准通常针对以下类别的产品性能规定要求。

### 1. 使用性能

在标准中首先要考虑规定直接反映产品使用性能的特性,例如:洗衣机的洗净率、对织物的磨损率;热水器的加热效率、出水温度稳定性能;零件的耐磨性;设备的功率、灵敏度、可靠性等。

示例 3-103 给出了标准中规定洗衣机使用性能以及相应试验方法的实例。

【示例 3-103】

**5.4 洗净性能**

微型洗衣机按 QB/T 4830—2015 描述的相关试验方法进行试验,洗净比应≥0.65。

其他类型洗衣机按 6.5 描述的洗净性能试验方法进行试验,洗净比应≥0.70。

**5.5 洗净均匀度**

按 6.6 给出的洗净均匀度计算方法进行计算,洗衣机的洗净均匀度应符合表 1 的规定值。

**表 1 洗衣机的洗净均匀度的规定值**

| 洗衣机类型 | 限定值/% |
|---|---|
| 波轮式洗衣机 | ≥86.0 |
| 搅拌式洗衣机 | ≥94.0 |
| 滚筒式洗衣机 | ≥92.0 |

5.6 **漂洗性能**

按附录 E 描述的漂洗性能试验方法进行试验,洗衣机的漂洗率应≥92%。

5.7 **磨损性能**

按附录 F 描述的磨损性能试验方法进行试验,洗衣机对标准磨损样块的磨损率应符合表 2 的规定值。

**表 2 洗衣机的磨损率的规定值**

| 洗衣机类型 | 限定值/% |
|---|---|
| 波轮式洗衣机 | ≤15.0 |
| 搅拌式洗衣机 | ≤20.0 |
| 滚筒式洗衣机 | ≤15.0 |

5.8 **脱水性能**

按 6.9 描述的脱水性能试验方法进行试验,经脱水机或洗衣机的脱水装置脱水后,试验负载的含水率应≤115.0%。

…………

5.10 **单位用水量**

…………

5.11 **单位用电量**

…………

6 **试验方法**

…………

6.4 **洗衣机洗净性能试验**

…………

6.5 **洗净均匀度计算**

…………

6.8 **脱水性能试验**

…………

[选自 GB/T 4288—2018《家用和类似用途电动洗衣机》,做了适当改动]

可靠性[①]是产品最重要的使用性能之一。产品规范标准中规定可靠性要求时,需要有定量的指标。由于产品的广泛性,不同产品、不同场合下可靠性很难用一个统一的指标来表达。通常在不同的情况下会使用不同的指标,通常有可靠度、故障率、失效率、平均寿命(MTTF)、平

① 可靠性指在一定时间内、一定条件下无故障地执行指定功能的能力或可能性。

均故障间隔时间(MTBF)[①]或者强迫停机率(FOR)等。

示例 3-104 至示例 3-106 给出了不同产品采用不同可靠性指标所做的规定。

**【示例 3-104】**

**4.9 可靠性**

采用平均故障间隔时间(MTBF)或者采用产品规范所规定的方法衡量产品的可靠水平。采用平均故障间隔时间时,平板式扫描仪硬件系统的 $m_0$ 值(MTBF 的可接受值)不应低于 2 000 h。

[选自 GB/T 18788—2008《平板式扫描仪通用规范》,做了适当改动]

**【示例 3-105】**

**5.17 无故障运行**

按照 6.18 描述的试验方法进行试验,洗衣机在额定工作状态下,无故障工作次数或时间应大于或等于表 7 的规定值。试验后应能继续正常工作,离心式脱水机及脱水装置制动时间应≤20 s。

**表 7 洗衣机无故障工作次数或时间的规定值**

| 洗衣机类型 | 无故障运行次数或时间 |
| --- | --- |
| 普通洗衣机 | 以定时器一个满量程为一次,共 4 000 次 |
| 半自动或全自动洗衣机 | 以运行一个完整的"常用(标准)洗涤程序"为一次,波轮/搅拌式洗衣机 2 000次,滚筒式洗衣机 2 300 h |
| 离心式脱水机及脱水装置 | 按照断续周期工作,共 6 000 次 |

[选自 GB/T 4288—2018《家用和类似用途电动洗衣机》,做了适当改动]

**【示例 3-106】**

**4.7 寿命**

按 5.9 给出的试验方法进行试验,牵引器在使用说明书规定的工作状态下连续无故障工作应≥30 000 次。

[选自 GB/T 23149—2008《洗衣机牵引器技术要求》,做了适当改动]

### 2. 理化或生物学性能[②]

当理化/生物学性能(通常与标准化对象的性质直接相关)对产品的使用十分重要,或对产品使用性能的要求需要用理化/生物学性能加以保证,或者需要理化/生物学性能作为使用性能的代用指标时,应对产品的物理性能、机械性能、电磁性能、化学性能、生物学/病理学/毒理学等进行规定。理化性能是原材料标准首先考虑规定的性能,零部件或元器件标准也会经常涉及规定理化性能,农业、食品、农林作物等标准通常会考虑规定生物学

① 平均故障间隔时间(MTBF)是指"从新产品在规定的工作环境条件下开始工作到出现第一个故障的时间的平均值(h)"。

② 这里的理化性能作为"物理性能、机械性能、电磁性能、化学性能"的统称;生物学性能作为"生物学性能、病理学性能、毒理学性能"的统称。

性能。

理化/生物学性能通常规定产品的：

——物理性能，如产品的密度、黏度、粒度、溶解性、导热性等；

——机械性能，如产品的弹性、塑性、刚度、时效敏感性、强度、硬度、冲击韧性、疲劳强度等；

——电磁性能，如产品的绝缘强度、电场强度、电容、电阻、电感、磁感应强度、磁辐射等；

——化学性能，如产品的可燃性、不稳定性、酸度、碱性、氧化性、还原性、腐蚀性等；

——生物学/病理学/毒理学性能：如生长速度、酶活、乳酸菌数、细菌总数、大肠菌群、致病菌、微生物毒素、寄生虫、虫卵、绝对致死量、半数致死量、最大无作用用量等。

示例 3-107 给出了零部件标准中对机械性能和物理性能进行规定的实例。

**【示例 3-107】**

**7　机械和物理性能**

在环境温度下，按第 8 章给出的试验方法测定，规定性能等级的紧固件应符合表 3 ～表 7 规定的机械和物理性能。

**表 3　螺栓、螺钉和螺柱的机械和物理性能**

| 序号 | 机械或物理性能 | | 性能等级 | | | | | | | | | |
|---|---|---|---|---|---|---|---|---|---|---|---|---|
| | | | 4.6 | 4.8 | 5.6 | 5.8 | 6.8 | 8.8<br>$d \leqslant$ 16 mm | 8.8<br>$d >$ 16 mm | 9.8<br>$d \leqslant$ 16 mm | 10.9 | 12.9/<u>12.9</u> |
| 1 | 抗拉强度 $R_m$/MPa | 公称 | 400 | | 500 | | 600 | 800 | | 900 | 1 000 | 1 200 |
| | | min | 400 | 420 | 500 | 520 | 600 | 800 | 830 | 900 | 1 040 | 1 220 |
| 2 | 下屈服强度 $R_{eL}$/MPa | 公称 | 240 | — | 300 | — | — | — | — | — | — | — |
| | | min | 240 | — | 300 | — | — | — | — | — | — | — |
| 3 | 规定非比例延伸 0.2%的应力 $R_{P0.2}$/MPa | 公称 | — | — | — | — | — | 640 | 640 | 720 | 900 | 1 080 |
| | | min | — | — | — | — | — | 640 | 660 | 720 | 940 | 1 100 |
| 4 | 紧固件实物的规定非比例延伸 $R_{Pf}$/MPa | 公称 | — | 320 | — | 400 | 480 | — | — | — | — | — |
| | | min | — | 340 | — | 420 | 480 | — | — | — | — | — |
| 5 | 维氏硬度/HV，F≥98 N | min | 120 | 130 | 155 | 160 | 190 | 250 | 255 | 290 | 320 | 385 |
| | | Max | 220 | | | | 250 | 320 | 335 | 360 | 380 | 435 |
| …… | …… | …… | …… | …… | …… | …… | …… | …… | …… | …… | …… | …… |

…………

［选自 GB/T 3098.1—2010《紧固件机械性能　螺栓、螺钉和螺柱》，做了适当改动］

示例 3-108 给出了原材料标准中用表格表述产品化学成分的描述条款的实例。

**【示例 3-108】**

### 5.1 化学成分

熔模铸造用砂、粉的主要化学成分 $SiO_2$ 及有害杂质的含量应符合表 1 的规定。

**表 1 硅砂、粉中二氧化硅($SiO_2$)和有害杂质含量分级**

| 序号 | 分级代号 | $SiO_2$ 含量 ≥ | 有害杂质含量 ≤ | | | 外观 |
|---|---|---|---|---|---|---|
| | | | $K_2O+Na_2O$ | CaO + MgO | $Fe_2O_3$ | |
| 1 | 99 | 99% | 0.5% | | 0.1% | 洁白 |
| 2 | 98 | 98% | 0.7% | | 0.1% | 洁白 |
| 3 | 97 | 97% | 1.0% | | 0.2% | 个别砂粒有锈斑 |
| 4 | 96 | 96% | 1.8% | | 0.3% | 个别砂粒有锈斑 |

[选自 GB/T 12214—2019《熔模铸造用硅砂、粉》]

示例 3-109 给出了标准中通过表格规定小麦、小麦粉的卫生指标以及相应检测方法的实例。

**【示例 3-109】**

### 4.3.1 污染物限量和真菌毒素限量

小麦、小麦粉应符合表 5 中规定的污染物限量和真菌毒素限量指标。

**表 5 污染物限量和真菌毒素限量**

| 序号 | 污染物/真菌毒素 | 限量值 | | 检测方法 |
|---|---|---|---|---|
| | | 原粮 | 成品粮 | |
| 1 | 镉(以 Cd 计)/(mg/kg) | ≤0.1 | ≤0.1 | GB 5009.15—2014 |
| 2 | 汞(以 Hg 计)/(mg/kg) | ≤0.02(总汞) | — | GB 5009.17—2014 |
| 3 | 砷(以 As 计)/(mg/kg) | ≤0.5(总砷) | ≤0.5(总砷) | GB 5009.11—2014 |
| 4 | 铬(以 Cr 计)/(mg/kg) | ≤1.0 | ≤1.0 | GB 5009.123—2014 |
| 5 | 苯并[*a*]芘/(μg/kg) | ≤5.0 | — | GB 5009.27—2016 |
| 6 | 黄曲霉毒素 $B_1$/(μg/kg) | ≤5.0 | ≤5.0 | GB 5009.24—2016 |
| 7 | 脱氧雪腐镰刀菌/(μg/kg) | ≤1 000 | ≤1 000 | GB 5009.111—2016 |
| 8 | 赭曲霉毒素 A/(μg/kg) | ≤5.0 | ≤5.0 | GB 5009.96—2016 |
| 9 | 玉米赤霉烯酮/(μg/kg) | ≤60 | ≤60 | GB 5009.209—2016 |
| **注**：表中“—”为针对成品粮的不检验项目。 | | | | |

3. 人类工效学性能

产品规范标准,尤其是针对制成品(消费品),或者在人机界面的用户体验影响产品的使用效果时,常常需要针对产品的人类工效学[①]性能提出要求,以保证产品不但可用,还要好用,满足舒适、效率的要求。考虑产品的人类工效学性能就是要使机器、设备、环境适应人的需求,具体来说就是要使产品满足人的生理、心理特性,包括视觉、听觉、味觉、嗅觉、触觉等外观或感官需求的特性。

针对人和机器在信息交换和功能操作方面的人机界面的要求是人类工效学性能重点考虑的方面之一。规定人类工效性能通常会对产品提出:

——外观或感官方面的要求,如表面缺陷、颜色、噪声、口感、柔软度、舒适度等;

——人机界面要求:如易读性(产品使用者接收信号、输入)、易操作性(产品使用者发出指令、输出)等。

示例 3-110 给出了从人类工效学的角度对产品规定的相关要求。

【示例 3-110】

4.1 结构要求

4.1.1 电冰箱内腔

…………

4.1.2 电冰箱门把手

电冰箱门把手的高度要方便用户操作。上门门把手若为竖向把手,按照 5.2.1 描述的方法进行测量,电冰箱门把手应满足以下工效学要求:

——门把手顶部到地面的垂直距离 $H_{bs\text{-}s}$(图 5)大于 1 355 mm,

——门把手底部到地面的垂直距离 $H_{bs\text{-}x}$(图 5)宜小于 910 mm。

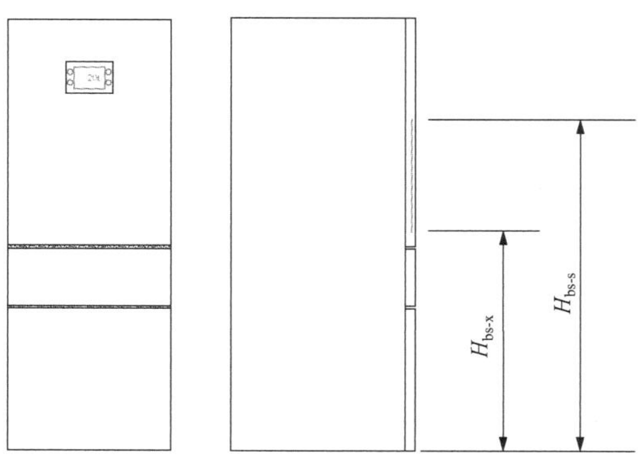


图 5 电冰箱门把手高度

…………

① 人类工效学是研究人、机、环境相互间的关系,保证人们安全、健康、舒适地工作与生活,并取得满意的工作效果的学科。

4.2　操作力要求

按照5.2.1描述的方法进行测量，电冰箱操作力应满足以下工效学要求：

a）冷藏门的开启力小于53 N；

b）变温区门的开启力小于48 N；

c）冷冻室门的开启力小于53 N。

［选自GB/T 36608.1—2018《家用电器的人类工效学技术要求与测评　第1部分：电冰箱》，做了适当改动］

**4. 环境适应性**

环境适应性指产品在其寿命周期内的使用、贮存和运输等状态中，预期会遇到的各种极端应力的作用下，实现预定的全部功能的能力，即不产生不可逆损坏并能正常工作的能力。也就是产品对外部环境（使用环境、贮存环境、运输环境）的适应程度。

根据产品在运输、贮存和使用中可能遇到的实际环境条件，产品规范标准在要求中，常需要规定相应的指标，如规定产品对下列影响因素的适应程度：

——机械影响：如振动、冲击、扭转等；

——气候影响：如温度、湿度、大气压、海拔高度、阳光辐射、大气降水、盐雾、烟雾、灰尘等；

——其他特殊影响：如生物、放射、电磁场、化学、酸碱度、工业腐蚀等。

**【示例3-111】**

4.8　环境适应性要求

4.8.1　气候环境适应性

按5.8.1～5.8.3给出的试验方法进行试验，平板式扫描仪的气候环境适应性指标应在表1给出的数值范围内。

表1　气候环境适应性

| 环境 | 气候条件 | | |
|---|---|---|---|
| | 温度/℃ | 相对湿度/% | 气压/kPa |
| 工作环境 | 10～35 | 20～80 | 86～106 |
| 储存运输环境 | −25～55 | 20～93（40 ℃） | |

［选自GB/T 18788—2008《平板式扫描仪通用规范》，做了适当改动］

示例3-112是一个以制成品为标准化对象的产品规范标准，手持式金属探测器对工作环境的适应能力是影响其使用的重要因素，该标准的4.9规定了环境适应性方面的要求。另外，4.2展示了根据性能原则优先规定的手持式金属探测器的使用性能——由探测灵敏度构成的探测性能，5.2描述了与探测灵敏度相对应的试验方法。

【示例 3-112】

4 技术要求

…………

4.2 探测性能

4.1.1 探测灵敏度范围

按 5.2 的方法操作,探测器至少应适合或覆盖一个检测等级。

4.1.2 探测灵敏度

按 5.2 描述的方法试验,针对每个检测等级应满足表 1 规定的探测灵敏度要求。

表 1 不同检测等级的探测灵敏度要求

| 探测等级 | 测试物及对应探测距离 | | | 姿态 | 探测方式 |
|---|---|---|---|---|---|
| | $T_1$ | $T_2$ | $T_3$ | | |
| A | 5.5 cm±0.25 cm | 6.0 cm±0.25 cm | 9.5 cm±0.25 cm | 横向 | 掠过、接近 |
| B | 4.0 cm±0.25 cm | 5.0 cm±0.25 cm | 8.0 cm±0.25 cm | | |
| C | 2.5 cm±0.25 cm | 4.0 cm±0.25 cm | 6.5 cm±0.25 cm | | |

…………

4.9 环境适应性

4.9.1 工作环境

室内工作型:探测器在 0 ℃～40 ℃、最大相对湿度 93%的环境条件下应能正常工作。

室外工作型:探测器在 −20 ℃～55 ℃、最大相对湿度 93%的环境条件下应能正常工作。

…………

5 试验方法

…………

5.2 探测灵敏度试验

…………

### (三)由描述特性或其他特性表述要求

产品规范标准,在对产品的性能特性规定要求的前提下,某些情况允许考虑对产品的描述特性(如结构、成分、材料等)或环境条件规定要求。

### 1. 结构

产品规范标准通常不对产品结构规定要求。然而，在为了满足产品的互换性、兼容性、相互配合或者为了保证安全的情况下，可对产品结构、尺寸等提出要求。规定产品结构尺寸时，宜给出结构尺寸图样，并在图上注明相应尺寸。

（1）满足安全要求的需要

当编制产品规范标准的目的包括保证安全时，标准中常常需要对产品的结构提出要求，有时需要规定严格的尺寸数值，还可能包括结构细节，例如保证安全的防错装结构。如示例3-113、示例3-114、示例3-115所示。

**【示例3-113】**

22.30 起附加绝缘或加强绝缘作用，并且在维护保养后重新组装时可能被遗漏掉的Ⅱ类结构的部件：

——应以使不严重地破坏就不能将它们取下的方式进行固定，或

——其结构应使它们不能被更换到一个错误的位置上，而且使得如果它们被遗漏，器具便无法工作，或是明显的不完整。

通过视检和手动试验确定其是否合格。

[选自GB 4706.1—2005《家用和类似用途的电气安全 第1部分：通用要求》]

**【示例3-114】**

22.104 符合第20章要求的机盖和机门的连锁装置，按以下给出的试验方法试验，其结构应使得器具在正常使用中不可能将它们打开。

[选自GB 4706.24—2008《家用和类似用途的电气安全 洗衣机的特殊要求》，做了适当改动]

**【示例3-115】**

**7 结构**

7.1 灯具应采用密闭式结构，其外壳防护等级应至少达到IP4X。

注：诸如格栅灯具、不带灯罩的灯具等不是密闭式结构。

7.2 灯具提供的安装方式以及灯的控制装置的安装应有防松措施。

[选自GB 24461—2009《洁净室用灯具技术要求》，做了适当改动]

（2）满足接口、互换的需要

如果产品规范标准的编制目的包含接口、互换性，或者标准化对象是零部件、元器件时，常常有必要对产品的结构提出要求。这种情况下，规定产品尺寸时往往需要规定公差，以满足接口、互换的需要。示例3-116给出了在规定产品结构尺寸时，提供结构尺寸图的例子。

【示例 3-116】

端键传动的结构应与图 2 相符合，尺寸应符合表 2 的规定。

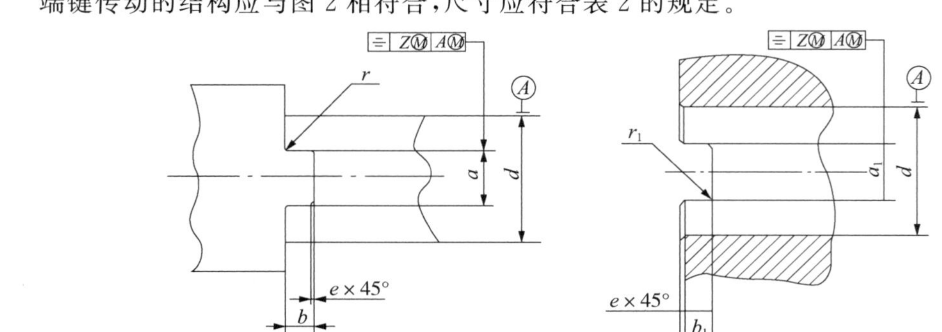


a） 刀杆　　　　b） 铣刀

图 2　端键传动的结构

表 2　端键传动的尺寸要求

单位为毫米

<table>
<tr><th rowspan="2">d[a]</th><th colspan="3">刀杆</th><th colspan="3">铣刀</th><th colspan="2">e</th><th rowspan="2">z</th></tr>
<tr><th>a<br>h11</th><th>b<br>h11</th><th>r<br>最大</th><th>a₁<br>h11</th><th>b₁<br>h11</th><th>r₁<br>最大</th><th>基本<br>尺寸</th><th>极限<br>偏差</th></tr>
<tr><td>5</td><td>3</td><td>2.0</td><td>0.3</td><td>3.3</td><td>2.5</td><td rowspan="2">0.6</td><td>0.3</td><td rowspan="4">+0.1<br>0</td><td>0.15</td></tr>
<tr><td>8</td><td>5</td><td>3.5</td><td>0.4</td><td>5.4</td><td>4.0</td><td>0.4</td><td rowspan="6">0.2</td></tr>
<tr><td>10</td><td>6</td><td>4.0</td><td rowspan="2">0.5</td><td>6.4</td><td>4.5</td><td>0.8</td><td rowspan="2">0.5</td></tr>
<tr><td>13</td><td rowspan="2">8</td><td>4.5</td><td rowspan="2">8.4</td><td>5.0</td><td rowspan="2">1.0</td></tr>
<tr><td>16</td><td>5.0</td><td rowspan="3">0.6</td><td>5.6</td><td rowspan="3">0.6</td><td rowspan="3">+0.2<br>0</td></tr>
<tr><td>19</td><td rowspan="2">10</td><td rowspan="2">5.6</td><td rowspan="2">10.4</td><td rowspan="2">6.3</td><td rowspan="2">1.2</td></tr>
<tr><td>22</td></tr>
<tr><td>……</td><td>……</td><td>……</td><td>……</td><td>……</td><td>……</td><td>……</td><td>……</td><td>……</td><td>……</td></tr>
<tr><td colspan="10">[a] d 的公差(齿轮滚刀除外)。<br>刀杆：h6。<br>铣刀：H7。</td></tr>
</table>

[选自 GB/T 6132—2006《铣刀和铣刀刀杆的互换尺寸》，做了适当改动]

**2. 材料**

产品规范标准中的制成品标准或系统标准通常不涉及材料要求。只有在为了保证产品的性能和安全，不得不对重要零部件所使用的材料进行规定时，才需要规定材料要求或指定产品所用的材料。

在需要对材料规定要求时，如果存在现行适用的相关材料标准，那么应引用这些标准；如果没有适用的标准，那么可将对材料性能作出的规定安排在附录中。在指定产品所用的材料时，可规定允许使用性能不低于有关材料标准规定的其他材料。对于原材料，只有在无法确定必要的性能特性时，才可直接指定，这时最好补充如下文字“……或其他已经证明同样适用的原材料。”

示例 3-117 给出了为保证安全而规定产品材料及检验方法的例子。

**【示例 3-117】**

7.5 灯具外壳应采用非可燃材料。

…………

7.7 灯具外壳应采用防腐蚀材料，或采用表面经过防腐处理的材料。按照 GB 7000.1—2015 中 4.18 规定的试验方法进行试验后，相应材料表面不得有锈蚀现象。

[选自 GB 24461—2009《洁净室用灯具技术要求》，做了适当改动]

示例 3-118 给出了为保证产品的性能而对特定材料规定要求的例子。

**【示例 3-118】**

**5.20 材料**

产品材料应符合以下要求：

a) 电镀件：按照 GB/T 2423.17 的规定进行 24 h 盐雾试验，镀层不应出现锈蚀点，表面不应有剥落、露底、鼓泡等缺陷；

b) 不锈钢件：按照 GB/T 2423.17 的规定进行 96 h 盐雾试验，材料表面不应出现锈蚀点；

c) 涂漆件和涂塑件：按照 6.21 的要求进行试验后，腐蚀宽度不应大于 1 mm，涂漆层不应有明显的气泡流痕，漏涂、底漆外露等现象；

…………

示例 3-119 给出了标准中指定桥梁用结构钢牌号的例子，同时规定了相应的化学成分。

**【示例 3-119】**

**7.1 牌号及化学成分**

7.1.1 不同交货状态钢的牌号及化学成分(熔炼分析)应符合表 1～表 5 的规定。

…………

**表 3 热机械轧制钢化学成分**

<table>
<tr><th rowspan="3">牌号</th><th rowspan="3">质量等级</th><th colspan="12">化学成分(质量分数)/%</th></tr>
<tr><th>C</th><th>Si</th><th rowspan="2">Mn</th><th rowspan="2">Nb</th><th rowspan="2">V</th><th rowspan="2">Ti</th><th>Als</th><th>Cr</th><th>Ni</th><th>Cu</th><th>Mo</th><th>N</th></tr>
<tr><th colspan="2">不大于</th><th colspan="6">不大于</th></tr>
<tr><td>Q345q</td><td>C<br>D<br>E</td><td rowspan="2">0.14</td><td rowspan="5">0.55</td><td>0.90～1.60</td><td rowspan="5">0.010～0.090</td><td rowspan="5">0.010～0.080</td><td rowspan="5">0.006～0.030</td><td rowspan="5">0.010～0.045</td><td rowspan="2">0.30</td><td rowspan="2">0.30</td><td rowspan="5">0.30</td><td rowspan="2">—</td><td rowspan="5">0.008 0</td></tr>
<tr><td>Q370q</td><td>D<br>E</td><td>1.00～1.60</td></tr>
<tr><td>Q420q</td><td rowspan="3">D<br>E<br>F</td><td rowspan="3">0.11</td><td rowspan="3">1.00～1.70</td><td rowspan="2">0.50</td><td rowspan="2">0.30</td><td>0.20</td></tr>
<tr><td>Q460q</td><td>0.25</td></tr>
<tr><td>Q500q</td><td>0.80</td><td>0.70</td><td>0.30</td></tr>
</table>

[选自 GB/T 714—2015《桥梁用结构钢》]

3. 生产过程、工艺

产品规范标准(尤其是国家标准、行业标准[①])通常不对生产过程、工艺等规定要求(如加工方法、表面处理方法、热处理方法等),而以成品试验来代替。然而,如果为了保证产品的安全性能,不得不限定生产过程、工艺条件(例如热轧、挤压),甚至需要检验生产工艺(例如压力容器的焊接等)时,可将相关规定安排在附录中。

## 五、过程规范标准

过程规范标准中表述要求时首先需要遵守效能原则,即由反映过程效能的具体特性及特性值来表述要求,要先考虑规定过程中关键节点的要求。根据具体情况,过程规范标准的核心要素"要求"中的具体要求需要按照以下次序进行选择:首先,选择规定过程效能的特性;其次,考虑对活动内容、控制条件进行规定。

在过程规范标准中,根据实际需要,可在规定要求之前,陈述执行某个过程所履行的程序、阶段或步骤。

### (一)过程效能

对于过程规范标准,要由反映过程效能的特性和特性值(如赞成率、通过率、检出率等)来表述要求。过程规范不应与规程标准相混淆,因此不应对履行过程的具体行为作指示,也就是说可以对过程提要求,但不应通过指示型条款或要求型条款形成操作步骤,指示执行者如何一步步地履行程序。

### (二)活动内容

当无法确定反映过程效能的特性,或者当过程效能的实现需要活动内容加以保证时,可对活动内容或与活动内容有关的特性进行规定。例如,规定活动内容的构成和要求,特殊情况处理,及时告知,形成记录等。

示例 3-120 示出了过程规范标准中过程的活动内容、过程效能两方面的要求及对应的证实方法的编写。该示例中:

——活动内容是影响专利处置过程效能实现的重要因素,4.1.1、4.1.2、4.4.1 规定了专利处置过程中披露活动和会议活动的内容要求;

——描述了专利处置过程是否符合要求的追溯、证实方法,包括 4.1.3 描述了需要对专利披露是否符合要求进行审核,同时为今后追溯存留相应的材料和依据;

——4.4.2 也是为进一步追溯存留依据;

——4.4.3 规定了需要对专利披露活动以及会议活动是否符合要求进行审查;

——专利处置过程的效能表现在对涉及专利的标准进行投票以及最终是否能够通过审查,4.4.4 规定了专利处置过程的效能特性。

---

① 对于生产企业常常需要考虑对生产过程、工艺规定要求。然而企业的生产工艺可能会涉及企业的技术秘密、知识产权,因此最好编制成单独的企业标准、工艺规范或工艺规程。

【示例 3-120】

**标准制定的特殊程序　涉及专利的处置规范**

**4　标准制定过程中的专利处置要求及证实方法**

**4.1　披露**

4.1.1　在标准制修订的任何阶段，参与标准编制的组织或个人应通过提交必要专利信息披露表（见表 A.1）及下述证明材料，向相应的全国专业标准化技术委员会披露自身及关联者拥有的必要专利：

——专利证书复印件或扉页（适用于已授权专利）；

——专利公开通知书复印件或扉页（适用于已公开但尚未授权的专利申请）；

——专利申请号和申请日期（适用于未公开的专利申请）。

4.1.2　必要专利信息披露表的所有必填项应被 100%正确填写。

4.1.3　全国专业标准化技术委员会审核接收到的相应材料是否符合 4.1.1、4.1.2 的要求，并将符合要求的材料作为标准制定过程的工作文件存档，记录接收材料的时间、接收人、材料检查情况等。

…………

**4.4　会议**

4.4.1　在标准制修订的每次会议期间，会议主持人都应：

——提醒参会者慎重考虑标准草案是否涉及专利；

——通告标准草案涉及专利的情况；

——询问参会者是否知悉标准草案涉及的尚未披露的必要专利。

4.4.2　会议纪要对会议主持人从事的上述工作事项予以记录。

4.4.3　标准审查会中，委员在审查其他事项的基础上还需要审查：

a）标准制定过程召开的所有会议的会议纪要中是否记录了 4.4.1 规定的内容；

b）必要专利信息披露表、证明材料、已披露的专利清单和必要专利实施许可声明表的填写是否完整。

4.4.4　对标准是否通过审查进行投票时，委员应根据标准送审稿是否符合 4.4.3 a）和 b）的要求或根据标准涉及专利必要性的判断作出投票选择。全体委员投赞成票超过 XX，反对票低于 XX，审查结论为通过。

## （三）控制条件

当无法确定反映过程效能的特性，或者当过程运作的控制条件对于达到预期效果十分重要，或需要控制条件加以保证时，可规定与过程运作的控制条件有关的特性，例如，温度、湿度、水分、杂质等。

示例 3-121 示出了过程规范标准中，过程运作的控制条件的要求以及对应的证实方法的编写。示例中，木材的含水率、胶粘剂的定型温度对于胶合结构组件加工非常重要，因而，5.2、5.4 等规定了加工过程中的温度、含水率等要求。第 6 章描述了与这些控制条件对应的证实、追溯方法。

【示例 3-121】

木材及人造板的胶合结构组件加工　规范

5　加工过程要求

5.1　胶粘剂的选择

应从胶粘剂厂商获得如下信息：

a）贮存条件和保存期限；

b）适用期；

c）定型和固化时间；

…………

应按照厂商关于胶粘剂使用的最佳条件，选择适用的胶粘剂，并应在胶粘剂的适用期内，完成装配。

5.2　组件调节

组件中木材的含水率应在使用中的木材的预期平均值的5%以内，人造板的平衡含水率应低于实木的平衡含水率，并应置于最低温度保持在15 ℃的封闭空间中。

5.3　胶层加压

…………

5.4　固化

在固化的整个阶段，装配的组件应保持在胶粘剂厂商建议（见5.1）的定型温度，且不应扭曲和干扰胶层。

…………

6　证实方法

6.1　含水率测定试验

木材含水率按照GB/T XXXX—XXXX中的方法进行测定。

人造板含水率按照GB/T XXXX—XXXX中的方法进行测定。

…………

6.3　生产记录

6.3.1　制造商记录并保持以下日常生产信息：

a）使用的材料的含水率的范围；

b）使用的胶粘剂的类型和批号；

c）使用的材料的温度；

d）生产区域的温度和湿度；

…………

6.3.2 制造商记录并保持以下一般生产信息：

a） 施加和保持胶层压力所采用的方法；

b） 使胶粘剂达到所需的定型温度的方法；

…………

## 六、服务规范标准

服务规范标准中表述要求时首先需要遵守效能原则，即由反映服务效能的具体特性及特性值来表述要求，要先考虑规定服务提供者与服务对象接触界面的要求。根据具体情况，服务规范标准的核心要素“要求”中的具体要求需要按照以下次序进行选择：首先，直接规定服务结果的效果；其次，规定服务过程中的服务效能，如宜人性、响应性、普适性等特性；再次，特别需要时可以考虑规定服务内容、服务环境等；最后，除非特殊情况，通常不规定服务机构、服务人员、设备设施的要求。

### （一）服务结果的效能特性——服务效果

服务效果指“优先考虑规定反映服务需达到的效果的特性或预期交付给服务对象的服务的特性”①。可以用诸如愉悦性、舒适性、便利性、正确率、洁净率、有效投诉率等具体单一的特性来表达，也可以用满意度这一综合指标来表达。

服务规范标准首先应根据具体服务事项，研究确立直接反映服务效果的效能特性，或者说是用户体验的效果。比如，“便利性”可以用减少服务对象操作步骤、操作次数，或用所提供的服务代替被服务对象操作等作为特性指标。在无法找到直接反映服务效果的客观特性时，可以设计相应的评价方法，如体验后对愉悦性、舒适性的量化评价。

也可以规定预期交付给用户的服务本身的特性，比如对于翻译服务可以规定交付给用户的翻译件的正确率，保洁服务可以规定能够证实的洁净率，园林服务可以规定成活率/成长率等。

满意度通常是一个反映服务效果的综合指标，可以采取简单评价的方法，也可以设计专门的覆盖综合指标体系的评价方法，如包含愉悦性、舒适性、便利性等指标的评价。在具有适用的评价方法的基础上可以对相应的满意度特性提出要求。如“按5.3描述的满意度评价方法进行评价，满意度指标应大于……”。

示例3-122示出了翻译服务规范标准中，规定预期交付给用户的服务效能特性——服务结果的综合差错率（见4.1），并描述了与综合差错率对应的证实方法（见5.1）。

**【示例3-122】**

**翻译服务规范　第1部分：笔译**

4　要求

4.1　综合差错率

译文综合差错率不应超过0.15％。

…………

① GB/T 20001.5—2017《标准编写指南　第5部分：规范标准》，6.3.4.2a）。

5 证实方法

5.1 综合差错率计算

5.1.1 计算步骤

5.1.1.1 确定综合难度系数

…………

5.1.1.2 确定译文使用目的

按使用目的，译文分为2类：Ⅰ类作为正式文件、法律文书或出版文稿使用；Ⅱ类作为一般文件和材料使用。根据与服务对象的沟通，确定译文使用目的。

5.1.2 计算方法

综合差错率的计算见式(1)：

$$\text{综合差错率}=KC_{A}\frac{c_{\text{I}}D_{\text{I}}+c_{\text{II}}D_{\text{II}}}{W}\times 100\% \quad \cdots\cdots(1)$$

式中：

$K$ ——综合难度系数，建议取值范围0.5～1.0；

$C_A$ ——译文使用目的系数，建议取值：

Ⅰ类使用目的系数：$C_A=1$；

Ⅱ类使用目的系数：$C_A=0.75$；

$W$ ——合同计字总字符数；

$D_{\text{I}}$、$D_{\text{II}}$——Ⅰ、Ⅱ类差错出现的次数，重复性错误按一次计算；

$c_{\text{I}}$、$c_{\text{II}}$ ——Ⅰ、Ⅱ类差错的系数，建议取值如下：

$c_{\text{I}}=3$；

$c_{\text{II}}=1$。

## （二）服务过程的效能特性

当服务的功能及效能主要体现在服务过程中，或服务效果需要通过限定服务提供者的行为加以保证时，就需要对服务提供者与服务对象接触界面上的服务行为规定要求。通常涉及规定以下服务特性。

**1. 宜人性**

对服务提供之前、服务提供过程中和服务提供之后的行为规定要求，例如，对服务人员如何倾听服务对象需求、按时通知服务对象、使用简洁适用的语言（例如方言、外语等）回答问题等规定要求。

**2. 响应性**

规定反映提供服务及时性的特性，例如，服务持续时间、等待时间、反馈意见处理时间、突发问题处理周期、紧急突发情况应对等。

3. 普适性

当服务的适用范围和程度对于服务效果的实现非常重要时，就需要规定反映照顾和考虑所有服务对象需求的特性，例如，考虑老年人、残疾人、儿童、孕妇等特殊人群需求等。

示例 3-123 示出了热线服务规范标准中响应性、宜人性等方面的要求以及证实方法的编写。4.2 规定了热线服务响应性的要求，4.3 规定了宜人性方面的要求。第 5 章描述了与响应性、宜人性等要求对应的证实方法。

【示例 3-123】

热线服务　规范

4　要求

4.1　通用要求

4.1.1　记录要求

服务人员应在提供服务后的 4 h 内完成记录工单，工单内容包括但不限于：

——工单编号(信息系统自动生成的除外)；

——服务对象信息，如姓名、地址、联系方式、诉求分类等；

——事项内容，如诉求事项发生的时间、地点、过程、现状、服务对象的要求等；

…………

4.2　响应性

4.2.1　服务人员应在 15 s 之内接听热线电话，连续 24 h 内呼叫接通率应大于或等于 95%。

4.2.2　服务人员通过短信及其他媒体接收热线，响应时间不应超过 3 min。

4.2.3　服务人员通过邮件接收热线时，响应时间不应超过 24 h。

4.2.4　遇到突发应急事件，服务人员应立即上报热线管理人员。

…………

4.3　宜人性

4.3.1　服务人员提供服务时，应耐心细致地引导服务对象表达诉求。宜使用普通话。

4.3.2　服务人员提供服务时，宜使用推荐的服务用语，见附录 A。

…………

5　证实方法

5.1　记录

热线服务提供者归档并管理以下信息：

——已办结事项的工单；

——事项督办情况；

…………

5.2 响应性

热线服务提供者通过内控信息化系统记录、控制、统计呼叫接听、短信及其他媒体、邮件等的响应时间。

5.3 宜人性

热线服务提供者录制并保持服务人员与服务对象的通话录音。

### (三）服务内容或服务环境

当无法确定反映服务效能的特性时，或服务效能的实现确需服务内容或服务环境加以保证时，服务规范标准中可以选择对服务内容或服务环境进行规定。

与服务内容有关的特性，包括诸如服务内容的构成、辅助服务提供的文件或材料等。与服务环境有关的内容，包括诸如服务场所的空间要求（如住宿面积的要求、住宿位置便利性要求等），服务环境温度、湿度、亮度、噪声等环境指标要求等。

示例 3-124 中的 5.3.3 示出了服务规范标准中规定的地陪导游员的服务内容，5.3.4 描述了相应的证实方法，即游览服务评价。

**【示例 3-124】**

5.3 游览服务

5.3.1 全陪导游员

…………

5.3.3 地陪导游员

地陪导游员应：

a） 在团队出发及每次移动前清点人数；

b） 向旅游者介绍当日的活动安排，包括午晚餐的时间、地点；

c） 在前往景点的途中，向旅游者介绍本地的风土人情、自然和人文景观，询问并回答旅游者的问题，主动与旅游者交流；

d） 抵达景点前，向旅游者介绍景点的简要情况；

e） 抵达景点时，告知旅游者在景点停留的时间，游览结束后集合的时间和地点，以及游览过程中的注意事项；

f） 游览过程中，对景点做繁简适度的讲解，包括但不限于景点的历史背景、风貌、特色、地位、价值等，询问并回答旅游者其他感兴趣的问题；

g） 当天游览结束时，通知次日的活动日程，出发时间及其他有关事项。

5.3.4 游览服务评价

游览结束时，向每一位旅游者发放游览服务情况表（见表 3）或评价表（见表 4），就 5.3.1～5.3.3中所列服务内容的履行情况做调查或评价。

［选自 GB/T 15971—2010《导游服务规范》，做了适当改动］

### （四）不建议规定的内容

除非特殊情况，服务规范标准不应对组织机构、人员资质或提供服务所使用的物品、设备等规定要求。

只有当选择不出拟标准化的特性或内容，不得不对机构或人员资质、设备设施等提出要求时，应先引用现行适用的标准；当没有适用的标准时，才可在附录中作出适当的规定。

## 第六节 规程标准

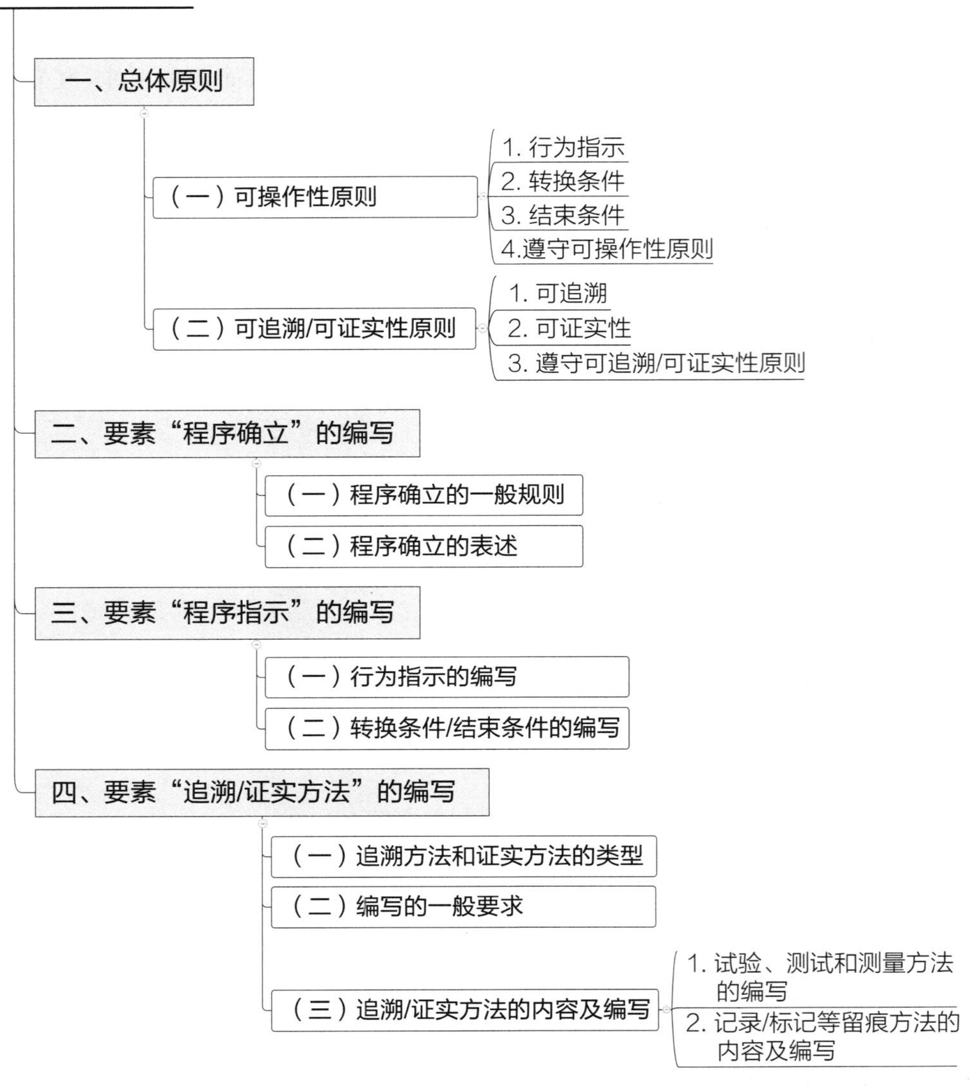


规程标准的核心技术要素是程序确立、程序指示和追溯/证实方法，规定的是活动的程序构成、履行程序的行为指示、程序的阶段/步骤之间的转换条件（以下简称“转换条件”）或程序最终结束条件（以下简称“结束条件”）以及判断程序是否得以履行的追溯/证实方法。它们的有机结合使得判定各种活动是否履行了规定的程序成为可能。

规程标准的起草应遵守 GB/T 20001.6《标准编写规则 第6部分:规程标准》中确立的规则。本节将重点介绍起草规程标准时,编写核心技术要素“程序确立”“程序指示”“追溯/证实方法”遵循的特定原则和编写规则。

## 一、总体原则

起草规程标准需要遵守两项原则:可操作性原则和可追溯/可证实性原则。

### (一)可操作性原则

可操作性原则是指标准中规定的履行程序的行为指示清晰、明确、具体、容易操作或履行,只要执行标准中规定的行为指示,并且遵守阶段/步骤之间的转换条件或结束条件,就可以顺利地履行完成标准中确立的程序。在阐述可操作性原则时,涉及了行为指示、转换条件和结束条件等三个概念,以下将对它们进行介绍,以便更好地理解这一特定原则。

#### 1. 行为指示

行为指示是指针对具体行动或动作的指令、命令或安排。这些指令、命令或安排所针对的具体对象以及行动或动作的时间(或持续时间)、地点、要点等都是清晰的、明确的、具体的。除此之外,为了确保标准中规定的程序能够被相关方实施,以实现标准的功能,这些行为指示还要容易操作或履行。

#### 2. 转换条件

转换条件是指从一个阶段/步骤进入下一个阶段/步骤需要满足的要求。这里的要求通常是对履行上一阶段/步骤所产生的结果的要求。为了确保程序相关阶段或步骤的履行是连贯的,相关阶段之间或相关步骤之间的划分是清晰的,转换条件应该是明确的、能够通过追溯或证实方法得以证明或证实的[见下文“(二)可追溯/可证实性原则”]。

#### 3. 结束条件

结束条件是指程序最终得以全部履行时需要满足的要求或所产生的结果。这里的要求可以是对履行程序所产生的结果的要求,也可以是对履行程序的追溯记录完整性等的要求;这里的结果是履行程序所得到的应用结果(例如通过安检程序允许未携带爆炸装置的人员和物品进入演出场馆、经过……栽培出脱毒马铃薯试管苗)。为了确保程序的完结是可证实的,结束条件也应该是明确的、能够通过追溯或证实方法得以证明[见下文“(二)可追溯/可证实性原则”]。

#### 4. 遵守可操作性原则

遵守可操作性原则意味着,在确立规程标准中的程序时,总体考量整个程序的构成,按照一定的规律将程序划分为阶段或步骤;在规定程序指示时,要按照一定的规律对履行程序的具体行为给予指示,并且明确转换条件/结束条件,确保程序的每个阶段、步骤、行为指示的衔接是连贯的,程序的完成是明确的。

### (二)可追溯/可证实性原则

可追溯/可证实性原则是指文件中规定的程序是否被履行要能够通过溯源材料的提供或有关证实方法得到证明或证实。

**1. 可追溯**

可追溯是指根据或利用已有的记录、标识等回溯程序履行情况的能力。在规程标准中，通常要求行为指示的履行是可追溯的，即能够通过追溯方法和溯源材料证明行为指示是否得以履行。

**2. 可证实性**

可证实性是指利用有关证实方法证实程序履行情况的能力。在规程标准中，通常要求转换条件或结束条件是可证实的，即能够通过某种证实方法证实转换条件或结束条件是否得以满足。

**3. 遵守可追溯/可证实性原则**

遵守可追溯/可证实性原则意味着：一方面，要素“程序指示”中的行为指示、转换条件或结束条件是明确的、能够通过一定的方法观测/测量/追溯，含混的行为指示、转换条件或结束条件通常是没有意义的；另一方面，在规程标准中要描述相应的追溯/证实方法。

在这里，需要注意的是，规程标准中描述追溯/证实方法并不意味着在声称符合规程标准时一定要实施。之所以描述这些方法，只是为了在需要证实符合性时指明所依据的方法，确保不同的相关方得到的观测/测量/追溯结果是可比较的，从而促进相关方的相互理解。因此，这些方法只有应有关方面(例如采购方、行政机关等)要求时才予以实施。

## 二、要素“程序确立”的编写

要素“程序确立”是对规程标准中所针对的具体程序的总体确立。根据具体情况，程序确立中给出的可以是进行某项活动的完整程序，也可以是程序的某个阶段。综合考虑要素内容的相关性、复杂程度以及内容结构的均衡等因素，程序确立的内容可以并入要素“程序指示”中，并位于“程序指示”的起始部分。

### (一) 程序确立的一般规则

为确保规程标准中所针对的具体程序可操作，在确立程序时遵守以下规则：

a) 按照通常的逻辑次序确立程序的构成；

b) 根据程序的复杂程度，将程序划分为步骤。如果程序内含有的步骤很多，可以先将程序细分为阶段，每个阶段再进一步细分为步骤；

c) 当一个阶段/步骤存在多个可供选择的后续阶段/步骤时，阐明这些后续阶段/步骤各自的适用情形。根据实际需要，还可阐明这些供选择的后续阶段/步骤之间的关系。

示例 3-125 示出了程序确立的编写方法。防爆安检程序按照逻辑次序分为准备、普检精检和处置四个阶段。其中，普检阶段的结果有三种。普检结果不同，适用的后续阶段也不同。

【示例 3-125】

5　防爆安检程序

防爆安检程序包括准备、普检、精检和处置四个阶段。在普检阶段，根据是否发现爆炸装置或疑似爆炸装置，有三个供选择的后续阶段/步骤；在精检阶段，根据是否发现爆炸装置，有两个供选择的后续阶段/步骤。程序流程图如图 1 所示。

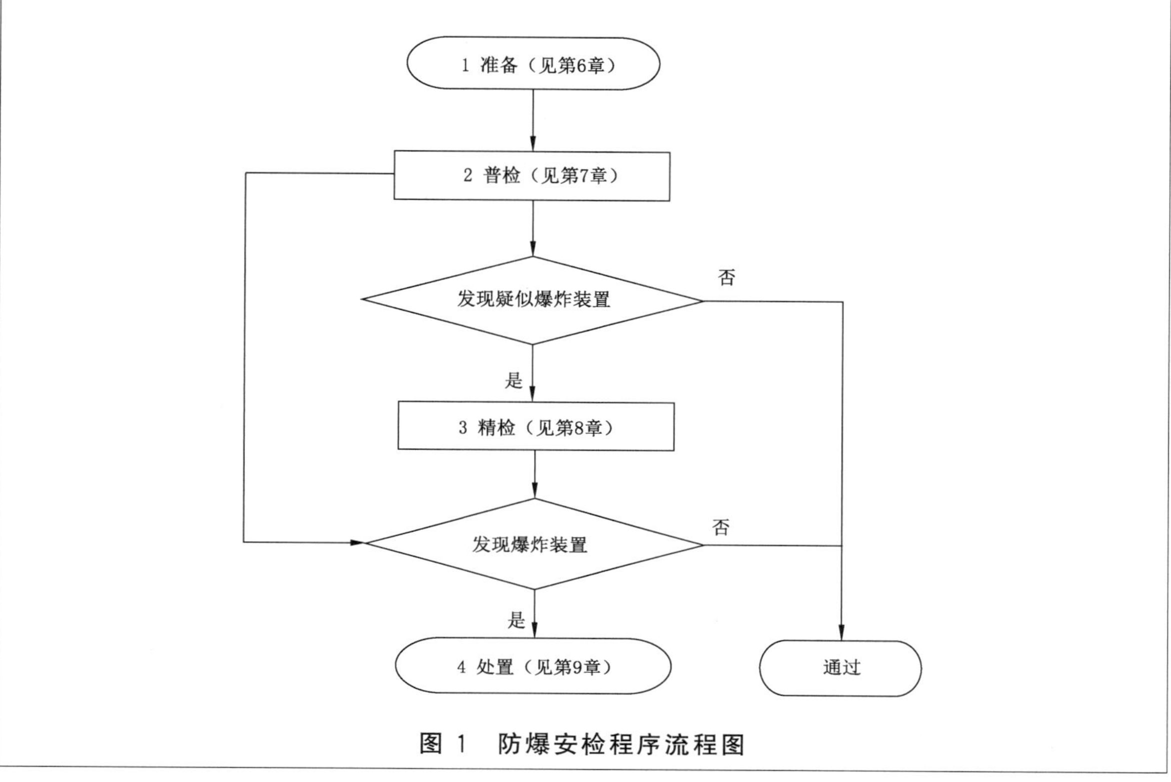


图 1　防爆安检程序流程图

[选自 GB/T 37521.3—2019《重点场所防爆炸安全检查　第 3 部分：规程》，做了适当改动]

### （二）程序确立的表述

要素“程序确立”的表述主要有两种方式：第一种是使用陈述型条款的文字陈述方式；第二种是使用流程图方式。

如果使用文字陈述方式足以清晰、明确地描述出程序的构成，那么可以仅使用文字陈述方式确立程序。如果程序很复杂，使用文字陈述方式不足以清晰、明确地描述出程序的构成，那么可综合运用两种方式确立程序。在这种情况下，使用文字陈述方式描述程序构成的内容宜简练，如描述程序的主要构成阶段，必要时简单描述多个供选择的后续阶段/步骤的适用情形，且两种方式所表述的内容不应冲突或矛盾。示例 3-125 同时使用了文字简练陈述方式和流程图方式来表述防爆安检程序。

在使用流程图方式表述时，流程图中所使用的符号需要符合相关领域现行适用的文件（例如 GB/T 1526 等）的规定。表 3-1 给出了流程图中常用的一些符号。

表 3-1 流程图中常用的符号

| 编号 | 符号 | 符号名称 | 符号类别 | 用途 |
|---|---|---|---|---|
| 1 | | 处理 | 处理符号 | 表示各种处理功能 |
| 2 | | 判断 | | 表示判断，该符号只有一个入口，但可以有若干个可选择的出口 |
| 3 | | 流线 | 流线 | 表示数据流或控制流，箭头的方向指示流向 |
| 4 | | 注解符 | 特殊符号 | 用来标识注解内容，注解符的虚线要连接在相关符号上或框住一组符号，注解的正文靠近边线 |
| 5 | | 端点符 | | 表示流程的起始或结束 |

［选自 GB/T 1526—1989《信息处理 数据流程图、程序流程图、系统流程图、程序网络图和系统资源图的文件编制符号及约定》，做了适当改动］

## 三、要素“程序指示”的编写

要素“程序指示”规定的是履行规程标准中具体程序的明确操作安排。从内容上，主要包括行为指示和转换条件/结束条件两部分。从文件层次上，要素“程序指示”根据“程序确立”的情况来设置章或条。通常，阶段可以设置成章（如示例 3-126 中，防爆安检的准备、普检等阶段设置为章），步骤设置成条。

### （一）行为指示的编写

行为指示的编写通常遵守以下规则：

a） 从编排次序上，通常按照履行阶段/步骤的逻辑次序编排；

b） 从表述上，使用指示型条款（用祈使句表达）；

c） 从文件层次上，通常采用带有编号的列项的形式，以便更好地展现先后顺序。

如果在行为指示中可能存在危险，且需要采取专门措施，则需要在“程序指示”的开头用黑体字标出警示的内容，并写明专门的防护措施。根据实际需要，有关安全措施和急救措施的细节可以在附录中给出。

示例 3-126 示出了行为指示的编写方法。其中的行为指示使用 a）、b）等有编号的列项和指示型条款来表述。

【示例 3-126】

## 6 准备

为实施安检做好以下准备：

a） 按照 GB/T 37521.1 的规定制定安检方案；

b） 配置安检需要的人员、设备、设施等资源；

c） 按照 GB/T 37521.2 的规定进行能力评估，确保具备安检相应的能力和条件。

## 7 普检

7.1 按如下操作进行普检：

a） 利用通过式金属探测门和手持金属探测器对进入的人员进行身体检查；

b） 利用 X 射线安全检查设备、手持式金属探测器对人员携带的物品进行检查。

7.2 当发现携带疑似爆炸装置的人员或含有疑似爆炸装置的物品时，应进入精检阶段（见第 8 章）进行精检；当发现携带爆炸装置的人员或含有爆炸装置的物品时，应进入处置阶段（见第 9 章）予以处置。

7.3 只准许未发现携带/含有爆炸装置或疑似爆炸装置的人员/物品通过。

## 8 精检

8.1 按如下操作进行精检。

a） 在有两名与受检人员同性别的安检员同时在场的情况下，于精检区内对疑似携带爆炸装置的人员进行检查。

b） 在精检区内，利用以下专用仪器对物品实施检查：

1） 对于液态疑似爆炸装置，使用液态物品安检仪；

2） 对于疑似炸药，使用炸药探测仪或便携式炸药检测箱。

8.2 当发现携带爆炸装置的人员或含有爆炸装置的物品时，应进入处置阶段（见第 9 章）予以处置。

8.3 只准许未发现携带/含有爆炸装置的人员/物品通过。

## 9 处置

### 9.1 先期处置

对于发现的爆炸装置，采取以下先期处置措施：

a） 迅速将情况上报；

b） 通知专业排爆人员、医护人员、消防队到达现场；

c） 设立警戒范围，控制现场，视情况组织人员疏散；

d） 移除现场易燃易爆物品；

……

### 9.2 专业处置

由专业人员按照 GA/T 1156 的规定处置。

［选自 GB/T 37521.3—2019《重点场所防爆炸安全检查　第 3 部分：规程》，做了适当改动］

### （二）转换条件/结束条件的编写

根据履行程序的需要，通常可以在每次发生阶段/步骤转换时（如示例3-127中的5.1.2、5.2.3、5.5.2、5.6.2所示）或在关键阶段/步骤转换时规定转换条件。然而，当一个阶段/步骤存在多个可供选择的后续阶段/步骤时，应该针对每个后续阶段/步骤规定转换条件，并且保证这些转换条件之间是合理的、可区分的，如示例3-126中的7.2、8.2所示。

在程序结束时通常需要规定结束条件，尤其在标准中规定的是程序的某个阶段，或者是程序的阶段/步骤之间不需要规定转换条件时更应该规定结束条件。示例3-126中的7.3、8.3示出了结束条件的编写方法。

在编写转换条件、结束条件时，应该使用要求型条款。对于符合履行程序想要达到的要求或预期结果的转换条件、结束条件，应该使用典型句式“只准许……”，如示例3-127中的5.1.2、5.2.2、5.2.3、5.5.2、5.6.2所示。对于其他转换条件、结束条件，结合具体情况，可以使用由能愿动词“应”表述的要求型条款，如示例3-126中的7.2、8.2所示。

【示例3-127】

**5　马铃薯脱毒试管苗繁育**

**5.1　田间选择**

5.1.1　田间选择的操作如下：

a）于现蕾期至开花期，选择具备原品种典型性状的健康植株，贴上标记；

b）生育后期到收获期，在已做好标记的植株中选择出无病斑、虫蛀、机械损伤且性状符合品种特征的幼龄薯。

5.1.2　只准许无病斑、虫蛀、机械损伤且性状符合品种特征的幼龄薯进入病毒检测筛选。

**5.2　病毒检测筛选**

5.2.1　按照GB/T XXXX—XXXX的××××方法检测类病毒（PSTVd）。

5.2.2　只准许经检测不含类病毒（PSTVd）的块茎或植株进入催苗处理与病毒钝化。

5.2.3　只准许经检测不含病毒的块茎或植株进入基础苗培养。

**5.3　催苗处理与病毒钝化**

…………

**5.4　茎尖培养**

**5.4.1　茎尖培养基的制备**

…………

**5.4.2　材料消毒**

…………

5.4.3 茎尖剥离与接种

…………

5.5 病毒检测

5.5.1 病毒检测的操作如下：

a) 将试管苗植株下部 1/3～1/2 的茎段装入病毒检测的样品袋中；

b) 按照 GB/T XXXX—XXXX 的××××方法检测。

5.5.2 只准许经检测不含 PVX、PVY、PVS 病毒的试管苗进入试种观察。

5.6 试种观察

5.6.1 试种观察的操作如下：

a) 将经检测不带病毒的试管苗取出一部分移栽到防虫网棚，等待结薯；

b) 将结出的小薯种植到田间；

c) 观察田间种植的小薯，检验其是否发生变异。

5.6.2 只准许符合原品种典型性状的核心苗进入基础苗培养。

5.7 基础苗培养

5.7.1 基础苗培养的操作如下：

a) 在超净工作台上，对核心苗进行切段；

…………

5.8 扩繁

…………

5.9 壮苗培养

…………

## 四、要素“追溯/证实方法”的编写

要素“追溯/证实方法”描述的是与要素“程序指示”中的行为指示和转换条件/结束条件相对应的、用于判定程序是否得到履行的方法，包括追溯方法和证实方法。在编写时，这些方法既遵循着一些通用的要求，同时又各具特点。

### （一）追溯方法和证实方法的类型

追溯方法包括过程（现场）记录/标记、录音、录像等，其具体方法是留痕。证实方法包括对比，证明文件，试验、测试和测量方法，其中，对比、证明文件的具体方法是留痕。

对于行为指示，通常考虑描述在关键节点的对应的追溯方法；对于转换条件、结束条件，通常考虑描述满足这些条件对应的证实方法。

### （二）编写的一般要求

根据具体情况，追溯/证实方法在规程标准中可以有 3 种呈现形式：并入“程序指示”中（如示例 3-128 所示）、作为单独的章（如示例 3-129 所示）或作为规范性附录。在不同呈现形式下的章条设置规则可以参考第三章第五节“三”中的(三)。

无论采用哪种形式,在编写追溯/证实方法时,都需要遵守以下规则。

a) 行为指示的关键节点以及每个转换条件、结束条件要有对应的追溯/证实方法。

b) 如果存在现行适用的标准化文件,那么引用这些文件。

c) 如果存在多种适用的追溯/证实方法,原则上只描述一种方法。由于某种原因需要列入多种方法时,需要指明仲裁方法。

需要注意的是,当追溯/证实方法作为单独的章时,需要按照与其具有对应关系的行为指示、转换条件、结束条件的先后次序编写。当追溯/证实方法作为单独的章或作为规范性附录时,不应规定本应在要素“程序指示”中规定的行为指示、转换条件、结束条件。

【示例 3-128】

4 侵害调查

4.1 鼠类侵害调查

4.1.1 按照 GB/T 23798 规定的鼠迹法,检查船舶生活区内的厨房、餐厅、食品库、杂物储存场所的鼠类侵害情况。

4.1.2 对检查发现的鼠类侵害阳性指征进行拍照,采集并保存生物标本,由船方陪同人员签字确认。

4.1.3 填写附录 A 的船舶鼠类侵害调查记录表,由船长或其授权委托人签字并加盖船章予以确认。

…………

[选自 GB/T 36387—2018《病媒生物防制操作规程　船舶》,做了适当改动]

【示例 3-129】

6 追溯方法

6.1 标记方法

在马铃薯脱毒试管苗繁育的田间选择阶段,标记的内容包括:

——做标记时植株的性状;

——标记的编号;

——做标记的人员姓名;

——标记时间;

…………

6.2 过程记录

在执行第 5 章所规定的各个阶段的程序指示过程中,记录并保持以下内容:

——执行各个阶段程序指示的人员姓名;

——时间;

——地点;

——执行的具体操作内容;

——操作的结果或观察到的现象;

…………

### （三）追溯/证实方法的内容及编写

追溯/证实方法不同，方法内容的侧重点以及编写规则也不同。

**1. 试验、测试和测量方法的编写**

当证实方法为试验、测试和测量方法时，原则上，在编写时只需要描述试验、测试、测量的步骤和数据处理（包括计算方法、结果的表述）方法。然而，为了确保试验、测试和测量的准确度，还可以增加其他内容，例如，试剂或材料、仪器设备、技术条件、环境条件等。但是，通常不涉及试验、测试和测量方法的原理等内容。

在编写试验、测试和测量方法内容时，需要遵守 GB/T 20001.4 规定的试验方法编写规则（见本章第四节）。

**2. 记录/标记等留痕方法的内容及编写**

在编写过程（现场）记录/标记、录音、录像、对比、证明文件等留痕方法时，从内容上，需要描述实施该特定追溯/证实方法的主体、实施频率（或持续时间、起始时间、实施时间）、地点以及记录/标记/录制/对比/证明材料的内容等。示例 3-128、示例 3-129 示出了拍照、记录等留痕方法的编写。

## 第七节　指南标准

**※ 本节结构及内容导引 ※**

- 一、总体原则
  - （一）提供指导不可或缺
  - （二）依据指导宜提供相关建议或信息
- 二、要素“总则”的编写
- 三、要素“需考虑的因素”的编写
  - （一）试验方法类指南标准需考虑的因素
  - （二）特性类指南标准需考虑的因素
  - （三）程序类指南标准需考虑的因素
- 四、要素的表述

指南标准是“以适当的背景知识提供某主题的普遍性、原则性、方向性的指导，或者同时给出相关建议或信息的标准”①。在两种情况下会编制指南标准：一是标准化主题过于宏观、复杂或还处在发展初期，由于技术发展水平或认识程度等原因还很难识别出具体的特性、程序或试验方法，还不具备编制规范、规程或试验标准的条件；二是对于那些宏观、复杂的标准化主题，

① GB/T 20001.7—2017《标准编写规则　第 7 部分：指南标准》，定义 3.1。

已经可以识别出关于主题的特性、程序或试验方法，但直接编制规范、规程或试验方法标准可能会对该领域未来的发展形成限制，为了留有更大的空间、提供更多的选择，最好是只提供必要的指导。指南标准的必备要素是“需考虑的因素”，有时为了加深对于主题的总体认识，也会设置“总则”这一要素。

指南标准的起草应遵守 GB/T 20001.7《标准编写规则　第 7 部分：指南标准》中确立的规则。本节将从起草指南标准需要遵循的总体原则入手，进而阐述如何编写指南标准的两个重要要素——总则和需考虑的因素。

## 一、总体原则

“指导方向明确原则”是起草指南标准需要遵循的总原则，该原则是要素“总则”“需考虑的因素”的表述原则。也就是说，指南标准的技术内容需要构成一定的指导方向，并且提供的指导方向要清楚和能够把握。如果无法形成清楚、准确，且具有明确方向性的技术内容，那么意味着起草指南标准的基本条件还未成熟。遵守指导方向明确原则需要符合以下两个方面的规则。

### （一）提供指导不可或缺

“指导”是指南标准中不可缺少的技术内容。如果指南标准中含有要素“总则”，那么通常“总则”中的指导是编写要素“需考虑的因素”时需要依据的总框架，要素“需考虑的因素”中的指导是为文件使用者提供更具体明确的引导。例如，在展览馆相关设计的指南标准[①]中：“总则”提供的指导为“展览馆设计宜采用模块化思路，以人和物的活动特征进行细分”，作为展览馆设计需要遵守的总体框架和原则；“需考虑的因素”在此基础上提出更为具体的引导，如“展览馆设计宜包括人流系统、物流系统和车流系统”“大型展览馆宜有多个登录区，便于分散人流，也有利于多个展览同时举办时人流的分散”。

### （二）依据指导宜提供相关建议或信息

在提供指导的同时，指南标准通常会在要素“需考虑的因素”中给出相关信息（适当时包括背景信息），以利于加深对该主题的认识和理解。必要时，当对该主题的认识达到一定程度，还会提供相关建议。这样，指南标准的使用者便能够借助提供的明确指导或具体建议，进一步起草涉及相关主题的标准（通常为试验方法标准、规范标准和规程标准等）或技术文件，或者形成与该主题有关的技术解决方案，进而实现指南标准所要达到的目的。

## 二、要素“总则”的编写

总则是对某主题的总体认识和把握，是经提炼总结形成的具有普适性的指导原则。根据具体情况，“总则”的标题还可为“总体原则”“总体考虑”“基本原则”等。在表述上，“总则”中通常使用推荐型条款或陈述型条款来提供指导。如果指南标准设置了“总则”，那么应在“总则”的基础上编写“需考虑的因素”的内容。

示例 3-130 给出了“总则”与“需考虑的因素”之间对应关系。其中，第 4 章给出了“总则”，第 6 章给出了“需考虑的因素”，具体如下：

---

① GB/T 34395—2017《展览场馆功能性设计指南》。

a） 4.1 给出了“开放”原则，围绕这一原则，6.1 中对于提案阶段提供了具体建议，即“团体宜面向全体成员、组织或个人征集标准制修订项目提案”，6.3 中对起草阶段提供了具体建议，即“团体宜成立起草工作组，并吸纳所有感兴趣的相关方派专家参加”；

b） 4.2 给出了“透明”原则，围绕这一原则，6.2 中对于立项阶段提供了具体建议，包括：“团体宜在全体成员范围内通报团体标准制修订项目计划”和“团体宜通过合适的渠道向社会公布团体标准制修订项目计划”；

c） 4.3 给出了“协商一致”原则，围绕这一原则，6.4 中对于征求意见和审查阶段提供了具体建议，即“……对团体标准征求意见稿进行征求意见，并对反馈意见进行处理、协调，从技术角度进行审查后，经过普遍同意或投票方式对是否通过给出结论”。

在该标准中，“需考虑的因素”中的内容符合了对应的“总则”。

【示例 3-130】

4 总则

4.1 开放

团体开展标准化活动宜向全体成员开放，反映成员需求，并确保成员能够有机会参与标准化活动。

4.2 透明

团体开展标准化活动宜通过适当的渠道向全体成员提供团体的标准化组织机构、运行机制、决策规则、标准制定程序及标准化工作进展等方面的信息，团体可通过公开的渠道向社会公布与团体标准化活动有关的信息。

4.3 协商一致

团体开展标准化活动宜以协商一致为原则，按照标准制定程序考虑利益相关方的不同观点，协调争议，妥善解决对于实质性问题的反对意见，获得团体成员普遍同意。

…………

6 团体标准制定程序

6.1 提案

提案阶段的主要工作是标准化技术组织接收标准制修订项目提案，对项目提案进行评估后形成团体标准项目建议书，并上报管理协调机构。团体宜面向全体成员、组织或个人征集标准制修订项目提案。

6.2 立项

立项阶段的主要工作是管理协调机构对团体标准项目建议书的必要性、可行性等进行审查，审查通过后形成团体标准制修订项目计划。团体宜在全体成员范围内通报团体标准制修订项目计划，以便成员参与标准编制工作或发表意见。团体宜通过合适的渠道向社会公布团体标准制修订项目计划。

> **6.3　起草**
>
> 起草阶段的主要工作是标准化技术组织对相关事宜进行调查分析、实验和验证等，确定标准技术内容，不断讨论和完善，形成拟用于征求意见的团体标准草案。团体宜成立起草工作组，并吸纳所有感兴趣的相关方派专家参加。
>
> **6.4　征求意见和审查**
>
> 征求意见和审查阶段的主要工作是标准化技术组织对团体标准征求意见稿进行征求意见，并对反馈意见进行处理、协调，从技术角度进行审查后，经过普遍同意或投票方式对是否通过给出结论。
>
> …………

[选自 GB/T 20004.1—2016《团体标准化　第 1 部分：良好行为指南》，做了适当改动]

## 三、要素“需考虑的因素”的编写

“需考虑的因素”是指南标准的核心技术内容，可以直接作为章标题。根据具体情况，其标题还可为“需考虑的内容”“需考虑的要点”等，或者为更具体的标题，如“试验条件”“听觉信息的可选方式”“团体标准制定程序”等。在表述上，提供指导时，宜表述在“需考虑的因素”中相关章或条的起始部分，宜使用推荐型条款或陈述型条款；提供建议和给出信息时，宜在指导的基础上给出具体内容，提供建议应使用推荐型条款；给出信息应使用陈述型条款。

根据所涉及的标准化对象，指南标准一般可分为但不限于试验方法类、特性类和程序类等类别。指南标准的类别不同、所涉及的主题不同，“需考虑的因素”的具体结构和内容也会不同。按照指南标准的总体原则，这三类指南标准都必须提供指导，指导可以通过两种方式提供：一种是给出原则、方法或需要考虑的要点等，供文件使用者掌握；另一种是给出系列选择和如何进行选择的提示，供文件使用者选取。在提供这两种方式指导的基础上，都可以进一步提供建议和/或给出信息。建议要围绕指导的内容，尽量具体并易于理解和把握。信息主要指具有技术内容的资料、文件、案例等。需要注意的是，对于指南标准，不应在不提供指导的情况下仅仅提供建议和/或给出信息。

### （一）试验方法类指南标准需考虑的因素

试验方法类指南标准是在对于某项试验方法的原理、条件和步骤等还不十分明确，或者已有一种或多种方法，但在形成试验方法标准时还难以达成一致的情况下编写的指南标准。通过起草试验方法类指南标准，一方面可以提供针对现有试验技术认识的指导、建议或信息；另一方面也可以指导文件使用者形成相关的试验方法标准、技术文件，或者形成与试验方法有关的技术解决方案，从而直接应用于试验活动的开展。

试验方法类指南标准中要素“需考虑的因素”根据所涉及的主题选择和确定，一般包括试验原理、试剂或材料、试验条件、仪器设备、试验步骤、试验数据处理以及试验报告等。根据对该试验方法的认识，将“需考虑的因素”中的内容分为两种情况。

第一，在“需考虑的因素”中，提供方法性质、原则和需考虑的要点等。其中，方法性质一般给出具体“需考虑的因素”涉及的多种方法，以及这些方法的本质属性。需要注意的是，在需考虑的因素中，可以单独提供方法性质、选择原则和需考虑的要点，也可以根据实际情况以组合的形式给出。

第二，在“需考虑的因素”中，针对试验方法涉及的原理、条件和步骤等，推荐系列选择以及选择的原则或规则，供文件使用者选取。

在一项试验方法类指南标准中，可以同时包含这两种情况。需要注意的是，试验方法类指南标准中不应包括具体的原理、条件和步骤。因为起草这类指南标准的前提便是对于具体的原理、条件和步骤等还不十分明晰，或者虽然已经有所掌握或了解，但希望文件使用者不被现有的方法所限制，而是可以在指南标准的指导下设计出更优的试验方法。

示例 3-131 给出了仅包含第一种情况的试验方法类指南标准“需考虑的因素”的编写。该指南标准针对相应的试验方法，在第 4 章至第 10 章给出了该试验方法的“需考虑的因素”，具体如下：

a） 在第 4 章中，给出了在磨耗机理非常复杂的情况下该机理的方法性质，包括四种磨耗机理的产生原因、适用情形，以及磨耗主导机理与实际磨耗条件的相关性等，比如“磨蚀磨耗是……引起的磨耗，一般产生于……”；

b） 在第 6 章中，给出了多种摩擦材料，以及选择摩擦材料的原则，比如“选择摩擦材料首先宜考虑……”；

c） 在第 7 章中，针对所选择的试验条件“温度”给出了需考虑的要点，比如“滑动程度与速度、接触压力、连续或间断接触、润滑剂和污染物”等，并对这些要点进行定性而非定量的描述，比如 7.2 给出了滑动程度与速度对摩擦表面温度影响的相关信息，但是并没有规定具体的温度范围；

d） 在第 10 章中，针对试验步骤的操作提供了指导和建议，比如“选择试验步骤和试验条件的主要目的……才可能获得良好的相关性”。

需要注意的是，该标准并未包括具体的原理、条件及步骤。

**【示例 3-131】**

**4 磨耗机理**

橡胶在运动中与另一种材料接触而产生的磨耗机理是复杂的。磨耗机理可以通过各种方式分类，通常按以下方法区分：

——磨蚀磨耗；

——疲劳磨耗；

——粘附磨耗；

——卷曲磨耗。

磨蚀磨耗是尖锐体急剧切割橡胶而引起的磨耗，一般产生于摩擦材料有坚硬的、锋利的切割刀口和高的摩擦力。

…………

在任何一个特定的磨耗形式中，通常不止涉及一种磨耗机理，但总有一种机理起主导作用。如果想要得到良好的相关性，关键是测试条件宜再现实际的使用情况。如果磨耗主导机理在测试中与实际使用条件不同，那么即使仅比较两种橡胶之间的耐磨性能也可能是无效。

…………

6　摩擦材料

摩擦材料可以分为:砂轮,砂纸和砂布,金属刀,光滑表面的材料,松散的摩擦材料。

选择摩擦材料首先宜考虑与实际使用条件保持最好的相关性,也宜考虑摩擦材料的使用方便性。

…………

7　试验条件

7.1　温度

尽管温度对磨耗速率有非常大的影响,并且是影响实验室测试和实际使用条件相关性的重要因素之一,但在试验过程中控制温度是非常困难的。磨耗试验通常在标准实验室温度下进行。然而,由于摩擦表面的温度比环境温度更重要,摩擦表面温度的高低取决于如滑动程度与速度、接触压力、连续或间断接触、润滑剂和污染物等试验因素。

7.2　滑动程度与速度

在带有一个固定的摩擦材料的磨耗结构中,摩擦材料与试样之间存在相对运动或滑动,其滑动程度是确定摩擦表面温度的主要因素……滑动速度取决于从动构件的运转速度,滑动速度的增加也将产生大量的热,从而导致摩擦表面温度上升。

…………

10　试验步骤

选择试验步骤和试验条件的主要目的是为了获得与实际使用条件的相关性。只有在摩擦材料和试验条件可再现实际使用条件,尤其是再现实际的磨耗原理时,才可能获得良好的相关性。如果具体的使用条件不好确定时,建议选用一系列范围内的摩擦材料和试验条件进行试验。

…………

通常试验步骤宜符合特定的试验方法标准或仪器制造商的使用说明。GB/T 2941 中规定了试验条件、试样尺寸和试样制备的要求,宜按规定执行。

[选自 GB/T 25262—2010《硫化橡胶或热塑性橡胶　磨耗试验指南》,做了适当改动]

示例 3-132 给出了包含以上两种情况的试验方法类指南标准"需考虑的因素"的编写。该指南标准针对相应的试验方法,给出了有关试验步骤的具体"需考虑的因素",具体如下:

a)　提供了液态体系适用期的测定原则(第一种情况),即"进行两次平行测试……";

b)　提供了各组分状态调节、各组分混合的操作建议(第一种情况),比如"建议按照……进行状态调节";

c)　推荐了多种液态体系下测定适用期时,需要测试的性能及其限值的各种选择并给出了选择原则(第二种情况),即"……宜根据液态体系的特定性能来选择测试性能"。

需要注意的是,该标准并未包括具体的原理、条件及步骤。

【示例 3-132】

5 试验步骤

进行两次平行测试，对于试验结果的准确性来说是十分重要的。

建议按照 ISO 3270 将液态体系的各组分别进行状态调节。

建议按照有关特定液态体系的说明（这些材料全部或部分来自有关国际标准或国家标准）混合各组分并标明时间，以得到进行试验需要的合适的混合物。

由于适用期取决于相关液态体系各种性能，所以测定适用期时宜根据液态体系的特定性能来选择测试性能。表 1 给出了多种液态体系下需要测试的性能及其限值，供液态体系试验时选择、参考。

**表 1　液态体系测试性能**

| 液态体系 | 所测性能 | 适用期终点 | 试验方法 |
| --- | --- | --- | --- |
| 不饱和聚酯 | 黏度 | 胶化时间 | ISO 2535 |
| 硅酸盐 | 均匀性 | 形成结皮/硬壳 | ISO 1513 |
| | 耐溶剂性 | 与新混合的样品比较后的差异 | ISO 2812-1 |
| …… | …… | …… | …… |

……

[选自 GB/T 31416—2015《色漆和清漆　多组分涂料体系适用期的测定　样品制备和状态调节及试验指南》，做了适当改动]

### （二）特性类指南标准需考虑的因素

为了促进某些新兴或复杂的领域、系统的持续发展，有必要在发展初期就建立适用的规则。此时，与主题的功能直接相关的技术特性或特性值往往还不明确，这种情况下可以起草特性类指南标准。通过起草特性类指南标准，一方面可以提供针对特性选择、特性值选取的指导、建议或信息；另一方面也可以指导文件使用者形成相关的规范标准、技术文件，或者形成与特性有关的技术解决方案。

特性类指南标准中要素“需考虑的因素”的具体结构和内容与所涉及的主题有关，根据具体情况可考虑“特性选择”“特性值选取”两个方面。根据对该主题“特性”“特性值”的认识，将“需考虑的因素”中的内容分为以下两种情况。

第一，在“需考虑的因素”中，提供选择特性或特性值的要素框架、确定原则和需要考虑的要点等。这种情况下，往往在具体的要素“需考虑的因素”靠前的条中，给出选择特性或特性值的要素框架、确定原则，然后在具体的“需考虑的因素”中给出详细的需考虑的要点。

第二，在“需考虑的因素”中，针对特性推荐系列选项或选择的范围，或者针对特性值推荐供选择的系列数据或数据的范围，供文件使用者选取。

在一项特性类指南标准中，可以同时包含这两种情况。需要注意的是，特性类指南标准中不应规定要求，也不应描述证实方法。因为起草这类指南标准的前提便是对于主题的特性、特性值还不明晰，或者虽然已经有所掌握或了解，但希望文件使用者不被现有的特性和特性值所固定，而是可以在指南标准的指导下确定更合适的特性和特性值。

示例 3-133 是关于在起草标准时如何考虑老年人和残疾人需求的特性类指南标准，其中给出了包含第一种情况的“需考虑的因素”的编写。该标准针对的是起草标准时考虑老年人和残疾人需求的特性选择，其中第 7 章和第 8 章涉及的是第一种情况，具体如下。

在第 7 章中，给出了起草标准时，如果需要考虑老年人和残疾人的需求时的要素框架（见 7.1）和确定原则（见 7.2），其中：

a） 7.1 的各表格给出了起草不同方面条款时的“需考虑的因素”（即特性），比如，表 3 给出了起草“包装”条款时需要考虑的因素；

b） 7.2 中给出了起草不同标准“需考虑的因素”的确定原则，即：“建议标准制定者……首先考虑哪些表格与其所起草的标准相关”。

在第 8 章中，给出了具体的“需考虑的因素”及其考虑要点。8.1 是对“需考虑的因素”的概述，8.2 至 8.4 是具体的“需考虑的因素”，其中：

a） 8.2 中“如果可行，声音信号宜……”为听觉信息的可选方式提供了建议；

b） 8.3 中“位置合理”“扶手坚固”给出了在使人对使用环境更有安全感时，建筑物设计所考虑的要点；

c） 8.4 中“合适的照明可以确保……”为考虑照明和炫光提供了指导。

在标准的第 9 章中，专门针对特性选择时如何更好地考虑老年人和残疾人的需求，给出了大量的信息，对每一项人的能力（比如视力、视觉等）进行了描述，并对这些能力受到的年龄的影响、设计时的注意事项以及危险和风险等进行了详细解释。

需要注意的是，该标准没有规定具体的要求，也没有描述证实方法。

【示例 3-133】

**7　确保标准包含无障碍设计规定需考虑的因素表**

**7.1　需考虑的因素表**

表 2 至表 8 给出了帮助标准制定者确定影响不同程度残疾人使用产品、服务或环境的诸因素的工具。其中：

表 2：信息章条中需要考虑的因素

表 3：包装章条中需要考虑的因素

…………

表 8：与建筑环境相关的章条中需要考虑的因素

**7.2　表格的使用**

建议标准制定者在使用表格之前，首先考虑哪些表格与其所起草的标准相关，即，标准制定者希望标准中包含哪些方面的条款。例如：电子产品相关标准可以具有信息、包装……方面的条款，因此表 2、表 3……是制定电子产品相关标准时宜采用的表格。

…………

每个表格都确定了标准中具体的需考虑的因素，例如：对于电子产品，起草“安全警示信息”条款时，宜按照表 2 的提示考虑听觉信息的可选方式(8.2)、信息和控制装置的位置和布局(8.3)等。

…………

## 8 需考虑的因素

### 8.1 概要

本章宜与第 9 章中对能力的更完整描述一同使用，这些条款详细介绍了帮助或阻碍老年人和残疾人的产品、服务和环境的特征。

…………

### 8.2 听觉信息的可选方式

如果可行，声音信号宜由可视或其他器官模拟产品支持，为那些有听觉障碍的人提供方便(如用书面、图形符号、振动或手语进行交流)。特别是听觉警告(如火灾警报)宜启动视觉模拟，如闪烁的灯光就是很好、很清楚的指示。

…………

### 8.3 信息和控制装置的位置和布局

建筑物的设计可结合简单的方法，使人对使用环境更有安全感，如位置合理、扶手坚固等。易于够到的控制装置和门把手，便于那些在灵敏性、操作、移动或力量方面有障碍的人使用。

…………

### 8.4 照明和眩光

合适的照明能够确保视力有障碍的人员更好地看清楚说明和控制装置。这方面也宜为听力障碍的人士考虑，帮助他们清楚地唇读或看清手语交流。

…………

## 9 人的能力及损伤后果的详细解释

…………

### 9.2 听力

#### 9.2.1 描述

听力功能用来感受声音的存在，并识别声音的位置、语速、声音的大小、质量及对声音的理解等。听力损伤的范围从轻微下降到重度失聪等。

#### 9.2.2 年龄的影响

大多数有听力障碍的人都是年龄较大的人，他们更容易丧失分辨高频声音的能力。很多老年人都使用助听器。

9.2.3 设计时的注意事项

无论使用或不使用助听器，任何声音的音量、频率或清晰度非常重要。先天失聪的人在理解书面和口头语言方面可能会有一些困难。

9.2.4 风险和危险

如果口头宣布和警告的声音不够大，或者对他人来说不容易理解，或者频率太高而听不到，听力损伤的人遇到的危险都有可能提高。

9.3 视力

…………

示例3-134给出了包含第一和第二种情况的特性类指南标准“需考虑的因素”的编写。该文件针对的是自驾游目的地配套设施的建设。第4章给出了自驾游目的地配套设施建设的“总体原则”。在此总体原则的指导下，第5章至第7章给出了在道路交通、停车场等方面“需考虑的因素”，即自驾游目的地配套设施的特性，其中：

a） 在第6章中，6.1对停车场的建设提供了原则性指导（第一种情况），6.2和6.3在该指导的基础上，对停车场的特性选择提供了建议；

b） 在第7章中，7.1提供了露营地建设中功能区及指标的选择原则（第一种情况），并推荐了功能区包括范围的具体选项（第二种情况）。

需要注意的是，该文件没有规定具体的特性值，也没有描述证实方法。

【示例3-134】

4 总体原则

良好畅通的通往自驾游目的地的道路，完善的车辆停泊、补给设施，以及充足的辅助服务设施，对于自驾游目的地配套设施建设是至关重要的。

…………

5 道路交通

5.1 宜有景观公路通往自驾游目的地，路边主要风景点宜设置可停车的观景区域。

…………

6 停车场

6.1 纳入自驾游目的地的休闲旅游区、经营场所需要重点考虑的配套设施之一是满足自驾游需要的停车场。

6.2 停车场宜设有适合自驾游的旅游大客车、房车和客车分区停泊的区域，并配备房车水电补给设施，以便合理满足自驾游车辆的需求。

6.3　宜考虑建立生态停车场，并提供清洁能源补给的设施或服务。
…………

**7　露营地**

7.1　宜根据自驾游目的地的地理环境及定位选择相适应的露营地功能区及指标，功能区一般全部或部分包括住宿区、就餐区、用火区、用水区、卫生区、户外运动区、儿童娱乐区、停车场等。卫生区宜与就餐区、运动区保持一定的距离，并且在住宿区的下风处。用水区宜在河流上分出上下两段，上段为食用饮水区、下段为生活用水区……

［选自 LB/T 061—2017《自驾游目的地基础设施和公共服务指南》，做了适当改动］

### （三）程序类指南标准需考虑的因素

程序类指南标准是针对特定过程，在其活动的程序或程序指示还不十分明确，或者只能针对程序指示推荐供选择的系列行为指示、转换条件/结束条件的情况下起草的指南标准。通过起草程序类指南标准，一方面可以提供针对程序确立、程序指示的指导、建议或信息；另一方面，也可以指导文件使用者形成相关的规程标准、技术文件，或者形成与程序有关的技术解决方案。

程序类指南标准中要素“需考虑的因素”的具体结构和内容要能够表明该活动的规律，根据具体情况可考虑“程序确立”“程序指示”两个方面。这两个方面可以同时被涉及，也可以仅涉及其中的一个。根据对该主题“程序构成”“程序指示”的认识，将“需考虑的因素”中的内容分为以下两种情况。

第一，在“需考虑的因素”中，提供指导程序确立或程序指示的原则、方法和需要考虑的要点等。需要注意的是，在需考虑的因素中，可以单独提供原则、方法和需要考虑的要点，也可以根据实际情况以组合的形式给出。

第二，在“需考虑的因素”中，针对程序指示等，推荐供选择的系列行为指示、转换条件/结束条件，并给出选择的原则或规则，供文件使用者选取。

在一项程序类指南标准中，可以同时包含这两种情况。需要注意的是，程序类指南标准中不应规定具体的履行程序的指示和条件，也不应描述证实方法。因为起草这类指南标准的前提便是对于该活动的程序或程序指示还不十分明晰，或者虽然已经有所掌握或了解，但希望文件使用者不被确定的程序所约束，而是可以在指南标准的指导下建立更优的程序。

示例 3-135 给出了包含第一种情况的程序类指南标准“需考虑的因素”的编写。该标准针对的是合规管理体系建立和改进过程的程序确立、程序指示。第 4 章至第 9 章给出了这一过程“需考虑的因素”，具体如下：

a）　在第 4 章中，从“程序确立”方面，提供了对建立和维护合规管理体系所需经历的程序阶段的建议；

b）　在第 5 章至第 9 章中，从“程序指示”方面，依次围绕各程序阶段，提供了针对每个阶段具体行动和做法的指导和建议，其中第 5 章给出了分析环境需要考虑的要点，第 7 章给出了进行策划的要点，第 9 章给出了进行评价所需要使用的方法。

需要注意的是，该标准并没有规定一步步具体的程序指示和条件，也未描述证实方法。

【示例 3-135】

4 体系建立与维护

建立和维护一套有效和及时响应的合规管理体系，宜经过分析组织环境、识别合规义务、策划、运行、评价和改进等程序，形成闭环。

…………

5 分析组织环境

组织宜分析内部和外部环境，如那些与合规风险相关、与组织目标相关和影响组织实现合规管理体系预期成果能力的因素。

…………

6 识别合规义务

组织宜系统识别其合规义务及这些合规义务对组织活动、产品和服务的影响。组织在策划、运行、评价和改进合规管理体系时，宜考虑这些合规义务。

…………

7 策划

组织进行合规管理体系策划时，宜考虑组织环境和合规义务等，以确定需解决的合规风险，从而：

——确保合规管理体系能实现预期效果；
——防范、察觉并减少不希望的影响；
——实现持续改进。

…………

8 运行

组织宜策划、实施和控制满足合规义务必需的过程，通过：

——确定过程的目标；
——确立过程的准则；
——根据准则实施过程控制；
——记录必要的文件化信息，确信过程已按计划实施。

…………

9 评价

组织宜通过使用监视、测量、分析、评价的方法（如适用），评价合规管理体系的绩效和合规管理体系的有效性。组织宜适当保留文件化信息，作为结果证据。

…………

10　改进

组织宜设法持续改进合规管理体系的适用性、充分性和有效性，宜将对已收集信息进行的分析和相应评价作为识别该组织合规绩效改进的依据。

［选自 GB/T 35770—2017《合规管理体系　指南》，做了适当改动］

示例 3-136 给出了包含第一和第二种情况的程序类指南标准“需考虑的因素”的编写。该标准针对的是预防与降低谷物中真菌毒素污染这一过程的程序指示，该过程的程序构成已经明确。第 3 章至第 7 章给出了预防与降低谷物中真菌毒素污染操作的“需考虑的因素”（即构成该程序的各阶段），从“程序指示”方面，依次围绕各阶段，提供了针对每阶段具体行动和做法的指导和建议，具体如下：

a）　在第 3 章中，针对种植前的操作提供了指导（第一种情况），比如“宜尽量将散落在田间的陈谷穗、谷壳、秸秆和其他残体……”；

b）　在第 4 章中，针对谷物种植操作提供了指导（第一种情况），比如“谷物种植时，宜保持合适的作物行间距和株间距”，推荐了谷物种植的行间距和株间距的系列选择并给出了选择原则（第二种情况），比如“种植青贮玉米宜选择行间距为……”；

c）　在第 5 章中，对收获前谷物真菌污染的预防提供了指导（第一种情况），比如“宜使用微生物检测方法对样品中的真菌感染情况进行检测”。

需要注意的是，该标准并没有规定一步步具体的程序指示和条件，也未描述证实方法。

**【示例 3-136】**

3　种植前

谷物种植前，宜尽量将散落在田间的陈谷穗、谷壳、秸秆和其他残体犁到地下或清除掉，避免这些残留物可能成为产毒真菌的生长的基质。

…………

4　种植

谷物种植时，宜保持合适的作物行间距和株间距。种植青贮玉米宜选择行间距为150 cm～200 cm，株间距为 6.0 万株/$hm^2$～7.5 万株/$hm^2$；种植豆科饲料作物宜选择行间距为 25 cm～35 cm，株间距为 40 万株/$hm^2$～50 万株/$hm^2$。宜根据谷物种类、地理位置和灌溉条件，选择具体的种植行间距和株间距。

…………

5　收获前

收获前，宜使用微生物检测方法对样品中的真菌感染情况进行检测。对谷物上真菌毒素污染的预防，如玉米赤霉烯酮和单端孢霉烯族化合物，宜在扬花期就建立谷穗上镰刀菌感染情况的监测，并宜对收获前代表性样品中真菌毒素的含量进行检测。

…………

6 **收获期**

收获时，尽可能避免谷物受到机械损伤，且不宜与土壤接触。

收获完成后，宜采取措施将田间被侵染的谷穗、谷壳、秸秆和其他残体收集起来并尽可能防止散布，以免真菌孢子侵染后种植的谷物。

…………

7 **储存**

谷物储存设施宜完好，包括具有良好的干燥和通风设施。这些储存设施宜能防雨、防地下水渗漏以及防止啮齿类动物和鸟类进入，并能减少大气温湿度的影响。

［选自 GB/T 22508—2008《预防与降低谷物中真菌毒素污染操作》，做了适当改动］

## 四、要素的表述

指南标准中不应规定要求，不应含有“要求”“总体要求”“一般要求”“规定”等措辞。如果需要强调，可以使用“……是至关重要的”“……是十分必要的”“……是……重要因素”“最重要的是……”等词。例如，想要给出磨耗试验的温度条件时，不应表述为“磨耗试验的温度应控制在 15 ℃～20 ℃”，可以使用表述“温度对磨耗试验有非常大的影响，是影响实验室测试和实际使用条件相关性的重要因素”等。

指南标准中，存在较多的推荐型条款。该类条款既表述指导，又可表述建议，表述指导时涉及方向性、原则性的内容，表述建议时涉及较具体的内容。

**请注意：**由于指南标准中首先要提供指导，在此基础上可提供建议或给出信息，但是不应规定要求，因此指南标准不能直接应用于符合性判定或直接应用于各类活动的开展。

# 第四章 其他规范性要素的编写

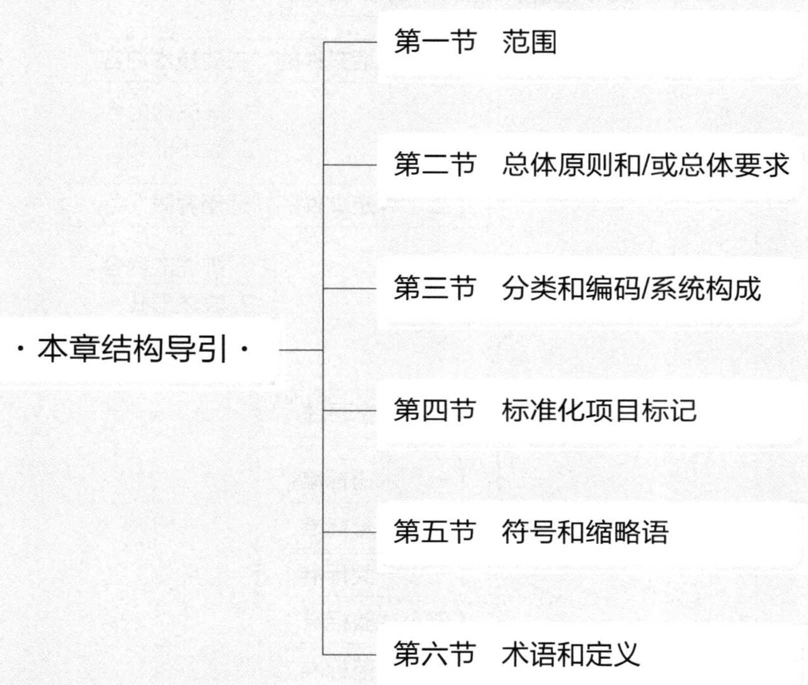


上一章阐述了各种功能类型的标准中的核心技术要素的编写。编写完核心技术要素，下一步就要编写其他规范性要素：首先，需要界定标准化文件的范围；其次，规定与核心技术要素相关的其他要素。除范围外，其他规范性要素包括总体原则和/或总体要求、分类和编码/系统构成、标准化项目标记、符号和缩略语、术语和定义等。本章将逐一讨论如何编写这些规范性要素。

# 第一节 范 围

## ※ 本节结构及内容导引 ※

- 一、界定和构成
- 二、范围中需要陈述的内容及表述
  - （一）概括文件的“主要技术内容”
    - 1. 陈述的内容
    - 2. 表述形式
  - （二）界定文件的“适用界限”
    - 1. 陈述的内容
    - 2. 表述形式
    - 3. 应陈述“文件中的规则有什么用”
- 三、不同功能类型文件范围的表述
  - （一）术语标准
  - （二）符号标准
  - （三）分类标准
  - （四）试验标准
  - （五）规范标准
  - （六）规程标准
  - （七）指南标准
- 四、范围表述需要注意的问题
  - （一）表述应全面且简洁
  - （二）应表述为一系列事实的陈述
  - （三）不应包括“引言”中的内容
  - （四）既不应遗漏又不应仅简单重复或重新组合文件名称的内容
  - （五）不宜仅罗列规范性要素的标题

要素“范围”是必备的规范性要素，范围的确定和编写十分重要：首先，文件范围的明确，意味着文件针对的标准化对象、适用领域及使用者基本确定，这为标准化文件的起草提供了清晰的界限，从而能够编写出清楚、准确的条款；其次，范围为文件使用者提供了便利，使用者在用文件名称初步检索到一项标准化文件之后，要想进一步了解该文件的内容是否是所需要的，应先就要阅读文件中的要素“范围”。

## 一、界定和构成

要素“范围”是一个必备的规范性要素。每一个文件都应以“范围”做标题，将该要素设置在正文的起始位置，它永远是文件的“第 1 章”。如果确有必要，该要素可以进一步细分为条。

范围的功能是在文件名称之外提供进一步的信息，并起到内容提要的作用。为了实现这项功能，范围通常由两方面的内容构成：第一，文件的标准化对象和所覆盖的各个方面，也就是概括文件的“主要技术内容”；第二，文件中的内容在哪用、给谁用、有什么用，也就是要界定文件的“适用界限”。

## 二、范围中需要陈述的内容及表述

前文介绍了范围通常由两方面的内容构成，以下将阐述它们包含的具体内容。在起草标准化文件时，通过考虑三项原则（见第一章第三节的“一”）确定的“标准化对象”“文件使用者”要在范围中予以表述。

### （一）概括文件的“主要技术内容”

通常，范围的第一段用于概括文件的“主要技术内容”。

**1. 陈述的内容**

在对文件的主要技术内容进行概括时，首先，应明确标准化对象，也就是要陈述对哪个特定的标准化对象编制标准化文件。如果需要，还可以对标准化对象进行细化和补充，从而进一步确定文件涉及的具体标准化对象。其次，要阐述所覆盖的技术内容的主要方面。

在具体编写时要前后照应。“前”是指要考虑到位于范围之前的文件名称。首先，做到“不拆台”，文件名称中包含的内容，在范围的表述中一定要涵盖，不应遗漏；其次，要“补台”，文件名称受字数限制无法或不便包含的详细内容，在范围中要补全，尽可能提供文件名称之外的必要信息。这些必要信息的具体内容是通过对“后”的照应来实现的，要将范围之后的规范性要素的技术内容进行高度概括之后，恰当地、有机地组织到范围中，以此补充文件名称中无法涉及的必要内容。

必要时，范围宜指出那些通常被认为文件可能覆盖，但实际上并不涉及的内容。这些内容通常在陈述涉及的“主要技术内容”之后编写，如果需要，也可另起一段编写。

从示例 4-1 可以看出，范围的第一段首先陈述了该文件的标准化对象——农业灌溉滴头、滴灌管及其配套接头；紧接着进一步对标准化对象进行了细化。第一段的最后一句指出了文件可能覆盖，但实际上并不涉及的内容——本文件未涉及管道堵塞方面的性能要求。

【示例 4-1】

1 范围

本文件规定了农业灌溉滴头、滴灌管及其配套接头的机械性能、结构、材料等技术要求和试验方法，以及为确保滴头、滴灌管及其配套接头在田间正确安装和使用，要求制造厂提供的资料。本文件未涉及管道堵塞方面的性能要求。

本文件仅涉及流量不大于 24 L/h(冲洗时间除外)的滴头、与滴水元件制成一体的滴流和涓流灌溉的滴灌管、滴灌带(包括可折叠滴灌带)或管系，以及连接滴灌管、滴灌带或管系的专用接头。

本文件适用于滴头和滴灌管的制造方声明产品符合性，或作为制造方与采购方签署贸易合同的依据，也可作为认证机构的认证依据。

[选自 GB/T 17187—2009《农业灌溉设备　滴头和滴灌管　技术规范和试验方法》，做了适当改动]

2. 表述形式

标准化文件中包含的技术内容众多，如何在范围中总结、陈述复杂多样的内容呢？标准具有不同的功能类型，标准化文件的内容也具有不同的功能，不同的功能需要用不同的词语进行表述，以便使用者能够清晰地分辨出文件或文件内容的功能。

表述文件或文件内容功能的词语包括：规定、确立、描述、提供、给出和界定。“规定”在标准化文件中通常指“规定要求”“规定特性”“规定尺寸”“规定指示”等。凡是规定都是文件使用者需要遵守、执行的，或者具体产品、过程或服务需要符合的内容。“确立”指牢固地建立或树立。文件中通常确立的内容有“确立程序”“确立体系”“确立系统”“确立规则/总体原则”等，可见确立都与相互关联的系统有关。“描述”即是描写叙述，在文件中通常用来表述描述方法、描述路径。“提供”指提供指导、提供指南、提供建议等，可见提供都是具有方向性或倾向性的内容。“给出”指给出信息、给出说明等，给出都是比较中性的，通常不带倾向性。“界定”是对事物或概念划定界限、确定所属的范围。文件中有许多界定的内容，通常有界定术语、界定符号、界定界限等。

在范围中概括文件“主要技术内容”的典型表述形式为：

——本文件……[标准化对象]……的……。

根据文件的功能类型或文件具体内容应从下列六种表述形式中选取：

——“本文件规定了[标准化对象]……的要求/特性/尺寸/指示”；

——“本文件确立了[标准化对象/领域]……的程序/体系/系统/规则/总体原则”；

——“本文件描述了[标准化对象]……的方法/路径”；

——“本文件提供了[标准化对象/领域]……的指导/指南/建议”；

——“本文件给出了[标准化对象]……的信息/说明”；

——“本文件界定了[标准化对象/领域]……的术语/符号/界限”。

编写范围时，要根据标准化文件包含的具体内容或标准的类型，在六种典型表述形式中选择恰当的表述，不要随意选择和搭配，以免导致混乱。不同类型的标准在其范围中需要使用特定的典型表述形式(见下文的“三”)。

根据文件包含的具体内容，在编写范围时往往需要将上述表述形式进行组合，例如："本文件规定了[标准化对象]……要求，描述了……试验方法，……"；又如"本文件界定了[标准化领域]……符号，规定了……的要求"等。

文件不涉及的内容可表述为：

——本文件未涉及……；

——本文件不包括……。

### （二）界定文件的"适用界限"

通常，范围的第二段用于界定文件的"适用界限"。

**1. 陈述的内容**

在界定文件的适用界限时，陈述的内容通常包含三个方面：第一，在哪儿用，指出文件的适用领域；第二，给谁用，确认文件使用者；第三，有什么用，阐述文件中的规定有什么用，诸如用于：规划设计、产品生产、服务提供、供需双方贸易、合格评定、管理活动、交流与合作等。

必要时，还可补充陈述文件不适用的界限。这些内容通常在"适用界限"之后编写，如果需要，也可另起一段编写。

**2. 表述形式**

文件适用界限的陈述应使用下列适当的表述形式：

——"本文件适用于……"；

——"本文件适用于……，也适用于……"；

——"本文件适用于……，不适用于……"。

文件不适用的界限还可另起一段表述为：

——"本文件不适用于……"。

示例 4-2 中，第一段示出了使用典型表述形式，以及界定、确立、规定三个表述文件内容功能的词语概括文件的主要技术内容。第二段示出了陈述文件适用的领域（民用机场、铁路旅客车站……等公共场所），以及具体的用处（公共信息导向系统的设计及设置）。

**【示例 4-2】**

> **1　范围**
>
> 本文件界定了公共信息导向系统的构成，确立了各导向要素在导向系统中的总体设置原则与方式，规定了各导向要素的设置位置、设置高度、方向选择、尺寸选择等要求。
>
> 本文件适用于民用机场、铁路旅客车站、购物场所、医疗场所及公园旅游景点等公共场所中公共信息导向系统的设计及设置。

**3. 应陈述"文件中的规则有什么用"**

适用界限指文件（而不是标准化对象）适用的领域和使用者。因此，在范围中陈述文件的适用界限时应说明"文件中的规则有什么用、在哪儿用、给谁用"，不应陈述文件针对的标准化对象有什么用、在哪儿用。

（1）正确的表述——文件中的规则有什么用

陈述文件的适用界限时应说明“文件中的规则有什么用”。以下两个示例中，文件的范围都说明了文件中的规则有什么用。

示例 4-3 选自一个术语标准，范围中指出了文件中界定的术语“适用于橡胶塑料机械行业的教学、科研、设计、制造、编写相关技术文件和书刊及技术交流”。

**【示例 4-3】**

> 1　范围
>
> 本文件界定了橡胶塑料通用机械、橡胶专用机械、塑料专用机械以及橡胶塑料机械安全的术语和定义。
>
> 本文件适用于橡胶塑料机械行业的教学、科研、设计、制造、编写相关技术文件和书刊及技术交流。

［选自 GB/T 36587—2018《橡胶塑料机械　术语》］

示例 4-4 中陈述了“本文件适用于……儿童软体游乐设备的设计、制造、安装、使用维护管理”。

**【示例 4-4】**

> 本文件适用于 3 周岁到 14 周岁儿童游乐使用的室内儿童软体游乐设备的设计、制造、安装、使用维护管理。

［选自 T/CAAPA 0001—2016《室内儿童软体游乐设备安全技术规范》］

（2）不正确的表述——文件的标准化对象有什么用

在一些文件的范围中表述文件的适用界限时，没有表述“文件中的规定有什么用”，而是错误地表述成“文件所涉及的标准化对象在哪儿用、有什么用”或“文件适用于某标准化对象”等。

在上述示例 4-4 中，文件的标准化对象为“室内儿童软体游乐设备”，假如，范围中的适用界限表述为“本文件适用于 3 周岁到 14 周岁儿童游乐使用的室内儿童软体游乐设备”，这是不正确的表述，是将适用界限表述成“适用于某标准化对象”。

以下示例 4-5 中，从选自的文件名称可以看出该文件的标准化对象为“公共信息导向系统”。

“不正确 1”示例中的表述为“本文件适用于……公共场所”，这是典型的表述成标准化对象在哪儿用，“公共场所”是标准化对象“公共信息导向系统”的应用场所，不是文件有什么用。

“不正确 2”示例中的表述为“本文件适用于……公共场所中的公共信息导向系统”，这是典型的表述成“文件适用于标准化对象——公共信息导向系统”。

“正确”示例的表述中，陈述了文件中的规定有什么用——用于公共信息导向系统的“设置”。

**【示例 4-5】**

**不正确 1：**

本文件适用于民用机场、铁路旅客车站、购物场所、医疗场所及公园旅游景点等公共场所。

**不正确 2：**

本文件适用于民用机场、铁路旅客车站、购物场所、医疗场所及公园旅游景点等公共场所中的公共信息导向系统。

**正　确：**

本文件适用于民用机场、铁路旅客车站、购物场所、医疗场所及公园旅游景点等公共场所中公共信息导向系统的设置。

[参考 GB/T 15566.1—2007《公共信息导向系统　设置原则与要求　第 1 部分：总则》]

示例 4-6 中，从文件名称可看出，该文件针对的标准化对象为“安全信息识别系统”。该文件范围的第二段实际上陈述的是该文件的标准化对象在哪儿用，即用于“……公共场所或工作区域”，并没有指出文件中的规定有什么用。在“第二段调整后的表述”中陈述了文件的规定有什么用，即“本文件适用于……安全信息识别系统的系统要素的设计”。

**【示例 4-6】**

**第二段不正确：**

本文件界定了安全信息识别系统及其要素的构成，规定了在安全信息识别系统中用于表示事故预防、消防设施、风险警示以及应急疏散等信息的安全标志。

本文件适用于存在潜在人身安全风险的公共场所或工作区域。

本文件不适用于铁路、公路、内河航运、海运以及空运中使用的交通信号。

**第二段调整后的表述：**

本文件适用于存在潜在人身安全风险的公共场所或工作区域中安全信息识别系统的系统要素的设计。

[选自 GB/T 31523.1—2015《安全信息识别系统　第 1 部分：标志》]

示例 4-7 中，从第一段可看出，该文件的标准化对象为废塑料。从范围的三段内容可以归纳为：本文件确立了废塑料的……；适用于废塑料的……；不适用于……的废塑料。适用界限的表述没有说清文件是干什么用的，给谁用，而都是围绕文件所针对的具体标准化对象在做陈述或说明。

**【示例 4-7】**

**第二、三段不正确：**

本文件确立了废塑料的分类分级方法、编码规则和代码结构，给出了分类和代码表、规定了分级的质量要求。

本文件适用于被废弃的各种塑料制品及塑料材料的破碎料。

本文件不适用于废塑料合金和列入国家危险废物名录的废塑料。

[选自 GB/T 37XX7—2019《废塑料分类及代码》，做了适当改动]

示例 4-8 中，从文件名称可看出该文件的标准化对象为“毛绒、布制玩具”。范围的第二段中没有看出该文件是给谁用（适用哪些使用者）、有什么用，没有指出文件的适用界限，仅是说明了适用于更细化的标准化对象，即以纺织品为主要面料、内含各种填充物的玩具（包括有服饰和无服饰的玩具）。

这种对标准化对象进一步细化的内容可以融入第一段。从以下“两段融合后的表述”中可看出，表述的内容是界定文件的对象和所覆盖的各个方面，实际上就应该在范围的第一段中陈述。可见，示例 4-8 中的内容就没有陈述文件的适用界限。

**【示例 4-8】**

**不正确：**

本文件规定了毛绒、布制玩具的技术要求和测试方法。

本文件适用于以纺织品为主要面料、内含各种填充物的玩具。包括有服饰和无服饰的玩具。

**两段融合后的表述：**

本文件规定了以纺织品为主要面料、内含各种填充物的毛绒、布制玩具（包括有服饰和无服饰的玩具）的技术要求和测试方法。

［参考 GB/T 9XX2—2007《毛绒、布制玩具》］

## 三、不同功能类型文件范围的表述

在表述不同功能类型的文件的范围时，应该体现出各自的特点。

### （一）术语标准

按照术语标准所包含的具体内容，在其范围中概括文件“主要技术内容”时，应使用如下典型表述形式：

“本文件界定了［某领域］……的术语和定义，确立了［某领域］……的概念体系。”

上述表述形式中“……的术语和定义”中的省略号宜指出术语体系包括的各方面，并且根据具体情况可指出确立了相应领域的概念体系。

**请注意：**为了更清楚地说明如何表述范围，以下示例 4-9 至示例 4-19 中，用下划线标出了典型表述形式中省略号所略去的内容。

**【示例 4-9】**

本文件界定了<u>图形符号、标志、公共信息导向系统、安全信息识别系统以及导向系统的设计及设置等方面</u>的术语及其定义，确立了<u>图形符号领域</u>的概念体系（概念体系图见附录 A）。

本文件适用于图形符号和导向系统等相关领域，供在技术交流与合作中使用。

［选自 GB/T 15565—2020《图形符号　术语》，做了适当改动］

### （二）符号标准

按照符号标准所包含的具体内容，在其范围中概括文件“主要技术内容”时，应使用如下典型表述形式：

“本文件界定了［某领域］的……符号/标志，给出了对应的含义/名称和说明……。”

上述表述形式“……符号/标志”中的省略号要指出符号或标志的类别，如符号、文字符号、图形符号;标志、公共信息标志、安全标志、道路交通标志等。如果是图形符号要指出图形符号的类别,诸如技术产品文件用图形符号、简图用图形符号、设备用图形符号、标志用图形符号等。

在符号标准中常会对符号、图形符号或标志的应用提出要求。因此,在范围中还可以陈述规定的内容。

**【示例 4-10】**

本文件界定了旅游休闲方面的公共信息图形符号(以下简称“图形符号”),给出了对应的含义及说明,并规定了图形符号的应用要求。

[选自 GB/T 10001.2—2020《公共信息图形符号　第 2 部分:旅游休闲符号》,做了适当改动]

### (三)分类标准

按照分类标准所包含的具体内容,在其范围中概括文件“主要技术内容”时,应使用如下典型表述形式:

“本文件确立了[标准化对象/领域]……,给出了……的分类和代码表……。”

上述表述形式中的省略号应根据文件的具体情况给出“分类方法”“命名”“编码规则”和“代码”等内容。

**【示例 4-11】**

本文件确立了全社会经济活动的分类体系、分类和编码方法,给出了反映分类结果的分类和代码表。

本文件适用于在统计、计划、财政、税收、工商等国家宏观管理中,对经济活动的分类,并用于信息处理和信息交换。

[选自 GB/T 4754—2017《国民经济行业分类》,做了适当改动]

### (四)试验标准

按照试验标准所包含的具体内容,在其范围中概括文件“主要技术内容”时,应使用如下典型表述形式:

“本文件描述了……测定/测试[标准化对象]……的方法。”

“本文件描述了用……法测定[标准化对象]……。”

范围应简明地指出拟测定的特性,并特别说明所适用的对象。必要时,可指出不适用的界限或存在的各种限制。

针对同一对象的同一特性,且基于同一基本测试技术,有时需要在标准中包含不止一种试验方法,例如,由于待测成分在样品中的含量不同或对测定的准确度有不同的要求,应在“范围”中清楚地指出所列方法的各自不同的适用界限或适用的检验类型。

如果适用,范围还应包括使用的试验技术(例如,气相色谱分析法)以及进行试验的场所(例如,实验室、现场或在线等)。

**【示例 4-12】**

> 本文件描述了用杜马斯燃烧法测定炭素材料氮含量的原理、试剂、仪器和设备、试样制备、实验步骤、结果计算、精密度和试验报告。
>
> 本文件适用于煅后焦、煅烧无烟煤、石墨材料等炭素材料含氮量的测定。

[选自 GB/T 37588—2019《炭素材料　氮含量的测定　杜马斯燃烧法》,做了适当改动]

**【示例 4-13】**

> 本文件描述了使用罗拉式分析仪测定棉纤维长度的方法。
>
> 本文件适用于测定棉纤维长度指标,包括皮棉及纺纱各道工序中的半成品棉条的长度测定。
>
> 本文件不适用于从棉与其他纤维的混合物中取出的纤维,以及从棉纱或棉织物中取出的纤维的长度测定。

[选自 GB/T 6098—2018《棉纤维长度试验方法　罗拉式分析仪法》,做了适当改动]

### (五)规范标准

按照规范标准所包含的具体内容,在其范围中概括文件“主要技术内容”时,应使用如下典型表述形式:

“本文件规定了……[产品、过程或服务]的……要求/通用要求,描述了对应的证实方法,……。”

上述表述形式中“……要求/通用要求”中的省略号要指出标准规定的要求的种类,其中在表述“要求”时,使用词语“规定”,表述“证实方法”时,使用词语“描述”。

**【示例 4-14】**

> 本文件规定了平板式扫描仪的使用性能、安全性、环境适应性、外观结构等技术要求,描述了相应的试验方法、标志、包装、运输和贮存等。
>
> 本文件适用于平板式扫描仪的设计、开发、生产和测试。

**【示例 4-15】**

> 本文件规定了汽车租赁服务的服务效果、响应性、宜人性等方面的要求,描述了对应的证实方法。

### (六)规程标准

按照规程标准所包含的具体内容,在其范围中概括文件“主要技术内容”时,应使用如下典型表述形式:

“本文件确立了……程序,规定了……阶段/步骤的(操作、管理等)指示,以及……阶段/步骤之间的转换条件,描述了……追溯/证实方法。”

上述典型表述中,“确立了……程序”要指出文件所针对的具体程序的名称;“规定了……阶段/步骤的(操作、管理等)指示”要给出规定的阶段/步骤的名称;“……阶段/步骤之间的转换条件”要给出涉及的阶段/步骤的名称；“描述了……追溯/证实方法”也要指出描述了什么追溯/证实方法。其中在表述具体程序时，使用词语“确立”；表述行为指示和转换条件时，使用词语“规定”；表述追溯/证实方法时，使用词语“描述”。

【示例 4-16】

| 本文件确立了马铃薯脱毒试管苗繁育程序，规定了田间选择、类病毒/病毒检测筛选、催苗处理与病毒钝化、茎尖培养、病毒检测、试种观察、基础苗培养、扩繁和壮苗培养等阶段的操作指示，以及上述阶段之间的转换条件，描述了过程记录、标记、试验方法等追溯方法。 |
|---|

### （七）指南标准

按照指南标准所包含的具体内容，在其范围中概括文件“主要技术内容”时，应使用如下典型表述形式：

“本文件提供/给出了……[某主题]的……指导/建议/信息，……。”

上述典型表述中，“……[某主题]”要给出具体的主题；“……指导/建议/信息”要针对文件中的具体内容，指出涉及了哪些“需考虑的因素”并分别陈述指导、建议或信息。表述指导和建议时，使用词语“提供”；表述信息时，使用词语“给出”。

指出不同类别指南标准中涉及的“需考虑的因素”时，宜根据具体情况选择恰当的、惯用的名称或措辞。

【示例 4-17】 试验方法类指南标准

| 本文件提供了硫化橡胶或热塑性橡胶进行磨耗试验时涉及的磨耗原理、磨耗试验类型、摩擦材料、试验条件、磨耗试验机以及试验步骤等方面的指导。 |
|---|

【示例 4-18】 特性类指南标准

| 本文件提供了自驾游目的地配套设施建设的指导，以及道路交通、停车场、露营地以及汽车停车站/点等方面建设的建议，并给出了相关信息。 |
|---|

【示例 4-19】 程序类指南标准

| 本文件提供了预防与降低谷物中真菌毒素污染操作程序的指导和建议，给出了谷物种植、收获前、收获、储藏和运输等阶段中与需考虑要点有关的信息。 |
|---|

## 四、范围表述需要注意的问题

前文介绍了范围需要陈述的内容以及如何表述。在编写范围时，还要注意以下五个方面的问题。

### （一）表述应全面且简洁

范围的功能是在文件名称之外提供进一步的信息，并起到内容提要的作用。为此，范围需要提供既全面又简洁的信息。

首先，要素“范围”所陈述的信息要全面，要包括以下两方面的内容，不应缺项：一方面要准确地描述“标准化对象”，提炼出文件涉及的各个方面，充分反映文件的规范性技术内容；另一方面要明确说明文件的适用界限，清晰给出文件的适用领域、文件使用者以及文件内容的用途。其次，范围的陈述在全面的基础上要简洁，要用简练的语言准确描述、高度凝练所要表达的内容，并且使用标准化的表述形式。只有达到了上述要求，范围才能够真正发挥“内容提要”的作用。

### （二）应表述为一系列事实的陈述

范围的内容由一系列事实的陈述构成，应使用陈述型条款，不应包含要求、指示、推荐和允许型条款。也就是范围中不应含有表述这些条款的能愿动词及其等效表述（见第六章第二节中的“一”）。

示例 4-20 中包含了要求型条款，其中的“……应当考虑制定相应具体的指南”包含了能愿动词“应”，属于要求型条款。如果文件中确需规定该项要求，应在规范性技术要素中表述。

**【示例 4-20】 包含了要求型条款的不正确表述**

1 范围

…………

1.4 本文件提供的只是一般性指导。对特殊的产品或服务的因素应当考虑制定相应具体的指南。

［选自 GB/T 20002.2—2008《标准中特定内容的起草 第 2 部分：老年人和残疾人的需求》］

示例 4-21 中包含了允许型条款，其中的“……不必制定功能规范”包含了能愿动词“不必”，属于允许型条款。这一条款实际上与功能规范的界定有关，如需要应移到“范围”之外的其他适当的要素中。

**【示例 4-21】 包含了允许型条款的不正确表述**

1 范围

本文件给出了功能规范的内容与编写的指南。

如果用户或买方希望获得的是按标准制造或提供的产品、过程或服务时，则不必制定功能规范。

［选自 GB/T 24XX7—2009《石油天然气工业 功能规范的内容与编写》］

### （三）不应包括“引言”中的内容

范围中不应陈述可在引言中给出的背景信息（见第五章第二节中的“三”），也不应陈述编制文件的原因、编制目的等。这些内容均应在引言中表述，而不应在范围中给出。

### （四）既不应遗漏又不应仅简单重复或重新组合文件名称的内容

范围的表述与文件名称是有联系的：第一，文件名称中包含的内容，在范围的表述中一定要涵盖，不应遗漏。第二，范围不应仅仅是文件名称的简单重复或重新组合。要通过对文件中的规范性技术内容的高度概括和总结[见下文中的(五)]来满足上述两点。

前文示例4-21中的第一段,没有覆盖文件名称中的所有内容,遗漏了“石油天然气工业”。示例4-22中,范围的表述仅仅简单重复了文件名称,并没有对文件中规范性内容进行概括和总结。

**【示例4-22】 简单重复文件名称的不正确表述**

本文件规定了化学纤维浸胶帘子线的试验方法。

[选自GB/T 36XX0—2018《化学纤维 浸胶帘子线试验方法》]

示例4-23不正确的范围表述中,仅仅对文件名称进行了重新组合,并没有给出进一步的信息。在正确的示例中,给出了对文件中规范性内容高度概括和总结之后的正确表述。

**【示例4-23】**

**不正确:**

GB/T 10001的本部分规定了旅游休闲方面的标志用公共信息图形符号(以下简称“图形符号”)。

[选自GB/T 10001.2—2006《标志用公共信息图形符号 第2部分:旅游休闲符号》]

**正 确:**

本文件界定了旅游休闲方面的公共信息图形符号(以下简称“图形符号”),给出了图形符号的含义及说明,并规定了图形符号的应用要求。

[选自GB/T 10001.2—2020《公共信息图形符号 第2部分:旅游休闲符号》,做了适当改动]

### (五)不宜仅罗列规范性要素的标题

范围在陈述主要技术内容时需要对文件名称中无法涉及的必要内容进行补充。这种补充要通过对文件的规范性要素的内容进行高度的概括和有机的总结来完成。这里强调的是概括和总结,不宜仅停留在罗列文件中规范性要素的标题。在有些情况下标题并不能完全反映其中的主要内容。如果文件有目次,在范围中这种与目次重复的罗列也是没有意义的。

示例4-24不正确的范围表述中,“范围”在阐述文件的主要技术内容时,对文件中技术要素的标题进行简单的罗列,与文件的目次完全一样,没有提供更进一步的信息。对于产品标准,建议将标准中要素“技术要求”的内容进行梳理提炼后,再在范围中陈述(见示例中的“正确”表述)。

**【示例4-24】**

**不正确:**

本文件规定了家用和类似用途电动洗衣机(以下简称“洗衣机”)的术语和定义、产品分类、技术要求、试验方法、标志、包装、运输和贮存。

**正 确:**

本文件规定了家用和类似用途电动洗衣机(以下简称“洗衣机”)的使用性能、人类工效性能、结构、材料等技术要求,描述了相应的取样、试验方法,规定了标志、包装、运输和贮存等方面的内容,同时给出了便于技术规定的产品分类。

## 第二节　总体原则和/或总体要求

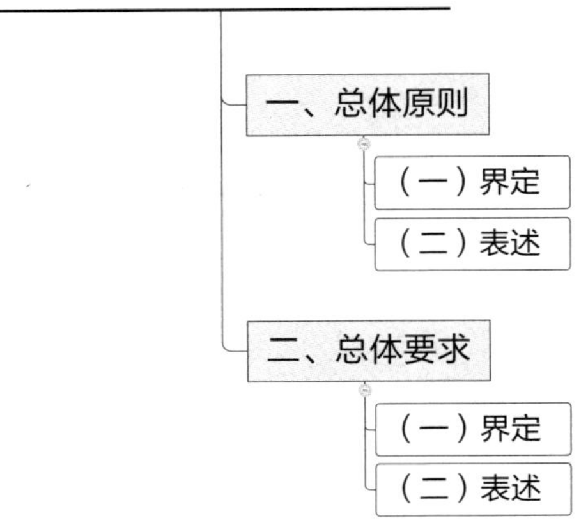


要素“总体原则和/或总体要求”是可选的规范性要素。也就是说，文件中是否设置该要素，以及如何设置都需要根据文件的具体需要来确定。如果需要在文件中设置该要素，根据具体情况，可以设置成“总体原则”“总则”“原则”或“总体要求”，或者设置成“总体原则和要求”“原则和总体要求”等。

### 一、总体原则

如果需要在文件中设置该要素，通常位于文件的核心技术要素之前。如果文件中包含要素“总体要求”，那么应位于“总体要求”之前。

#### （一）界定

该要素通常在指南标准，或者在以“……原则与要求”“……规则”“……总则”等为文件名称的标准化文件中设置。根据具体情况，该要素可以用“总体原则”“总则”“原则”等作为标题。

总体原则或原则用来提供为达到编制目的需要依据的方向性的总框架或准则。该要素的内容通常起到两个方面的作用，一是这些在原则的指导下，文件中随后相关要素中的条款或者需要符合或者具体落实这些原则，从而实现文件的编制目的；二是这些原则可以供文件使用者从事某项活动时考虑或遵循，通过对原则的理解和掌握，能够更好地遵守文件中其他具体规定。

#### （二）表述

总体原则中的内容，不是使用者需要满足的客观可证实的要求，也不是需要履行的行动的指示，它提供宏观的指导、方向性的框架和准则。鉴于此，总体原则的表述可以使用两种条款：一是陈述型条款，以便清楚阐述原则的内容；二是推荐型条款，建议使用者尽可能考虑相关的原则。编写总体原则的目的不是让使用者机械地遵守、执行，不是提出要求，也不是作指示，因

此这一要素中不应包含要求型条款和指示型条款。

示例4-25至示例4-27给出了标准化文件中总体原则的表述实例。

【示例4-25】

5　总体原则

5.1　醒目性

导向系统中设置的导向要素较其环境背景宜容易引起注意。为此，导向要素宜设置在易于被发现的位置，避免被其他固定物体遮挡，并与广告保持视觉上的分离或在视觉上有优先性；夜间使用的导向要素宜保证有足够的外部照明或使用内置光源。

5.2　一致性

导向系统中使用的导向要素所采取的设置方式和位置宜一致，以利于导向信息的顺利衔接和过渡。为此，各导向系统间连接、转换的导向要素的设置宜采取一致的规则；同一导向区域中，同类型导向要素在尺寸、设置位置、设置高度或设置方式等方面也宜保持一致。

5.3　协调性

为实现导向系统的整体功能，各导向要素(4.1.3)之间宜相互配合或与环境相配合。为此，同一导向系统中，使用的表示相同含义的图形符号、文字等信息元素宜相同；相互衔接的不同导向系统之间，在图形符号、文字等信息元素的使用方面宜协调；导向要素的设置宜与环境特点相协调。公共信息导向系统的设置宜避免对同一场所中的应急导向系统产生干扰。

5.4　系统性

…………

【示例4-26】

4.1　总体原则

…………

4.1.2　性能/效能原则

性能/效能原则是标准中要求的表述原则。为了给技术发展留有最大的自由度，标准中的要求由反映产品性能、过程或服务效能的具体特性来表述，尽量不使用产品的描述特性或其他特性(如过程运作的控制条件、服务的外部条件/环境、活动内容等相关特性)来表达，通常不对生产过程、工艺，服务机构或人员的资质，服务设备设施等规定要求。在遵守性能/效能原则时，需注意确保要求中不疏漏对标准化对象的功能产生重要影响的产品性能或过程/服务效能。

…………

[选自GB/T 20001.5—2017《标准编写规则　第5部分：规范标准》，做了适当改动]

【示例 4-27】

3 诊断原则

有明确的化妆品接触史，并根据发病部位，皮疹形态，必要时通过皮肤斑贴试验进行综合分析而诊断，但需要排除非化妆品引起之接触性皮炎。

［选自 GB/T 17149.2—1997《化妆品接触性皮炎诊断标准及处理原则》，做了适当改动］

## 二、总体要求

如果需要在文件中设置该要素，通常位于文件的核心技术要素之前，要素“总体原则”（如果有）之后。

### （一）界定

该要素通常在以“……原则与要求”“……规则”等为文件名称的文件中设置。如果需要设置该要素，那么以“总体要求”作为标题。根据要素内容之间的联系情况以及内容的多寡，总体要求可以与要素“总体原则”合并。合并后的章标题应为“总体原则和要求”或“原则和总体要求。合并后的章可以分为两条：“总体原则”/“原则”和“总体要求”，也可以根据内容的具体情况分为多条。

总体要求可以有两方面的功能：其一，用来规定涉及整体文件的要求；其二，规定文件随后的多个要素均需要规定的要求。文件中如果需要在两章或多于两章中规定相同的要求，就需要考虑将它们在“总体要求”中统一规定。

### （二）表述

总体要求中的内容，应是使用者能够直接遵守的要求或可操作的指示，或者通过其后的具体要求让使用者能够直接遵守或操作。鉴于此，总体要求的表述应使用要求型条款。只要“总体要求”单独设章或条，相应的章或条都应由要求型条款构成，不应包含其他类型的条款。如果总体要求与总体原则合并成一章，并未单独设条，那么在该章之下可以根据情况表述总体原则或要求。然而这种情况下建议尽可能将原则与要求分开表述。

示例 4-28 给出了在第 5 章中总体要求单独设条的实例。

【示例 4-28】

5.5 总体要求

5.5.1 起草文件时应在选择规范性要素的基础上确定文件的预计结构（见 6.2）和内在关系。

5.5.2 为了提高文件的适用性和应用效率，确保文件的及时发布，编制工作各阶段的文件草案在符合本文件规定的起草规则的基础上：

——不同功能类型标准［见 4.2 b)］应符合 GB/T 20001 相应部分的规定；

——文件中某些特定内容应符合 GB/T 20002 相应部分的规定；

——与国际文件有一致性对应关系的我国文件应符合 GB/T 1.2 的规定。

5.5.3　文件中不应规定诸如索赔、担保、费用结算等合同要求，也不应规定诸如行政管理措施、法律责任、罚则等法律法规要求。

[选自 GB/T 1.1—2020《标准化工作导则　第 1 部分：标准化文件的结构和起草规则》，做了适当改动]

示例 4-29 给出了在“5　总体原则和要求”之下，根据具体事项表述原则和要求的实例。其中 5.1 使用陈述型条款表述原则，5.2 和 5.7 使用要求型条款表述要求，5.6 第一段使用要求型条款表述要求，第二段使用推荐型条款表述原则。

**【示例 4-29】**

**5　总体原则和要求**

**5.1　遵守 ISO/IEC 相关规则和政策文件**

在遵守 ISO、IEC 规则和政策文件中有关其出版物的版权、版权使用权、销售和专利等方面规定的前提下，起草与 ISO/IEC 标准化文件有一致性对应关系的国家标准化文件。

**5.2　遵守我国标准化文件的起草规则**

起草与 ISO/IEC 标准化文件有一致性对应关系的国家标准化文件时，凡本文件未作具体规定的，应遵守 GB/T 1.1 的有关规定。

…………

**5.6　纳入修正案和/或技术勘误**

采用 ISO/IEC 标准化文件时，对于已发布的 ISO/IEC 标准化文件全部修正案和/或技术勘误应纳入国家标准化文件内。

采用 ISO/IEC 标准化文件后，对于新发布的 ISO/IEC 标准化文件修正案和/或技术勘误也宜尽快纳入国家标准化文件内。

**5.7　遵守条款中助动词的翻译规定**

翻译 ISO/IEC 标准化文件时，条款中的助动词的译文应符合附录 A 的规定。

ISO/IEC 标准化文件条款中的助动词翻译为国家标准化文件的能愿动词时，应符合附录 A 的规定。

[选自 GB/T 1.2—2020《标准化工作导则　第 2 部分：以 ISO/IEC 标准化文件为基础的标准化文件起草规则》]。

# 第三节　分类和编码/系统构成

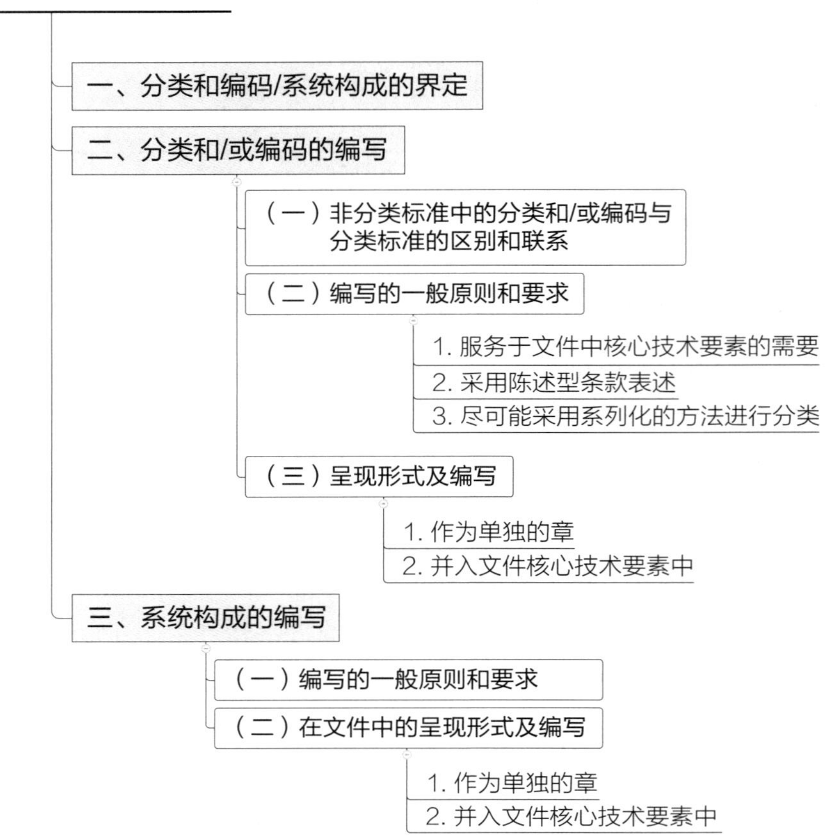


"分类和编码/系统构成"是一个可选的规范性要素。根据需要，在编制非分类标准时可能会包含要素"分类和编码"，在编制系统标准①时可能会包含要素"系统构成"。视情况，"分类和编码/系统构成"可设置为单独的一章，也可与规范、规程或指南标准中的核心技术要素（见第三章）合并，在一个复合标题下形成相关内容。本节将主要介绍要素"分类和编码/系统构成"的编写规则。

## 一、分类和编码/系统构成的界定

在非分类标准中，如果针对标准化对象的细分类别，技术特性的构成不同或对于同类技术特性的特性值存在多种选择，那么需要包含要素"分类和编码"。该要素用来给出针对标准化对象的划分以及对分类结果的命名或编码，以方便在文件核心技术要素中针对各个细分类别作出规定。它的内容通常涉及分类、命名、编码和代码等。

---

① 系统标准是指规定系统需要满足的要求以保证其适用性的标准。引自 GB/T 1.1—2020《标准化工作导则　第 1 部分：标准化文件的结构和起草规则》，4.2 中的注。

在系统标准中，如果为了确保系统总体功能的实现，那么需要对分系统/组成单元[①]本身的性能，以及它们之间的兼容配合等作出规定。在这种情况下，系统标准中需要包含要素“系统构成”。该要素用来确立构成系统的分系统或进一步的组成单元，以方便系统标准核心技术要素中针对各分系统/组成单元作出规定。它的内容通常涉及系统的具体构成，各分系统/组成单元的功能或进一步细分等。

## 二、分类和/或编码的编写

在非分类标准中，要素“分类和/或编码”与专门分类标准既有区别又有联系。编写时，需要考虑并服务于核心技术要素的需要，结合实际采用不同的呈现形式。

### （一）非分类标准中的分类和/或编码与分类标准的区别和联系

非分类标准中的分类和编码与分类标准是有区别的。一是从适用范围上，非分类标准中的分类和/或编码仅限于该文件所涉及的具体对象。而分类标准主要针对某一大类对象或某一领域进行分类和/或编码，起草其他标准化文件时可以直接应用，也可以稍加调整后应用。二是从主体内容上，与分类标准相比，非分类标准中的“分类和/或编码”只是该文件中一个章或条的内容。

非分类标准中的分类和/或编码与分类标准是有联系的。在编写时，如果在现行分类标准中规定的分类方法或分类结果适用，则直接引用即可。

### （二）编写的一般原则和要求

编写非分类标准中的分类和编码相关内容时，同样需要遵守 GB/T 20001.3《标准编写规则　第 3 部分：分类标准》中确立的规则（见第三章第三节）。除此之外，通常还要遵守以下原则和要求。

**1. 服务于文件中核心技术要素的需要**

如前所述，非分类标准中的分类和编码与文件核心技术要素密切相关。因此，在编写时，无论是选择引用现行的分类标准，还是自行编写，都要着眼于方便和满足文件核心技术要素的需要，不应涉及与核心技术要素无关的内容。

示例 4-30 示出了产品规范标准中分类内容的编写方法。根据该标准中标准化对象的实际情况以及核心技术要素“技术要求”的表述需要，将力车内胎分为两类，并分别规定了技术要求。

**【示例 4-30】**

> **4　分类和技术要求**
>
> 依据制造所用材料，将力车内胎分为两类：
> ——A 类：天然橡胶及以天然橡胶为主；
> ——B 类：丁基橡胶或以丁基橡胶为主。
> 不同类别内胎的技术要求应符合表 1 的规定。

---

① 分系统/组成单元是一个统称，根据文件中标准化对象的实际情况，还可以使用部件、模块等词语。

**表 1　技术要求**

| 项目 | 要求 | |
|---|---|---|
| | A 类 | B 类 |
| 规格尺寸 | 符合 GB/T 7377 规定的相应外胎的配套要求 | |
| …… | …… | |
| 拉断伸长率/% | >500 | >450 |
| 接头拉伸强度/MPa | >6.0 | >3.0 |
| 胶座气门嘴与胎身的粘合强力/N | >150 | |
| …… | …… | |

[选自 GB/T 1703—2017《力车内胎》,做了适当改动]

**2. 采用陈述型条款表述**

分类是对标准化对象按照若干属性进行划分,再采用适宜的方式对分类结果予以识别,从而为各方提供沟通和交流的基础,促进相互理解。因而,在非分类标准中编写分类和编码内容时,无论是引用现行的分类标准,还是自行起草,通常采用陈述型条款(如示例 4-31 中的 4.1 所示)。

**3. 尽可能采用系列化的方法进行分类**

在标准化对象为产品的情况下,根据产品的属性,尽可能采用系列化的方法进行分类(如示例 4-31 所示)。对于系列产品,还要合理确定系列范围与疏密程度等,尽可能采用优先数系或模数制。

**【示例 4-31】**

**4　分类、编码及粒径标识**

**4.1　分类和编码**

4.1.1　硫化橡胶粉分别依据所用的主要原料、粒径的目数进行划分。

4.1.2　依据所用的主要原料分出的类别及类别代码如下:

——轮胎类:使用大写拉丁字母 A 表示;

——合成橡胶类:使用大写拉丁字母 B 表示;

——其他:使用大写拉丁字母 C 表示。

4.1.3　依据粒径的目数分出的类别分别为:10、20、……、80、100、120、140、170 和 200 目。

**4.2　粒径标识**

硫化橡胶粉的粒径标识由粒径的目数和类别代码两部分组成,中间使用“-”连接。

例如,粒径目数为 10 目的合成橡胶类硫化橡胶粉的粒径标识为:10-B。

[选自 GB/T 19208—2020《硫化橡胶粉》,做了适当改动]

### （三）呈现形式及编写

在非分类标准中，综合考虑与文件核心技术要素的关系、内容篇幅等因素，按照表述的需要和具体情况，要素“分类和编码”通常有两种呈现形式：作为单独的章或并入文件核心技术要素中。

**1. 作为单独的章**

将分类和编码相关内容作为非分类标准中单独的章，适用于文件的标准化对象相对简单，并且不存在现行适用的分类标准，从适用的角度看，也不需要进行复杂的分类和给出复杂的分类结果，即可满足需要的情况。当作为单独的章编写时，结合具体文件中核心技术要素表述的需要，可给出分类方法、分类依据的属性以及名称和/或代码表示的分类结果等。

（1）章标题的编写

该章如果给出了分类方法（也可能没有）、分类依据的属性、类目/项目名称，那么建议使用“分类和命名”作为章标题（如示例 4-32 所示）；如果除了给出分类的内容外，还对类目/项目予以编码，给出了代码，那么建议使用“分类和编码”作为章标题（如示例 4-31 所示）；如果除了给出分类和编码的内容外，还给出了标准化项目标记（见本章第四节），那么，建议使用“分类、编码和标记”作为章标题（如示例 4-33 所示）。

**【示例 4-32】**

**4　分类和命名**

依据燃放运动轨迹及燃放效果，将烟花爆竹产品分为 9 个大类，如表 1 所示。

**表 1　烟花爆竹产品分类**

| 类目名称 | 说明 |
| --- | --- |
| 爆竹类 | 燃放时主体爆炸但不升空，产生爆炸声音、闪光等效果，以听觉效果为主 |
| 喷花类 | 燃放时以直向喷射火苗、火花、响声为主的产品 |
| 玩具类 | 形式多样、运动范围相对较小的低空产品，燃放时产生火花、烟雾、爆响等效果 |
| 吐珠类 | 燃放时从同一筒体内有规律地发射出彩珠、彩花等效果 |
| 旋转类 | 燃放时主体自身旋转但不升空的产品 |
| 升空类 | 燃放时主体定向或旋转升空的产品 |
| …… | …… |

［选自 GB 10631—2013《烟花爆竹　安全与质量》，做了适当改动］

**【示例 4-33】**

**4　分类、编码和标记**

**4.1　分类和编码**

缓降装置分别依据启动方式、下降能量进行划分。

依据启动方式分出的类别及编码如下：

——自动缓降装置：用Ⅰ表示；

——手动缓降装置：用Ⅱ表示。

依据下降能量分出的类别及编码如下：

——A 级：下降能量(W)≥$7.5\times10^{4}$ J；

——B 级：下降能量(W)≥$1.5\times10^{4}$ J；

——C 级：下降能量(W)≥$0.5\times10^{4}$ J；

——D 级：仅限于一次性使用，下降能量取决于最大下降高度和最大额定载荷。

4.2 标记

缓降装置的标记依次包括：

a) 描述段：缓降装置；

b) 标准代号和顺序号段：GB/T 38230；

c) 特性段，包括以下 6 个数据段：

1) 启动方式类别；

2) 下降能量类别；

3) 最小额定载荷(kg)；

4) 最大额定载荷(kg)；

5) 最大下降高度(m)；

6) 下降次数。

…………

[选自 GB/T 3830—2019《坠落防护 缓降装置》，做了适当改动]

(2) 分类、编码和代码的编写

分类、编码需要根据文件核心技术要素表述的需要确定。视具体情况，可根据标准化对象的不同特性进行分类，例如来源、结构、形式、材料、性能或用途等。如果需要对划分出的类目/项目进行编码，通常要给出编码方法、代码。分类和命名、编码和代码的具体编写方法见第三章第三节。

**2. 并入文件核心技术要素中**

将分类和编码相关内容并入文件核心技术要素中，适用于分类和编码内容相对简单，例如仅需引用适用的分类标准，或者仅需给出简单的分类结果，将其与核心技术要素一起表述更加方便的情况。当分类和编码的相关内容并入文件核心技术要素中时，建议该章的标题中体现“分类”“编码”“代码”等词语，例如，规范标准中分类与技术要求合并为一章时，章标题为“分类和技术要求”，如前文示例 4-30 所示。

如果存在现行适用的分类标准，那么引用即可。如果现行的分类标准给出了分类和命名，非分类标准中还需要给出代码，那么根据需要自行编写编码方法和代码。

## 三、系统构成的编写

要素“系统构成”的内容通常包括系统的具体构成、各分系统/组成单元的功能或进一步细分，有时还可能包含各分系统/组成单元之间的关系。

### (一) 编写的一般原则和要求

编写“系统构成”相关内容时，通常遵守以下原则和要求。

a) 在确立构成系统的分系统或组成单元时，首先要考虑并服务于具体文件中核心技术要素的需要，不要涉及与核心技术要素无关的内容。

b） 采用陈述型条款表述。为便于理解，可以辅以图或示意图。

示例4-34示出了系统构成的编写方法。该文件采用陈述型条款描述了城市导向系统的构成以及各子系统之间的关系，并在核心技术要素“设置要求”中针对每个子系统都规定了要求。

**【示例4-34】**

**4 城市导向系统的构成**

**4.1 子系统**

城市导向系统由以下相互关联的子系统构成：

——城市出入口导向系统：包括民用机场、铁路旅客车站、客运码头、长途汽车站等；

——公共交通导向系统：包括公交枢纽、城市轨道交通车站、公共汽（电）车车站、出租车车站等；

——街区导向系统：包括城市街区、特色街区等；

——公共服务及文化娱乐场所导向系统：包括宾馆饭店、购物场所、医疗场所、运动场所、公园景点及文化娱乐场所等。

**4.2 导向要素**

城市导向系统由以下导向要素构成：

——位置标志：……；

——导向标志：……；

——信息索引标志：……；

——平面示意图：……；

——街区导向图：……；

——便携印刷品：……。

…………

**7 设置要求**

**7.1 城市出入口导向系统**

…………

**7.2 公共交通导向系统**

…………

**7.3 街区导向系统**

…………

**7.4 公共服务及文化娱乐场所导向系统**

…………

示例 4-35 中，系统构成采用陈述型条款和图的形式表述，并描述了各组成单元之间发挥作用的功能关系。

【示例 4-35】

4　系统组成和功能

4.1　系统组成

滑移系统（如图 1 所示）主要由以下单元组成：

——滑移单元：由推拉液压缸、顶升液压缸、滑移基板、滑移小车等组成（如图 2 所示）；

——控制单元；

——相关附件。

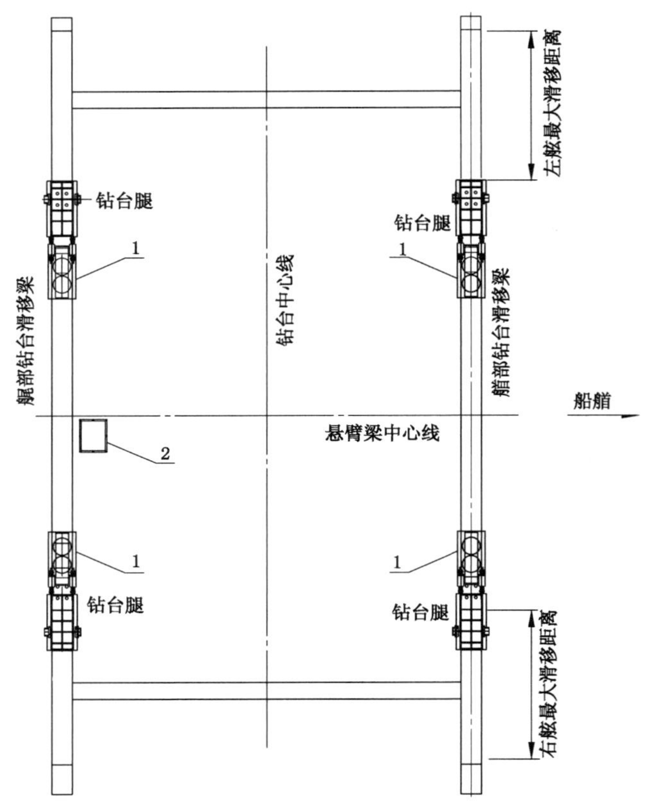


标引序号说明：

1——滑移单元；

2——控制单元。

**图 1　滑移系统示意图**

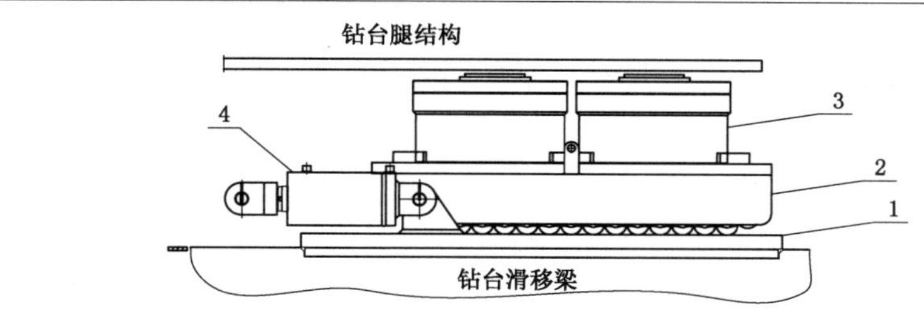


标引序号说明：

1——滑移基板；

2——滑移小车；

3——顶升液压缸；

4——滑移/推拉液压缸。

图 2 滑移单元示意图

4.2 系统功能

滑移单元布置在钻台滑移梁上，滑移单元顶升液压缸将钻台顶升，钻台腿结构脱离钻台滑移梁，然后由控制单元控制推拉液压缸伸缩，推动钻台、顶升液压缸及滑移小车在滑移基板上移动，从而实现钻台整体滑移。

5 设计原则和载荷计算

…………

6 设计技术要求

6.1 滑移单元

…………

6.2 控制单元

…………

［选自 GB/T 36673—2018《自升式钻井平台钻台滑移系统设计要求》，做了适当改动］

## （二）在文件中的呈现形式及编写

综合考虑与文件核心技术要素的关系、内容篇幅等因素，按照表述的需要和具体情况，要素“系统构成”通常有两种呈现形式：作为单独的章或并入文件核心技术要素中。

### 1. 作为单独的章

将系统构成相关内容作为单独的章，适用于系统的构成以及各分系统之间/组成单元之间的关系比较复杂的情况。当“系统构成”作为单独的章编写时，结合具体文件中核心技术要素编写的需要，可给出分系统/组成单元的名称、功能或者进一步细分以及它们之间的关系等内容。章标题可使用“系统构成”“系统组成”“系统结构”等，如示例 4-34、示例 4-35 所示。

### 2. 并入文件核心技术要素中

将系统构成相关内容并入文件核心技术要素中，适用于系统的构成相对简单，将其与文件核心技术要素一起表述更加方便的情况。当系统构成的相关内容融入文件核心技术要素中时，建议该章的标题中体现"系统构成""系统组成""系统结构"等词语，例如，规范标准中系统构成与技术要求合并为一章时，章标题为"系统构成和技术要求""系统结构和技术要求"等。

## 第四节 标准化项目标记

**※ 本节结构及内容导引 ※**

- 一、标准化项目标记的界定和应用
  - （一）标准化项目的识别
  - （二）标准化项目标记的界定及构成
  - （三）标准化项目标记的应用
- 二、标准化项目标记的编写
  - （一）标记中使用的字符
  - （二）描述段
  - （三）识别段
    - 1. 标准代号和顺序号段
    - 2. 特性段
- 三、国际标准化项目标记的采用
  - （一）等同采用ISO、IEC标准
  - （二）国家标准与对应的ISO、IEC标准一致性程度为修改或非等效

"标准化项目标记"是一个可选的规范性要素。实践中，如果需要用惟一、简短的标记来识别已发布文件中的标准化项目，以代替对该项目的冗长的描述，那么，就需要在文件中规定标准化项目标记。通常，标准化项目标记可以单独设置为一章，也可以与分类、编码合并设置为一章。本节将主要介绍什么是标准化项目标记、标准化项目标记的构成与编写规则以及国际标准化项目标记的采用规则。

### 一、标准化项目标记的界定和应用

标准化项目标记对于在信息交流中快速、简捷地识别标准化项目非常有用。这里的标准化项目可以是有形的项目，例如材料、成品；也可以是无形的项目，例如过程或体系、试验方法、符号集或有关标志和交货的要求。

### （一）标准化项目的识别

标准化项目的识别，受文件中针对标准化项目各个特性的特性值的数量的影响。众所周知，一个标准化项目通常会有多个特性。根据具体情况，与这些特性相关的特性值可能是单一的，也可能是多个的（例如产品规范中针对尺寸或其他性能给出了一系列可供选择的特性值）。

当文件针对标准化项目的每个特性都只规定一个特性值时，使用文件编号（包括文件代号、顺序号）就可以识别标准化项目。

如果文件针对标准化项目的一个或多个特性提供了多种供选择的特性值，例如，文件包含了测定产品特性值的多种供选择的试验方法，列出了多个供选择的参数等，这时，使用文件编号就不能识别出标准化项目了。因为对于特定的标准化项目来说，它的特性及特性值是惟一的，而文件中给出了多种供选择的特性值，所以仅使用文件编号识别不出具体项目来。在这种情况下，就需要使用标准化项目标记来识别和说明标准化项目。

### （二）标准化项目标记的界定及构成

标准化项目标记是对所发布文件中的标准化项目拟定的标记。它既不是商品代码①，也不是普通的产品代码②。

标准化项目标记体系由“描述段”和“识别段”组成，如图 4-1 所示。其中，描述段用于给出适当的描述词来代表标准化项目。识别段用于正确无误地标识出标准化项目。

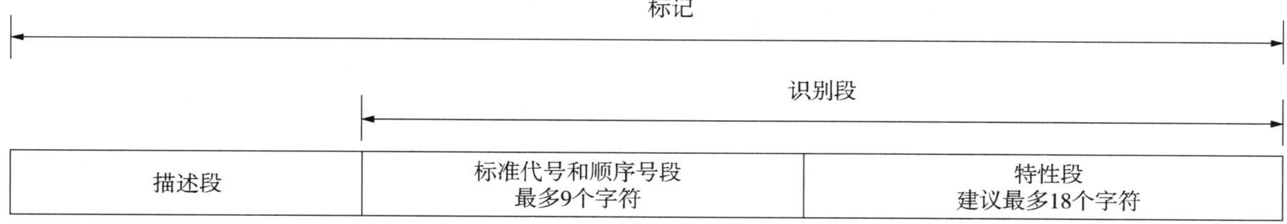


**图 4-1 标记体系的构成**

“识别段”又分为“标准代号和顺序号段”和“特性段”两部分。其中，标准代号和顺序号段表示所有的特性及其数值（特性值）。当对每个特性只赋予一个特性值时，可以省略特性段，仅使用标准代号和顺序号作为识别的惟一标记。当一个或多个特性被赋予了多个特性值时，需要有特性段，并在特性段内描述特性数值。

### （三）标准化项目标记的应用

标准化项目标记主要用在文件、目录、信函、科技文献，或者货物、材料和设备订单中，以及展销物品的介绍中。但是，在这些应用场景中，标准化项目标记不能代替文件的全部内容，要全面了解文件内容，还需要阅读有关文件。

## 二、标准化项目标记的编写

标准化项目标记由字符组成。针对描述段、识别段等不同构成部分，在编写时遵循着不同

① 商品代码是指具有特定用途的类似产品所具有的相同的代码。

② 产品代码可以是工厂组织生产专用的更加简明的代码，给任何产品赋予产品代码时，均不考虑该产品是否已经被标准化。

的规则。

### （一）标记中使用的字符

标记中使用的字符应该是字母、数字、符号和文字。字符的使用通常遵守以下规则：

a） 字母应该使用拉丁字母，在识别段中建议使用大写字母；

b） 数字应该使用阿拉伯数字；

c） 符号应该使用短横线形式的连接号（－）、加号（＋）、分隔号（/）、逗号（,）和乘号（×），在数据自动处理时，乘号用"×"。

此外，在标记中，为了便于阅读可以在描述段与标准代号和顺序号段之间插入空格，这种空格不算字符，在数据自动处理时，可以删去。

**请注意：**在标准化项目标记的字符中不包含小数点符号"."。我国标准化文件和ISO、IEC标准化文件中表示小数时使用的符号不同，我国文件中使用小数点符号"."，ISO、IEC文件中使用小数逗点符号","。但是我国标准化文件等同采用ISO、IEC标准化文件时，需要等同采用ISO、IEC标准化文件中的标准化项目标记。考虑到上述情况，为了能够统一使用ISO、IEC标准化文件中的标准化项目标记，在形成我国的标准化项目标记时，需要将我国标准化文件条文中的小数点符号"."改为小数逗点符号","。例如，"31.5"在标记中写作"31,5"。

### （二）描述段

描述段的内容应该由相应的标准化技术委员会或有关机构负责指定。在给出时，建议尽可能简短，最好取自文件的主题分类词（即ICS中的主题词）。由于标记中提到了标准代号和顺序号，所以"描述段"是否需要是可以选择的。如果使用描述段，那么应该将它放在标准代号和顺序号段之前，且最好与标准代号和顺序号段之间用半个汉字的空格隔开。

### （三）识别段

识别段由两段字符组成：

——标准代号和顺序号段，最多由9个字符（字母"GB/T"以外最多加5个数字）组成；

——特性段（字母、数字、符号），建议最多由18个字符组成。

为了区分"标准代号和顺序号段"与"特性段"，二者之间通过一个短横线"-"隔开。

#### 1. 标准代号和顺序号段

（1）编写规则

标准代号和顺序号段的编写通常遵守以下规则。

a） 尽可能简短。例如，第一项国家标准表示为GB/T 1。当记录在机读媒体上时，可在标准顺序号前加空格或"0"，例如GB/T 1可表示为"GB/T 1"或"GB/T 00001"。由于此时标准代号和顺序号之间的空格代表了相应的码位，因此，在数据自动处理时不应删去。

b） 如果文件由若干部分构成，那么，在标准代号和顺序号段之后，用连接号"-"与部分的编号相连，标在特性段中。例如，GB/T 9065.3在标记中写作"GB/T 9065-3"。由于标准代号和顺序号已经写满了9个字符，因此部分的编号实际上已进入特性段。

c） 不必在标准代号和顺序号段内加入发布年份。这主要是因为，标准化项目标记中通常都会包含特性段，如果新版中规定的技术内容发生了变化，那么在特性段中给出新的特性和/或特性值即可，因此，无须给出文件的发布年份。

（2）文件修订或编制修改单时的特别要求

当文件修订时，如果旧版中包含了标准化项目的标记方法，那么，在规定新版中的标记时不应与旧版的任何标记发生混淆。

当采用修改单修改包含了标准化项目标记的文件时，需要注意：如果技术内容做了修改，要考虑对相关的标准化项目标记进行修改。

**2. 特性段**

特性段的内容由编制该文件的标准化技术委员会或有关机构负责确定。在编写时通常遵守以下规则。

a） 尽可能简短，并以可能的最好方式构建，以便满足标记的用途。当文件中要求的数据以最简单的方式列出时，仍需要使用较多的字符（例如："1 500×1 000×15"包含12个字符，尚且只列出了尺寸，还没有规定公差），那么，可以使用由一个或多个字符的复合代码列出全部可能的内容，例如，用A代表1 500×1 000×15，用B代表500×2 000×20。

b） 使用代码表示，代码的含义由相关文件提供。不应使用文字（例如"羊毛"）作为特性段的内容，因为标准化项目标记如果在国际范围内使用，文字的含义还需要翻译。此外，在特性段中，不应使用字母"I"和"O"，以免与数字"1"和"0"相混。

c） 为了给每个标记项提供一个明确的编码，特性段可以进一步细分为几个数据段，每个数据段由代码表示特定的信息。这些数据段之间用符号（例如短横线形式的连接号）隔开。如示例4-36、示例4-37所示。

d） 最重要的参数放在首位。

e） 在标注时，可能缺省一个或多个数据段，由此造成的空位要使用额外的符号（例如使用双分隔符）予以标出。这主要是因为，每个数据段在标记中的位置和含义是固定的，因此，缺省一个或多个数据段并不意味着其他数据段可以占用该位置和代表其含义。

此外，如果多个文件涉及一种产品，那么，应该选择其中一个文件对产品的标记规则作出规定。

以下示例示出了标准化项目标记的样式和编写。其中，示例4-36示出了完整的标准化项目标记。

**【示例4-36】**

**5 标记**

软管接头的标记依次包括：

a） 描述段：软管接头；

b） 标准代号和顺序号段：GB/T 9065-3；

c） 特性段，包括以下3个数据段：

1） 连接端类型及形状代号[①]；
2） 法兰端轻重系列代号[②]和公称法兰尺寸；
3） 公称软管内径（mm）。

其中，a）和 b）之间使用空格隔开；b）和 c）之间以及 c）中的 1）和 2）之间使用“-”连接，2）和 3）之间加入“×”。

示例：

45°中弯，42 MPa 法兰端（S）系列，公称法兰尺寸为 32 mm，公称软管内径为 31.5 mm 的软管接头

标记：软管接头 GB/T 9065-3-E45M-S32×31，5

［选自 GB/T 9065.3—2020《液压传动连接　软管接头　第 3 部分：法兰式》，做了适当改动］

示例 4-37 示出了省略描述段的标准化项目标记。

【示例 4-37】

**4.5　标记**

钢丝绳网的标记依次包括：

a） 标准代号和顺序号段：GB/T 38232；
b） 特性段，包括以下 4 个数据段：
 1） 类别代码[③]；
 2） 直径（mm，用两位数字表示）；
 3） 网孔尺寸（mm）；
 4） 网片尺寸（m）。

其中，a）和 b）之间以及 b）中各数据段之间使用“-”连接。

示例：

固定件节点，直径为 8 mm，网孔尺寸为 300 mm，网片尺寸为 4 m×4 m 的钢丝绳网

标记：GB/T 38232-CN-08-300-4×4

［选自 GB/T 38232—2019《工程用钢丝绳网》，做了适当改动］

## 三、国际标准化项目标记的采用

ISO、IEC 标准中规定的标准化项目标记适合传递 ISO、IEC 国际标准化项目的有关信息；我国国家标准中规定的标准化项目标记适合传递我国标准化项目的有关信息。只有在国家标准与 ISO、IEC 标准具有一致性程度的对应关系时，上述两个标记才可能有联系。

### （一）等同采用 ISO、IEC 标准

当国家标准等同采用规定了国际标准化项目标记体系的 ISO、IEC 标准时，要将国家标准代号和顺序号插入国际标准化项目标记的描述段和 ISO、IEC 标准代号之间，并加短横线形式

---

① GB/T 9065.3—2020《液压传动连接　软管接头　第 3 部分：法兰式》中 5.2 的表 1 给出了软管接头连接端类型及形状代号，直通代号为“S”；22.5°中弯代号为“E22M”；45°中弯，代号为“E45M”；……。

② GB/T 9065.3—2020《液压传动连接　软管接头　第 3 部分：法兰式》中 5.2 的表 1 给出了法兰端轻重系列代号，3.5 MPa～35 MPa 为轻系列，代号为“L”；42 MPa 为重系列，代号为“S”。

③ GB/T 38232—2019《工程用钢丝绳网》中 4.4.1 的表 2 给出了钢丝绳网的产品代号，即示例 4-37 中的类别代码，双向缠绕节点的代码为 KN-D，单向缠绕节点的代码为 KN-S，固定件节点的代码为 CN。

的连接号后，形成国家标准化项目标记。

示例 4-38 示出了等同采用 ISO 标准时标准化项目标记的编写方法。

**【示例 4-38】**

> **5　标记**
>
> 7∶24 圆锥工具柄的标记依次包括：
>
> a)　描述段：工具柄；
>
> b)　标准代号和顺序号段：GB/T 10944-2-ISO 7388-2；
>
> c)　特性段，包括以下 2 个数据段：
>
> 　　1)　型式和锥柄号①；
>
> 　　2)　当带有数据芯片孔结构时，字母“D”。
>
> 其中，a)和 b)之间使用空格隔开；b)和 c)之间以及 c)中各数据段之间使用“-”连接。
>
> 示例：
>
> J 型，锥柄号 40，带有数据芯片孔结构的 7∶24 圆锥工具柄
>
> 标记：工具柄 GB/T 10944-2-ISO 7388-2-J40-D

[选自 GB/T 10944.2—2013《自动换刀 7∶24 圆锥工具柄　第 2 部分：J、JD 和 JF 型柄的尺寸和标记》，做了适当改动]

在这种情况下，在相关的标准化项目上应用这些标记不但意味着符合国家标准，还意味着符合 ISO、IEC 标准。从而，为声明符合国家标准或 ISO、IEC 标准要求的项目的相互理解提供了方便。

### （二）国家标准与对应的 ISO、IEC 标准一致性程度为修改或非等效

当国家标准与对应的 ISO、IEC 标准一致性程度为修改或非等效时，通过以下方式形成国家标准化项目标记。

a)　如果国家标准中的一个特定项目与规定在相应 ISO、IEC 标准中的项目完全相同，例如针对某个特定项目细分类型，在基于该 ISO、IEC 标准起草国家标准时，其特性及特性值均未发生技术变化，那么允许使用上述(一)中的方法，将国家标准代号和顺序号插入国际标准化项目标记的描述段和 ISO、IEC 标准代号之间，形成国家标准化项目标记。

b)　如果在基于 ISO、IEC 标准起草国家标准时，国家标准中的项目与相应 ISO、IEC 标准中的项目相关但不相同，那么，国家标准化项目标记中不应该包含 ISO、IEC 标准代号和顺序号。

① GB/T 10944.2—2013《自动换刀 7∶24 圆锥工具柄　第 2 部分：J、JD 和 JF 型柄的尺寸和标记》中，7∶24 圆锥工具柄的型式包括 J、JD 和 JF 型。该文件的第 3 章表 1、表 2 和表 3 给出了锥柄号，包括 30、40、45、50、60。

# 第五节 符号和缩略语

※ 本节结构及内容导引 ※

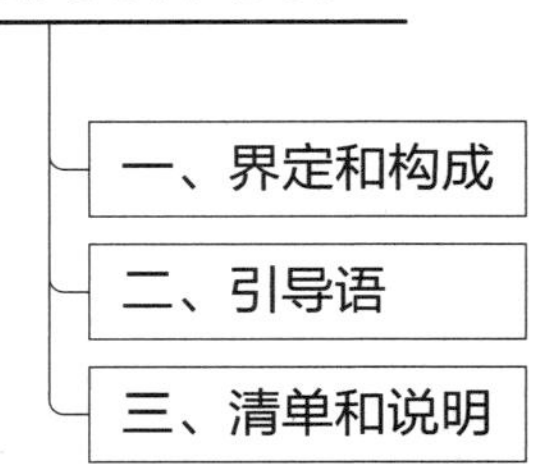


“符号和缩略语”在非符号标准中是一个可选的规范性要素。如需要，该要素宜设置为文件的第 4 章。根据具体情况，该要素的标题可设置为“符号”“缩略语”或“符号和缩略语”。

在我国标准化文件中，缩略语专指由外文词组构成的短语的缩写形式（见第六章第三节中的“三”）。一般而言，缩略语不会形成单独的缩略语标准，然而符号会形成单独的符号标准（见第三章第二节）。

## 一、界定和构成

在标准化文件中设置要素“符号和缩略语”的意义主要是提高文件的易用性（见第六章第一节），是为文件自身服务的。在编写非符号标准时，通过设置该要素，给出文件中使用的，并且应用文件需要理解的符号和缩略语的说明或定义，将使文件使用者能够快速查找需要了解的符号或缩略语。

这一要素内容的构成形式是相对固定的，主要由“引导语＋带有说明的符号和/或缩略语清单”构成。如果为了反映技术准则，需要对符号/缩略语进行分组，这时该要素可以细分为条，每条应给出条标题，在条之下给出符号和/或缩略语清单。

根据编写的需要，该要素还可并入“术语和定义”（见本章第六节），这时可将术语、符号和缩略语放在一个复合标题下。

## 二、引导语

在符号和缩略语这一章的章标题之下，应根据列出的符号和缩略语的具体情况，由下列适当的引导语引出符号和/或缩略语清单：

“下列符号适用于本文件。”（如果该要素列出的符号适用时）

“下列缩略语适用于本文件。”（如果该要素列出的缩略语适用时）

“下列符号和缩略语适用于本文件。”（如果该要素列出的符号和缩略语适用时）

## 三、清单和说明

要素“符号和缩略语”无论是否分条，清单中列出符号或缩略语宜按下列规则以字母顺序列出：

a） 大写拉丁字母置于小写拉丁字母之前（$A$、$a$、$B$、$b$ 等）；

b) 无角标的字母置于有角标的字母之前，有字母角标的字母置于有数字角标的字母之前（$B$、$b$、$C$、$C_m$、$C_2$、$c$、$d$、$d_{ext}$、$d_{int}$、$d_1$ 等）；

c) 希腊字母置于拉丁字母之后（$Z$、$z$、$A$、$\alpha$、$B$、$\beta$、…、$\Lambda$、$\lambda$ 等）；

d) 其他特殊符号置于最后。

由于字母本身是有前后顺序的，按照字母顺序很容易找到相应的符号或缩略语，因此该章或分条中清单里的“符号和缩略语”之前均无须给出序号。

**请注意**：符号和缩略语与术语和定义中术语条目（见本章第六节）的排列顺序遵循不同的规则，通常前者按照字母顺序，后者按照概念层级编排。

符号和缩略语的说明或定义宜使用陈述型条款，不应包含要求和推荐型条款。

在具体编写符号和缩略语清单时，每个“符号”或“缩略语”通常另起一行空两字编排，其后空一个汉字或者用冒号（：）、破折号（——）与其相应的含义或说明相连（见示例 4-39）。对于缩略语清单，也可在说明之后给出缩略语对应的外文（见示例 4-40）。当需要回行时，与上一行的含义或说明的第一个字对齐。

**【示例 4-39】**

> **4 符号**
>
> 下列符号适用于本文件。
>
> $I_{cable}$：单芯电缆工作在自由空气中的允许持续载流量。
>
> $I_{corr}$：按特定工作条件修正的单芯电缆载流量。
>
> $I_{load}$：正常工作条件下电缆的负载电流。
>
> $i$：电缆工作时的静态电流（包括过载瞬态电流）。
>
> $k_1$：预期环境条件修正系数。
>
> $k_2$：敷设类型修正系数。
>
> $k_3$：电缆预期寿命修正系数。
>
> $k_4$：短时负载修正系数。
>
> $S$：导体的标称截面积。

［选自 GB/T 34571—2017《轨道交通　机车车辆布线规则》］

**【示例 4-40】**

> **4 缩略语**
>
> 下列缩略语适用于本文件。
>
> BBV：位流虚拟参考解码器（Bitstream Buffer Verifier）
>
> CBR：恒定比特率（Constant Bit Rate）
>
> CIF：通用中间格式（Common Intermediate Format）
>
> LSB：最低有效位（Least Significant Bit）
>
> MB：宏块（Macroblock）

［选自 GB/T 20090.2—2013《信息技术　先进音视频编码　第 2 部分：视频》］

# 第六节　术语和定义

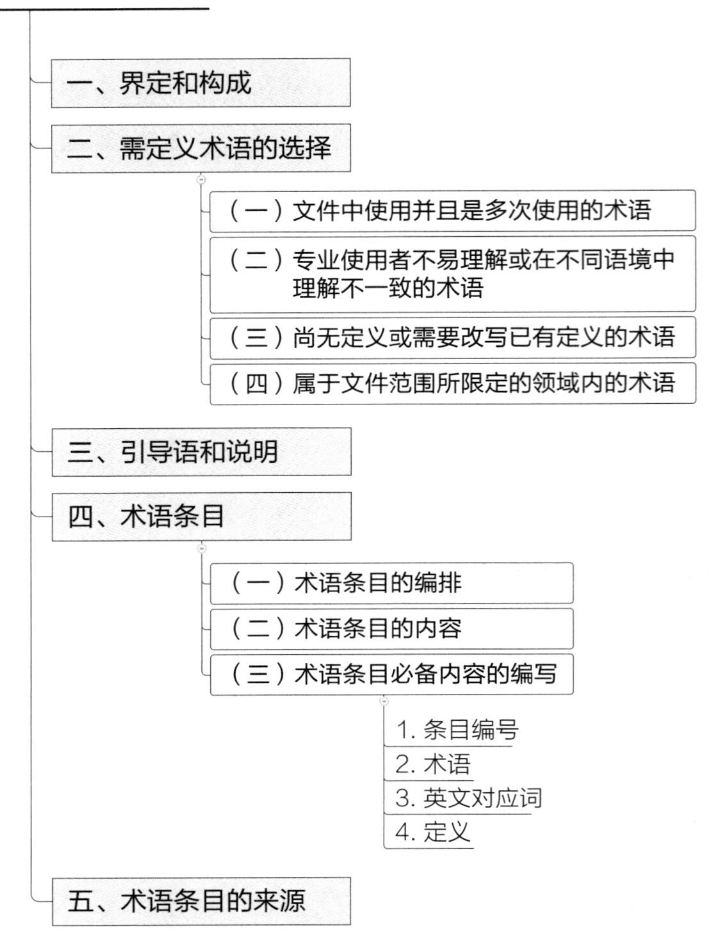


非术语标准中的要素“术语和定义”是规范性要素。要素“术语和定义”的设置具有其特殊性，表现在两个方面：其一，该要素的章编号和标题的设置是必备的，即在任何文件中都应设有“3 术语和定义”；其二，该要素的内容（即术语条目）的有无可根据具体情况进行选择。也就是说，可能存在只有章编号和标题，但是没有具体术语和定义的情况。

这一规定使得文件的基本结构进一步趋向一致性，任何文件正文的前三个要素的章编号和标题都是齐全且相同的，即依次为“范围”“规范性引用文件”和“术语和定义”。

## 一、界定和构成

在标准化文件中设置要素“术语和定义”的意义主要是提高文件的易用性（见第六章第一节）。首先，在编写非术语标准时，如果文件中需要界定的术语是在术语呈现的位置进行定义，而不设置单独的术语和定义章，那么文件使用者在需要查找某些术语的含义时将产生

诸多不便。这一要素的功能是统一安排文件中需要界定的术语及其定义，便于使用者在固定位置快速查看，增进对术语含义的一致理解。其次，非术语标准中的要素“术语和定义”仅是为了界定文件中需要定义的术语而设立的，这一点与起草“术语标准”的目标有着本质区别。术语标准是为了在某个领域中建立概念体系，以便大家在该领域中能够相互理解、顺畅交流（见第三章第一节）；而“术语和定义”是为文件自身服务的，并没有建立概念体系的任务。

该要素具体内容的构成形式是相对固定的，主要由“引导语＋术语条目”构成。与术语标准相比较，两者的共同点是：其内容都包含“术语条目”；两者存在的主要区别为：一是要素“术语和定义”中增加了引导语这一表述形式；二是“术语和定义”中术语条目的内容，通常比术语标准中的简单，除了必备内容两者完全一致外[见本节“四”中的（二）]，其他内容通常相对较少；三是选择需要定义的术语的考虑点不同，要素“术语和定义”是要考虑本文件的需求；术语标准是要考虑建立某领域或某标准化对象的概念体系。

## 二、需定义术语的选择

选择在要素“术语和定义”中定义的术语需要满足以下四个条件。

### （一）文件中使用并且是多次使用的术语

“术语和定义”中定义的术语要满足两点。其一，在文件中已经使用了该术语。如果某个术语在文件条文中没有用到，就没有在“术语和定义”中存在的理由。其二，在文件中要至少使用两次。如果某个术语在文件的条文中只用到一次，那么可以在条文中出现该术语时作出解释，或在其后的括号内给出解释，也可在“注”中进行解释，无须在要素“术语和定义”中对该术语进行定义。

示例 4-41 给出了仅在条文中连续使用了两次的术语，未在“术语和定义”中定义，而只在相应条的注中进行说明的实例。这种情况下，在相应条内进行说明对文件使用者来说更加方便。

**【示例 4-41】**

> 5.4.7　彻底延误时限
>
> ……
>
> 根据国内快递服务的类型，彻底延误时限主要应包括：
>
> ……
>
> **注**：彻底延误时限是指从快递服务组织承诺的快递服务时限到达之时起，到用户可以将快件视为丢失的时间间隔。例如，某一快递服务组织承诺的省际快件服务时限为 $A$ 个日历天，则从其交寄之日起，$A$＋7 个日历天后，快件仍未到达，则视为该快件彻底延误（丢失）。

**请注意**：在修订标准时，如果修改或删除的内容中包含了在“术语和定义”一章中列出的术语，标准中其他内容也没有使用该术语，则应删除“术语和定义”中相应的术语及其定义。

## （二）专业使用者不易理解或在不同语境中理解不一致的术语

标准化文件是给相关的专业人员使用的，要素“术语和定义”中需要界定的术语也是针对专业使用者的，在这个前提下文件中需界定的术语应符合以下三点：首先是专业使用者不易理解的术语，也就是说不是一看就懂或众所周知的术语；其次，在不同的语境中有不同解释的术语；再次，无须定义通用词典中的词或通用的技术术语，除非将这些术语用于特定的含义。上述三点表明，即使一个术语不是一看就懂，但在通用词典中或者通用技术术语的相关文件中已经定义，并且文件中使用的术语与通用词典或通用技术术语的概念完全相同且没有其他特定含义，就没有必要在术语和定义中界定。

例如，“产品说明书”属于通用的技术术语，不必在标准化文件中对其进行定义。又如“检验”这一术语，如果在文件中多次使用它在通用辞典中的含义，即“检查验看”，就不必进行定义；如果将它用于特定的含义“通过观察和判断以及适当的测量、测试所进行的合格评价”，这里涉及测试以及合格评价的内容，就非常有必要对它下定义。

“一看就懂”的术语，有时还有另外一层含义。如果文件中使用了由已经定义的基本术语组合而成的术语，组合术语并没有改变原来单个术语的含义，那么该组合术语可以认为是一看就懂的术语。例如“安全标准”是由“安全”和“标准”两个术语组合而成，其含义为“没有不可接受的伤害风险的标准”，其中“标准”是作为上位概念使用的，定义没有改变；而限定“标准”的“安全”的含义与术语“安全”的定义完全一样。因此“安全标准”就成了“一看就懂”的术语，不必再下定义。

## （三）尚无定义或需要改写已有定义的术语

要素“术语和定义”中应仅定义在现行术语标准中尚无定义或需要改写已有定义的术语。对术语进行定义时，首先要在现行术语标准中查找相应的术语和定义。如果发现在现行术语标准中已经对拟界定的术语进行了定义，那么不宜重新定义，而宜考虑引用这些定义。然而，由于术语标准中的定义适用范围比较广泛，可能会出现已有定义不完全适用的情况，因此允许对现有定义进行改写。只有确认在现行术语标准中尚无定义或已有定义不完全适用时，才需要在非术语标准中给出定义。

如果改写了现有术语标准中的定义，应在改写的定义后提示该定义是改自其他定义的。见下文的“五”。

## （四）属于文件范围所限定的领域内的术语

文件中应只定义属于文件的范围所覆盖领域中的术语。如果文件中使用的某个术语满足了前文（一）至（三）阐述的条件，但该术语所涉及的领域不属于该文件所覆盖的领域，也就是文件中使用了属于文件范围之外的术语，那么不宜在文件中的要素“术语和定义”中进行定义。这种情况下，可在使用该术语的条文中增加条文的注，说明该术语的含义。

例如，一个冶金领域的标准化文件使用了一个纯化工领域的专业术语，即使没有检索到化工领域对该术语进行了定义，由于专业背景的限制，也不宜在冶金领域的标准化文件的“术语和定义”中界定相应的术语。

## 三、引导语和说明

要素“术语和定义”中，在给出具体的术语条目之前应有一段引导语。根据不同的情况，可以选择以下引导语中的一种。

a） 只有第 3 章界定的术语和定义适用时，使用的引导语为：
“下列术语和定义适用于本文件。”

b） 如果除其他文件界定的术语和定义适用，没有其他需要界定的术语和定义时，使用的引导语为：
“……界定的术语和定义适用于本文件。”

c） 如果除了文件中界定的术语和定义外，其他文件中界定的术语和定义也适用时，使用的引导语为：
“……界定的以及下列术语和定义适用于本文件。”

由于要素“术语和定义”的章编号和标题的设置是必备的，因此可能存在文件中没有需要界定的术语和定义的情况。这时需要在章标题下给出以下说明：

“本文件没有需要界定的术语和定义。”

## 四、术语条目

在引导语之后，如果有需要定义的术语，应表述为术语条目的形式。术语条目的任何内容均不准许插入脚注。“术语和定义”中的术语条目不应编排成表的形式。

### （一）术语条目的编排

术语条目最好按照概念层级分类和编排，属于一般概念的术语和定义应安排在最前面。当无法或无须分类时，可以按术语的汉语拼音字母顺序编排。

在术语条目中，为了表示概念的分类还可以将第 3 章细分为条，每条给出条标题。这种情况下术语条目将在条标题之下展开。示例 4-42 中的“3.1 文件”“3.2 文件的结构”“3.3 文件的表述”为细分的条及条标题，其他则为术语条目。

**【示例 4-42】**

> 3.1　文件
>
> 3.1.1
>
> **标准化文件　standardizing document**
>
> 通过标准化活动制定的文件。
>
> ［来源：GB/T 20000.1—2014，5.2］
>
> …………

3.2 **文件的结构**

3.2.1

**结构 structure**

文件中层次、要素以及附录、图和表的位置和排列顺序。

…………

3.3 **文件的表述**

3.3.1

**条款 provision**

在文件中表达应用该文件需要遵守、符合、理解或作出选择的表述。

3.3.2

**要求 requirement**

表达声明符合该文件需要满足的客观可证实的准则,并且不允许存在偏差的条款(3.3.1)。

3.3.3

**指示 instruction**

表达需要履行的行动的条款(3.3.1)。

[来源:GB/T 20000.1—2014,9.3,有修改]

…………

### (二)术语条目的内容

术语条目至少应包括四项必备内容:

——条目编号,

——术语,

——英文对应词,

——术语的定义。

在上述四项内容的基础上,根据需要还可以增加其他内容。术语和定义中通常术语条目最多包含的内容以及这些内容在术语条目中的先后顺序如下:

a) 条目编号,

b) 术语,

c) 英文对应词,

d) 符号,

e) 术语的定义,

f) 概念的其他表述形式(如图、数学公式等),

g) 示例,

h) 注,

i) 来源等。

以上列项中的 d)、f)、g)和 h)的编写规则详见第三章第一节"四"(三)的"4、8、9 和 10"中的相应内容。

### （三）术语条目必备内容的编写

以下阐述了术语条目中必备内容的编写规则。详细的编写规则见第三章第一节“三”中的（一）、“四”中的（三）。

**1. 条目编号**

每个术语条目都应有一个编号，只有一个术语条目也应编号。条目编号由阿拉伯数字和下脚点组成，这在形式上与章、条编号一样，都是由下脚点分隔数字组成编号，然而它们是不同的编号。术语和定义中的条目编号都是在第3章之下进行的编号（如3.1、3.2、3.2.1、3.2.2等）。为了显示术语条目编号与章条编号的不同，在排版格式上对它们做了不同的处理，即：术语条目编号单独占一行；而章、条编号与后面的标题或条的文字内容接排。

**2. 术语**

要素“术语和定义”是专门为文件自身设置的，选择需定义的术语应符合本节“二”中阐述的规则。另外，由于表达具体概念的术语通常可由表达一般概念的术语组合而成，所以在选择需定义的术语时宜尽可能界定表示一般概念的术语，而不界定表示具体概念的组合术语。例如，当文件中已经分别定义了“自驾游”和“基础设施”，或者定义了“基础设施”并确认“自驾游”为众所周知的概念，这种情况下如果“自驾游基础设施”的含义等同于“自驾游”和“基础设施”两个一般概念之和时，就没有必要再定义“自驾游基础设施”。

**3. 英文对应词**

除了专用名词外，英文对应词全部使用小写字母，名词为单数，动词为原形。

**4. 定义**

具体编写定义时首先要考虑引用相应术语标准的定义，如果术语标准中的定义不完全适用也可在已有定义的基础上做适当修改后给出定义。在相关术语标准中没有适用的定义时，要考虑给出新的定义。这种情况下，通常是针对术语在文件中涉及的特定领域进行定义。

定义应使用陈述型条款，既不应包含要求型条款，也不应写成要求的形式。附加信息应以示例或注的表述形式给出。

定义中如果包含了其所在文件的术语条目中已定义的术语，可在该术语之后的括号中给出其条目编号，以便提示参看相应的术语条目。

## 五、术语条目的来源

在特殊情况下，如果确有必要抄录其他文件中的少量术语条目，应在抄录的术语条目之下准确地标明来源。具体方法为：在方括号中写明“来源：文件编号，条目编号”（见前文示例4-42中3.1.1条目的来源）。当需要改写所抄录的术语条目中的定义时，应在标明来源处予以指明。具体方法为：在方括号中写明“来源：文件编号，条目编号，有修改”（见示例4-43）。

**【示例 4-43】**

3.1

**指南标准　guide standard**

以适当的背景知识提供某主题的普遍性、原则性、方向性的指导，或者同时给出相关建议或信息的标准。

［来源：GB/T 20000.1—2014，定义 7.8，有修改］

［选自 GB/T 20001.7—2017《标准编写规则　第 7 部分：指南标准》，做了适当改动］

# 第五章 资料性要素的编写

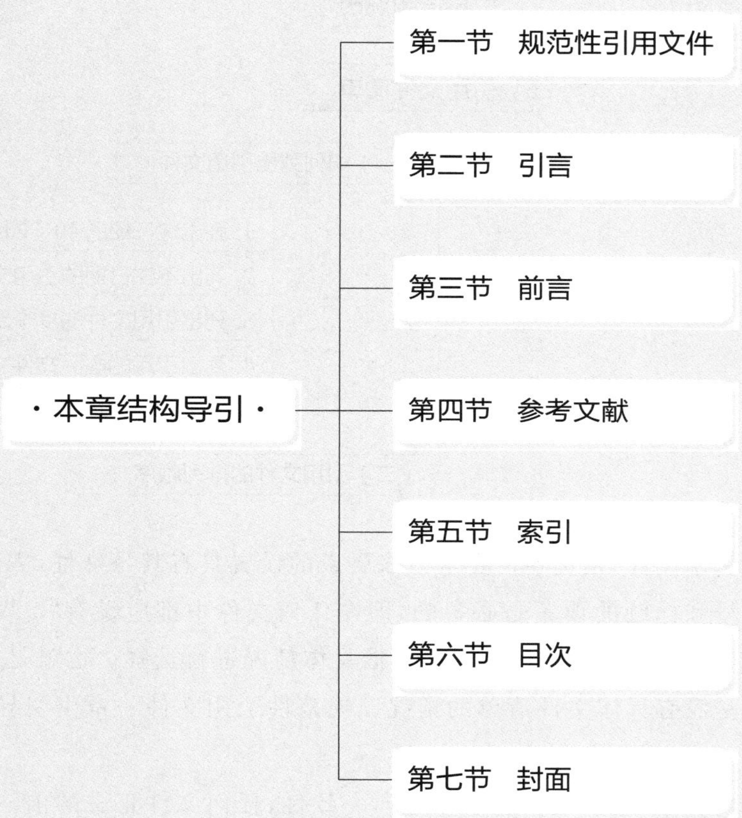


第三章、第四章中讨论了规范性要素的编写。规范性要素的编写完成，意味着标准化文件的条款已经建立。然而，一项完整的文件除了规范性要素之外还应包含其他资料性要素。

文件中包含的资料性要素应根据各文件的需要具体选择和确定。资料性要素的编写，首先要从“规范性引用文件”开始，其次是引言、前言，然后是参考文献、索引和目次，最后是封面的编写。其中“规范性引用文件、前言和封面”是必备要素，是起草标准化文件一定要编写的内容。只有编写完成所有必要的资料性要素之后，一个标准化文件的完整草案才算起草完成。

## 第一节 规范性引用文件

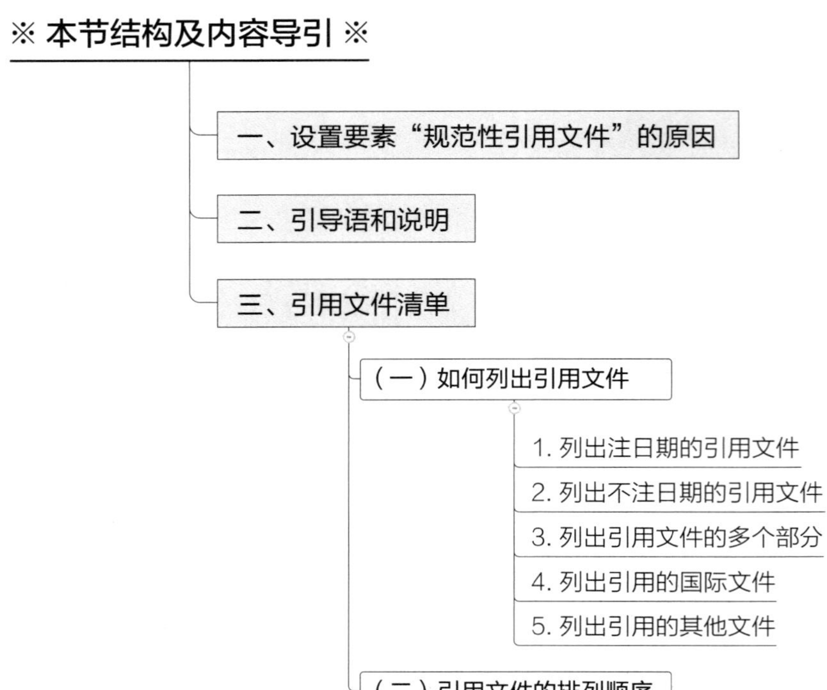


要素“规范性引用文件”是资料性要素。该要素的设置具有其特殊性，表现在两个方面：其一，该要素的章编号和标题的设置是必备的，即在任何文件中都应设有“2 规范性引用文件”。其二，该要素的内容（即文件清单）的有无可根据具体情况进行选择。也就是说，可能存在只有章编号和标题，但是没有具体文件清单的情况。规范性引用文件一章由引导语和文件清单构成，且不应分条。

这一规定使得文件的基本结构进一步趋向一致性，任何文件正文的前三个要素的章编号和标题都是齐全且相同的，即依次为“范围”“规范性引用文件”和“术语和定义”。

### 一、设置要素“规范性引用文件”的原因

在文件中如果需要规范性引用一些其他文件（见第六章第四节），就会在文件的规范性要素中通过特定的表述形式，即提及所要引用文件的编号和/或该文件的内容编号而实现。那么为什么还要设置规范性引用文件这一要素呢？

设置“规范性引用文件”这一要素是遵循了“易用性原则”（见第六章第一节）。起草形成的文件应便于文件使用者的应用。设置这一要素的目的就是要提高文件的易用性。

由于标准化文件通常会规范性引用其他文件，因此文件使用者要想方便地应用某个文件，只有文件本身是不行的，还应将文件中规范性引用的文件准备好。如果不设置这一要素，文件中规范性引用的文件都包含在具体的条文中，每当用到相关条文，才会发现需要找到另一个文

件才能了解相关规定。这会给文件使用者造成麻烦，或者每遇到一个规范性引用文件就要去获取相关的文件，或者需要对文件通篇检索，找出并获取所有规范性引用文件。因此，由文件起草者将文件中所有规范性引用的文件检索出来，通过列在要素“规范性引用文件”中，保证了文件使用者能从第2章中一目了然地了解到还需要准备的其他规范性引用文件。因此，这一要素就是通过列出文件中规范性引用的文件清单，达到方便文件使用者，从而提高了文件的“易用性”。

文件中第2章规范性引用文件的设置，经常会被错误地解读为“只要列在第2章中的文件就是文件中的规范性引用的文件”，或者解读为“设置第2章的目的是确定一个文件中规范性引用的文件”。从第六章第四节“六”中的(一)可以看出，在文件中引用另一个文件时的表述形式，决定了被引用的文件是否为规范性引用的文件。换句话说，只有文件条款中规范性地引用了某文件，这个文件才是规范性引用文件，进而这个文件才应列入第2章。也就是说，被引用的文件是否为规范性引用文件不取决于是否列入了第2章，而取决于是否被文件中的条款规范性引用。

综上所述，“规范性引用文件”是一个资料性的要素，设置第2章仅是提供一个资料性的信息——文件清单，目的是让文件使用者更加便利地使用文件。

## 二、引导语和说明

规范性引用文件一章中，如果文件中规范性引用了其他文件，那么应在章标题之下给出以下引导语：

“下列文件中的内容通过文中的规范性引用而构成本文件必不可少的条款。其中，注日期的引用文件，仅该日期对应的版本适用于本文件；不注日期的引用文件，其最新版本(包括所有的修改单)适用于本文件。”

首先，引导语提示文件使用者，以下列出的文件中的内容构成了文件必不可少的条款，同时指出了成为“必不可少”的条件是，要在文件中被引用并且是被规范性引用[见第六章第四节“六”中的(一)]。也就是说被引用的文件构成了引用它的文件的必不可少的条款，如果缺少了这些文件，引用它的文件就不完整，就不能被顺利、无障碍地应用。

其次，引导语指出了与被引用文件的版本有关的信息。也就是说使用被引用文件的哪个版本与引用时是否注日期(见第六章第四节中的“四”)有关：

——如果是注日期的引用文件，那么就是引用指定的版本，也就是指明的日期所对应的版本。版本固定了，所引用的内容就不会再发生变化。

——如果是不注日期的引用文件，那么就是引用最新版本(包括所有的修改单)，也就是说所引用的内容会随着版本的变化而变化。

**请注意：**假如在应用文件时，发现在不注日期引用的文件的最新版本中找不到所引用的内容，那么可使用最新版本之前的某个版本，只要是包含了所引用内容的最后版本。

由于第2章是固定格式，因此可能存在文件中没有规范性引用其他文件的情况，这时需要在章标题下给出以下说明：

“本文件没有规范性引用文件。”

## 三、引用文件清单

文件清单中应列出该文件中规范性引用的每个文件，列出的文件之前不给出序号。

### （一）如何列出引用文件

如何列出引用文件清单，需要根据文件中引用时的具体情况进行选择。文件清单应抄录文中规范性引用时提及的与文件编号有关的信息，并给出文件名称。根据具体情况，需要遵守以下规则。

**1. 列出注日期的引用文件**

对于文件中注日期的引用文件，应在文件清单中给出“文件代号、顺序号和发布年份号和/或月份号”以及“文件名称”。

**【示例 5-1】**

GB/T 1031—2009　产品几何技术规范(GPS)　表面结构　轮廓法　表面粗糙度参数及其数值

**2. 列出不注日期的引用文件**

对于文件中不注日期的引用文件，应在文件清单中给出“文件代号、顺序号”以及“文件名称”。

**【示例 5-2】**

GB/T 15834　标点符号用法

**3. 列出引用文件的多个部分**

(1) 列出不注日期引用文件的所有部分

对于文件中不注日期引用某个文件的所有部分，应在文件清单中给出“文件代号、顺序号”和“(所有部分)”以及“文件名称中的引导元素(如果有)和主体元素”。

**【示例 5-3】**

GB/T 5095(所有部分)　电子设备用机电元件　基本试验规程及测量方法

(2) 列出注日期引用文件的多个部分

如果注日期引用一个文件的多个部分，当这些部分为同一年发布时，需要在文件清单中给出“文件代号、顺序号及第 1 部分的编号、浪纹线形式的连接号(～)、顺序号及最后部分的编号、发布年份号”以及“文件名称中的引导元素(如果有)和主体元素”。

**【示例 5-4】**

GB/T 5750.1～5750.13—2007　生活饮用水标准检验方法

**请注意**：不管是注日期还是不注日期，在需要同时列出所有部分或多个部分的情况下，只能给出“文件名称中的引导元素(如果有)和主体元素”。

(3) 列出注日期引用文件不是同一年发布的多个部分

在注日期引用的情况下，如果所要引用的部分不是同一年发布的，则只能分别列出每个部分。

**【示例 5-5】**

GB/T 20004.1—2016　团体标准化　第 1 部分：良好行为指南
GB/T 20004.2—2018　团体标准化　第 2 部分：良好行为评价指南

#### 4. 列出引用的国际文件

引用国际文件、国外其他出版物，给出“文件编号”或“文件代号、顺序号”以及“原文名称的中文译名”，并在其后的圆括号中给出“原文名称”。

**【示例 5-6】**

IEC 60027(所有部分)　电工技术用文字符号(Letter symbols to be used in electrical technology)

ISO 13879:1999　石油和天然气工业　功能规范的内容和起草(Petroleum and natural gas industries—Content and drafting of a functional specification)

#### 5. 列出引用的其他文件

列出标准化文件之外的其他引用文件和信息资源(印刷的、电子的或其他方式的)，应遵守GB/T 7714《信息与文献　参考文献著录规则》确定的相关规则。

对于在线的引用文件，应提供足以识别和锁定来源的信息。为确保可追溯，宜引用在线文件的原始来源。提供的信息应包括访问所引用的文件的方法和网址全称，并与来源中给出的标点符号和使用的大小写字母相同。

**【示例 5-7】**

章程和导则.国际电工委员会，© 2004-2010[2011-02-09 查看].可在 http://www.iec.ch/members_experts/refdocs/获得

ISO 7000/IEC 60417[在线数据库]，设备用图形符号[2016-04-18 查看].可在 http://www.graphical-symbols.info/获得

### (二)引用文件的排列顺序

引用文件清单中列出的引用文件的前后顺序，需要根据文件中具体引用的文件，按照以下给出的顺序排列：

a)　国家标准化文件，

b)　行业标准化文件，

c)　本行政区域的地方标准化文件(仅适用于地方标准化文件的起草)，

d)　团体标准化文件(需符合第六章第四节“三”中阐述的限定条件)，

e)　ISO、ISO/IEC 或 IEC 标准化文件，

f)　其他机构或组织的标准化文件(需符合第六章第四节“三”中阐述的限定条件)，

g)　其他文献。

其中，国家标准化文件、ISO 或 IEC 标准化文件按文件顺序号排列；行业标准化文件、地方标准化文件、团体标准化文件、其他国际标准化文件先按文件代号的拉丁字母和/或阿拉伯数字的顺序排列，再按文件顺序号排列。

上述排列顺序出于这样一种考虑：规范性引用文件清单中应先排国内标准化文件，然后排国际标准化文件，最后再排其他国内、国际文献。

# 第二节　引　　言

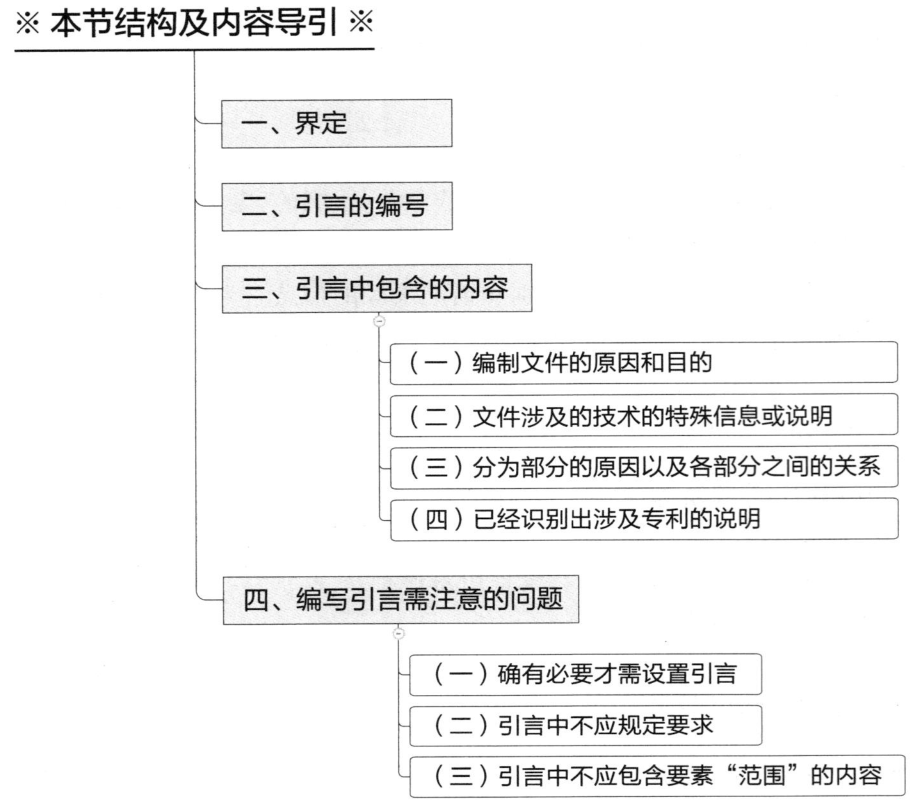


要素“规范性引用文件”编写完成后，文件正文的编写基本完成。下一步就要考虑正文之外的要素的编写。在正文之外的要素中，引言涉及的内容都与文件正文的内容相关，它与文件正文的关系最为密切。因此，正文之外的要素中，首先要考虑的是“引言”的编写。

## 一、界定

要素“引言”是一个可选的资料性要素。也就是说，是否设置引言要根据标准化文件的具体需要来决定。引言的功能是阐明文件要解决什么问题，给出涉及的技术内容的特殊信息或说明。

虽然引言是可选要素，然而如果文件的某些内容涉及了专利，或者文件被分成部分，那么这些文件或文件的每个部分都应设置引言，也就是说这种情况下引言的设置成为必需。

## 二、引言的编号

如果确需设置引言，那么应以“引言”作标题设置该要素，并将其置于前言之后，正文之前。

引言不应给出章编号。当引言的内容需要分条时，应仅对条编号，编为 0.1、0.2 等。根据具体情况，引言中的条可选择设标题或不设标题。

引言中如果有图、表、数学公式，均应使用阿拉伯数字从 1 开始对它们进行编号，正文中相

应的图、表、数学公式的编号与引言中的编号连续。也就是说，如果引言中有一幅图编号为“图1”，那么正文中图的编号应为“图2”“图3”等。引言中的表、数学公式的编号也应同样处理。

## 三、引言中包含的内容

在引言中主要给出与文件自身内容相关的信息。引言中阐述的内容，主要是要说明为什么要起草该文件，该文件是如何通过确立技术条款，从而达到编制文件的目的。具体来讲，引言可以说明和阐述以下内容。

### （一）编制文件的原因和目的

在开始起草标准化文件时，需要考虑并遵循三项原则（见第一章第三节中的“一”）。通过考虑目的导向原则确定的“文件编制目的”，通常可在引言中予以阐述。编制特定的文件都有其具体的原因。如果认为有必要，也可以在阐述编制目的的同时说明编制文件的原因。

文件编制目的可以阐述需要达到什么目标，拟解决什么问题，并且通过陈述确立的技术规则框架，提供的技术解决方案，达到文件的编制目的，解决相关问题。［参见下文的（二）］

编制文件的原因，可以阐述为什么要制修订某项文件。可以说明现实需求情况。对于修订文件，可以说明为什么要对文件进行修订，如技术发展的情况，国际文件更新情况等。

### （二）文件涉及的技术的特殊信息或说明

如果需要，可以在引言中对文件中涉及的技术进行说明。一方面可以使文件使用者能够了解文件中涉及的技术内容的背景和框架；另一方面也是与上述（一）中的内容相呼应，即解释和说明采取什么样的技术规则或技术解决方案，达到文件的编制目的。

凡不是针对标准化对象作出规定，而是要对文件中涉及的技术进行解释或说明，这些内容无法在文件正文中涉及，因此如需要可在引言中陈述。

**请注意：**这里仅是对文件中涉及的技术进行解释或说明，不涉及技术内容的具体细节。

另外，在引言中还可以给出与技术内容有关的特殊信息，例如，说明应用文件的技术内容不能替代的其他工作，如宣传教育、预防措施等免责条款。

### （三）分为部分的原因以及各部分之间的关系

对于分为部分的文件，由于需要在引言中说明文件分为部分的原因，因此在每个具体部分中，引言则成为必备要素。

这里需要阐述的内容与前文（一）中说明编制文件的原因和目的是有联系的。通过说明只有编制多个部分，将相应的技术规则或技术解决方案分别规定在系列部分中，才能达到文件的编制目的。

在具体说明时，需要列出拟划分的各个部分的名称，阐明各个部分之间的技术关系，例如，如何相互支撑，共同构成必要且完善的技术规则或解决方案，从而达到编制文件的最终目的。

### （四）已经识别出涉及专利的说明

如果编制过程中已经识别出文件的某项内容涉及专利，应在引言中给出有关专利的说明（见第六章第六节中的“二”）。如果需要给出有关专利的说明较多时，可以将相关内容移作附录。

示例5-8给出有关安全标志设计的标准化文件中引言的编写，包括了两方面的内容。第一，编制文件的原因，从正反两方面说明了安全信息标准化的重要性。第二，给出了与技术有关的特殊信息或说明，包含两方面必要的提示：其一，宣传教育的不可缺少；其二，强调安全信息的提供不能取代其他已有的工作方法、措施等。

【示例5-8】

## 引　言

为了使传递安全信息的系统能被理解，并尽可能少地依赖语言，需要对其进行标准化。随着贸易、旅游和劳动力流动的持续增长，非常有必要建立一种通用的传递安全信息的方式。

传递安全信息的系统缺乏标准化，可能会导致混乱甚至事故。宣传教育在任何传递安全信息的系统中都是必不可少的组成部分。

虽然安全色和安全标志在任何传递安全信息的系统中都是必不可少的，但它们不能取代使用正确的工作方法、指令以及事故预防措施和培训等。

示例5-9给出了分为部分的引言的编写。在引言中首先介绍了编制服务标准要达到的目的；其次说明了编制GB/T 35780的总体目标，阐述了GB/T 35780的结构，并分别介绍了编制两个部分的目的，从而达到GB/T 35780总体目标。该示例中还给出了引言中包含图的实例。

【示例5-9】

## 引　言

对于顾客的认识程度和期待程度是各类组织获得持续成功和发展的基础。服务标准是服务卓越管理的重要手段，能帮助服务组织了解委托方和员工的期望，强化绩效管理，实现委托方和顾客满意。

GB/T 35780将提高顾客联络服务的稳定性和有效性，优化委托方和顾客联络中心与顾客的关系，帮助顾客联络中心代表委托方为顾客提供高水平的服务体验，为顾客、委托方、顾客联络中心及其员工创造价值。

GB/T 35780由两部分构成(如图1所示)。

——第1部分：顾客联络中心要求。对自建型顾客联络中心(附属于组织)和外包型顾客联络中心(第三方服务提供者)规定产品和服务方面的要求并提供指南，旨在用于顾客联络中心与顾客之间发生的各类活动。

——第2部分：使用顾客联络中心服务的委托方要求。对使用了顾客联络中心(包括自建型和外包型)服务的委托方规定要求，旨在帮助委托方实现对顾客联络中心的合理安排和有效管理，从而持续满足顾客期望。

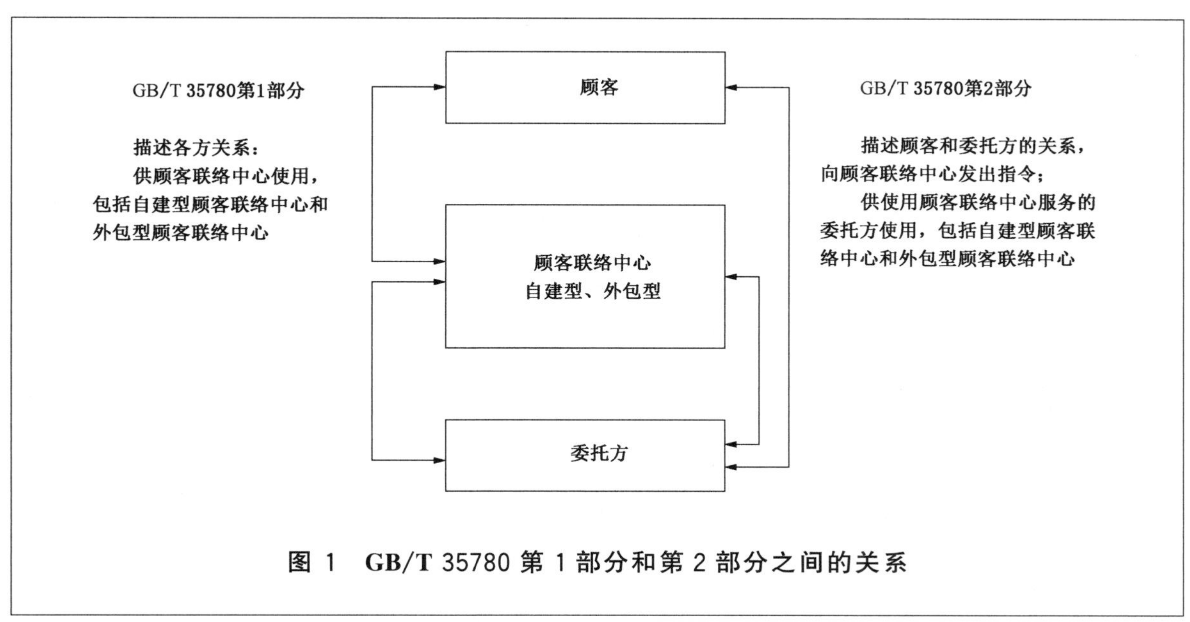


**图 1　GB/T 35780 第 1 部分和第 2 部分之间的关系**

[选自 GB/T 35780.1—2017《顾客联络服务　第 1 部分：顾客联络中心要求》，做了适当改动]

示例 5-10 给出了与音视频编码有关信息技术的标准化文件中引言的编写。给出了引言分条时，对条进行编号并给出条标题的示例。从该示例中还可看出该引言阐述了编制标准化文件的目标，对文件涉及的技术进行了说明，给出了文件涉及专利的情况说明。

**【示例 5-10】**

# 引　　言

**0.1　目标**

本文件是为了适应数字电视广播、数字存储媒体、网络流媒体、多媒体通信等应用中对运动图像压缩技术的需要而制定的。

…………

**0.4　技术概述**

本文件采用了一系列技术来达到高效率的视频编码，包括帧内预测，帧间预测、变换、量化和熵编码等。帧间预测使用基于块的运动矢量来消除图像间的冗余。帧内预测使用空间预测模式来消除图像内的冗余。再通过对预测残差进行变换和量化消除图像内的视觉冗余。最后，运动矢量、预测模式、量化参数和变换系数用熵编码进行压缩。

…………

**0.6　相关专利情况说明**

本文件的发布机构提请注意，声明符合本文件时，可能涉及 8.2、9.2、9.3、9.4.2、9.4.5……中相应内容的相关专利的使用。

本文件的发布机构对于该专利的真实性、有效性和范围无任何立场。

该专利持有人已向本文件的发布机构承诺，他愿意同任何申请人在合理且无歧视的条款和条件下，就专利授权许可进行谈判。该专利持有人的声明已在本文件的发布机构备案。

表1中列出的专利权人持有本文件涉及的专利。

**表1　持有本文件涉及的专利的专利权人相关信息**

| 专利持有人 | 地址 |
| --- | --- |
| 中国科学院计算技术研究所 | 北京市海淀区中关村科学院南路6号 |
| 浙江大学 | 浙江省杭州市浙江大学信息与通信工程研究所 |
| …… | …… |
| 上海广电(集团)有限公司 | 上海市斜土路1646号上广电中央研究院 |

请注意除上述专利外，本文件的某些内容仍可能涉及专利。本文件的发布机构不承担识别专利的责任。

## 四、编写引言需注意的问题

文件中引言的表述要与其他要素的表述相区别。一方面要准确恰当地表述引言的内容；另一方面不应包含要素“范围”中的内容，也不应规定要求。

### （一）确有必要才需设置引言

引言是一个可选的资料性要素。除了文件涉及了专利，或者编制的是分成部分的文件应设置引言外，其他情况下如无特殊需要不一定要设置引言。只有在确需说明文件的编制目的、涉及的技术背景时才需要编写引言。

引言中无须说明编制文件的重要意义。在阐述编制文件的原因和目的时，一方面要说明具体的原因，另一方面在说明编制目的的同时，要指出达到目的的技术解决方案。也就是说引言中不应只谈编制文件的原因或目的，而不阐述通过什么技术方案解决问题、达到目的。因此，引言中需要同时包括前文“三”中谈到编制文件的原因或目的，以及对技术解决方案的阐释。

示例5-11仅仅说明了编制文件的原因和目的，没有对文件涉及的有关技术问题进行说明。这种情况下，如果涉及的技术无须说明，就不必设置引言这一要素。

**【示例5-11】　引言的不正确表述**

为了提升旅游规划编制水平，保障规划编制质量，规范旅游规划设计单位经营服务行为和旅游规划市场秩序，特制定本文件。

### （二）引言中不应规定要求

由于引言是资料性概述要素，它的内容应仅仅是提供信息、说明，或者解释原因等，因此在引言中不应包含要求。

然而，在引言中还存在着包含要求型条款的现象。示例 5-12 中下划线所标示出的内容包含了能愿动词“应”，属于要求型条款，不应编入引言。如果确有必要规定相应的要求，那么应将其编入文件的规范性技术要素中。

**【示例 5-12】 引言包含了要求的不正确表述**

| 本文件规定的试验条件，如环境温度范围和供源等，都是通常在使用中可遇到的具有代表性的条件。<u>因此，在制造厂未另行规定其他值的场合，应该采用本文件所规定的值。</u> |
|---|

### （三）引言中不应包含要素“范围”的内容

文件的引言中不应给出要素“范围”的内容，因此引言中不应出现“本文件规定了……”“本文件适用于……”“本文件主要涉及……”等在范围中的表述用语。

示例 5-13 中的内容选自文件的引言，然而这些内容都应该在范围中陈述，不应在引言中给出。

**【示例 5-13】**

| **引言中不正确的表述：**<br>本文件为安全标志制造商和供应商、测试实验室以及仪表制造商提供了不同类型材料构成的安全标识的色度属性和光度属性规范及其测试方法。<br>**将上述引言中的内容经过调整后形成范围的内容：**<br>本文件规定了由不同类型材料构成的安全标识的色度属性和光度属性的要求及其测试方法。<br>本文件适用于安全标志制造商和供应商、测试实验室以及仪表制造商用来测试安全标志的符合性。 |
|---|

# 第三节 前 言

※ 本节结构及内容导引 ※
一、界定
二、前言中需要说明的事项
三、前言中说明各事项的内容及表述
（一）文件起草所依据的标准
（二）文件与其他文件的关系
1. 说明与其他文件的关系
2. 分为部分的文件说明的内容
（三）文件与代替文件的关系
1. 给出被代替、废止的所有文件的编号和名称
2. 列出与前一版本相比的主要技术变化
（四）文件与国际文件的关系
（五）尚未识别出文件涉及专利的说明
（六）文件的提出信息（可省略）和归口信息
1. 文件的提出信息
2. 文件的归口信息
3. 提出和归口信息合并表述
（七）文件的起草单位和主要起草人
1. 文件的起草单位
2. 文件的主要起草人
（八）文件历次版本发布情况
1. 文件的版本变化情况较简单
2. 文件版本变化过程中有其他文件并入或分为部分的情况
3. 新文件的顺序号发生了变化
4. 文件所代替的文件也有其版本变化的情况
四、编写前言需注意的问题
（一）前言中只准许编写“规定的内容”
（二）不应在前言中说明编制文件的意义
（三）前言中不应包含要求、指示、推荐或允许型条款
（四）前言中不应涉及要素“范围”的内容

要素“引言”编写完成后，下一步就要着手要素“前言”的编写。由于“前言”是必备要素，它的编写是每一个文件起草者必须掌握的。与“引言”需要说明与文件直接相关的内容不同，“前言”主要关注文件与其他文件的关系。

## 一、界定

要素“前言”是一个必备的资料性要素，因此每一个文件都应有前言。前言的功能是对文件自身内容之外的事项进行说明，诸如提供文件起草依据的其他文件、与其他文件的关系以及编制、起草者的基本信息等。

该要素应以“前言”作标题设置在目次（如果有）之后，引言（如果有）之前。

前言是资料性要素，因此在前言中不应包含要求、指示、推荐或允许型条款。由于前言中需要说明的内容是相对明确的，表述形式也相对固定，所以前言不应给出章编号且不分条；在前言中也不应使用图、表或数学公式等表述形式。

## 二、前言中需要说明的事项

尽管不同的文件，其前言中包含的内容可能不尽相同，但是前言中需要说明的事项及其表述形式是相对固定的。每个文件需要根据自身具体情况，在需要说明的事项中选择编写前言的内容。具体来讲，前言应视情况从以下列出的事项中进行选择，并按照以下列出的前后次序进行编写：

a）文件起草所依据的标准；

b）文件与其他文件的关系；

c）文件与代替文件的关系；

d）文件与国际文件的关系；

e）尚未识别出文件涉及专利的说明；

f）文件的提出信息（可省略）和归口信息；

g）文件的起草单位和主要起草人；

h）文件及其所代替或废止的文件的历次版本发布情况。

## 三、前言中说明各事项的内容及表述

前言中说明的事项需要给出以下具体内容并遵守相应的表述规则。

### （一）文件起草所依据的标准

在前言的起始部分，首先要说明起草该文件所依据的文件。任何文件，只要是按照 GB/T 1.1 确立的规则起草，就应通过提及 GB/T 1.1 声明遵守了该文件。具体表述为：

“本文件按照 GB/T 1.1—2020《标准化工作导则　第 1 部分：标准化文件的结构和起草规则》的规定起草。”

### （二）文件与其他文件的关系

在说明本文件与其他文件的关系时，通常涉及两方面的内容。

#### 1. 说明与其他文件的关系

如果正在起草的文件与其他文件有关系，如几个文件构成了支撑某项工作、某个事项的标准体系，那么可以在前言中说明本文件与其他文件之间的关系。

**【示例 5-14】**

GB/T 1《标准化工作导则》与 GB/T 20000《标准化活动规则》、GB/T 20001《标准起草规则》、GB/T 20002《标准中特定内容的编写指南》、GB/T 20003《标准制定的特殊程序》和 GB/T 20004《团体标准化》共同构成支撑标准化工作的基础性国家标准体系。

**2. 分为部分的文件说明的内容**

如果正在起草的是分为部分的文件的某个部分，需要在前言中说明两方面的内容：其一，说明所属的部分；其二，列出所有已经发布的部分名称。

**【示例 5-15】**

本文件是 GB/T 10001《公共信息图形符号》的第 2 部分。GB/T 10001 已经发布了以下部分：

——第 1 部分：通用符号；
——第 2 部分：旅游休闲符号；
——第 3 部分：客运货运符号；
——第 4 部分：运动健身符号；
——第 5 部分：购物符号；
——第 6 部分：医疗保健符号；
——第 7 部分：办公教学符号。

## （三）文件与代替文件的关系

如果正在起草的文件是在前一个或几个版本的基础上修订形成的新版本，应在前言中陈述文件与代替文件的关系。具体需要说明以下两方面的内容。

**1. 给出被代替、废止的所有文件的编号和名称**

（1）新文件与所代替的旧文件之间的关系

正在起草的新文件与所代替的旧文件之间的关系有以下几种情况。

① 代替先前版本。一旦某文件被另一个文件所代替，在起草其他文件时就不应再引用被代替的先前版本。然而，这种情况下并不意味着先前版本的作废，符合以下情况，先前版本还可以继续使用：

——其他文件中已经注日期引用的先前版本；
——合同或协议中已经注日期引用的先前版本；
——新签订的合同或协议，经双方商定同意使用先前版本。

当然，无论任何情况下，都鼓励使用文件的最新版本。

**请注意**：这里所阐述的文件可以继续使用的前提是：第一，该文件不是强制性文件；第二，虽然被其他强制性文件所引用，但是需要使用的领域或条款是该强制性文件没有覆盖的。

② 废除先前版本。这种情况下，所废除的先前版本不应再继续使用。首先，新签订的合同不准许引用先前版本。其次，已经引用先前版本的文件或合同也应做相应修改。

③ 新文件通常会代替或废除先前一个文件。特殊情况下，新文件也可能代替或废除先前几个文件。

**请注意**：一个文件宜代替或废除先前文件的全部内容，不宜仅代替或废除先前文件的部分内容。如果由于种种原因，需要将几个文件中的内容相互之间进行调整，那么涉及的相关文件应同时制修订。

（2）指出被代替的文件

如果正在起草的文件代替或废除了一个或多个文件，应在前言中表述与先前文件的关系，指出是代替还是废除先前的文件，具体给出：本文件“代替”/“废除”以及被代替或废除的文件（含修改单）的编号和带有书名号的名称。如果代替或废除多个文件，应一一给出编号和名称。

示例5-16给出了代替一个先前文件的表述；示例5-17给出了代替两个先前文件的表述。

**【示例5-16】**

本文件代替GB/T 20000.1—2002《标准化工作指南　第1部分：标准化和相关活动的通用词汇》。

**【示例5-17】**

本文件代替GB/T 15565.1—2008《图形符号　术语　第1部分：通用》和GB/T 15565.2—2008《图形符号　术语　第2部分：标志及导向系统》。

**2. 列出与前一版本相比的主要技术变化**

在指出了被代替或废除的文件之后，应给出当前版本与先前版本相比的主要技术变化。主要技术变化通常有以下三种：

——增加了新的技术内容；

——更改了先前版本中的技术内容；

——删除了先前版本中的技术内容。

说明与先前版本相比主要技术变化时，通常按照当前版本所涉及章条的前后顺序逐一陈述。如果正在起草的文件代替或废除了多个文件，在陈述技术变化情况时，宜与主要被代替的文件进行对比，将其他被代替文件作为被整合的文件处理，被整合的内容可以看作对当前版本的补充，常常作为“增加”的内容进行陈述。具体陈述技术变化需包含三方面的内容。

首先，针对上述三种技术变化，使用“增加”“更改”或“删除”引出对技术变化的描述。

其次，说明技术变化，通常无须给出变化的具体细节。文件使用者可以通过对比新旧版本中的内容了解变化的具体细节。另外，需要说明的是，给出技术变化不包括文本结构调整和编辑性改动的情况，诸如，资料性要素或附加信息（如引言、示例、注、条文脚注、资料性附录等）内容的变化是编辑性改动，无须在前言中说明。

再次，陈述具体技术变化之后，在括号中给出所涉及的新旧版本的有关章条或附录等。凡是增加了新的技术内容，仅给出当前版本所涉及的有关章条或附录；凡是更改了先前版本的技术内容，需要给出所涉及的当前版本和先前版本的有关章条或附录；凡是删除了先前版本中的技术内容，仅给出先前版本的有关章条或附录。通常给出当前版本时使用“见XXX”，给出先前版本时使用“见XXXX年版的XXX”，如“（见8.4）”“（见8.6.2，2009年版的6.2.3）”“（见2009年版的6.3.4）”。

**请注意**：如果当前版本与先前版本的文件顺序号发生了变化，则提及先前版本时应给出先前版本的编号，例如GB/T 20002.4—2015代替了GB/T 20000.4—2003，在前言中陈述与先前版本的技术变化时，需要给出诸如：“（见GB/T 20000.4—2003的5.1）”“（见第6章，

GB/T 20000.4—2003 的 5.3 和第 6 章)”。

示例 5-18 给出了前言中说明技术变化时的表述。

**【示例 5-18】**

本文件代替 GB/T 20001.2—2001《标准编写规则　第 2 部分:符号》,与 GB/T 20001.2—2001 相比,除结构调整和编辑性改动外,主要技术变化如下:

——更改了必备要素,将“符号或含有符号的标志”确定为必备要素(见表 1,2001 年版的表 1);

——删除了与符号“注册号”有关的规定(见 2001 年版 6.3.2、6.3.4 和 7.5);

——增加了可增设其他符号栏的规定(见 6.2.4);

——增加了“带有符号的名称索引”的编排形式(见 6.3.1、6.3.2);

——增加了对索引的编排规定(见 6.3.3、6.3.5);

——删除了设备用图形符号原图呈现形式的有关规定(见 2001 年版的 6.3.4、7.2.3);

——更改了说明栏中关于引用国家标准化文件或行业标准化文件中的符号、采用国际标准化文件中的符号的表述方法(见 7.4.2、7.4.4,2001 年版的 7.4.2、7.4.3)。

[选自 GB/T 20001.2—2015《标准编写规则　第 2 部分:符号标准》,做了适当改动]

示例 5-19 给出了新文件代替了两个文件,并且新文件的顺序号也发生了改变时,在前言中陈述技术变化时的表述。

**【示例 5-19】**

本文件代替 GB/T 20000.2—2009《标准化工作指南　第 2 部分:采用国际标准》和 GB/T 20000.9—2014《标准化工作指南　第 9 部分:采用其他国际标准化文件》。本文件以 GB/T 20000.2—2009 为主,整合了 GB/T 20000.9—2014 的内容。与 GB/T 20000.2—2009 相比,除结构调整和编辑性改动外,主要技术变化如下:

a) 更改了文件的适用范围,将适用的我国标准化文件严格限定为国家标准化文件,将依据的国际标准化文件确定为 ISO/IEC 标准化文件(见第 1 章,GB/T 20000.2—2009 的第 1 章);

b) 增加了一致性程度为“等同”时“允许的结构调整”这一特殊情况(见 4.1.2.1);

c) 增加了最小限度的编辑性改动包括的几种情况[见 4.1.2.2 中的 i)、j)和 k)];

d) 将“总则”更改为“总体原则和要求”,并更改了相应的技术内容(见第 5 章,GB/T 20000.2—2009 的 5.1.1、5.1.2、5.1.3 和附录 E);

e) 删除了有关翻译法和重新起草法的概念和有关表述,以及方法选择的相关规定(见 GB/T 20000.2—2009 的 5.2.1、5.3.1 和 5.4);

f) 增加了“起草步骤”一章(见第 6 章);

g) 增加了编写要素“前言”的若干规则,并将 GB/T 20000.2—2009 的有关内容更改后纳入(见 7.2,GB/T 20000.2—2009 的 5.1.4、6.1.1 和 6.1.3);

…………

[选自 GB/T 1.2—2020《标准化工作导则　第 2 部分:以 ISO/IEC 标准化文件为基础的标准化文件起草规则》]

### （四）文件与国际文件的关系

如果所编制的文件与ISO或IEC国际标准化文件存在着一致性对应关系(等同、修改或非等效),那么在前言中应按照GB/T 1.2的有关规定陈述相关信息。详见第七章第三节“二”中的(二)。

### （五）尚未识别出文件涉及专利的说明

如果在起草文件的过程中尚未识别出文件涉及专利,那么应在前言中给出以下说明内容:“请注意本文件的某些内容可能涉及专利。本文件的发布机构不承担识别专利的责任。”详见第六章第六节中的“二”。

### （六）文件的提出信息(可省略)和归口信息

前言中需要给出文件的提出信息和归口信息。在给出文件的提出、归口等信息时,对于涉及的任何部门、全国专业标准化技术委员会或单位都应给出准确的全称。

**1. 文件的提出信息**

文件的提出也就是提案建议起草该文件的行业主管部门、标准化技术委员会或有关归口单位。这一信息的提供是可选择的,如果不需要也可省略该项信息。

如果文件由全国专业标准化技术委员会提出,那么应在相应技术委员会名称之后给出其国内代号,并加圆括号。如需要给出文件的提出信息,在前言中使用下列表述形式:

——“本文件由全国××××标准化技术委员会(SAC/TC XXX)提出。”

——“本文件由××××提出。”

——“本文件由××××研究院提出。”

**2. 文件的归口信息**

在文件的提出信息(如果有)之后,应给出文件的归口信息。文件的归口可理解为负责文件编制、审查和维护的全国专业标准化技术委员会或标准化技术归口单位。如果在文件所涉及的领域内有相应的全国专业标准化技术委员会,那么由技术委员会归口;如果没有相应的技术委员会,通常由其他标准化技术归口单位归口。

如果文件由全国专业标准化技术委员会归口,则应在其名称之后给出委员会的国内代号,并加圆括号。

在文件前言中文件的归口信息可表述为:

“本文件由全国××××标准化技术委员会(SAC/TC XXX)归口。”

“本文件由××××研究院(所、中心)归口。”

**3. 提出和归口信息合并表述**

如果文件的提出和归口的标准化技术委员会或部门相同,那么可将它们合并一起陈述。这时可表述为:

“本文件由全国××××标准化技术委员会(SAC/TC XXX)提出并归口。”

### （七）文件的起草单位和主要起草人

在文件的提出信息或归口信息之后，对于推荐性标准应给出文件的起草单位和主要起草人信息。

**1. 文件的起草单位**

文件的起草单位通常为文件的起草工作组的成员所在的单位。标准化文件的起草单位应多于一个单位。在前言中文件的起草单位可表述为：

“本文件起草单位：××××、××××、××××……。”

“本文件由××××、××××、××××……负责起草。”

在给出文件的起草单位信息时，对于涉及的任何部门、单位都应给出准确的全称。

**2. 文件的主要起草人**

在文件的起草单位之后应给出文件的主要起草人信息。在前言中文件的主要起草人可表述为：

“本文件主要起草人：×××、×××、×××……。”

**请注意**：按照《强制性国家标准管理办法》①的规定，强制性国家标准的前言中不给出文件起草单位、起草人信息。

### （八）文件历次版本发布情况

在前言中陈述的最后一个信息就是文件历次版本发布情况，如果所代替或废止的文件也曾发布过多个版本，应将它们的历次版本发布情况陈述清楚。

给出文件各版本发展变化的清晰轨迹是十分必要的。该信息的提供，一方面可以让使用该文件的人员对文件的发展及变化情况有一个全面的了解，另一方面也给今后文件的修订提供了方便，使参加文件修订的人员能够准确地掌握文件各版本发布的情况，检索到相关的文件，从而全面了解文件的背景信息，更好地支撑新文件的起草工作。

文件历次版本发布情况不一定都表述为列项的形式。在给出这项信息时不要拘泥于形式，关键要力求表述的清晰、准确。表述时，要根据一个新文件与其历次版本的具体情况来选择恰当的形式。

**1. 文件的版本变化情况较简单**

如果从文件首次发布一直到当前版本，不过是单一文件的多次修订，可以用一句话陈述历次版本变化情况，见示例 5-20。

**【示例 5-20】**

| 本文件于 2005 年首次发布，2007 年第一次修订，2015 年第二次修订，本次为第三次修订。 |
|---|

**2. 文件版本变化过程中有其他文件并入或分为部分的情况**

如果文件在历次修订的过程中，有时将其他文件并入，或者有时出现将文件分为部分等情况。在表述这些变化时，应给出并入文件的编号和名称。如果历次版本变化较复杂，可以考虑

---

① 国家市场监督管理总局.强制性国家标准管理办法.2020 年 1 月 6 日.

使用列项的形式来表述，见示例 5-21。

【示例 5-21】

> 本文件历次版本发布情况为：
> ——1988 年首次发布为 GB 10001—1988《公共信息标志用图形符号》；
> ——1994 年第一次修订时将 GB 3818—1983《公共信息图形符号》并入；
> ——2000 年第二次修订，分为部分出版；本文件对应 GB/T 10001.1—2000《标志用公共信息图形符号　第 1 部分：通用符号》；
> ——2006 年第三次修订；2012 年第四次修订；
> ——本次为第五次修订。

［选自 GB/T 10001.1—2023《公共信息图形符号　第 1 部分：通用符号》，做了适当改动］

**3. 新文件的顺序号发生了变化**

如果由于某种原因，被代替的文件与新文件不是同一个标准顺序号，这时需要给出被代替文件的编号并说明其历次版本的变化情况（如有）。（见示例 5-22）

【示例 5-22】

> 本文件所代替文件的历次版本发布情况为：
> ——GB/T 20000.2，2001 年首次发布，2009 年第一次修订；
> ——GB/T 20000.9，2014 年首次发布。

［选自 GB/T 1.2—2020《标准化工作导则　第 2 部分：以 ISO/IEC 标准化文件为基础的标准化文件起草规则》］

**4. 文件所代替的文件也有其版本变化的情况**

如果文件所代替的文件也曾发布了多个版本，由于涉及新版本和被代替版本较为复杂的变化情况，通常使用列项的形式来表述（见示例 5-23）。示例中清晰地给出了被代替文件历次版本的发布情况（见示例 5-23 中第二层次的列项）。另外，该示例中凡是涉及并入文件都给出了文件的编号和名称。

【示例 5-23】

> 本文件及其所代替文件的历次版本发布情况如下。
> ——1981 年首次发布为 GB 1.1—1981，1987 年第一次修订，1993 年第二次修订。
> ——2000 年第三次修订时，并入了 GB/T 1.2—1996《标准化工作导则　第 1 单元：标准的起草与表述规则　第 2 部分：标准出版印刷的规定》的内容。GB/T 1.2—1996 的历次版本发布情况为：
> - GB 1—1958、GB 1—1970、GB 1—1973；
> - GB 1.2—1981、GB 1.2—1988。
>
> ——2009 年第四次修订时，并入了 GB/T 1.2—2002《标准化工作导则　第 2 部分：标准中规范性技术要素内容的确定方法》的内容。GB/T 1.2—2002 代替的文件及历次版本发布情况为：
> - GB 1.3—1987《标准化工作导则　产品标准编写规定》，GB/T 1.3—1997；
> - GB 1.7—1988《标准化工作导则　产品包装标准的编写规定》。
>
> ——本次为第五次修订。

[选自 GB/T 1.1—2020《标准化工作导则　第 1 部分：标准化文件的结构和起草规则》，做了适当改动]

**请注意**：如果文件是首次发布，无须给出“本文件为首次发布”的说明。

## 四、编写前言需注意的问题

编写前言时要注意区分哪些内容需要编写在前言中，哪些内容需要编写在文件的其他要素或其他文件中，不应将不该写入的内容编写在前言中。尤其要注意不应在前言中编写需要写入引言、范围、规范性技术要素中的内容，也不应将仅需写在文件编制说明中的内容写入前言。为了避免这些错误的出现，在编写文件的前言时应注意以下问题。

### （一）前言中只准许编写“规定的内容”

所谓“规定的内容”是指“由相应规范性文件规定在标准化文件的前言中需要编写的内容”。通常是由两类文件作出的规定：其一，GB/T 1.1 的规定；其二，相关法规或规范性文件中的规定，例如《强制性国家标准管理办法》中规定，强制性国家标准的前言“不得涉及具体的起草单位和起草人信息”。

前言中只准许编写上述两类文件所“规定的内容”。因此，当编写推荐性标准的前言时，首先应按照本节“二”和“三”中阐述的八项内容的顺序一一说明。如果有些项目没有需要说明的内容，则跳过该项，接着介绍后面各项的内容。

假如某个标准化文件与其他文件没有关系，并且是新制定的文件，又不是以国际标准化文件为基础编制的文件，在编制过程中也没有识别出涉及专利，那么仅在前言中陈述以下内容即可：

“本文件按照 GB/T 1.1—2020《标准化工作导则　第 1 部分：标准化文件的结构和起草规则》的规定起草。

请注意本文件的某些内容可能涉及专利。本文件的发布机构不承担识别专利的责任。

本文件由全国××××标准化技术委员会(SAC/TC XXX)归口。

本文件起草单位：××××、××××、××××。

本文件主要起草人：×××、×××、×××。”

### （二）不应在前言中说明编制文件的意义

在一些文件的前言中常常会看到对编制文件意义的阐述，如介绍标准化文件所涉及的产品或服务在国家经济发展中的作用，所涉及领域的国内外有关情况以及文件的制定对促进经济社会、领域的发展，技术的进步等所具有的重要意义，这些内容都不应在前言中涉及，可在文件的编制说明中介绍，如果相应内容适合在引言中说明，又确需在文件中介绍，那么应编入文件的引言。

示例 5-24 中的内容陈述了编制文件的意义，不属于前言的内容，应从前言中删去。如果能从技术解决方案的角度进行陈述，那么修改后可在引言中说明。

**【示例 5-24】**

> **前言中说明文件编制目的的不正确的表述：**
> 自然保护区开展生态旅游是增强自养能力实现可持续发展的有效途径，为使自然保护区生态旅游走上科学化、规范化发展的轨道，促使自然保护区统一组织、管理、开展生态旅游活动，规范对自然保护区生态旅游规划设计的要求，切实提高自然保护区开展生态旅游活动的成效，特制定本文件。
> …………

［选自 GB/T 20XX6—2006《自然保护区生态旅游规划技术规程》］

### （三）前言中不应包含要求、指示、推荐或允许型条款

前言是资料性要素，不应与文件的规范性要素的内容相混淆。在前言中不应含有要求、指示、推荐和允许型条款。

示例 5-25 中的两段中都包含了要求，这些内容不应在前言中规定。应在文件中设置“总体要求”，将这些内容作相应的调整后纳入，或者纳入文件中相应技术要求中的第 1 条中。

**【示例 5-25】**

> **前言中包含了要求型条款的不正确的表述：**
> 本文件应与 GB/T 22766.1—2008《家用和类似用途电器售后服务　第 1 部分：通用要求》配合使用。
> 本文件是通过增补或修改 GB/T 22766.1—2008 形成的。GB/T 22766.1—2008 中具体条款未在本部分提及的，表示 GB/T 22766.1—2008 中的相应条款适用于本部分。本部分中写明“适用”的部分，表示 GB/T 22766.1—2008 中的相应条款适用于本部分；本部分中写明“代替”的部分，则以本部分的条款为准；本文件中写明“增加”的部分表示除要符合 GB/T 22766.1—2008 中的相应条款外，还应符合本部分所增加的条款。

［选自 GB/T 22XX6.2—2009《家用和类似用途电器售后服务　第 2 部分：电冰箱的特殊要求》］

示例 5-26 中虽然不是要求型条款，但是相应的内容是文件必不可少的条款，因此不应在前言中表述。这些内容应该表述为要求型条款，并在文件正文的“总体要求”或“技术要求”中规定。

**【示例 5-26】**

> **前言中包含了文件必不可少的条款的不正确的表述：**
> 本文件与 GB/T 12763 的第 1 部分和 GB/T 12763 的第 7 部分配套使用。

［选自 GB/T 12XX3.2—2007《海洋调查规范　第 2 部分：海洋水文观测》］

示例 5-27 中“是压力式温度控制器生产厂家产品出厂时应满足的技术要求”，是要求型条款的表述形式，不应写入前言中。这种表述方式改为陈述型条款后可写入引言，但不适合写进文件正文的规范性要素中。

【示例 5-27】

> **前言中包含了要求型条款的不正确的表述：**
>
> 本文件为家用和类似用途压力式温度控制器的安全和性能标准，是压力式温度控制器生产厂家产品出厂时应满足的技术要求，是采购单位认定该产品是否合格的依据。

[选自 GB/T 22XX8—2008《家用和类似用途压力式温度控制器》]

### （四）前言中不应涉及要素“范围”的内容

文件的前言不应和要素“范围”的内容相混淆，也就是不应涉及本应在“范围”中给出的内容。如果在前言中出现了“本文件规定了……”“本文件适用于……”“本文件主要涉及……”等叙述，那么就是犯了这类错误。

## 第四节　参考文献

**※ 本节结构及内容导引 ※**

- 一、界定
- 二、参考文献中列出的文献
  - （一）文件中资料性引用的文件
  - （二）文件起草过程中依据或参考的文件
    - 1. 标明来源提及的文件
    - 2. 其他参考过的文件
- 三、如何列出参考文献

在编写文件的过程中根据需要会引用若干其他文件。这些被引用的文件中，有些是被规范性引用，有些是被资料性引用。凡是规范性引用的文件都要列入要素“规范性引用文件”；凡是资料性引用的文件都要列入“参考文献”这一要素中。条文中资料性引用文件时，只给出文件编号，不便于文件使用者了解文件的主题，参考文献中的文件清单，可以让使用者通过文件名称初步了解文件涉及的主题。

### 一、界定

要素“参考文献”是一个可选的资料性要素。它的功能是用来列出文件中资料性引用文件的清单以及其他信息资源清单，例如起草文件时参考过的文件，以供文件使用者参考。

虽然参考文献是可选要素，但是如果文件中有资料性引用的文件，那么就应以“参考文献”为标题设置该要素，也就是说这种情况下参考文献的设置成为必需。如果需要设置参考文献，应置于文件的最后一个附录之后。

该要素的内容全部由文件清单构成，且不应分条；列出的清单可以通过描述性的标题进行分组，标题不应编号。

**请注意**：以往的GB/T 1.1的各个版本，都规定参考文献的设置是完全可选的。虽然GB/T 1.1—2020也将参考文献设为可选要素，但是一旦文件中资料性引用了其他文件，就应设置参考文献这一要素。另外，参考文献是与附录不同的独立的资料性要素，不应将它设置成资料性附录。

## 二、参考文献中列出的文献

在参考文献中需要或可以列出以下文件。

### （一）文件中资料性引用的文件

在文件中，凡是资料性引用的文件（见第六章第四节的“六”）应在参考文献中列出，如：

——“……的信息见GB/T XXXXX”；

——“GB/T XXXXX给出了……”；

——“……GB/T XXXXX中给出了进一步的说明”；

——“……参见GB/T XXXXX……的内容”。

### （二）文件起草过程中依据或参考的文件

除了在文件中资料性引用的文件外，在文件起草过程中依据或参考的文件也可以列入参考文献。

**1. 标明来源提及的文件**

在特殊情况下，确有必要抄录其他文件中的少量内容时，需要准确地标明来源。在标明来源时会提及所抄录的文件。由于已经将需要的内容抄录到正在起草的文件中，不需要再去检索相关文件，因此在标明来源之处提及的文件不属于规范性引用文件，而属于可列入参考文献的资料性文件。

**2. 其他参考过的文件**

在起草文件的过程中可能还会参考一些相关文件，如文件中给出示例时使用的文件，如果需要也可列入参考文献。

## 三、如何列出参考文献

在参考文献的文件清单中应列出该文件资料性引用的每个文件。清单中的每个参考文献前应给出文件序号，文件序号由带有方括号的阿拉伯数字组成，即[1]、[2]、[3]……。清单中所列的内容及其排列顺序以及在线文献的列出方式等均与对规范性引用文件清单的规定相一致（见本章第一节中的“三”）。

文件清单中如果列出国际标准化文件、国外标准化文件，可直接给出原文，无须将原文翻译后给出中文译名（见示例5-28）。这一点不同于在要素“规范性引用文件”中列出国际文件的规定[见本章第一节“三”（一）中的“4”]。

**【示例 5-28】**

参 考 文 献

[1] GB/T 4026—1992 电器设备接线端子和特定导线线端的识别及应用字母数字系统的通则

[2] GB/T 13000.1—1993 信息技术 通用多八位编码字符集(UCS) 第1部分:体系结构与基本多文种平面

…………

[12] ISO 10303-212 Industrial automation systems and integration—Product data representation and exchange—Part 212:Electrotechnical design and Installation(actually ISO/TC 184/SC 4/JWG9/N 23-96)

[13] IEC 61346-2 Industrial systems,installations and equipment,and industrial products—Structuring principles and reference designations—Part 2:Classification of objects and codes for classes(at present as 3B/195/CD)

[14] IEC/TR 61734:1997 Application of IEC 617-12 and IEC 617-13

[15] ISO/IEC 10646-1:1993 Information technology—Universal multiple—Octet coded character set(UCS)—Part 1:Architecture and basic multilingual plane

[16] Information modeling—Getting started with EXPRESS-G

此文件以 PDF 电子格式文件形式存放于网页(WEB)上(http://www.iec.ch/tc3)

[17] Global electronics guidelines for bar code/2D Marking of products & packages in conjunction with EDI(actually ACET/157/INF)

…………

## 第五节 索 引

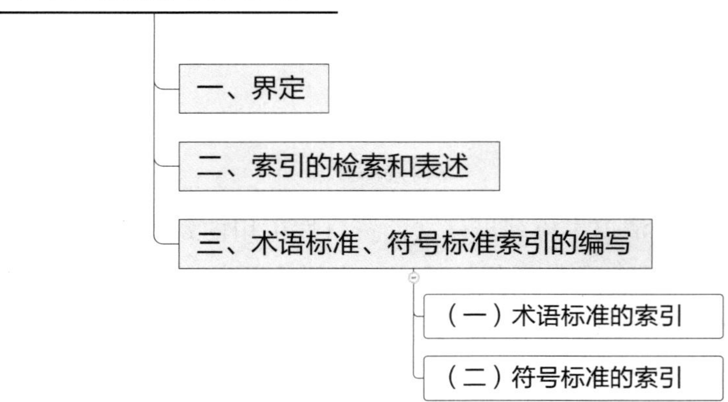


到目前为止,标准化文件中要素的编写已经接近尾声。为了增加文件的易用性,在某些情况下还需要编写索引。索引可以从另一个角度便利文件的使用。

## 一、界定

要素“索引”是一个可选的资料性要素，也就是说，是否设置索引要根据文件的具体需要来决定。索引的功能是在目次之外提供一个检索文件内容的途径，从而提高文件的易用性。索引的内容是由索引列表构成的，其功能是通过关键词检索文件相关内容而实现的。

如果为了方便文件使用者而需要设置索引，那么应该用“索引”做标题，将其设置为文件的最后一个要素。

**请注意：**索引不应设置为资料性附录，它是与附录不同的一个独立的资料性要素。

## 二、索引的检索和表述

编写索引，首先要分析文件中的规范性要素，找出使用者需要查找的关键词。然后以关键词作为索引标目进行检索，建立起关键词与文件的章条、图表编号的对应关系，从而实现对文件相关内容的检索。电子文本的索引宜自动生成。

索引中的索引列表由一条条的索引项构成。每个索引项由文件中的“关键词”与文件的规范性要素中对应的章、条、附录和/或图、表的编号组成。

各索引项通常以关键词的汉语拼音字母顺序编排前后顺序。如果索引项较多，为了便于检索可以在关键词的汉语拼音首字母相同的索引项之上标出相应的字母（见示例 5-29 和示例 5-30）。可根据索引中关键词的长短和检索到的章、条、附录等编号的多少，将索引编排成单栏或双栏（见下文“三”中的示例 5-32）。

**请注意：**索引与目次的功能不同，为了便于通过关键词查找相应的内容，索引项的编排顺序要以关键词的汉语拼音字母顺序编排，不应按照条文中章条次序或表中的编号次序进行编排。

**【示例 5-29】**

索　　引

B

必备要素 ………………………… 3.2.5，6.2.2.1，6.2.2.3
必须 ………………………… 9.5.4.2.2，表 C.1
编号 ………………………… 5.4.1，表 2
标记 ………………………… 9.7.4.2
…………

C

参考文献 ………………………… 表 3，8.2，8.13，10.3.2，10.3.6，图 E.10，表 F.1
产品标准 ………………………… 4.2
常用词的使用 ………………………… 9.4.2
陈述/陈述型条款 ………………………… 3.3.6，8.5.3，8.7.3.3，8.8.3，8.9.3，表 4，9.1，9.2，9.3，C.5
…………

**D**

段 …………………………………………………… 表2,7.4,9.1,10.2.1,10.4.2.2

**F**

范围 …………………………………………… 5.2.3,6.1.3,表3,6.2.2.3,8.5,9.6.3.2

分类标准 ………………………………………………………… 4.2,6.1.4.2,8.11

分类和编码 ………………………………………………………… 表3,8.9.1,8.9.3

…………

**G**

关键词 …………………………………………………………………… 8.14,10.3.6

规程标准……………………………………………………………… 4.2,5.3.2,表1,表4

规范标准……………………………………………………………… 4.2,5.3.2,表1,表4

…………

[选自GB/T 1.1—2020《标准化工作导则　第1部分:标准化文件的结构和起草规则》]

## 三、术语标准、符号标准索引的编写

索引这一要素通常为可选要素,然而对于术语标准应设置术语的汉语拼音索引,也就是说术语标准中索引是一个必备要素;对于符号标准宜建立索引,也就是说为了便于符号的检索最好建立索引。

### (一)术语标准的索引

术语标准的索引通常用“术语”作为索引标目,并引出术语对应的条目编号。术语的汉语拼音索引中各索引项应按拼音字母的顺序编排前后顺序。如果术语标准中包含了以阿拉伯数字或外文字母开头的,或者全部为外文字母组成的术语,那么索引项的前后顺序按照汉字、拉丁字母、希腊字母、阿拉伯数字的顺序编排。

术语标准中的术语包含了首选术语和许用术语,由于各类术语的字体不同(见第三章第一节中的“四”),为了便于区分,索引中的术语和条目中的术语的字体应相同,也就是索引中的条目编号、首选术语及其对应词使用黑体,其他使用宋体。

术语标准中除了应该编排术语的汉语拼音索引之外,通常还包含术语的外文对应词索引。各类外文对应词索引中的各索引项应按照各语种的字母顺序编排前后顺序。当索引中包含了其他语言文字的索引时,应在每种语言文字的索引之间空行,但不应分页。另外,为了便于识别,每种索引之前最好增加语种标题,例如用“汉语拼音索引”或“英文对应词索引”等标题加以区分,标题之前不应添加编号。

**请注意**:各语种索引都是在要素“索引”之下设置,不应将每个语种各自设置成单独的要素。

示例5-30给出了术语标准中的索引。

【示例 5-30】

## 索　　引

### 汉语拼音索引

**B**

笔画 …… 6.17
笔数 …… 6.19
笔顺 …… 6.18
编辑 …… 12.3
…………

**C**

参照词形 …… 3.13
查询语言 …… 8.2
抽取 …… 8.9
串 …… 6.12
…………

**D**

倒排索引 …… 5.11
递降分析 …… 8.6
定界符 …… 3.10
…………

### 英文对应词索引

**A**

alphabet …… 6.6
alphabetic character …… 6.5
alphabetical index …… 5.7
…………

**B**

base form …… 3.13
batch processing …… 11.1
blank …… 6.11
browes …… 12.5

**C**

CA …… 12.1
character …… 6.1
…………

[选自 GB/T 17532—2005《术语工作　计算机应用　词汇》,做了适当改动]

## （二）符号标准的索引

符号标准的索引应分别通过“符号的名称（或含义）”和“英文对应词”作为索引标目，并引出在标准中符号对应的编号或序号。

索引内容包括符号的“名称”或“含义”或者“英文对应词”以及符号在标准中的“编号”或“序号”，符号的名称或英文对应词与编号之间用符号“……”连接。（见示例5-31和示例5-32）

名称索引应按名称的汉语拼音字母的升序编排；英文对应词索引应按拉丁字母的升序编排。当符号的名称以阿拉伯数字或外文字母起首或全部为外文字母组成时，应在符号的名称索引中，将这类名称排在汉字之后以阿拉伯数字、拉丁字母、希腊字母的次序编排。（见示例5-31）

英文对应词索引与汉语拼音索引之间之间应空行，但不应分页，两种索引应具有一个共同的标题“索引”。

示例5-31给出了单列图形符号索引编排示例。示例5-32给出了双列图形符号索引编排示例。

**【示例5-31】**

### 索　　引

**名称** **编号**


保持性质不变但改变形式的电能转换装置 …… 2-069

保护接地线导体 …… 3-090

并联 …… 5-119

…………

自由落体加速度 …… 1-019

最大允许误差的绝对值 …… 4-019

A计权声功率级 …… 1-154

A计权声压级 …… 1-147


**英文对应词** **编号**


absolute value of maximum permissible errors …… 4-019

absorption factor …… 1-159

accelerating …… 3-002

A-weighting sound power level …… 1-154

A-weighting sound pressure level …… 1-147

band sound pressure level …… 1-146

bundle conductor …… 5-128

…………

【示例 5-32】

## 索　引

| 含义 | 序号 |
|---|---|
| 斑马 | 16 |
| 北极熊 | 08 |
| 长臂猿 | 02 |
| 大熊猫 | 11 |
| …… | |
| 骆驼 | 19 |
| 马 | 15 |
| 猛禽 | 23 |

| 含义 | 序号 |
|---|---|
| 鸣禽 | 26 |
| 牛 | 14 |
| 爬行类动物 | 32 |
| 犬科动物 | 10 |
| …… | |
| 原猴 | 04 |
| 雉禽 | 25 |
| 朱鹮 | 22 |

| 英文对应词 | 序号 |
|---|---|
| Amphibians | 31 |
| Antelope | 17 |
| Bear | 07 |
| Bovine | 14 |
| …… | |
| Horse | 15 |
| Hyena | 09 |
| Insect | 34 |

| 英文对应词 | 序号 |
|---|---|
| Lemur | 04 |
| Lion | 05 |
| Marsupials | 20 |
| Monkey | 01 |
| …… | |
| Tiger | 06 |
| Wading Birds | 24 |
| Zebra | 16 |

# 第六节 目 次

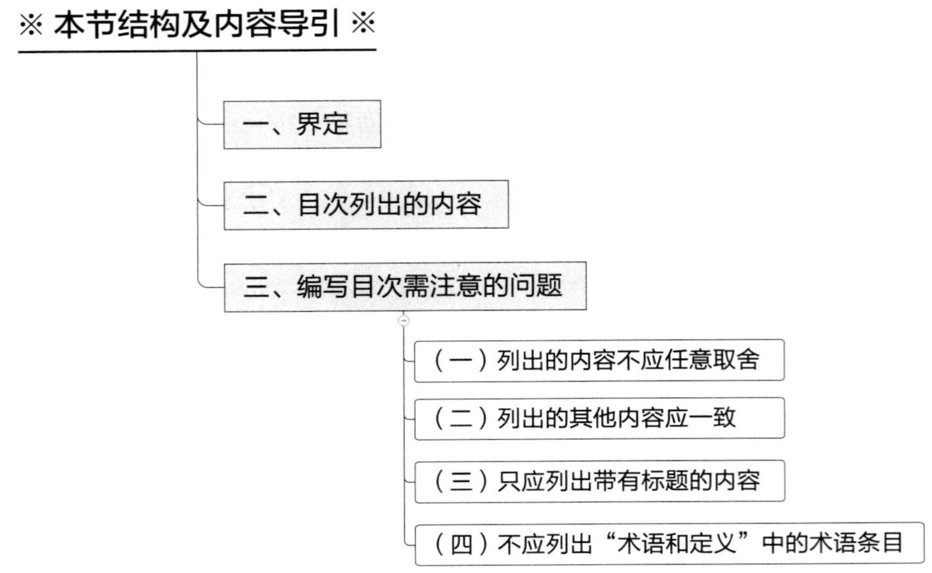


索引编写完成之后，下一个提高文件易用性的工作将是编写目次。目次是不同于索引的另一个检索文件内容的途径，它可以一目了然地展示文件的结构，从另一个角度方便文件的使用。

## 一、界定

要素“目次”是一个可选的资料性要素，也就是说，是否设置目次要根据文件的具体需要来决定。目次的功能是呈现文件的结构，引导阅读，方便文件内容的查阅。目次的内容是由目次列表构成的，其功能是通过目次列表展示文件中的章、条、图、表及其对应的页码得到实现的。

由于目次能够给文件使用者提供较大的便利，尤其在电子文本中，不但利用目次可以查阅文件的内容，还可通过目次快速定位到所需要的位置，这种情况下设置目次显得更加必要。通常以下两种情况有必要设置目次：第一，文件的层次较复杂，有必要向文件使用者展示文件的结构；第二，需要通过给出文件的章、条、图、表等标题而让文件使用者快速了解文件的内容。如果有必要设置目次，那么应使用“目次”作标题，将其置于封面之后。

## 二、目次列出的内容

根据所形成的文件的具体情况，应依次对下列内容建立目次列表：

a） 前言，

b） 引言，

c） 章编号和标题，

d） 条编号和标题，（需要时列出）

e） 附录编号、“（规范性）”/“（资料性）”和标题，

f) 附录条编号和标题,(需要时列出)

g) 参考文献,

h) 索引,

i) 图编号和图题(含附录中的),(需要时列出)

j) 表编号和表题(含附录中的)。(需要时列出)

上述各项内容后还应给出其所在的页码。

在电子文件中,目次最好自动生成。这样可以极大地避免手工编辑目次造成的遗漏、错误等现象。

**【示例 5-33】**

# 目　　次


前言 …………………………………………………………………… Ⅴ

引言 …………………………………………………………………… Ⅶ

1 范围 ………………………………………………………………… 1

2 规范性引用文件 …………………………………………………… 1

3 术语和定义 ………………………………………………………… 1

3.1 文件 ……………………………………………………………… 1

3.2 文件的结构 ……………………………………………………… 2

3.3 文件的表述 ……………………………………………………… 2

4 文件的类别 ………………………………………………………… 3

5 目标、原则和要求 ………………………………………………… 4

5.1 目标和总体原则 ………………………………………………… 4

5.2 文件编制成整体或分为部分的原则 …………………………… 4

5.3 规范性要素的选择原则 ………………………………………… 4

…………

附录 A(资料性) 层次编号示例 …………………………………… 37

附录 B(规范性) 标准化项目标记 ………………………………… 38

B.1 概述 ……………………………………………………………… 38

B.2 适用性 …………………………………………………………… 38

…………

参考文献 ……………………………………………………………… 60

索引 …………………………………………………………………… 61

图 B.1 标记体系的组成 …………………………………………… 39

图 E.1 单数页格式 ………………………………………………… 46

…………

表 1　文件名称中表示标准功能类型的词语及其英文译名 ………………………… 7
表 2　层次及其编号 ……………………………………………………………… 7
表 3　文件中各要素的类别、构成及表述形式 ………………………………… 8
表 4　各种功能类型标准的核心技术要素以及所使用的条款类型 …………… 18
表 C.1　要求 ……………………………………………………………………… 42
…………

［选自 GB/T 1.1—2020《标准化工作导则　第 1 部分：标准化文件的结构和起草规则》］

## 三、编写目次需注意的问题

目次是可选的要素，然而一旦决定设置目次，目次列表中列出的内容要遵守一致性原则。因此在具体编写目次时需要注意以下问题。

### （一）列出的内容不应任意取舍

目次列表中至少应列出如下内容：前言、引言（如果有）、章的编号及其标题、附录（如果有）［包括附录编号、（规范性）/（资料性）、附录标题］、参考文献（如果有）和索引（如果有），不应对这些内容进行任意取舍。

### （二）列出的其他内容应一致

图表目次：目次列表中图、表目次可以根据具体情况进行选择。然而一旦需要设置其中的一种，则图、表均应设置在目次中，如设置了图的目次，则表（如果有）的目次也应设置。

条的目次：目次列表中列出正文和附录的条的层次应是一致的，即如果正文列出第二层次的条，附录中的条也应列到第二层次（如果有）。

前文示例 5-33 中所列出的正文和附录的条都为第一层次；图和表的目次均被列出。

### （三）只应列出带有标题的内容

目次中列出的条、图、表等都应是带有标题的，无标题的条、图、表都不应在目次中列出。

### （四）不应列出“术语和定义”中的术语条目

由于术语条目不属于“条”，术语也不是条的标题，因此在目次中不应列出“术语和定义”中的条目，即不应列出条目编号和术语。然而，如果“术语和定义”一章中进一步分条，那么相应的条编号及其标题，应与其他条一样按照需要列入目次。（前文示例 5-33 中的 3.1、3.2、3.3 不是术语条目，而是“术语和定义”一章中的条）

# 第七节 封 面

※ 本节结构及内容导引 ※

- 一、界定
- 二、封面标明的各类信息
- 三、封面中标明的信息的具体表述
  - （一）封面中标明的必备信息
    - 1. 文件名称
    - 2. 文件的层次或文件的类别
    - 3. 文件代号
    - 4. 文件编号
    - 5. 国际标准分类号（ICS号）
    - 6. 中国标准文献分类号（CCS号）
    - 7. 发布日期和实施日期
    - 8. 发布机构或单位
  - （二）封面中根据情况标明的其他信息
    - 1. 文件名称的英文译名
    - 2. 与国际文件的一致性程度标识
    - 3. 被代替文件的编号
    - 4. 征集文件是否涉及专利的信息

到目前为止，标准化文件草案的起草仅差最后一个要素“封面”的编写就完成了。封面的编写是对文件进行的包装。然而封面不仅仅是一个简单的包装，它还起着十分特殊的作用，在文件的封面上显示着大量识别标准化文件的重要信息。

## 一、界定

要素“封面”是一个必备的资料性要素，每一个文件都应有封面。封面的功能是提供标明文件的信息。文件使用者通过这些信息可以从整体上快速识别该文件。

## 二、封面标明的各类信息

在任何标准化文件的封面中都应标明以下 8 项必备信息：

——文件名称，

——文件的层次或文件的类别，
——文件代号，
——文件编号，
——国际标准分类号，
——中国标准文献分类号，
——发布日期和实施日期，
——发布机构等。

根据文件的具体情况，文件封面中还需标明以下信息：

——文件名称的英文译名，
——与国际文件的一致性程度标识，
——被代替文件的编号，
——征集文件是否涉及专利的信息。

## 三、封面中标明的信息的具体表述

前文“二”中给出了在封面中标明所有信息，这些信息的具体表述需要遵守相应的规则。图 5-1 显示了文件封面中显示的各种信息的相应位置。

ICS XXXXXXX
CCS X XX

代号

文　件　层　次　或　类　别

文件编号
被代替文件编号

文件名称

文件名称的英文译名

（与国际标准化文件一致性程度的标识）

XXXX-XX-XX 发布　　　　XXXX-XX-XX 实施

标准发布部门或单位　发 布

图 5-1　封面标明的信息

### （一）封面中标明的必备信息

任何标准化文件的封面中标明的必备信息需符合以下具体表述规则。

**1. 文件名称**

文件名称在封面中位于十分显著的位置。各类标准化文件封面的居中偏上的位置都应给出文件名称。

**2. 文件的层次或文件的类别**

（1）文件的层次

按照文件的适用范围，我国的标准化文件分为以下五个层次：国家、行业、地方、团体和企业标准化文件。

文件的封面上部居中位置应标明文件的层次：

——国家标准为“中华人民共和国国家标准”，

——行业标准为“中华人民共和国××行业标准”，

——地方标准为“××××（地方名称）地方标准”，

——团体标准为“团体标准”或“××××（社会团体名称）团体标准”，

——企业标准为“××××（单位名称）企业标准”。

（2）文件的类别

我国的国家标准化管理部门除了发布标准之外，还会发布其他标准化文件。按照《国家标准化指导性技术文件管理规定》[①]，国家标准化管理部门除发布国家标准外，还会发布国家标准化指导性技术文件。如果所起草的是这类文件，那么封面上部居中位置应标明“中华人民共和国国家标准化指导性技术文件”。行业标准化指导性技术文件、地方标准化指导性技术文件的封面上部居中位置也应标明相应的文件类别。

**3. 文件代号**

文件封面的右上角应标明文件的标志。文件的标志通常为下述文件代号的固定字体：国家标准化文件的代号为“GB”；各行业文件的代号见附录五的“附表5-1　行业标准代号、领域和主管部门”；地方标准的代号为“DBXX”，其中XX为各省、自治区、直辖市行政区划代码前两位数，见附录五的“附表5-2　省、自治区、直辖市行政区划代码表”；团体标准的代号为“T/×××”，企业标准的代号为“Q/×××”。

**4. 文件编号**

在文件封面中标明文件层次位置的右下方应标明文件的编号。文件的编号由标准化机构确定或分配。

文件编号由文件代号、顺序号及发布年份号构成。推荐性标准的文件代号由前文“3.”中给出的代号加上“/T”组成，顺序号由阿拉伯数字组成，发布年份号由四位阿拉伯数字组成，顺序号和年份号之间使用一字线形式的连接号。

根据《国家标准管理办法》《行业标准管理办法》《地方标准管理办法》《团体标准管理规定》和《企业标准化管理办法》的规定，我国各类文件的编号形式分别为：

① 国家质量技术监督局. 国家标准化指导性技术文件管理规定. 1998年12月24日.

强制性

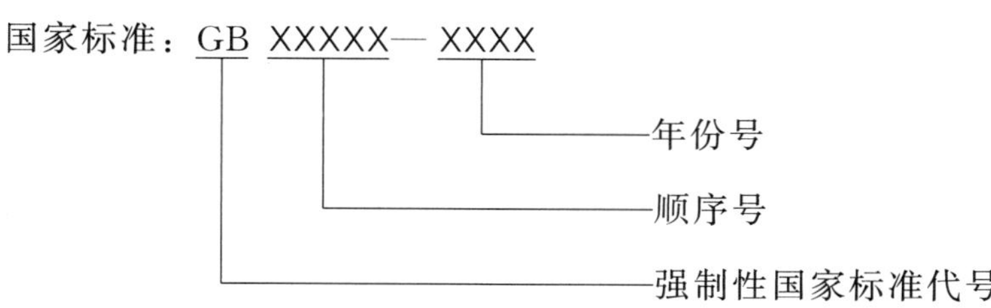


推荐性

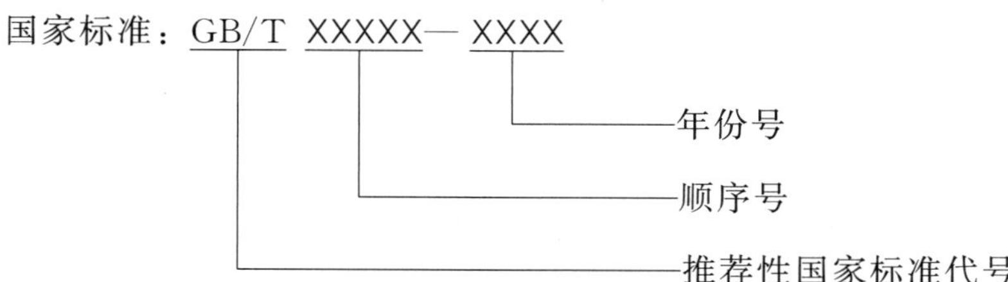


国家标准化

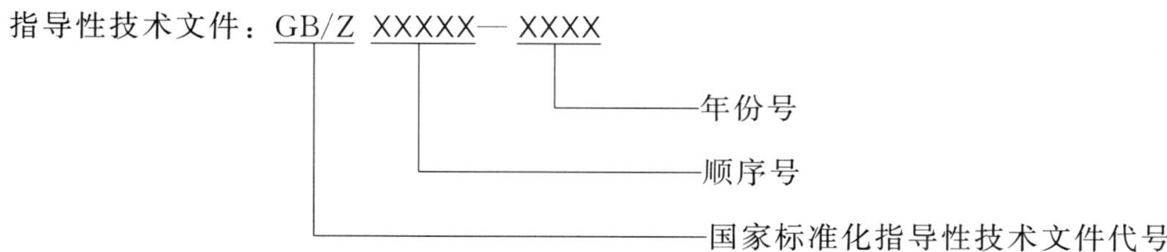


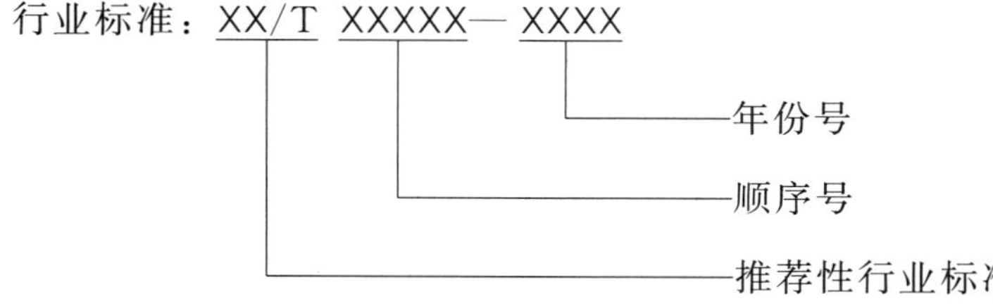


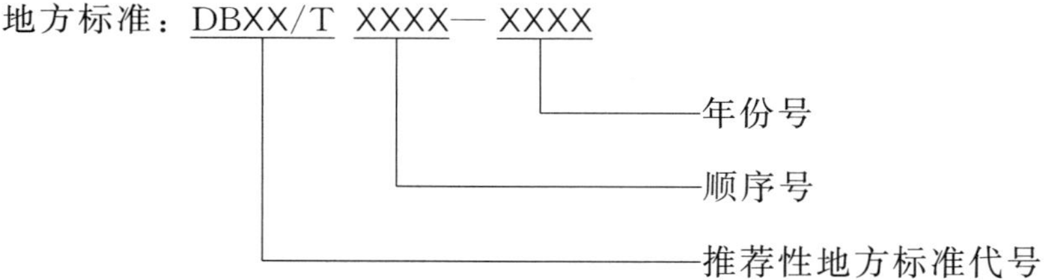


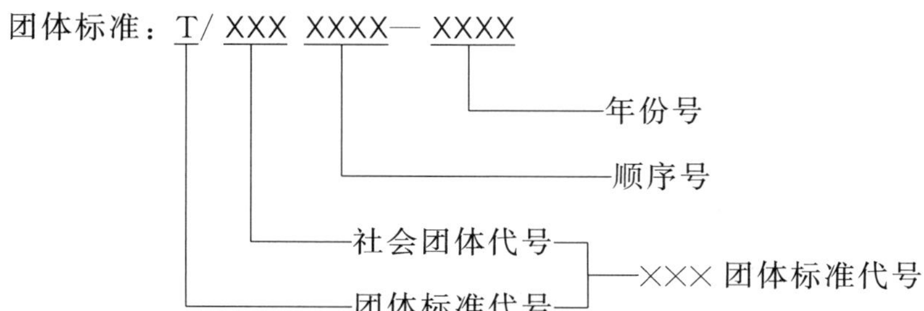

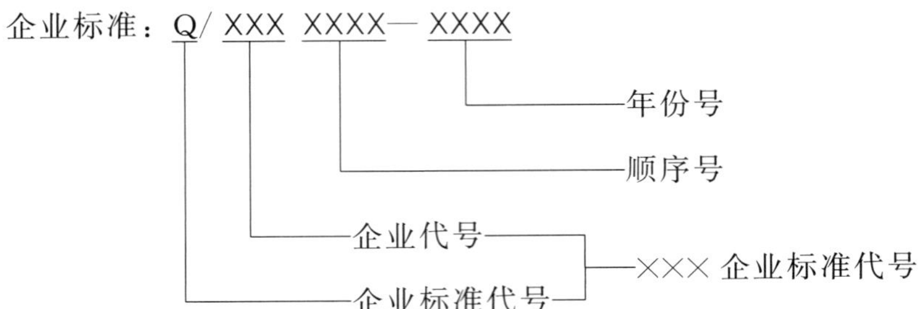


如果所起草的标准化文件是以国际标准化文件为基础编制的，并且等同采用国际标准化文件，则在封面上标明的文件编号应为双编号（见第七章第二节中的“三”）。

**5. 国际标准分类号（ICS 号）**

国家、行业和地方标准化文件应在其封面的左上角标明 ICS 及其分类编号，详见第一章第一节“三”中的（二）。在我国标准化文件封面上标明 ICS 号，能够通过使用这一国际统一的分类方法及其编号，便于我国标准化文件与国际标准化文件的交流与对比。ICS 的标注见示例 5-34 和示例 5-35。

**【示例 5-34】**

ICS 03.080.01

CCS A 12

[选自 GB/T 24620—2009《服务标准制定导则　考虑消费者需求》，做了适当改动]

**【示例 5-35】**

ICS 97.060

CCS Y 62

[选自 GB/T 4288—2018《家用和类似用途电动洗衣机》，做了适当改动]

**6. 中国标准文献分类号（CCS 号）**

国家、行业和地方标准化文件在 ICS 号之下，应标明 CCS 及其分类号，即中国标准文献分类号，详见第一章第一节“三”中的（二）。CCS 的标注见前文示例 5-34 和示例 5-35。

**7. 发布日期和实施日期**

在封面的倒数第二行，应标示文件的发布日期和实施日期，例如“2020-03-31 发布”“2020-10-01 实施”。文件的实施日期由文件的审批发布部门在发布文件时确定。

**8. 发布机构或单位**

在封面的倒数第一行，应标明文件的发布机构、组织或单位。目前，不同层次标准的发布机构、组织或单位情况如下。

——国家标准的发布机构为：“国家市场监督管理总局”和“国家标准化管理委员会”；

——行业标准的发布机构为：各行业主管部门；（见附录五的附表 5-1）

——地方标准的发布机构为：各省、自治区、直辖市标准化行政主管部门；

——团体标准的发布组织为：各社会团体；

——企业标准的发布单位为：各企业单位。

### （二）封面中根据情况标明的其他信息

封面中除了需要标明的必备信息外，不同类别的文件根据具体情况标明的其他信息需要符合以下表述规则。

**1. 文件名称的英文译名**

为了便于国际贸易和对外技术交流，在国家标准化文件和行业标准化文件封面上的文件名称之下应标明其对应的英文译名。目前许多国家（如日本、德国、法国、俄罗斯等）都在本国标准化文件的封面中给出文件名称对应的英文译名。英文译名的编写需要符合以下规则。

(1) 英文译名的编写要以中文的文件名称为基础，在保证原意完整和准确的基础上，不必按照中文的文件名称逐字翻译。

(2) 英文译名宜从相应国际、国外文件的名称（如为英文）或英文译名中选取。在以国际文件为基础编制我国标准化文件时，最好使用国际文件的名称。如果我国文件规定的技术内容与相应国际文件的技术内容有差异（在与国际文件的一致性程度为非等效或修改时），那么应研究是否可以使用国际文件的名称，如果确实无法使用，则需依据我国文件名称，对国际文件名称作相应调整后形成英文译名。

(3) 我国的标准化文件名称各要素之间空一个汉字的间隔，对应的英文译名的各要素间用一字线形式的连接号(—)相连。文件名称的各元素的第一个单词的首字母应大写，其他单词的字母小写（需要大写的专用名词除外）。

(4) 表示标准功能类型的词语的英文译名宜从表 5-1 中选取。

**表 5-1　文件名称中表示标准功能类型的词语的英文译名**

| 标准功能类型 | 名称中的词语 | 英文译名 |
|---|---|---|
| 术语标准 | 术语 | vocabulary, terminology, term |
| 符号标准 | 符号、图形符号、标志 | symbol, graphical symbol, sign |
| 分类标准 | 分类、编码 | classification, coding |
| 试验标准 | 试验方法、……的测定 | test method, determination of... |
| 规范标准 | 规范 | specification |
| 规程标准 | 规程 | code of practice |
| 指南标准 | 指南 | guidance, guidelines |
| 要求、规则类标准 | 要求、规则 | requirement, rule |

示例 5-36 给出了各类功能类型标准名称的英文译名。

**【示例 5-36】**

**术语标准**

纳米科技　术语　第 6 部分：纳米物体表征　　Nanotechnologies—Vocabulary—Part 6: Nano-object characterization

售后服务基本术语　　Fundamental terminology of after-sales service

钎焊术语　　Soldering and brazing terms

**符号标准**

公共信息图形符号　　Public information graphical symbols

矿山安全标志　　Mine safety signs

气体激光器文字符号　　Letter symbols for gas lasers

| | |
|---|---|
| **分类标准** | |
| 活性炭分类和命名 | Classification and nomenclature for activated carbon |
| 突发事件分类与编码 | Emergency classification and coding |
| 铁路行包运输分类与代码 | Classification and code of transport of baggage and parcel in railway |
| **试验标准** | |
| 硫化橡胶　热氧老化试验方法　管式仪法 | Rubber, vulcanized—Test method of deterioration by heat and oxygen—Tube tester |
| 钢丝及钢丝制品　通用试验方法 | Steel wire and wire products—General test methods |
| 耐火材料　热膨胀试验方法 | Refractories—Determination of thermal expansion |
| **规范标准** | |
| γ辐照设施　设计、建设和使用　规范 | Gamma irradiation facilities—Design, construction and use—Specifications |
| 1 000 kV 变电站自动化系统　技术规范 | 1 000 kV substation automation system—Technical specification |
| 读数系统社会能源计量规范　第6部分：本地总线 | Specification for society energy metering for reading system—Part 6: Local bus |
| **规程标准** | |
| 马铃薯离体无病毒种子苗繁殖　操作规程 | In-vitro virus free seed potatoes plantlets breeding—Code of practice |
| 起重设备　检查和维护操作规程　第9部分：起重装置 | Lifting appliances—Code of practice for inspection and maintenance—Part 9: Lifters |
| **指南标准** | |
| 电气和电子产品环境试验　湿热试验指南 | Environment tests for electric and electronic products—Guidance for damp heat tests |
| 建筑环境设计　评估新建筑能源效率的指南 | Building environment design—Guidelines to assess energy efficiency of new building |

**2. 与国际文件的一致性程度标识**

当所起草的文件与国际文件有一致性对应关系时，应按照 GB/T 1.2—2020 的规定，在封面中的英文译名之下标示与国际标准化文件的一致性程度标识。具体标示方法见第七章第三节“二”中的(一)。

**3. 被代替文件的编号**

如果所起草的文件代替了同层次的某个或某几个文件(如国家标准代替国家标准)，则应在封面中的文件编号之下另起一行标明被代替文件的编号(见示例 5-37)。封面中标示的被代替文件编号不应超过一行。如果被代替的文件较多，标示被代替文件编号超过了一行，那么可列出主要被代替的文件，并在文件编号后加上“等”字(见示例 5-38)，具体被代替的多项文件可在前言中说明“文件与代替文件的关系”时给出[详见本章第三节“三”中的(三)]。

不同层次文件的替代情况不在封面上标示。必要时,可在文件前言中说明“文件与代替文件的关系”时给出。

【示例 5-37】

| 代替 **GB/T** 15565.1—2008,**GB/T** 15565.2—2008 |
|---:|

【示例 5-38】

| 代替 **GB/T** XXXXX—2008 等 |
|---:|

**4. 征集文件是否涉及专利的信息**

在文件的工作组讨论稿、征求意见稿和送审稿的封面显著位置应给出征集文件是否涉及专利的信息:

“在提交反馈意见时,请将您知道的相关专利连同支持性文件一并附上。”

(详见第六章第六节中的“二”)

# 第六章 要素的表述

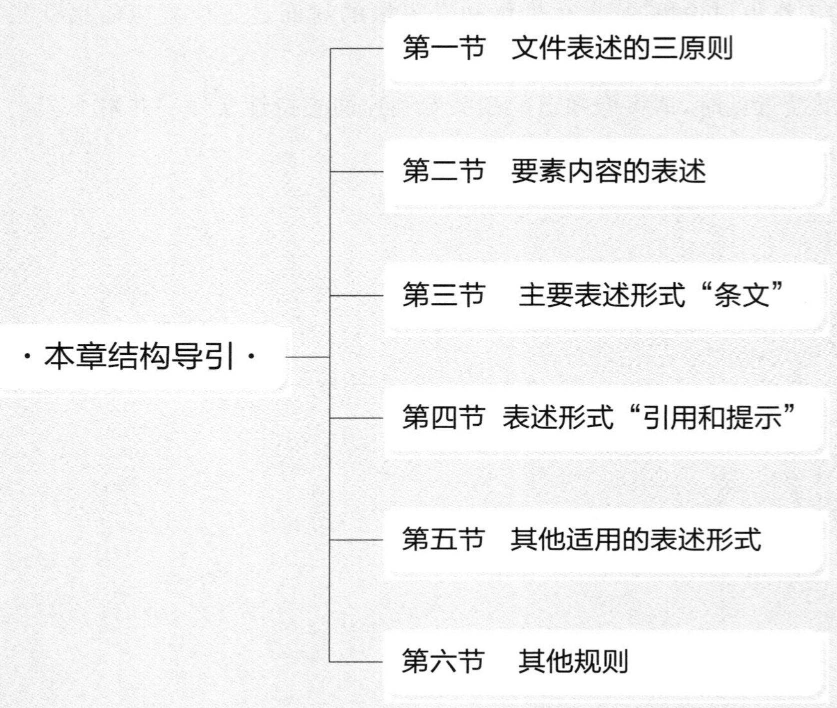


本书第二章介绍了文件的要素由“条款和附加信息”组成，而要素又有不同的表述形式，通常包括条文、图、表、数学公式、附录、引用或提示等。本章将详细阐述文件要素的具体表述，在讨论需要遵守的三原则的基础上，详细介绍要素的内容以及要素的各种表述形式的编写。

# 第一节 文件表述的三原则

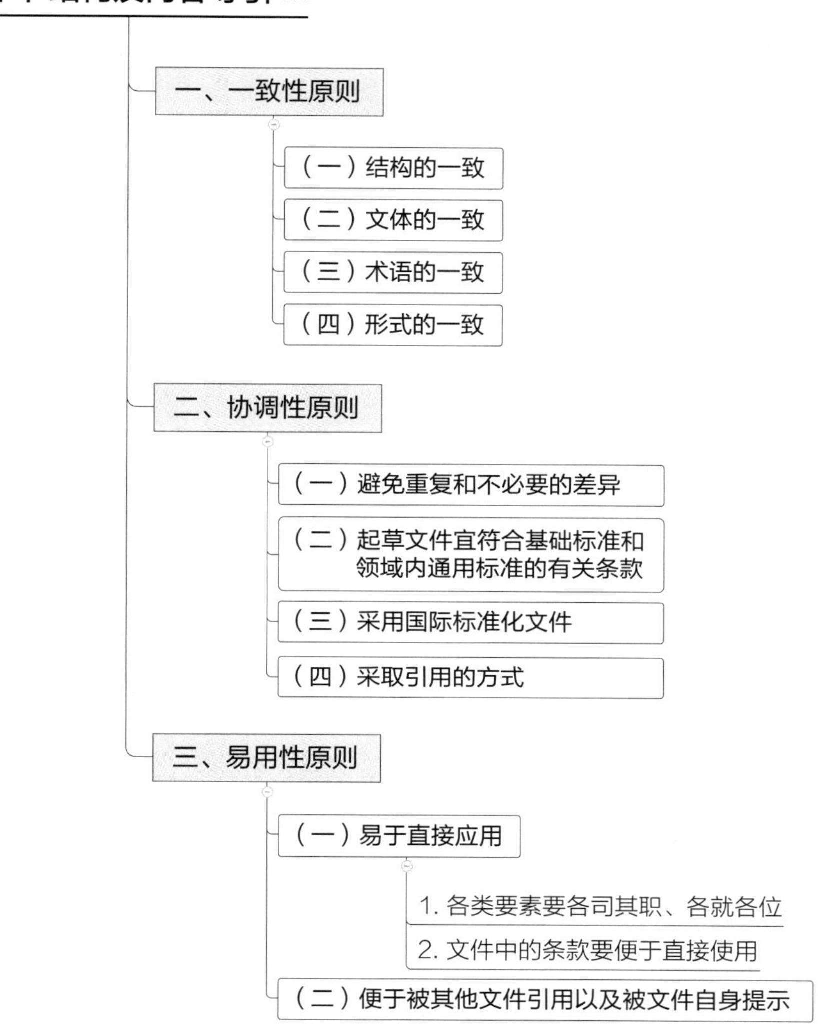


无论要素包含什么内容，也无论其表述形式如何，首先需要遵守文件表述的三原则：一致性、协调性和易用性。只有遵守了文件表述三原则，才能达到编制标准化文件的目标——形成清楚、准确和无异议的条款（见第一章第三节），进而实现标准化的目的和效益。

## 一、一致性原则

一致性是标准化文件最基本的表述原则。它强调的是内部的一致，这里的“内部”有两个层次：第一，每个文件内部；第二，由拥有同一个文件顺序号的各部分形成的文件内部。编写文件时遵循一致性原则，将避免由于同样或类似内容的不同表述给文件使用者造成的困惑，从而确保文件能够被正确理解。从文件文本自动处理的角度考虑，一致性也将使文本的计算机处理，甚至计算机辅助翻译更加方便和准确。遵循一致性原则通常考虑结构、文体、术语和形式等四个方面。

### （一）结构的一致

结构的一致主要指拥有同一个文件顺序号的各部分之间需要考虑的原则。各部分的结构一致，是指相关要素和层次的设置与否，章、条的编号、排列顺序，标题表述等宜尽可能一致。目前，国际上 ISO、IEC 和我们国家都将标准化文件中的要素“规范性引用文件”“术语和定义”确定为必备要素就是贯彻结构一致性原则的具体做法。

示例 6-1 给出了 GB/T 20001 的结构。虽然 GB/T 20001 分为多个部分，但是各个部分的结构基本上与以下示例是一致的。

**【示例 6-1】**

引言

1　范围

2　规范性引用文件

3　术语和定义

4　总体原则和要求

　4.1　总体原则

　4.2　总体要求

5　结构

6　要素的编写

　6.1　文件名称

　6.2　范围

…………

### （二）文体的一致

单个文件中或者拥有同一个文件顺序号的各个部分中，相同的条款宜使用相同的用语，类似的条款宜使用类似的用语。

示例 6-2 给出了 GB/T 20001.6—2017 和 GB/T 20001.7—2017 第 6 章的内容。从示例中可看出这两个文件的结构高度一致。其中相似的条款 6.1.1 的相似度非常高，然而 6.1.2 的相似度却降低了。可见两个文件之间的表述还需进一步提高一致性。

**【示例 6-2】**

**6　文件名称**

…………

6.1.1　规程标准的名称应包含词语“规程”，以表明标准的类型。通常，词语“规程”应置于文件名称的补充元素中。在编写文件的某个部分的名称时，词语“规程”可置于主体元素中。

6.1.2　规程标准的文件名称的英文译名中对应的词语“规程”应译为“code of practice”。

［选自 GB/T 20001.6—2017《标准编写规则　第 6 部分：规程标准》］

> 6　文件名称
>
> …………
>
> 6.1.1　指南标准的名称应包含词语“指南”，以表明标准的类型。通常，词语“指南”应置于文件名称的补充元素中。在编写文件的某个部分的名称时，词语“指南”可置于主体元素中。
>
> 6.1.2　指南标准的英文译名中对应的汉语“指南”应译为“guidance”“guidelines”。

［选自 GB/T 20001.7—2017《标准编写规则　第 7 部分：指南标准》］

从示例 6-3 可看出 GB/T 1.1—2020 的三个条中表述相似内容的高度一致性。

**【示例 6-3】**

> 8.6　规范性引用文件
>
> 8.6.1　界定和构成
>
> 规范性引用文件这一要素用来列出文件中规范性引用(见 9.5.4.2.1)的文件，由引导语和文件清单构成。该要素应设置为文件的第 2 章，且不应分条。
>
> …………
>
> 8.7　术语和定义
>
> 8.7.1　界定和构成
>
> 术语和定义这一要素用来界定为理解文件中某些术语所必需的定义，由引导语和术语条目构成。该要素应设置为文件的第 3 章，为了表示概念的分类可以细分为条，每条应给出条标题。
>
> …………
>
> 8.8　符号和缩略语
>
> 8.8.1　界定和构成
>
> 符号和缩略语这一要素用来给出为理解文件所必需的、文件中使用的符号和缩略语的说明或定义，由引导语和带有说明的符号和/或缩略语清单构成。如果需要设置符号或缩略语，宜作为文件的第 4 章。如果为了反映技术准则，符号需要以特定次序列出，那么该要素可以细分为条，每条应给出条标题。
>
> …………

［选自 GB/T 1.1—2020《标准化工作导则　第 1 部分：标准化文件的结构和起草规则》］

### （三）术语的一致

每个文件内，同一个概念宜使用同一个术语，避免使用同义词。

术语的一致包含两层含义：首先，在文件中应使用要素“术语和定义”中已经界定的术语。在现行有效的文件中，就出现了有些条款使用了第 3 章界定的术语，但另一些条款又使用了同义词的问题。其次，即使按照规定（见第四章第六节中的“二”）有些术语未在第3章界定，文中的术语也宜保持一致。

例如，在GB/T 1.1—2020中，除了严格按照“术语和定义”中界定的含义使用术语外，全文在使用其他词语时也严格遵守一致性原则，诸如：“引用”针对提及其他文件，“提示”针对提及文件自身，“指明”针对提及文件中附录、图、表等表述形式。

又如，在GB/T 1.2—2020中，除了按照“术语和定义”中界定的含义使用的“结构调整、技术差异、编辑性改动”等术语外，全文还按照一致性原则使用“等同、修改、非等效”“增加、更改、删除”等词语。

#### （四）形式的一致

文件形式的一致能够便于对文件内容的理解，查找及使用。形式的一致通常包括以下方面。

a） 条标题：虽然条标题的设置可以根据文件的具体情况进行取舍，但是在某一章或条中，其下一个层次中的各条有无标题要一致。

b） 列项或无标题条的主题：文件中的列项或无标题条，可以根据具体情况用黑体字标明主题。如果强调了主题，则某个列项中的每一项，或某一条中的每个无标题条都需要强调。

c） 图表标题：虽然文件中的图或表是否有标题是可以选择的，然而全文中有无标题要一致。

### 二、协调性原则

一致性强调的是一个文件内部的一致，而协调性主要针对文件之间，强调的是与外部的协调，其目的是“为了达到标准化文件的整体协调”。众多标准化文件可以构成一个文件体系，只有文件之间相互协调，才能充分发挥整个系统的功能，获得良好的系统效应。在表述文件内容时，为了达到标准化文件系统的整体协调，在起草文件时需要注意与现行有效的文件之间相互协调。

文件的整体协调是有其范围的：从行业的角度考虑，行业的标准化文件宜保持协调；推而广之从国家的角度考虑，所有的国家标准化文件宜保持协调。为了达到文件系统整体协调的目的，在起草标准化文件时需要考虑以下四个方面。

#### （一）避免重复和不必要的差异

遵守协调性原则首先要避免文件内容的重复和不必要的差异。因为，重复和不必要的差异往往容易造成不协调。为此，需要采取两项具体措施：第一，将针对一个标准化对象的规定尽可能集中在一个文件中。这样将避免由于相同的规定散落在不同文件中而产生的差异，造成不协调。第二，将通用的内容规定在一个文件中。利用通用化方法，将适用于某领域或标准化对象的内容进行通用化处理，将通用内容或者规定在某个文件的一个部分（通常为通用部分）中，该文件的其他部分则引用通用部分的相关内容；或者将适用更广泛的通用内容编制成单独的文件，以便其他标准化文件引用。这种处理方式避免了每个文件都针对通用内容进行规定而产生的不协调。

### （二）起草文件宜符合基础标准和领域内通用标准的有关条款

起草每个文件都遵守基础标准，就使得适用最广泛的标准得到了应用，保证了每个标准化文件都符合标准化的最基本的原则、方法和基础规定，从而就可以达到在较高层面上（国家、行业）各文件之间的协调。

a) 每个文件要符合现有基础标准的有关条款，尤其涉及下列有关内容：标准化原理和方法，标准化术语，量、单位及其符号，符号和缩略语，图形符号，参考文献的标引，技术制图和简图，技术文件编制等。

b) 对于特定技术领域，还需要考虑涉及诸如下列内容的通用标准中的有关条款：极限、配合和表面特征，尺寸公差和测量的不确定度，优先数，统计方法，环境条件和有关试验，电磁兼容，符合性和质量等。

c) 编制文件时除了与上述标准协调外，还要注重与同一领域的标准进行协调，尤其要考虑本领域的通用标准，注意遵守已经发布的标准化文件的规定。

### （三）采用国际标准化文件

如果有对应的国际标准化文件，要首先考虑以这些文件为基础起草我国标准化文件；如果对应的国际文件为ISO或IEC发布的标准化文件，宜尽可能按照GB/T 1.2的规定等同或修改采用。采用国际文件能够保证我国文件与国际标准化文件在国际层面上的协调。

### （四）采取引用的方式

如果需要使用其他文件中的内容时，采取引用的方式，而不抄录其他文件中需要的内容，这样可以避免由于抄录错误导致的差异，还可以避免由于被抄录文件的修订造成的文件之间的差异和不协调。如果需要使用文件自身其他位置的内容，那么也宜采取提示的方式，让文件使用者遵守或参考文件中的相关内容。（见本章第四节）

## 三、易用性原则

任何文件只有最终被应用才能发挥其作用。易用性原则指在起草文件时需要考虑文件的表述要便于文件的使用。易用性原则主要涉及以下两个方面的内容。

### （一）易于直接应用

在起草标准化文件时需要考虑文件中的条款要易于直接使用。为此，需要遵守以下原则。

#### 1. 各类要素要各司其职、各就各位

为了易于直接应用，文件中的各类要素就要各司其职、各就各位，这样才能方便文件使用者，使他们能够在固定位置查找到相应的内容。

首先，文件中的核心技术要素要规定能够决定标准功能类型的技术内容。在核心技术要

素中，对于试验标准就要描述试验的步骤以及试验结果的处理方法；对于规范标准就要规定能够被证实的要求以及对应的证实方法等。同时，这些核心技术要素的位置应该相对固定，以便文件使用者能够容易地找到相应的要素。

其次，要紧紧围绕核心技术要素的需要设置其他规范性要素。也就是说其他规范性要素要在核心技术要素之后确定。例如，文件中的核心技术要素使用的术语需要定义，符号需要解释时，就要设置要素“术语和定义”“符号和缩略语”，并在这些要素中对相应的术语进行定义，对符号和缩略语进行解释。在固定位置设置这些根据核心技术要素衍生出来的其他规范性要素，同样方便了相应内容的查找、检索与使用。

最后，要利用好资料性要素和资料性内容，它们在保证文件易用性方面发挥着重要的作用。在所有要素中，这些要素或内容是最后确定和编写的。资料性要素通常包括：便于查找相关文件的要素（如规范性引用文件、参考文献等），方便文件本身使用的要素（如目次、索引等），或提供文件的技术信息、编制目的，说明文件与其他文件的关系，给出标明文件信息的要素（如引言、前言、封面）等。资料性内容还可能涉及帮助正确使用文件的示例、对文件中规范性内容进行解释或说明的注、脚注等。这些要素或内容，虽然都是资料性的，但它们能够帮助文件使用者尽快理解和使用文件，它们的主要功能就是提高文件的易用性。

**2. 文件中的条款要便于直接使用**

文件条款的表述要清晰明确，易于应用。为此应使用规范的能愿动词，要将要求型条款、指示型条款与其他可选择的条款明确区分出来。

### （二）便于被其他文件引用以及被文件自身提示

文件的内容不但要便于直接应用，还要考虑到易于被其他标准化文件、法律、法规或规章等文件所引用，或者被文件自身提示。为了文件内容易于引用或提示，编写文件时需要考虑以下三个方面。

第一，单独文件或文件层次的设置。为了便于引用或提示，需要将有关内容设置为单独的文件，或设置为文件的有编号的层次。如果文件中较多的内容有可能被引用，那么需要考虑将这些内容编制成单独的文件或单独的部分；如果文件中的段有可能被引用或提示，那么就要考虑将其设置为条；如果文件中的某些内容拟用于认证，那么宜将它们编为单独的章、条，或单独的文件。

第二，文件具体内容的编号与否以及编号形式。文件中的章、条、术语条目、附录、图、表等都设有编号，编号的设置方便了这些内容被其他文件所引用。阿拉伯数字加下脚点的条编号是标准化文件所特有的，它虽然不便于读，但是非常便于引用时指明文件中具体的内容。列项虽然可以编号，也可以使用列项符号，但如果列项中的某些项有可能会被其他文件所引用，那么就要考虑对列项进行编号（包括字母编号和数字编号）。

第三，避免悬置条、悬置段。文件中的“无标题条不应再分条”（因为分条后的原无标题条成为了“悬置条”）、“章标题或条标题与下一层次条之间不宜设段”（所设的段称为“悬置段”），以免引用这些“悬置条”或“悬置段”时造成指向不明的混乱。（见第二章第三节中的“三”和“四”）

# 第二节　要素内容的表述

## ※ 本节结构及内容导引 ※

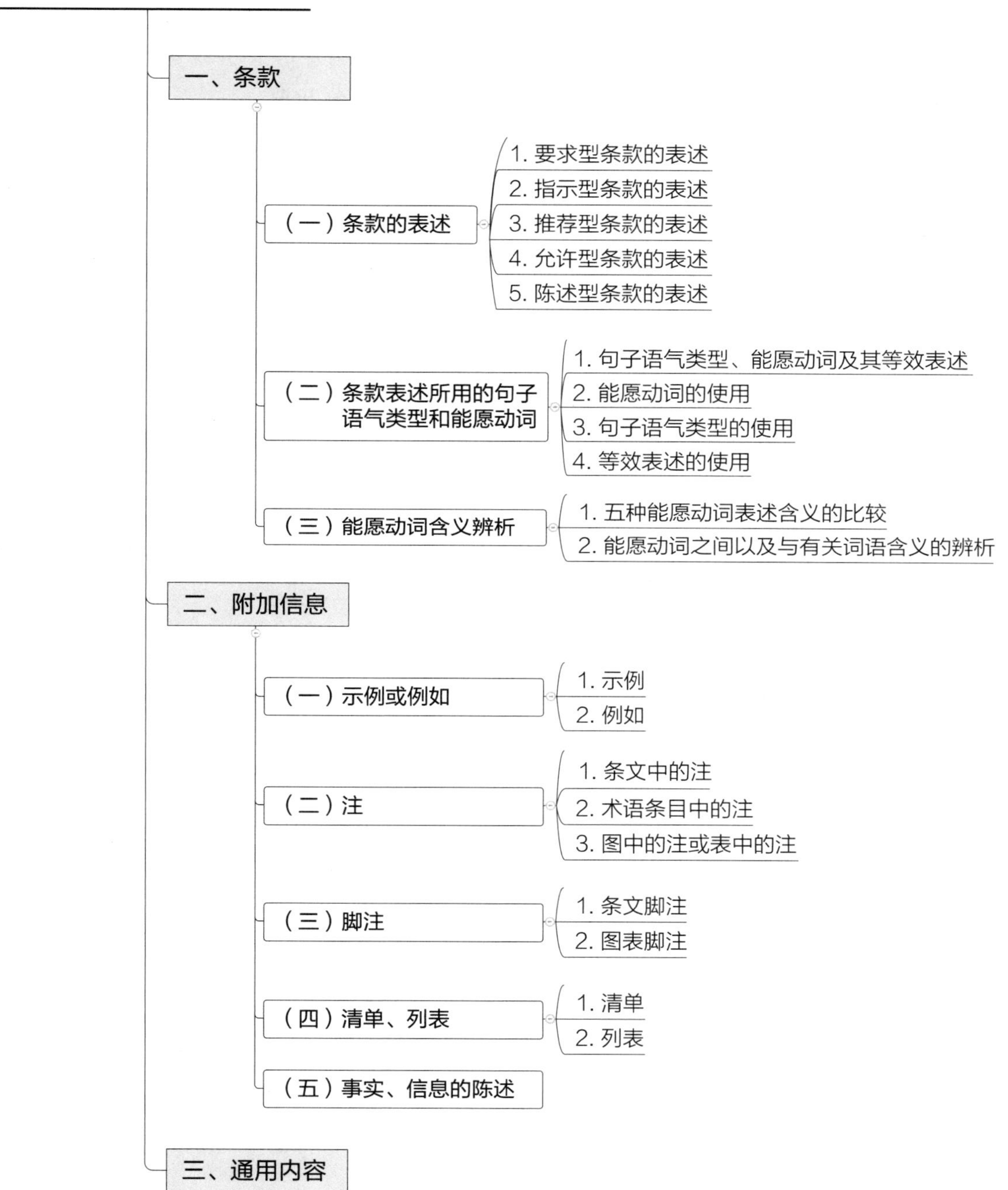


在第二章第二节中已经阐述了文件是由要素构成的，而要素的内容又是由条款和附加信息构成。本节将详细介绍如何具体表述条款和附加信息。

## 一、条款

构成要素的条款有要求、指示、推荐、允许和陈述等五种类型，也就是说要素是由五种类型的条款构成的。各类条款的含义见第二章第二节“二”中的(一)。

### (一) 条款的表述

各种类型的条款要能够明确地区分，只有这样文件使用者才能识别这些条款，在他声明其产品、过程或服务符合某个文件时，能够清晰地知道他需要满足的要求或执行的指示，并能够将这些要求或指示与其他可选择的条款(例如推荐、允许)区分开来。

各种类型的条款通常使用不同的句子语气类型或能愿动词来表述。文件使用者也将通过这些句子语气类型或能愿动词来识别出条款的类型。

**1. 要求型条款的表述**

要求型条款使用能愿动词“应”或“不应”来表达。例如，GB/T 1.1 中规定“每幅图均应有编号”“无标题条不应再分条”。这里“应”和“不应”都表明了一种要求。如果某个文件中存在着没有编号的图，或者某个无标题条又进一步向下分条，则可以判定该文件没有符合 GB/T 1.1 的规定。

**2. 指示型条款的表述**

指示型条款通常使用祈使句来表达。例如“称取固体试样 0.2 g～1.0 g”“在……之前不启动该机械装置”，这种指示是声明符合标准化文件时，文件使用者需要完成的行动步骤，并且不准许有偏差。祈使句通常在试验标准或规程标准中使用，它是对人类的行为或行动步骤的明确指示。

**3. 推荐型条款的表述**

推荐型条款使用能愿动词“宜”或“不宜”，一方面表达原则性或方向性的指导，另一方面表示具体建议。无论能愿动词是肯定形式还是否定形式，推荐型条款都可以针对结果或者针对过程。

(1) 表达原则性或方向性的指导

“宜”和“不宜”在文件中可以表达原则性或方向性的指导。例如：团体开展标准化活动宜向全体成员开放，反映成员需求……，表述的是一种原则性的指导。

(2) 表达具体建议

肯定形式“宜”用来表达建议的选择或认为特别适合的行动步骤，无须提及其他的选择或行动步骤。例如“每个表宜有表题”，表示在有表题和无表题两种选择中，特别建议选择有表题，这里无须提及无表题的情况，也不排除无表题这种可能性(这里的“宜”针对的是结果)。又如“测定该溶液的 pH 值宜采用滴定法”，表示采用滴定法这个行动是特别适合的，但并不是所要求的(这里的“宜”针对的是过程)。

否定形式“不宜”用来表达某种选择或行动步骤不是首选的但也不是禁止的。例如“温度不宜高于 25 ℃”，表示在温度高于 25 ℃和低于 25 ℃这两种选择中，高于 25 ℃不是首选的，但也不禁止(这里的“不宜”针对的是结果)。又如“在对样品进行分解时，不宜使用水溶法”，表示使用水溶法这种行动是不赞成的，但也没有禁止这种行动(这里的“宜”针对的是过程)。

4. **允许型条款的表述**

允许型条款使用能愿动词"可"或"不必"来表达。例如"在无标题条的首句中可使用黑体字突出关键术语或短语，以便强调各条的主题"，表明为了突出无标题条的主题，文件"允许"将条中的术语或短语标为黑体。又如"每个文件不必都含有标记体系"，表明不是每个文件都要含有标记体系，即文件中允许不包含标记体系这项内容。

5. **陈述型条款的表述**

陈述型条款可以使用能愿动词或陈述句来表述。

(1) 能愿动词

使用能愿动词"能"或"不能"，"表示需要去做或完成指定事项的才能、适应性或特性等能力"。例如"图形符号旋转或水平翻转至其他方向时仍能保持其含义，……"，陈述了图形符号传递信息所具有的特性能力。又如"如果在特殊情况下不能避免使用商品名或商标……"，这里"不能"陈述了不具有不使用商品名的能力。

使用能愿动词"可能"或"不可能"，"表示预期的或可想到的材料、生理或因果关系导致的可能结果"。例如"在腐蚀性大气条件中使用该连接器可能引起锁定机构的失效"，陈述由于材料的原因可能导致的结果。又如"儿童不可能清楚地看到这些危险"，陈述了可想到的生理原因导致的不可能。

(2) 陈述句

在文件中常常通过陈述句来陈述事实。文件中的陈述句的典型用词有"是""为""由""给出"等。例如"章是文件层次划分的基本单元""参考线为 90.0 mm""文件名称由尽可能短的几种元素组成""封面这一要素用来给出标明文件的信息"，这些陈述句都是陈述某种事实，以便于相互理解。

## （二）条款表述所用的句子语气类型和能愿动词

五种类型的条款是通过句子语气类型和能愿动词进行区分和表述的。表 6-1 给出了表述不同类型的条款使用的句子语气类型、能愿动词，表中还列出了能愿动词对应的等效表述。

**表 6-1　各类条款使用的句子语气类型、能愿动词及其等效表述**

| 条款 | | 能愿动词或句子语气类型 | 在特殊情况下使用的等效表述 |
|---|---|---|---|
| 要求 | | **应** | 应该、只准许 |
| | | **不应** | 不应该、不准许 |
| 指示 | | 祈使句 | — |
| 推荐 | | **宜** | 推荐、建议 |
| | | **不宜** | 不推荐、不建议 |
| 允许 | | **可** | 可以、允许 |
| | | **不必** | 可以不、无须 |
| 陈述 | 能力 | **能** | 能够 |
| | | **不能** | 不能够 |
| | 可能性 | **可能** | 有可能 |
| | | **不可能** | 没有可能 |
| | 一般性陈述 | 陈述句，典型用词，是、为、由、给出等 | — |

**1. 句子语气类型、能愿动词及其等效表述**

表中列出的能愿动词是文件中不同类型条款的首选表述，也就是说表达条款时应首先使用表中列出的能愿动词，即“应、不应；宜、不宜；可、不必；能、不能；可能、不可能”等，或使用相应的句子语气类型，即“祈使句、陈述句”。只有在特殊的情况下，例如由于条款所处的语境，上、下文的衔接等语言的原因不能或不宜使用首选能愿动词时，才可使用表中列出的能愿动词的等效表述。

**2. 能愿动词的使用**

以下给出了使用能愿动词表述各类条款的实例。

a） 要求型条款：

- 每幅图均**应**有编号；
- 热水器的加热效率**不应**低于 92%。

b） 推荐型条款：

- 在家庭某些高风险位置和儿童自由运动的其他地方，建筑结构**宜**考虑采用非玻璃材料；
- 设计模板中设计完成的图形符号，符号细节之间的最小间隙**不宜**小于 2.0 mm。

c） 允许型条款：

- **可**将无标题条首句中的关键术语或短语标为黑体，以标明所涉及的主题；
- 如果允许存在多样化的产品，那么**不必**对产品的某些特性规定特性值。

d） 陈述型条款——能力：

- 在空载的情况下，机车的速度**能**达到 200 km/h；
- 如果在特殊情况下，**不能**避免使用商品名，则应指明其性质。

e） 陈述型条款——可能性：

- 有限的运动神经控制**可能**导致儿童失去握持能力和坠落；
- 只有在**不可能**使用 5.1 给出的试验方法时，才选用附录 B 给出的可选试验方法。

**3. 句子语气类型的使用**

以下给出了使用句子语气类型表述条款的实例。

a） 指示型条款（使用祈使句）：

- 开启记录仪；
- 将金属环表面附着的试验液体擦拭干净后放在防粘材料上，然后将已按 7.1 处理好的密封胶试样填满金属环。

b） 陈述型条款（使用陈述句）：

- 文件名称**是**对文件所覆盖的主题的清晰、简明的描述；
- 再下方**为**附录标题；
- 图编号**由**“图”和从 1 开始的阿拉伯数字组成；
- GB/T 15565 **给出**了基本网格、基本图型和基本模型的定义及图形。

**4. 等效表述的使用**

以下给出了使用能愿动词的等效表述的实例。

a） 要求型条款：

- 变量的符号**应该**用斜体表示；

- **只准许**对图作一个层次的细分；
- “尽可能”“尽量”“考虑”以及“避免”“慎重”等词语**不应该**与“应”一起使用表示要求；
- **不准许**将表再细分为分表。

b) 推荐型条款：

- “尽可能”“尽量”“考虑”等词语不应该与“应”一起使用表示要求，**建议**与“宜”一起使用表示推荐；
- **不建议**用“安全”和“安全的”作为修饰语，以免传递确实免除了风险的额外信息；
- **推荐**依据公众容易识别的物体、行为动作或二者的组合设计图形符号；**不推荐**使用与流行式样有关的图形作为符号要素。

**请注意**：在表述原则性或方向性的指导时，不应使用“宜”“不宜”的等效表述，这些等效表述只用于表达具体建议。

c) 允许型条款：

- 文件分为部分后，每个部分**可以**单独编制、修订和发布……；
- **允许**规范性引用其他正式发布的标准化文件或其他文献，只要经过正在……；
- 被动式对策，个人**可以不**采取预防措施；主动式对策，需要个人采取某些措施；
- 该标记中**无须**再给出产品等级 A。

d) 陈述型条款——能力：

- 该文件中所涉及的专利**能够**按照 GB/T 20003.1 的要求获得许可声明；
- 了解儿童**能够**或**不能够**实现哪些运动技能有可能成为安全设计和干预措施设计的重要工具。

e) 陈述型条款——可能性：

- 这种情况下，引用这些悬置段时**有可能**发生混淆；
- 对于儿童而言，在没有监护情况下，想要保证烟花燃放的安全性是**没有可能**的。

## （三）能愿动词含义辨析

能愿动词是条款表述使用的专有动词，只有使用前文表 6-1 中给出的能愿动词，才能表达出各种类型的条款。因此准确理解能愿动词的含义，辨析各个动词之间的区别，才能在标准化文件中准确地表述条款，进而传递要表达的技术规则。

### 1. 五种能愿动词表述含义的比较

为了对五种能愿动词表述的含义有更深入的了解，以下在同一个句子中使用不同的能愿动词，通过比较更能看清条款类型及其含义的变化：

——目次**应**自动生成：表示一种要求，只有自动生成目次，才认为遵守了文件的要求；

——目次**宜**自动生成：表示一种建议，目次最好自动生成；

——目次**可**自动生成：表示一种允许，目次自动生成是被允许的；

——目次**能**自动生成：陈述一种事实，一种客观的能力，目次能够自动生成；

——目次**可能**自动生成：表达一种可能性，目次有可能被自动生成。

### 2. 能愿动词之间以及与有关词语含义的辨析

为了更确切地掌握能愿动词及其等效表述，以下对能愿动词、相应的等效表述，以及其他相关用词的含义及相互关系进行辨析。

(1)“应”与“必须”——不要用“必须”强调要求

“必须”规定要求具有某种强制性，它强调的是法定责任。对于推荐性标准，只有在文件使用者声明符合标准化文件后，才要求他“应”怎样去做，或要求标准化对象“应”符合哪些规定，而不是强迫人或物“必须”遵守或符合某些要求。

因此，为了避免将标准化文件的要求与外部的法定责任相混淆，在推荐性标准的条款中，不应使用“必须”代替“应”强调要求。换句话说，推荐性标准的条款中就不应出现词语“必须”。

(2)“不应”与“禁止”“不得”——不要用“禁止”“不得”强调要求

与前文(1)相似，“禁止”“不得”也是强制性文件中使用的词语，因此在推荐性标准中，不要使用它们代替“不应”强调要求。也就是说，推荐性标准的条款中不应出现词语“禁止”和“不得”。

(3)“不应”与“不能”——不要用“不能”表述要求

这两个能愿动词表述的条款类型是不同的。“不应”表示的是要求型条款，而“不能”表示的是表述能力的陈述型条款。但在日常交流中“不应”与“不能”常常混用，例如“你不能这样做!”往往表示的是“你不应这样做”。反映到文件的编写中，常会出现在需要使用“不应”的条款中，却不经意地使用了“不能”。虽然是一字之差，但条款的性质却发生了改变，由要求型条款变成了陈述型条款。例如：“终结线应排在文件的最后一个要素之后，**不能**另起一面编排”。这里的“不能”实际上要表述的是“不应”，也就是不准许终结线单独另起一面。但按照能愿动词使用规则，使用“不能”表示客观上实现不了终结线单独另起一面。这显然不正确，因为另起一面客观上不是“不能”，而是文件要求“不应”，即不准许另起一面。所以说，这里的“不能”应改为“不应”，即“终结线应排在文件的最后一个要素之后，**不应**另起一面编排”。

综上，“不能”表示的是陈述型条款，不要用它表述要求。

(4)文件中不应使用词语“不可”

由于以下原因，“不可”没有被 GB/T 1.1 确定成条款表述的能愿动词或等效表述。首先，“不可”在字面上是对能愿动词“可”的否定；而“可”是表述允许型条款的能愿动词。其次，“不可”的含义在某些语境下与“不应”几乎等效，而“不应”是表述要求型条款能愿动词“应”的否定。因此，“不可”与“可”和“应”都有着一定的关系，如果标准化文件中使用了“不可”，容易造成要求型条款、允许型条款的混淆。

鉴于此，GB/T 1.1 将“可”的否定形式确定为“不必”“可以不”或“无须”，没有包含“不可”，也没有将“不可”作为“不应”的等效表述。总之，标准化文件中不使用词语“不可”。

(5)“应”与“宜”——不要将推荐型条款写成要求型条款

在以国际标准化文件为基础起草国家标准化文件时，经常出现将推荐型条款误写成要求型条款。在国际标准化文件中，使用助动词“should”代表推荐型条款，在形成国家标准化文件过程中，应将其译为能愿动词“宜”，但却经常被译为“应”，这导致将推荐型条款写成了要求型条款。造成这一问题有两方面的原因：一是没有意识到“should”和“shall”的不同，不了解国际标准化文件中助动词的使用规则，或者不了解国际标准化文件中的助动词与我国标准化文件中的能愿动词的对应关系；二是觉得使用“宜”不如使用“应”读起来顺畅。若不是经过了认真分析后特意要将“宜”(should)改为“应”,而是不经意地将“should”误译成“应”,一字之差使得推荐型条款改成了要求型条款,导致了国家标准化文件与国际标准化文件之间存在技术性差异。

因此,在起草我国标准化文件时要留意不要由于将“宜”写成了“应”,而误将推荐型条款改成了要求型条款。

(6)“宜”与“可”——注意区分其中“意愿”上的差异

文件中的条款无论使用“宜”,还是使用“可”,该条款都是一个可选择的条款。那么,“宜”和“可”有什么区别呢?使用能愿动词“宜”的条款是推荐型条款;使用“可”的条款是允许型条款。使用“宜”与“可”除了表示条款的类型不同外,往往还代表着文件编制方的意愿不同。

使用“宜”往往表示虽然出于某种客观原因,文件中不能要求文件使用者严格遵守文件中的规定,只能以推荐的方式来表述,然而文件编制方实际上非常希望文件使用者按照文件中“宜”所推荐的去做。而使用“可”有时却表示文件编制方主观上并不想让文件使用者去做文件中允许的内容,但是由于种种原因又不得不允许文件使用者这么做。由于文件编制方可能并不希望使用者去做“可”所允许的事项,所以文件中使用“可”的同时,往往会附加其他条件。例如:“只有能够接受所引用内容将来的所有变化(尤其对于规范性引用),并且引用了文件的所有内容,或者未提及被引用文件具体内容的编号,才可不注日期”。这是允许不注日期引用的同时规定的一系列条件的实例。

(7)“可”“能”与“可能”——注意区分所代表的条款类型,不要互相替代

“可”“能”与“可能”都是条款表述所用的能愿动词。它们分别代表不同类型的条款。

——“可”是表述允许型条款所用的能愿动词,表示允许、许可等,如:根据需要可在各分项之前使用间隔号或数字编号;

——“能”是表述陈述型条款所用的能愿动词,表示材料的、生理的能力、才能,如:酒精能溶于水;鸭能游水,鸡不能游水;

——“可能”是表述陈述型条款所用的能愿动词,表示物质、生理或因果关系导致的“可能性”。如,大暴雨可能引发泥石流。

**请注意**:“可”的等效表述为“可以”,不是可能;“能”的等效表述为“能够”,也不是“可能”。

综上,这三个能愿动词都有各自的含义,是不准许互相替代的。其对应的等效表述用词也不应混用。

## 二、附加信息

顾名思义,附加信息是附属于文件中的条款的信息,仅对理解或使用文件起辅助作用。附加信息要表述成没有这类信息文件仍是可用的,也就是说删除了附加信息文件的可用性应该不受影响。由于附加信息的存在是辅助文件的理解或使用的,因此删除附加信息会影响文件的易用性。

附加信息通常由对事实的陈述组成,不应包含要求或指示型条款,也不应包含推荐或允许型条款。附加信息及其表述见表6-2。

表 6-2　附加信息及其表述

| 附加信息 | 表述 |
| --- | --- |
| 示例/例如<br>注、条文脚注<br>清单/列表<br>事实/信息陈述 | 应表述为事实的陈述，不应包含要求、指示、推荐或允许型条款<br>典型句子语气类型：陈述句<br>典型用词：见 |

### （一）示例或例如

示例或例如均属于附加信息，通常存在于规范性要素中。在文件中它们通过给出具体的例子来进一步说明文件中的内容，以便帮助文件使用者更好地理解或使用文件。

**1. 示例**

（1）示例不应包含对文件应用必不可少的内容

示例是附加信息，不应包含对文件应用必不可少的内容，也就是说不应将需要作为条款规定的内容，在示例中给出或者以示例的形式出现。因此示例不应包含表述要求、推荐、允许型条款所使用的能愿动词及其等效表述，也不应使用祈使句。然而，如果示例是为了提供与表述要求、指示、推荐或允许型条款有关的例子，包含了相关的能愿动词是被允许的。

示例 6-4 不正确的例子中，如果删除了“示例 2”的内容，文件就无法使用。这种表述方法使得示例成为应用文件“必不可少”的内容，只有通过示例才能了解或使用所规定内容。因此，这种情况下应作相应的调整，不应将相关内容作为示例处理(见示例 6-4 中正确的例子)。

**【示例 6-4】**

**不正确：**

如果适用某文件的产品目前只有一种，那么在该文件中可以给出该产品的商品名或商标，但应附上示例 2 所示的脚注。

示例 2：

“X）　……[产品的商品名或商标]……是由……[供应商]……提供的产品的[商品名或商标]。给出这一信息是为了方便本文件的使用者，并不表示对该产品的认可。如果其他产品具有相同的效果，那么可使用这些等效产品。”

**正　确：**

如果适用某文件的产品目前只有一种，那么在该文件中可以给出该产品的商品名或商标，但应附上如下脚注：

“X）　……[产品的商品名或商标]……是由……[供应商]……提供的产品的[商品名或商标]。给出这一信息是为了方便本文件的使用者，并不表示对该产品的认可。如果其他产品具有相同的效果，那么可使用这些等效产品。”

（2）示例编号及位置

示例是相对正式的一种举例。因此，在每个章(未分条)、条或术语条目中：只有一个示例，需要在示例的具体内容之前标明“示例：”；如果有多个示例，宜标明示例编号，在同一章(未分条)、条或术语条目中示例编号均从“示例 1”开始，即“示例 1：”“示例 2：”等。

由于示例是通过给出具体例子的特定形式，对文件中涉及技术内容的条款的进一步说明，并且是附加信息，通常在条文中无须提及；因此示例宜置于规定相应技术内容的章（未分条）、条或术语条目之下，以便清楚地表明示例和条文的关系。在同一章（未分条）或条中，不同的示例通常在涉及的段后给出，如果给出的示例连续呈现，应该给出示例编号，以便需要时提及。（见示例 6-5）

**【示例 6-5】**

**5.3 标题**

……

**5.3.2** ××××××××××××××××××××××××××××××××××××××××××××××××××××××××××××××××××××××××。

**示例**：××××××××××××××××××××××××××××××××××××××××××××××××××××××××××。

…………

**6.5 标题**

×××××××××××××××××××××××××××××××××××××××××××××××××××××××××××××××××××××××××××××××××××××××××××××××××××××××。

**示例 1**：××××××××××××××××××××××××××××××××××。

×××××××××××××××××××××××××××××××××××××××××××××××××××××××××××××××××××××××××××××××××××××××××××××××××××××××××××××××××××××××××××××××××。

×××××××××××××××××××××××××××××××××××××××××××××××××××××××××××××××××××。

**示例 2**：

××××××××××××××××××××××××××××××××××××××××××××××××××××××××××××××××××××××。

**示例 3**：

×××××××××××××××××××××××××××××××××××××××××××××××××××××××××××××××××××××××××××××××××。

示例 6-6 给出了示例的表述实例。

**【示例 6-6】**

**4.6.3 自适应功能**

电冰箱的运行状态宜能根据用户行为习惯或环境的变化自动调节。

**示例 1**：在夜间，电冰箱能够自动降低运行噪音，减少对用户的干扰和影响。

**示例 2**：在晚上未开灯的情况下打开电冰箱，电冰箱内部照明自动降低到适宜的亮度，避免对用户的眼睛产生较强的视觉刺激。

［选自 GB/T 36608.1—2018《家用电器的人类工效学技术要求与测评　第 1 部分：电冰箱》］

(3) 示例需避免与条款相混淆

如果给出的示例与编排格式有关或者易于与文中的条款相混淆，为了与条款内容明显区分，可将示例内容置于线框内。如示例 6-5 与示例 6-6 在线框内给出的条文编排格式(包括字体和字号)与实际文件一致。

(4) 示例不宜单独设章或条

由于示例是依附文件条款的附加信息，没有条款，示例也就无从谈起。因此不宜将示例单独设置为文件正文的条，更不应设置为章。

如果示例较多或所占篇幅较大，尤其是作为示例的多个图或多个表的情况，宜将相关示例移作资料性附录，以“……示例”作为附录标题。这种情况下，不宜每个示例、作为示例的每个图或每个表均各自编为单独的附录。

**2. 例如**

“例如”是简单的一种举例方式，它位于章条中，与条款融合在一起。通常在条文中规定相关内容之后，为了便于更好地理解文件中的条款，用“例如”引出简单的例子。通常在内容较少，并且用文字表述的情况下，使用“例如”这种形式简单举例。

**【示例 6-7】**

> 某一章或条中，其下一个层次上的各条，有无标题应一致。例如 6.2 的下一层次，如果 6.2.1 给出了标题，6.2.2、6.2.3 等也需要给出标题，或者反之，该层次的条都不给出标题。

## (二) 注

注的功能为给出旨在帮助理解或使用文件内容的解释、说明等附加信息。注具有本身特定的形式，如果需要，可以在文件中规定相应的内容后给出“注：”这一形式。

注属于附加信息，不应包含表述要求、推荐、允许型条款所使用的能愿动词及其等效表述，也不应使用祈使句。也就是说需要在文件中规定的内容，不应使用“注”这一形式。

示例 6-8 中，第一个注包含了“应”；第二个注使用了祈使句；第三个注包含了宜；第四个注包含了“可”，这些都是“注”的不正确的表述。

**【示例 6-8】**

> **注的不正确表述**
>
> **注：** 对于额定洗涤容量大于额定脱水容量的双桶洗衣机，洗涤、漂洗后应分别进行两次脱水，每次脱水使用标准洗涤物的 50%，每次运行 5 min。
>
> **注：** 或者，在……载荷下测试……。
>
> **注：** 服务提供者宜慎重考虑在进一步使用评估结果时，是否将评估结果的使用条款与细节告知被评估者。
>
> **注：** 滴头、滴水元件“常数”$k$ 可按公式(4)计算。

示例 6-9 给出了如何正确表述“注”的例子。

【示例 6-9】

不正确：

注：理想的冲击试验应在恒定的冲击速度下进行。

正　确：

注：恒定的冲击速度是获得冲击试验理想结果的保证。

注可以存在于规范性要素或资料性要素中。按照在文件中所处的位置，可以将注分为如下几种形式：条文中的注、术语条目中的注、图中的注或表中的注。

**1. 条文中的注**

条文中的注通常是对文件中某一章、某一条或某一段中的内容做注释。由于条文中的注给出的是附加信息，通常在文中无须提及；因此最好置于涉及的章、条或段的下方，以便清楚地表明注与条文之间的关系。

每个章、条中只有一个注时，在注的第一行文字前标明“注：”。同一章（未分条）或条中有多个注时，应标明注编号，每个章（未分条）或条中的注编号均从“注 1”开始，即“注 1：”“注 2：”等。

注在条文中的位置及编号见示例 6-10。

【示例 6-10】

6.1.1　标题

××××××××××××××××××××××××××××××××××××××××××××××××××××××××××××××××××。

注：××××××××××××××××××××××××××××××××××××××××××××××××××××××××。

6.1.2　标题

××××××××××××××××××××××××××××××××××××××××××××××××××××××××××。

注 1：××××××××××××××××××××××××××××××××××。

××××××××××××××××××××××××××××××××××××××××××××××××××××××××××××××××××××××××××××××××××××××××××××××××××××××××××××。

注 2：××××××××××××××××××××××××××××××××××××××××××××××××××××××××××××。

6.2　标题

××××××××××××××××××××××××××××××××××××××××××××××××××××××××××××××××××××××××××××××××××××××××××××××××××。

注 1：××××××××××××××××××××××××××××××××××××××××××××××××××××××××××××。

注 2：××××××××××××××××××××××××××××××××××××。

示例6-11和示例6-12给出了条文中的注的表述实例。

【示例6-11】

> **4 编写指南**
>
> **4.1 功能规范的目的**
>
> 功能规范的目的是规定可验证的条款，以确保用户/买方获得具有所需性能要求的产品、过程或服务。编制功能规范应遵循GB/T 1.1的要求，并考虑到与全生命周期有关的操作、安全和维护等方面的问题。
>
> 注：某些情况下，性能要求可能导致长期复杂的试验过程。这时，规定描述特性可能是必要的。

［选自GB/T 24257—2009《石油天然气工业 功能规范的内容与编写》，做了适当改动］

【示例6-12】

> **4.4 投诉处理**
>
> …………
>
> 顾客联络中心应根据投诉受理过程中获取的信息，持续改进服务。
>
> 注：参见ISO 10002提供的组织投诉处理指南。

［选自GB/T 35780.1—2017《顾客联络服务 第1部分：顾客联络中心要求》］

**2. 术语条目中的注**

术语条目的注应置于示例（如果有）之后，见第三章第一节“四”（三）中的“10”。

**3. 图中的注或表中的注**

每幅图或每张表中：只有一个注时，在注的第一行内容之前应标明“注：”；有多个注时，应标明注编号，同一幅图或同一张表中注编号均从“注1：”开始，即“注1：”“注2：”等。

本章第五节“一”中的（三）介绍了图中的注的设置位置，其中的示例6-54至示例6-55给出了图中的注的设置位置并给出了编写实例。

本章第五节“二”中的（三）介绍了表中的注的设置位置，其中的示例6-67至示例6-68给出了表中的注的设置位置并给出了编写实例。

### （三）脚注

除术语条目外，脚注可出现在文件条文中的任何地方。根据所处的位置，文件中的脚注可分为条文脚注、图脚注或表脚注。

**1. 条文脚注**

条文脚注可以针对规范性要素或者资料性要素中的内容进行注释。条文脚注与注不同，其功能为针对文件条文中的某个词、句子、数字或符号等给出解释、说明等附加信息。条文脚注中不应包含表述要求、推荐、允许型条款所使用的能愿动词及其等效表述，也不应使用祈使句。

在文件中宜尽可能少用条文脚注。不应该通过脚注提供本来应该在正文中表述的内容，更不应该通过脚注强调某些事项。

示例6-13给出了在脚注中不正确使用“应”的实例，应将该脚注改为说明性的陈述，如“‘XXX’为相应技术委员会的编号”。

【示例6-13】

> 4.4.2 国家标准英文译本的前言中除保留国家标准的内容外，还应在前言的第一段增加声明，声明内容为：SAC/TC XXX1) is in charge of this English translation.In case of any doubt about the contents of English translation,the Chinese orginal shall be considered authoritative.
>
> …………
>
> ———————
>
> 1) “XXX”应填写相应的技术委员会编号。

［选自GB/T 20000.10—2016《标准化工作指南　第10部分：国家标准的英文译本翻译通则》］

条文脚注应置于相关页面左下方的细实线之下。脚注应从“前言”开始全文连续编号，编号形式为后带半圆括号从1开始的阿拉伯数字，即1)、2)、3)等。在条文中需注释的文字、符号之后应插入与脚注编号相同的上标形式的数字1)、2)、3)等标明脚注。特殊情况下，例如为了避免与上标数字混淆，可用一个或多个星号，即*、**、***代替条文脚注的数字编号。

示例6-14给出了用脚注提供附加信息的例子。

【示例6-14】

> **6.4　分类、标记和编码**
>
> 6.4.1 ……
>
> 6.4.2 根据具体情况，该要素可并入技术要求（见6.5），或编制为文件的一个部分，也可编制为单独的文件1)。
>
> ———————
>
> 1) 如果编制为文件的一个部分或单独的文件，那么形成的文件属于“分类标准”，不属于产品标准。

［选自GB/T 20001.10—2014《标准编写规则　第10部分：产品标准》，做了适当的改动］

**2. 图表脚注**

图表脚注与条文脚注的编写遵守不同的规则。

（1）编号

与条文脚注的编号不同，图表脚注的编号应使用从“a”开始的上标形式的小写拉丁字母，即a、b、c等。在图或表中需注释的位置应插入与图表脚注编号相同的上标形式的小写拉丁字母标明脚注。每个图或表中的脚注应单独编号。

（2）可包含要求型条款

由于图、表本身的特点，有时需要针对图或表中的某些内容规定要求。这时可以赋予图表脚注承担规定要求的这一功能，在图、表中需要规定要求的位置插入标明脚注的上标形式的字母a、b、c，然后在脚注中规定要求。

因此，与条文脚注不同，图表脚注除给出附加信息之外，还可包含要求型条款。因此，在编写脚注相关内容时，应使用适当的能愿动词或句子语气类型（见本章第二节中的“一”），以明确区分不同的条款类型。规定了要求的图脚注、表脚注属于规范性内容。

本章第五节“一”中的(三)介绍了在图中图脚注的设置位置,其中的示例6-54和示例6-55示出了图脚注的设置位置并给出了编写实例。

本章第五节“二”中的(三)介绍了在表中表脚注的设置位置,其中的示例6-67和示例6-69示出了表脚注的设置位置并给出了编写实例。

### (四)清单、列表

清单或列表通常存在于资料性要素中,包括:“规范性引用文件”和“参考文献”中的文件清单和信息资源清单,“目次”中的目次列表和“索引”中的索引列表等。清单或列表通过提供相关的检索信息起到便于文件的使用或理解的作用。清单提供检索文件之外的其他文件的信息,而列表提供检索或查找文件本身结构或关键内容的信息。

**1. 清单**

文件中“清单”的特点是除了给出文件的清单外不包含其他内容。如规范性引用文件中仅给出文件中引用的规范性文件清单,参考文献中仅给出文件中资料性引用或文件编制过程中参考的文件清单和信息资源清单。

文件中的规范性引用文件清单的编写见第五章第一节中的“三”,参考文献清单的编写见第五章第四节的“三”。

**2. 列表**

文件中的“列表”并没有明显的表,表格形式是隐含的,但具有表格的功能。在索引中,通过提供主题词列表,帮助文件使用者在文件中快速检索需要的内容。在目次中,通过提供文件的章、条、图、表的标题列表,帮助文件使用者快速了解文件的结构,检索文件的内容。

列表中的每一行都包含多项相互关联的内容:索引列表,关键词及对应的章、条、图、表编号;目次列表,章、条、图、表编号和标题对应的页码。文件中的索引列表的编写见第五章第五节,目次列表的编写见第五章第六节。

### (五)事实、信息的陈述

标准化文件的资料性要素“前言”,附加信息示例、注、脚注,只准许表述为事实的陈述,不应包括表述要求、推荐、允许型条款所使用的能愿动词及其等效表述,也不应使用祈使句。

根据在文件中所起的作用,图、表、附录可以是资料性的,这种情况下相应的图、表、附录也应表述为事实、信息的陈述。

## 三、通用内容

表述文件内容时,常常会遇到在某一章中的许多条中,或在某一条的许多分条中都需要涉及某些相近、相似甚至一样的规定,我们称这些共同需要的内容为通用内容。

通用内容不宜分散在文件的各处,而应相对集中表述。文件中某章/条的通用内容宜作为该章/条中最前面的一条。根据具体的内容,可用“通用要求”“通用规则/通则”“概述”作为条标题。

通用要求用来规定某章/条中涉及多条的要求,均应使用要求型条款。通用规则/通则用来规定与某章/条的共性内容相关的或涉及多条的内容,使用的条款中应至少包含要求型条款,还可包含其他类型的条款,如推荐型条款。从概述的名称可看出,它是用来给出与某章/条内容有关的陈述性或说明性的内容，应使用陈述型条款，不应包含要求、指示或推荐型条款。标准化文件中，除非确有必要通常不设置“概述”。

示例6-15和示例6-16给出了在某条的第1分条中设置“通则”或“通用要求”的实例。

**【示例6-15】**

5 设计

…………

5.2 主图

5.2.1 通则

5.2.2 颜色

5.2.3 底图

5.2.4 公共设施位置信息

5.2.5 毗邻街区的导向信息

5.2.6 观察者位置

…………

[选自GB/T 20501.4—2018《公共信息导向系统 导向要素的设计原则与要求 第4部分：街区导向图》]

**【示例6-16】**

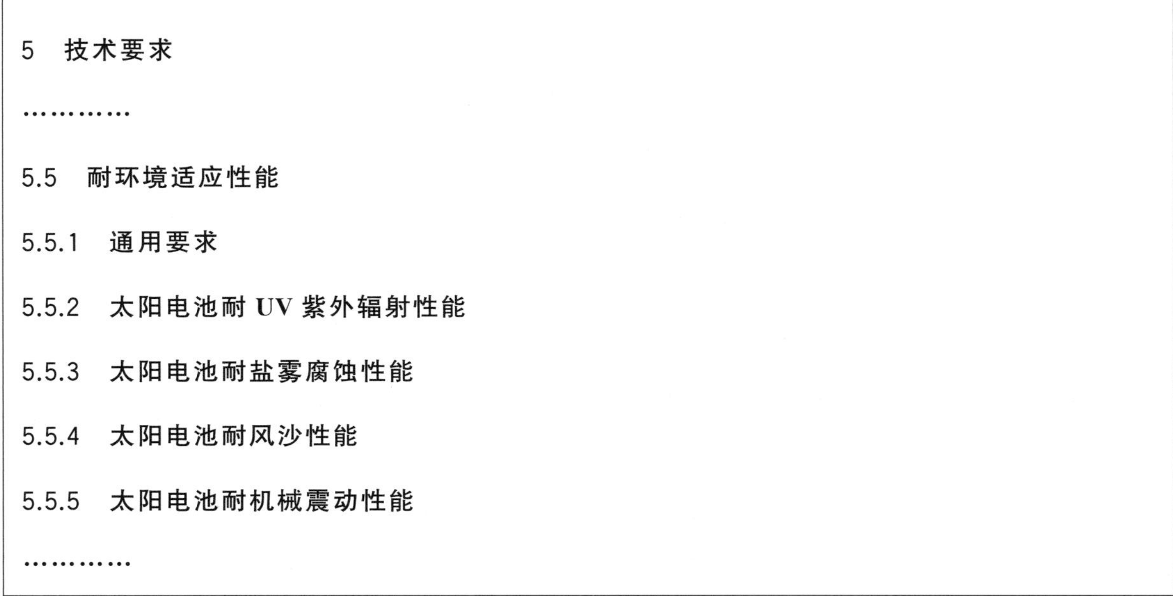
5 技术要求

…………

5.5 耐环境适应性能

5.5.1 通用要求

5.5.2 太阳电池耐UV紫外辐射性能

5.5.3 太阳电池耐盐雾腐蚀性能

5.5.4 太阳电池耐风沙性能

5.5.5 太阳电池耐机械震动性能

…………

[选自GB/T 24716—2009《公路沿线设施太阳能供电系统 通用技术规范》，做了适当改动]。

# 第三节　主要表述形式“条文”

## ※ 本节结构及内容导引 ※

- 一、汉字和标点符号
  - （一）规范汉字
  - （二）标点符号的使用
- 二、常用措辞的使用
  - （一）要求型条款常用措辞的使用
  - （二）与能愿动词匹配措辞的使用
- 三、全称、简称和缩略语
  - （一）全称和简称的用法
  - （二）缩略语的用法
- 四、数和数值的表示
  - （一）数的表示
  - （二）物理量的数值表示
- 五、尺寸和公差
  - （一）尺寸表示方法
  - （二）公差表示方法
    - 1. 和差或角标形式表示的公差
    - 2. 百分号表示的公差
  - （三）物理量的范围与物理量的公差
- 六、数值的选择
  - （一）极限值
  - （二）选择值
- 七、量、单位及其符号
  - （一）国际单位制
  - （二）单位符号的英文和中文表示
  - （三）混合单位的用法
  - （四）单位符号的格式
  - （五）单位符号的缩写形式

条文是文件最主要的最基本的表述形式，也是引出其他表述形式（例如图、表）的源头。条文的表述是否准确、严谨直接关系到文件的内容是否表达了文件起草者的真实意思；直接关系到文件使用者是否能准确理解文件内容，不产生歧义。

## 一、汉字和标点符号

文件中条文的表述需要使用规范汉字和标点符号，这是所有文件形式都需要遵守的准则，文件更应该为此作出典范。

### （一）规范汉字

一般应用领域的汉字使用以《通用规范汉字表》①为准，文件编写使用的汉字同样应符合《通用规范汉字表》的规定，避免使用繁体字和异型字。《通用规范汉字表》共收字 8 105 个，分为三级。一级字表为常用字集，收字 3 500 个，主要满足基础教育和文化普及的基本用字需要。二级字表收字 3 000 个，使用度仅次于一级字。一、二级字表合计 6 500 字，主要满足出版印刷、辞书编纂和信息处理等方面的一般用字需要。能够入选一、二级字表的汉字，是根据其使用频率来确定的。三级字表收字 1 605 个，是姓氏人名、地名、科学技术术语和中小学语文教材文言文用字中未进入一、二级字表的较通用的字，主要满足信息化时代与大众生活密切相关的专门领域的用字需要。

### （二）标点符号的使用

文件编制使用标点符号应符合 GB/T 15834《标点符号用法》。GB/T 15834 规定了现代汉语各个标点符号的定义、形式和用法，以及标点符号的位置和书写形式。该文件对汉语书写规范有重要的作用，适用于汉语书面语。该文件规定了句号、逗号等 17 个标点符号的定义、形式和用法，同时，规定了标点符号的位置和书写形式。该文件还给出了标点符号用法的补充规则，主要说明标点符号应怎样使用和不应怎样使用的规则，以解决目前使用混乱或争议较大的问题。该文件对于区分功能有交叉的标点符号的用法给出了指导。

文件中如下几个常用符号的特定用法需要文件起草者关注。

——冒号"："，是句内点号的一种，表示语段中提示下文或总结上文的停顿。在列项引导语中用于总说性或提示性词语之后，例如，"湍流矢量风速的三个分量及其定义为："，表示提示下文，句子没有结束，所以用冒号引出下文每一个分句项，用最后一个分句完成整句的陈述。

——分号"；"，是句内点号的一种，表示复句内部并列关系分句之间的停顿，以及非并列关系的多重复句中第一层次分句之间的停顿。在列项中用于引导语以冒号引出下文的情况。每个列项为并列关系或递进关系的分句，所以用分号停顿，直到最后一个分句结束整句，用句号结尾。

——句号"。"，是句末点号的一种，主要表示句子的陈述语气。在列项中用于一句完整引导语的句末，例如，"在开始起升操作之前，应进行以下检查。"而引出的每一个列项是另起一句，所以每个列项的句末应以句号结尾。

① 《通用规范汉字表》由教育部、国家语言文字工作委员会组织制定，最新版于 2013 年 6 月 5 日由国务院公布。

——引号“”，是标号的一种，标示语段中直接引用的内容或需要特别指出的成分。同时列举两个以上所引内容之间不用顿号，例如，对于适用于一类或多种产品的规范标准，文件名称中应包含“通用”“总”等限定词。

——分隔号“/”，是标号的一种，在文件中的主要用法是用于分隔供选择或可转换的两项，表示“或”，如 A/B 表示 A 或 B；“A 和/或 B”表示“A 和 B，或者 A 或 B”。例如，零部件/元器件标准，总体原则和/或总体要求，应通过计算和/或试验来验证设计的合理性。

## 二、常用措辞的使用

文件中条款的表述需要准确清晰，保证文件使用者正确理解文件起草者表达的真实意思，避免含糊其辞、语法错误和逻辑混乱。

### （一）要求型条款常用措辞的使用

为了使文件中意思表述得更加准确，特别是规范性要素的内容表述得更加准确，对于要求型条款使用的措辞做了更明确的表述。针对产品、过程或服务特性要达到要求，使用措辞“符合”，例如，对车辆牵引座高度分级提出要求，见示例 6-17。针对人员或组织的行为要达到要求，使用措辞“遵守”，例如对起重机司机安全操作提要求，见示例 6-18。

**【示例 6-17】**

**3.4 高度**

牵引座高度（$H$）的分级应符合表 1 的规定。

**表 1 牵引座高度分级要求**

单位为毫米

| 牵引座 | 等级 1 | 等级 2 | 等级 3 | 等级 4 | 等级 5 | 等级 6 |
|---|---|---|---|---|---|---|
| $H$ 范围 | 140～159 | 160～179 | 180～199 | 200～219 | 220～239 | 240～260 |

［选自 GB/T 13880—2007《道路车辆　牵引座互换性》］

**【示例 6-18】**

**5.3 起重机司机**

**5.3.1 安全操作**

起重机司机应遵守制造商说明书和安全工作制度（见 4.1），负责起重机的安全操作。在任何时候都应只服从吊装工或指挥人员发出的可明显识别的信号（见 6.2），接到停止的信号除外。

［选自 GB/T 23723.1—2009《起重机　安全使用　第 1 部分：总则》，做了适当改动］

### （二）与能愿动词匹配措辞的使用

日常口语或书面语言习惯中一些不严谨的措辞被文件编写者忽视而用到了文件中。其中，与能愿动词搭配的措辞用得不规范则会给文件使用者造成误解和困惑，甚至误用文件。作为文件编写者正确使用与能愿动词搭配的措辞至关重要。

“尽可能”“尽量”表达的是努力的方向，并没有要求一定要做到，如果与“应”搭配在一起——“应尽可能”，就会产生意思上的冲突。因为“应”表达的是要做到的事项。如果要表达努力的方向，应该使用“宜”等推荐型条款使用的能愿动词搭配使用——“宜尽可能”。如果要表达要求，不应使用“尽可能”“尽量”这样的措辞。

“通常”“一般”“原则上”等这些措辞的指向是主要情况，保留了例外情况。而能愿动词“应”的指向是明确的，不应该有出入、有例外，如果这些措辞与“应”搭配使用——“通常应”或“原则上应”，就会产生意思上的冲突。因此，不应使用“通常应”或“原则上应”这样的表述。这些措辞可以与“宜”搭配使用，例如“通常宜”“一般宜”等，表示建议；也可以用于陈述主要情况。

“考虑”“优先考虑”“充分考虑”“避免”“慎重”是存在于人头脑中的意识，无法证实，而“应”的指向是明确的，是要能证实的，因此，这些措辞不应该与“应”等要求型条款使用的能愿动词搭配使用。这些措辞可以与“宜”搭配使用，例如“宜考虑”等；用“不宜”代替“避免”，表示建议。

有时候文件编写者使用“应尽可能”是由于还没有掌握提出要求的前置条件，即不清楚什么条件应该做到“应”，什么条件下做不到“应”，由此带来了含混矛盾的表述。如果文件编写者能明确提要求的前置条件，就可以先陈述条件，再提要求。可使用如下措辞，“……（情况/条件下）应……”“只有/仅在……时，才应……”“根据……（情况/条件），应……”“除非……（情况/条件），不应……”。例如“在飞机处于顶起前最大高度状态下，该棱台的高度应足以达到飞机的千斤顶垫。”“当内燃机车辆采用某一特殊传动类型时，由于传动系统中机械/液压的粘性力，车辆无法在被支起时进行测试。在这种情况下，测试应按如下的方法进行：车轮着地，并且对车辆施加约束，防止车辆产生较大的位移。当使用这种方法时，车辆在测试中不应移动。”

## 三、全称、简称和缩略语

全称和简称是指中文之间的省略关系。缩略语是指外文中相对于完整形式的缩写形式。以下内容主要介绍全称、简称和缩略语在文件中的使用规则以及缩略语的表达形式。

### （一）全称和简称的用法

当一个词组的字数超过三个，使用时就会感觉冗长，往往有使用简称的需求。给出简称要采取主动原则。对于有使用简称需求的词组，主动提出统一的简称供大家使用，是一种明智的做法。例如，词组“无人驾驶飞机”简称为“无人机”。这样可以避免不同的使用者自行缩略，出现不同的简称。例如，“邮政编码”有人简称为“邮编”，有人简称为“邮码”，造成不统一的现象。通常在术语标准中将某概念的广泛适用的简称作为指称该概念的许用术语或首选术语。

如果针对文件中较长的需要重复使用的词语或短语给出简称，那么在正文第一次使用该词语或短语时，应在该词语或短语后的圆括号中给出简称，以后则应使用简称。这种情况常常在要素“范围”中出现，如“本文件规定了标志用公共信息图形符号（以下简称“图形符号”）。”请注意，这种给出简称的方式通常仅限于在该文件中使用，并不是相关领域中固定的简称。换句话说，这种简称只是在该文件中临时使用，不是相关领域中的固定用法，因此，不应作为术语编入该文件“术语和定义”一章中。

对于组织机构的全称和简称，应使用该机构正在使用的全称和简称（或原文缩写）。不应按任何简化规则或其他方法自行简化形成简称。文件中使用组织机构名称时，一般选择使用全称。国际或国外的组织机构，如果需要使用外文缩写形式，则首次使用时应使用组织机构的中文全称，在其后的圆括号中给出外文缩写，例如，美国石油学会(API)。

文件中使用组织机构的全称还是简称，使用中文名称还是外文缩写，决定于该机构的全称、简称或外文缩写的使用频度，哪一种使用频度高则使用哪一种形式。例如，中文名称"国际标准化组织"，外文缩写"ISO"，在标准化领域中，通常使用"ISO"。一旦使用简称或外文缩写形式则应符合上文给出的表述形式。

### (二) 缩略语的用法

在我国文件中，缩略语专指由外文词组构成的短语的缩写形式，即缩略语主要由拉丁字母组成。缩略语的使用宜慎重，只有在不引起混淆的情况下，且在文件中随后需要多次使用时，才应规定并使用缩略语。

如果全文中需要使用的缩略语较多时，宜归集在一起列于要素"符号和缩略语"的缩略语清单中说明(见第四章第五节)，先让文件使用者对文件中的所有缩略语有一个全面的了解。如果在文件中未给出缩略语清单，但需要使用拉丁字母的缩略语，那么在正文中第一次使用时，应给出缩略语对应的中文词语或解释，并将缩略语置于其后的圆括号中，以后则使用缩略语，见示例 6-19。

**【示例 6-19】**

> **4 焊接工艺规程(WPS)的技术内容**
>
> **4.1 一般原则**
>
> WPS 应该包含执行焊接操作的必要信息。WPS 的内容见 4.2～4.4，具体应用时，可以根据实际情况做增减处理。
>
> WPS 格式的示例见附录 A。
>
> **4.2 有关制造商的内容**
>
> 制造商的内容如下：
>
> ——制造商名称；
>
> ——WPS 名称及编号；
>
> ——焊接工艺评定报告(或其他所需文件)的编号。

[选自 GB/T 19867.2—2008《气焊焊接工艺规程》，做了适当改动]

缩略语宜由大写拉丁字母组成，每个字母后面没有下脚点(例如 DNA)。由于历史或技术原因，个别情况下约定俗成的缩略语可使用不同的方式书写(例如 a.c.)。

## 四、数和数值的表示

数和数值的表示是量化指标的基本表达。"数"是一个用作计数、标记的抽象概念，是比较同质或同属性事物的等级的简单符号记录形式。在日常生活中，数通常出现在标记(如公路、电话和门牌号码)、序列的指标(序列号)和代码(ISBN)上。"数值"与量相关，不应孤立存在，是用数表示的一个量的多少,例如,长度是 80 米,其中的"80"不是简单抽象的数,而是有含义(这里指长度)的数值。

### (一) 数的表示

数字的用法应遵守 GB/T 15835《出版物上数字用法》。在使用数字计量和编号的场合,为达到醒目、易于辨识的效果,应采用阿拉伯数字。如果表示计数或编号所需用到的数字个数不多,建议不超过 10,可以选择使用汉字数字,例如七、八等。表示物理量则不管数字个数多与不多,都应使用阿拉伯数字及物理量单位。

任何数,均应从小数点符号起,向左或向右每三位数字为一组,组间空四分之一个汉字的间隙,但表示年份号的四位数除外。例如:23 456、2 345、2.345、2.345 6、2.345 67,年份号则为 2019 年。

运算符号——乘号(×)应该用于表示以小数形式写作的数和数值的乘积、向量积和笛卡尔积,见示例 6-20 和示例 6-21。运算符号——乘号(·)应该用于表示向量的无向积和类似的情况,还可用于表示标量的乘积以及组合单位,见示例 6-22 和示例 6-23。在一些情况下,乘号可以省略,见示例 6-24。

**【示例 6-20】** $I=2.5\times10^{3}\ \mathrm{m}$

**【示例 6-21】** $\overrightarrow{I_G}=\overrightarrow{I_1}\times\overrightarrow{I_2}$

**【示例 6-22】** $U=R\cdot I$

**【示例 6-23】** $\mathrm{rad}\cdot\mathrm{m}^2/\mathrm{kg}$

**【示例 6-24】** $4c\text{-}5d$,$6ab$,$7(a+b)$,$3\ \ln2$

### (二) 物理量的数值表示

物理量为用于定量地描述物理现象的量,即科学技术领域里使用的表示长度、质量、时间、电流、热力学温度、物质的量和发光强度的量。

物理量按照正规的表达方式可以写成:

$$A=\{A\}\cdot[A]$$

式中:

$A$ ——某个物理量的符号;

$\{A\}$——以单位$[A]$表示的该物理量 $A$ 的数值;

$[A]$——该物理量的某个单位的符号。

物理量的符号及其单位符号的规定见下文的"七"。

如果将某一个物理量用另一个单位表示,而此单位等于原来单位的 $k$ 倍,则新的数值等于原来数值的 $1/k$ 倍。因此,物理量 $A$ 的数值$\{A\}$与选取的单位$[A]$有关。

诸如 $v/(\mathrm{km/h})$、$l/\mathrm{m}$、和 $t/\mathrm{s}$ 或 $v/(\mathrm{km/h})$、$l/\mathrm{m}$ 和 $t/\mathrm{s}$ 之类的数值表示法适用于图的坐标轴和表的表头栏中。

## 五、尺寸和公差

尺寸是表达的技术指标中使用最多的物理量,同时由于要解决产品互换性和兼容性的问题，需要在不同规定用途中的尺寸有比较合适的准确度，即有公差要求，保证产品的适用。

### （一）尺寸表示方法

尺寸应以无歧义的方式表示。尺寸的表示应包括“数值和单位”。尺寸是一个物理量，所以每个尺寸的“量”都应该包含“数值和单位”，见示例 6-25。特别注意在几个尺寸相乘或相加时，每个尺寸的单位不应省略，省略单位是错误的，同样数值与单位脱离也是错误的见示例 6-26。

**【示例 6-25】** 80 mm

**【示例 6-26】** 80 mm×25 mm×50 mm（不写成 80×25×50 mm）

平面角宜用单位度(°)表示，例如，写作 17.25°

### （二）公差表示方法

公差应使用如下通用规范的表示方法，避免产生歧义。

**1. 和差或角标形式表示的公差**

公差应以无歧义的方式表示，通常使用带有公差的值或公差的范围值。

公差可以采取和差形式或角标形式表示。如果所表示的量为量的和差形式，则应将数值用括号括起来，将共同的单位符号置于全部数值之后，见示例 6-27。

**【示例 6-27】** $t$＝28.4 ℃±0.2 ℃＝(28.4±0.2)℃（不写成 28.4±0.2 ℃）

如果所表示的量为量的角标形式，当量的中心值和公差值的单位一致时，可将共同的单位符号置于全部数值之后，见示例 6-28；

**【示例 6-28】** $80^{+2}_{0}$ mm（不写作 $80^{+2}_{-0}$ mm。因为“0”不分正负。）

当量的中心值和公差值的单位不一致时，可将不同的单位符号分别置于相应数值之后，见示例 6-29。

**【示例 6-29】** 80 $\mathrm{mm}^{+50}_{-25}$ μm

在没有固定中心值的情况下，公差还可以用数值范围表示，见示例 6-30 和示例 6-31。

**【示例 6-30】** 10 kPa～12 kPa（不写作 10～12 kPa）

**【示例 6-31】** 0 ℃～10 ℃（不写作 0～10 ℃）

**2. 百分号表示的公差**

为了避免误解，百分率的公差应以正确的数学形式表示，见示例 6-32。

**【示例 6-32】** 用“63％～67％”表示范围。

用百分号表示的公差，应特别注意区别绝对误差还是相对误差，以免发生误解，见示例 6-33 和示例 6-34。

**【示例 6-33】** 用“(65±2)％”表示具有中心值的绝对误差。不写作“65±2％”，也不写作“65％±2％”，容易误解为相对误差。

**【示例 6-34】** 用"65%,具有±2%的相对误差"表示相对误差。

### (三)物理量的范围与物理量的公差

符号"~"一般表示物理量量值的范围,有时也可表示没有固定中心值的公差的范围,呈现为比较窄的一个量值的范围。所以在看到符号"~"时要注意区别所呈现的量值范围是物理量的范围还是物理量的公差范围,这在引出量值范围的文字中会有表述。从概念上讲两者是不一样的,不应混淆。

"+""-""±"用于表示物理量量值范围的上下限或偏差方向时,应紧接数值,不应留半个汉字空格,例如,"摄氏度为-7 ℃~5 ℃","长度公差为±5 cm"。

## 六、数值的选择

根据不同的对象以及表达需求,定量技术指标所呈现的量值形式也有所不同,例如对食品中某种有害微生物的控制要求不得检出或含量不应超过一个量值,那么这个量值就是一个极大值;不同规格杯子的尺寸,就是可选择的不同的固定值。

### (一)极限值

对于某些用途有必要规定极限值(最大值、最小值)或量的范围值,见示例 6-35、示例 6-36 和示例 6-37。

**【示例 6-35】**

> 5.1.5.3 连接器中可移动端用作紧急切断开关时,应保证在紧急情况下手动将连接器快速断开。连接器的两部分应保证轻易地分开,操作力不应超过 150 N。

[选自 GB/T 27544—2011《工业车辆 电气要求》,做了适当改动]

**【示例 6-36】**

> **9.2 工作面相对于框架的突出部分**
>
> 大于 400 mm×250 mm 的平板工作面的侧面和/或端面均应超过框架,突出部分应不小于 25 mm,突出部分底面应适当地平整以便安装夹具。

[选自 GB/T 22095—2008《铸铁平板》]

**【示例 6-37】**

> 5.1.3.2 蓄电池连接器工作电压应与蓄电池工作电压一致,并根据使用需要选择,且应对蓄电池电解液和酸雾有抗腐蚀性。连接器的使用温度范围至少应达到-20 ℃~90 ℃。

[选自 GB/T 27544—2011《工业车辆 电气要求》,做了适当改动。]

通常一个特性规定一个极限值,但有多个广泛使用的类别或等级时,则需要规定多个量的范围值,见示例 6-38。

**【示例 6-38】**

**5.2　眼镜类的透射比要求**

眼镜类的透射比要求应符合表 1 的规定。

**表 1　眼镜类的透射比要求**

| 分类 | 可见光谱区 | 紫外光谱区 | |
|---|---|---|---|
| | $\tau_V$<br>(380～780)nm | $\tau_{SUVA}$<br>(315～380)nm | $\tau_{SUVB}$<br>(280～315)nm |
| UV-1 | >80% | ≤1% | ≤1% |
| UV-2 | | $1\% < \tau_{SUVA} \leq 10\%$ | |
| UV-3 | | $10\% < \tau_{SUVA} \leq 30\%$ | |

**注 1**：装成老视镜或近用镜只需满足可见光谱区的透射比要求即可。

**注 2**：装成镜左片和右片的光透射比相对偏差不超过 15%。

[选自 GB 10810.3—2006《眼镜镜片及相关眼镜产品　第 3 部分:透射比规范及测量方法》,做了适当改动]

## （二）选择值

对于某些目的,特别是品种控制和接口的目的,可选择多个数值或数系。适用时,应按照优先数系,或按照模数制或其他决定性因素选择数值或数系。

优先数系是国际上统一的数值分级制度,采用为 GB/T 321(进一步的使用指南见 GB/T 19763 和 GB/T 19764)。优先数系指由公比分别为 10 的 5、10、20、40、80 次方根,且项值中含有 10 的整数幂的理论等比数列导出的一组近似等比的数列。各数列分别用符号 R5、R10、R20、R40 和 R80 表示,称为 R5 系数、R10 系数、R20 系数、R40 系数和 R80 系数。优先数系有很多优点,例如,工业技术上的各种参数指标,特别是需要分档分级的参数指标,采用优先数系可以防止数值传播的紊乱。在确定产品的参数或参数系列时,如果没有特殊原因需要选用特定数值,那么为满足技术经济上的要求,宜选用优先数,并且按照基本系列 R5、R10、R20 和 R40 的顺序,优先用公比较大的系列。示例 6-39,文件中规定了普通螺纹直径及配合螺距,其中表 1 规定的第 1 系列和第 2 系列的直径都分别按照优先数系的基本系列 R10 系数安排。

**【示例 6-39】**

**4　直径与螺距的标准系列**

直径与螺距标准组合系列应符合表 1 的规定。在表内,应选择与直径处于同一行内的螺距。

优先选用第一系列直径,其次选择第二系列直径,最后选择第三系列直径。

**表 1　直径与螺距标准组合系列**

单位为毫米

| 公称直径 D、d | | | 粗牙 | 螺　距　P | | | | | | | | | |
|---|---|---|---|---|---|---|---|---|---|---|---|---|---|
| | | | | 细牙 | | | | | | | | | |
| 第 1 系列 | 第 2 系列 | 第 3 系列 | | 3 | 2 | 1.5 | 1.25 | 1 | 0.75 | 0.5 | 0.35 | 0.25 | 0.2 |
| 1 | | | 0.25 | | | | | | | | | | 0.2 |
| | 1.1 | | 0.25 | | | | | | | | | | 0.2 |
| 1.2 | | | 0.25 | | | | | | | | | | 0.2 |
| | 1.4 | | 0.3 | | | | | | | | | | 0.2 |
| 1.6 | | | 0.35 | | | | | | | | | | 0.2 |
| | 1.8 | | 0.35 | | | | | | | | | | 0.2 |
| 2 | | | 0.4 | | | | | | | | | 0.25 | |
| | 2.2 | | 0.45 | | | | | | | | | 0.25 | |
| 2.5 | | | 0.45 | | | | | | | | 0.35 | | |
| 3 | | | 0.5 | | | | | | | | 0.35 | | |
| | 3.5 | | 0.6 | | | | | | | | 0.35 | | |
| 4 | | | 0.7 | | | | | | | 0.5 | | | |
| | 4.5 | | 0.75 | | | | | | | 0.5 | | | |
| 5 | | | 0.8 | | | | | | | 0.5 | | | |
| | | 5.5 | | | | | | | | 0.5 | | | |
| 6 | | | 1 | | | | | | 0.75 | | | | |
| | 7 | | 1 | | | | | | 0.75 | | | | |
| 8 | | | 1.25 | | | | | 1 | 0.75 | | | | |
| | | 9 | 1.25 | | | | | 1 | 0.75 | | | | |
| …… | …… | …… | …… | …… | …… | …… | …… | …… | …… | …… | …… | …… | …… |

［选自 GB/T 193—2003《普通螺纹　直径与螺距系列》］

选择优先数系时，宜注意非整数有时可能带来不便或规定了不必要的高精度。这种情况下需要对非整数修约（见 GB/T 19764《优先数和优先数化整值系列的选用指南》）。宜避免在一个文件中同时给出一个参数的精确值和修约值，这样会让文件使用者无所适从。

模数制是指在模数的基础上所制定的一套尺寸协调的文件。例如，建筑模数尺寸中最基本的数值叫基本模数，我国以 100 mm 作为基本模数，以 $M$ 表示。因此建筑物的主要尺寸以及各构件的主要尺寸都应该是基本模数的倍数。模数制不仅适用于建筑业，而且也适用于包装物标准化，电器、仪器和成套装置的组装尺寸的标准化，以及机械工业产品的单元尺寸和组合尺寸的协调等方面。

除了考虑运用上述数学工具以外，还需要考虑其他一些决定性因素，以满足技术经济要求，而不能机械地运用数学工具。例如，还需要考虑广泛可接受性，如果在实践中已经证明比较适用的品种规格，就尽可能固化在文件中，不必按数学工具重新规划品种规格，造成浪费和混乱。

## 七、量、单位及其符号

量、单位及其符号有国际通用的表达，即国际单位制，是国际计量大会(CGPM)采纳和推荐的一种一贯单位制。在国际单位制中，将单位分成三类：基本单位、导出单位和辅助单位。各种物理量通过描述自然规律的方程及其定义而彼此相互联系。为了方便，国际单位制选取一组相互独立的物理量，作为基本量，其他量则根据基本量和有关方程来表示，称为导出量。

### （一）国际单位制

国际单位制是促成各方相互理解的基础，不仅在技术领域，在经济和社会领域，在国内外都是所有沟通交流的基础。根据《中华人民共和国计量法》的规定，我国已把国际单位制作为法定计量单位使用，所以，文件中使用国际单位制是法定要求。

文件中使用的量、单位及其符号应从如下标准化文件中选择并符合这些文件的相关规定：

——GB/T 3101《有关量、单位和符号的一般原则》；

——GB/T 3102《量和单位》(所有部分)；

——GB/T 14559《变化量的符号和单位》；

——ISO 80000《量和单位》(所有部分)；

——IEC 80000《量和单位》(所有部分)。

注：由于GB/T 3102与ISO 80000和IEC 80000的修订并不同步，因此需要关注国际标准化组织颁布的新的量和单位(包括修订的量和单位)。

国际单位制不应被随意修改，例如，“$U_{\max}=500$ V”不应被改为“$U=500$ Vmax”，“质量百分比为5%”不应被改为“5%($m/m$)”，“体积百分比为7%”不应被改为“7%($V/V$)”。

### （二）单位符号的英文和中文表示

在英文中，计量单位名称是全拼形式(如metre)，而计量单位符号是缩略形式(如m)。引入我国后，将计量单位名称翻译成中文的单位名称(如metre译成“米”)，而计量单位的符号仍然保持原样，用缩略形式的字母表示(如m)。

根据我国的实际情况，在上述表示方法的基础上，增加了一种计量单位的中文符号(简称“中文符号”)，用中文的单位名称的简称表示。中文符号只有必要时才可在小学、初中的教科书和普通报刊文章中使用，不应该用于标准化文件等科技文献。例如：物理量速度的单位名称为“千米每小时”，单位符号为“km/h”，中文符号为“千米/小时”。其中，速度的单位名称“千米每小时”可用于标准化文件中的文字叙述；单位符号“km/h”与阿拉伯数字表示的数值结合后可表示物理量速度的量值；而中文符号“千米/小时”不应在标准化文件中使用。

不应在分母中包含“单位”字样。有些物理量是由物理量相除得到的，这样的量不应在分母中包含“单位”。因为，“单位”一词是不确定的概念(如分别以km、m、cm、mm等为“单位”的长度是不相同的)。例如：“线质量”的定义是“质量除以长度”，而不是“每单位长度质量”。因此，线质量的单位名称是“千克每米”，而不是“千克每单位长度”。

### （三）混合单位的用法

使用混合单位时(例如速度)，单位符号和单位名称不应混合使用，例如“km 每小时”“千米/h”都是错误的表示。用单位名称表示应为“千米每小时”，用符号表示应为“km/h”。

表示带有单位的数值时，不应将汉字数字与单位符号混用，例如“五 m”；不应将阿拉伯数字与单位名称混用，例如“5 米”。用单位名称表示应为“五米”；用单位符号表示应为“5 m”。

不应将单位符号和其他信息混合使用。例如：应写作“含水量 20 mL/kg”，不应写作“20 mL $H_2O$/kg”，或“20 mL 水/kg”。

### （四）单位符号的格式

单位符号应使用正体，量的符号应使用斜体。例如，符号“V”表示单位“伏特”；符号“*U*”表示电压。

数值和单位符号之间应有半个汉字空格，除非单位符号已构成空隙。例如 5 mm，14 A，37 km/h，115°，27 ℃，25 K。

当表示范围区间、公差或数学关系时，要确保单位的使用无歧义，例如，写作“10 mm～12 mm”，不写作“10～12 mm”；写作“0 ℃～10 ℃”，不写作“0～10 ℃”；写作“23 ℃±2 ℃”或“(23±2)℃”，不写作“23±2 ℃”；写作“(60±3)%”，不写作“60±3%”。

### （五）单位符号的缩写形式

单位符号的缩写应使用规范缩写，不使用非规范缩写，例如，写作“s”，不写作“sec”；写作“h”，不写作“hrs”；写作“$cm^3$”，不写作“cc”；写作“r/min”，不写作“rpm”。

不应使用“ppm”“pphm”“ppb”之类的缩略语。例如：写作“质量分数为 4.2 μg/g”，或写作“质量分数为 $4.2\times10^{-6}$”；而不写作“质量分数为 4.2 ppm”。又如：写作“相对不确定度为 $6.7\times10^{-12}$”，而不写作“相对不确定度为 6.7 ppb”。

不应使用缩略语“m”和“b”分别表示“million”和“billion”。而在大数的命名上各国之间存在着差异，例如“billion”在美国、法国表示 $10^9$，在英国、德国表示 $10^{12}$。由于这种差异造成了上述缩略语在不同国家有不同的含义，可能会引起混淆。由于这些缩略语只代表纯数字，所以直接用数字表示将更加清楚。

## 第四节 表述形式“引用和提示”

### ※ 本节结构及内容导引 ※

- 一、引用和提示的原因
  - （一）文件间或文件内部的不协调
  - （二）文件篇幅过大
  - （三）抄录错误
  - （四）涉及其他专业领域
- 二、提及文件自身或文件中的具体内容
  - （一）文件自身的称谓
  - （二）提及文件中的具体内容
- 三、被引用文件的限定条件
  - （一）首选被规范性引用的文件
  - （二）可以被规范性引用的文件
  - （三）不应被引用的文件
    - 1. 不应引用的文件
    - 2. 不应规范性引用法律等政策性文件
- 四、注日期或不注日期引用
  - （一）注日期引用
    - 1. 表述
    - 2. 使用注日期引用的情形
    - 3. 注日期引用的文件的更新
  - （二）不注日期引用
    - 1. 表述
    - 2. 使用不注日期引用的情形
- 五、具体内容或所有内容的引用
  - （一）具体内容的引用
  - （二）所有内容的引用
- 六、规范性或资料性
  - （一）规范性
    - 1. 规范性引用
    - 2. 规范性提示
  - （二）资料性
    - 1. 资料性引用
    - 2. 外部约束的提及
    - 3. 资料性提示
- 七、标明来源
- 八、规范性引用其他文件需注意的问题
  - （一）做好资料收集检索工作
  - （二）应引用另一文件现行有效的版本
  - （三）时刻关注所引文件的版本变化
  - （四）标准化文件发布后要留意注日期引用文件的最新版本变化

引用和提示是指在编写标准化文件的某些内容时，没有将具体内容写出，而是通过某种表述形式使用其他文件或文件自身其他条文中的内容。引用是指“在文件中通过提及其他文件的编号和/或该文件的内容编号的表述形式，使用被提及的文件内容”，从而达到不抄录所需要的内容的目的。提示是指“通过提及本文件其他位置的内容编号的表述形式，使用被提及的其他位置的内容”。

在起草文件时，如果有些需要规定的内容，在现行有效的其他文件中已经包含并且适用，就可以通过引用而使用这些内容；如果需要使用本文件其他位置的内容，就可以采取提示的表述形式。引用或提示就是不抄录所需要的内容，而达到使用相关内容的目的。这样可以避免重复造成的文件间或文件内部的不协调、文件篇幅过大以及抄录错误等。

对于在线引用文件，应提供足以识别和定位来源的信息。为确保可追溯性，宜提供所引用文件的第一手来源。信息应包括访问引用文件的方法和完整的网址，并与来源中给出的标点符号和大小写字母相同(见 GB/T 7714、ISO 690)。

## 一、引用和提示的原因

为什么要采取引用或提示的表述形式而不重复抄录所需要的内容呢？这是由于采取这种表述形式可以避免产生如下一些问题。

### （一）文件间或文件内部的不协调

在本章第一节的“二”中提供了文件要素的表述原则之一是“协调性原则”。采取引用的表述形式可以避免由于重复造成的文件之间或文件内部的不协调。

假如经过分析研究确认某文件的现行版本中的内容适用于正在起草的文件，并且认为该文件今后的新版本也适用，也就是可以采取不注日期的引用形式[见本节“四”中的(二)]。这时如果不采取引用的表述形式，而是将需要的内容抄录下来，就会出现以下问题：在起草的文件编制完成进入应用的过程中，被抄录的文件有可能被修订，其中被抄录的内容有可能随之修改。由于相关内容已经被抄录到新的文件中，被抄录的内容跟不上原文件最新版本的变化，造成了无法使用最新版本中的内容。这种情况违背了需要使用最新版本的初衷。

可见，抄录极有可能导致同样的内容在不同文件(例如都是国家标准化文件)中的规定不相同，造成文件之间的不协调。另外，如果在使用文件自身内容时，采取抄录而不是提示的表述形式，就可能出现文中某些内容在编写文件的过程中被修改了，但文中抄录了这些内容的地方却由于疏忽没有被修改的情况。因此，无论是抄录其他文件的内容，还是抄录文件自身的内容，都会造成不协调的情况，这种问题会给文件使用者造成极大的困惑。

### （二）文件篇幅过大

采取抄录的方式，还有可能造成文件的篇幅过大。由于一些需引用的内容，如某些试验方法，需要大量的篇幅才能描述清楚，如果将这些内容全部抄录下来，则会造成正在编制的文件篇幅过大。文件自身内容的抄录同样会造成前后重复、文件篇幅过大的问题。

### （三）抄录错误

采取抄录的方式还有可能造成抄录错误。一旦发生这类问题，就会出现同样的内容在两个文件中，或一个文件的不同部位表述不一致的问题。这种情况，一方面违反了一致性原则，造成理解上的疑惑或偏差；另一方面还会违反协调性原则，造成同样的内容，不同文件或同一文件的不同部位的规定不同。因此要避免由于抄录造成的这种无意间不一致、不协调的问题。

### （四）涉及其他专业领域

在起草一个文件时，如果需要引用另一个文件，这个被引用的文件在许多情况下都会涉及其他专业领域。这时采取引用的表述形式还表明这些被引用的内容是有其源头的，不是本文件最初规定的内容。由于涉及了其他专业领域，通常也会由其原编制方对这些文件进行修订。采取引用的表述形式，将利于使用其他领域最新的标准化成果。

## 二、提及文件自身或文件中的具体内容

编写文件时，首先会遇到如何称呼文件自身的问题；其次不管是引用其他文件，还是提示使用文件自身的内容，都会涉及如何提及文件中的具体内容的问题。

### （一）文件自身的称谓

在文件中需要称呼文件自身时应使用的表述形式为："本文件……"（包括标准、标准的某个部分、标准化指导性技术文件等）。

在文件中凡是称呼文件自身时，不应称呼文件的功能类型，如不应称呼"本规范""本规程""本指南"等。

**请注意**：GB/T 1.1—2020 规定统一使用"本文件"称呼所有的标准化文件自身，不再使用"本标准""本指导性技术文件""GB/T XXXXX 的本部分""本部分"等称谓。

如果分为部分的文件中的某个部分需要称呼拥有同一个文件顺序号的所有部分时，那么表述形式应为："GB/T XXXXX（所有部分）"。例如 GB/T 10001 分为 9 个部分，在其任何一个部分中称呼所有部分时，使用 GB/T 10001（所有部分）。

### （二）提及文件中的具体内容

在两种情况下会涉及提及文件中的具体内容：提示本文件其他位置的内容；引用其他文件中的具体内容。无论是哪种情况，凡是需要提及文件中的具体内容，在表述时都不应提及页码，而应提及文件内容的编号。提及文件中的不同内容有以下几种具体表述形式。

——提及章或条："第 4 章""5.2""6.5.3.1""A.1""C.4.6"；

——提及列项："9.3.3 b)""4.1 e) 中的 3)到 5)""8.2 列项中的第 5 项""7.5 d)中的第 2 项"；

——提及段：5.3 中的第二段；

——提及附录："附录 C"；

——提及图或表："图 1""表 2"；

——提及数学公式:"公式(3)""10.1,公式(5)"。

——提及示例:"示例 3""6.6.3 的示例 2";

——提及注:"注 2""7.3 的注 1""表 2 的注"。

## 三、被引用文件的限定条件

所谓"引用文件",实际上包括两大类:一类是标准,另一类是标准之外的文件。正因为如此,我们使用"文件"这一大的概念,统称为"引用文件",而不称为"引用标准"。由此又提出了新的问题,是不是所有文件都能被标准化文件规范性引用,哪类文件可以被引用?以下三点给出了较明确的答案。

### (一)首选被规范性引用的文件

在国家标准化文件、行业标准化文件引用其他文件时,原则上被规范性引用的文件应是国家标准化文件、行业标准化文件或国际标准化文件。

### (二)可以被规范性引用的文件

除了上述文件,在标准化文件中允许规范性引用其他正式发布的标准化文件或其他文献,然而,这种引用是有前提的,即需要评估这些文件的可接受性和可获得性,解决相应的版权或专利权等问题。因此,需要经过正在编制文件的归口标准化技术委员会或审查会议确认待引用的文件是否符合下列条件:

——具有广泛可接受性和权威性;

——发布者、出版者(知道时)或作者已经同意该文件被引用,并且,当函索时,能从作者或出版者那里得到这些文件;

——发布者、出版者(知道时)或作者已经同意,将他们修订该文件的打算以及修订所涉及的要点及时通知相关文件的归口标准化技术委员会;

——该文件在公平、合理和无歧视的商业条款下可获得;

——该文件中所涉及的专利能够按照 GB/T 20003.1 的要求获得许可声明。

如果确认能够引用这些文件,对于有标识编号的文件,引用时应提及标识编号;对于没有标识编号的文件,引用时应提及名称。如是注日期引用还需提及版本号或年份号。

### (三)不应被引用的文件

对于一些无法及时、公开获得的文件,不应被标准化文件所引用。另外,标准化文件中也不宜规范性引用法律法规等政策性文件。

#### 1. 不应引用的文件

由于下列文件达不到一些基本要求,因此起草文件时不应引用这些文件。

(1)不能公开获得的文件

由于非公开的文件通常情况下是不易获得的(例如只属于某个企业所有,而参与竞争的企业不易获得)。如果引用了这类文件,对于无法获得文件的使用者来说,将无法使用相应的文件。因此这类文件不应被引用。

注：公开获得指任何使用者能够获得，或在合理和无歧视的商业条款下能够获得。

（2）尚未发布或出版的文件

在引用其他文件时，不应引用尚未发布或出版的文件。在起草标准化文件的过程中，如果确知另一个需要的文件正在被制定，在确保该文件的发布或出版日期早于正在编制的标准化文件的前提下，方可在文件中引用该文件。一般情况下，一个工作组或标准化技术委员会同时编制几个相互关联的文件时，能够控制各个文件的进度，这时可根据具体情况决定是否引用正在制定的文件。

（3）已被代替或废止的文件

在起草一个文件时，不应引用已经被代替或废止的文件。如果负责文件起草的工作组或技术委员会认为，这些被代替或废止的文件（非强制性文件）中的内容适用于正在起草的文件，可以将相关内容写在正在起草的文件中，而不应采取引用的方式。

**请注意：**如果文件"甲"注日期规范性引用了文件"乙"（非强制性文件），其后文件"乙"被修订并被新版代替。这种情况下，在文件"甲"的有效期内，以及在其范围的限定和引用的具体表述的框架下，文件"乙"还可以继续使用。这时文件"乙"的使用是基于现行有效的文件"甲"引用的效力，并不是文件"乙"本身的效力。

**2. 不应规范性引用法律等政策性文件**

起草文件时不应规范性引用法律、行政法规、规章和其他政策性文件，也不应普遍性要求符合法规或政策性文件的条款。由于这些文件均属于强制性的政策性文件，即使不被标准化文件引用，它们的实施也是强制的，文件使用者无论是否声明符合标准化文件，均需要遵守法律法规等强制性文件。

另外，标准化文件中引用其他文件分为注日期和不注日期。由于注日期意味着只使用指定日期的文件，如果所引用的文件是法律法规等强制性文件，一旦指明了日期，则会有悖于法律法规的要求。因为法律法规被修订后，原来的版本就会被废止，在新的法律法规实施之际，以前的文本不准许使用。

在标准化文件中，以下表述是不正确的：

——"……应遵守××行业的相关规定"；

——"……应遵守《……管理办法》中的规定"；

——"……应符合国家有关法律法规的要求"。

然而，为了向文件使用者提供附加信息，帮助正确理解文件，可以资料性提及法律法规等强制性文件。例如可表述成"符合本文件是符合……（法规）的方法之一"。参见本节"六"（二）中的"2. 外部约束的提及"。

## 四、注日期或不注日期引用

标准化文件在引用其他文件时，可以采取注日期或不注日期两种形式。注日期引用与不注日期引用的表述形式不同，所起的作用亦不同。

### （一）注日期引用

以下将详细介绍注日期引用的表述形式、作用及其使用的规则。

#### 1. 表述

注日期引用就是在引用时指明了所引文件的发布年份。具体表述时应提及文件编号，包括“文件代号、顺序号及发布年份号”，不给出文件名称。当引用了文件具体内容时应提及内容编号；当引用同一个日历年发布的不止一个版本的文件时，应指明年份和月份。

**【示例 6-40】**

——……按照 GB/T XXXXX—20XX 中的规定……；

——……遵守 GB/T XXXXX—20XX 中 5.1 的规定；

——……符合 GB/T XXXXX—20XX-XX 中 6.3 的规定。

注日期引用有下列几种情况。

（1）注日期引用其他文件中带有编号的章条、列项、图表等

引用时提及文件的编号和具体内容的编号[见本节“二”中的（二）]：

——……履行 GB/T XXXXX—2016 第 5 章确立的程序……；（注日期引用其他文件中具体的章）

——……按照 GB/T XXXXX.1—2016 中 5.2 规定的……；（注日期引用其他文件中具体的条）

——……符合 GB/T XXXXX—2017 中 9.3.3 b）规定的……；（注日期引用其他文件中具体的列项）

——……使用 GB/T XXXXX.1—2012 表 1 中界定的符号。（注日期引用其他文件中具体的表）

（2）注日期引用其他文件中没有编号的具体内容

引用时提及文件的编号并指明具体的段或列项中的项[见本节“二”中的（二）]：

——……遵守 GB/T XXXXX—2015 中 4.1 第二段的规定……；（注日期引用其他文件中具体的段）

——……符合 GB/T XXXXX—2013 中 6.3 列项的第二项的规则……；（注日期引用其他文件中无编号列项的某一项）

——……见 GB/T XXXXX—2007 中 6.6.8 的最后一段；（注日期引用其他文件中具体的段）

——……按 GB/T XXXXX.1—2006，5.2 中第二个列项的第三项规定。（注日期引用其他文件某条中有多于一个无编号列项的某一项）

（3）注日期引用其他文件的所有内容

引用时只提及文件的编号：

——……按 GB/T XXXXX—2015 规定的……。

（4）注日期引用同一个日历年发布的不止一个版本的文件

引用时在文件编号后给出月份号：

——……遵守 GB/T XXXXX—2017-03 规定的……。

（5）注日期引用分为部分的文件的所有部分

如果被引用的所有部分为同一年发布，引用时给出“文件代号”“顺序号及第 1 部分的编号”“～”“顺序号及最后部分的编号”和“年份号”，无需给出每部分的编号：

——……按照 GB/T 20XX5.1～20XX5.7—2016 中规定的……。

如果被引用的所有部分不是同一年发布，引用时需要分别提及各个部分的编号：

——……按照 GB/T 10001.1—2012、GB/T 10001.2—2006、GB/T 10001.3—2011、GB/T 10001.4—2009、GB/T 10001.5～10001.6—2006 和 GB/T 10001.9—2008 中界定的……”。

**2. 使用注日期引用的情形**

注日期引用意味着被引用文件的指定版本（即所注日期的版本）或该版本中的内容适用于引用它的文件。也就是说，该版本以后被修订的新版本，甚至修改单（不包括勘误的内容）中的内容都不能确定是否适用于引用它的文件。

在文件中引用其他文件时，一般情况下首选注日期引用的表述形式。对于下列情况引用文件均应注日期。

（1）提及了文件具体内容的编号

文件中引用其他文件时，只要提及了被引用文件中的具体章、条、图、表或附录的编号，均应注日期。这是因为上述具体内容都是和特定版本相联系的，如果脱离了特定版本，按照具体的章条、图表编号就有可能找不到相应的内容（新的版本中相应内容的编号可能有变化，甚至根本不存在了）。因此，这种情况下，引用其他文件时应该注日期。

（2）不能确定是否能够接受被引用文件将来的所有变化

如果在编制文件时，对相关文件进行充分研究后，认为某文件目前的内容适合于正在编制的文件，然而，由于没有看到未来的文件内容，更谈不上对其进行研究，对将来的文件内容是否适用存在着疑虑，还不能确定是否能够接受该文件将来的所有变化（包括修改单或修订版中内容的变化）。这种情况下，要采取谨慎的态度，也就是无论引用时是否提及了被引用文件具体内容的编号，都要采取注日期引用的表述形式，以便指定使用当前版本。

**请注意**：前文(1)中指出：只要提及了文件具体内容的编号就要注日期。反之，如果确定采取注日期引用文件，那么只要引用文件中的具体内容，就要提及相应内容的编号。

**3. 注日期引用的文件的更新**

在注日期引用的情况下，假如被引用的文件随后发布了修改单或修订版，是否能够使用这些修改单或修订版，要从两个方面来讨论。

首先是文件编制方。编制方有必要评估是否需要更新原引用的文件。如果经过认真研究，认为该修改单或修订版适用于引用它们的文件，这时可使用以下两种方式之一将相应的修改单或修订版纳入文件中：

——发布引用了这些文件的标准化文件自身的修改单，以便通过修改单，引用被引用文件的修改单或修订版的内容；

——修订引用了这些文件的标准化文件。

假如“文件甲”引用了“文件 A”，而随后“文件 A”发布了“修改单 B”。如果经过研究，认为“文件甲”需要引用“修改单 B”，那么可发布“文件甲”的“修改单乙”，以便在“修改单乙”中说明“修改单 B”也适用于“文件甲”。以下给出了这类修改单的示例：

【示例 6-41】

GB/T XXXXX—2017《×××××××××××××》
第 1 号修改单

本修改单经国家市场监督管理总局(国家标准化管理委员会)于 20XX 年 X 月 X 某日批准,自 20XX 年 X 月 X 日起实施。

---

一、在第 2 章引用文件清单中:

——将"GB/T 10001.1—2006 标志用公共信息图形符号 第 1 部分:通用符号"改为"GB/T 10001.1—2012 公共信息图形符号 第 1 部分:通用符号";

——增加"GB/T 20XX1.2—2013《公共信息导向系统…… 第 1 部分:总则》第 1 号修改单"。

二、将 5.1 改为:

5.1 公共信息导向系统中,使用的公共信息图形符号应符合 GB/T 10001.1—2012 中界定的符号;导向要素的设计应遵守 GB/T 20XX1.2—2013 和 GB/T 20XX1.2—2013 第 1 号修改单的规定。

其次是文件使用者。如果使用者经过分析认为,被引用文件的修改单或修订版更加适用,那么可以选择使用。这种情况下,在声明符合文件时需要指出,使用的是更新的引用文件,要注明新文件的日期。

## (二)不注日期引用

以下将详细介绍不注日期引用的表述形式、作用及其使用的规则。

### 1. 表述

不注日期引用就是在引用时不指明所引文件的发布年份。具体表述时只应提及"文件代号和顺序号",当引用一个文件的所有部分时,应在文件顺序号之后标明"(所有部分)"。

【示例 6-42】

——……按照 GB/T XXXXX 描述的……;

——……遵守 GB/T XXXXX 规定的……;

——……符合 GB/T XXXXX(所有部分)中的规定;

——……参见 GB/T 16273……。

### 2. 使用不注日期引用的情形

不注日期引用意味着被引用文件的最新版本(包括所有的修改单)适用。也就是说,无论何种情况,永远是所引文件的最新版本(包括所有的修改单)适用于引用它的文件。

什么情况下使用不注日期引用的表述形式呢?符合下列条件引用文件才可以不注日期:

a) 能够接受所引用内容将来的所有变化(尤其对于规范性引用),并且

b) 引用了文件的所有内容,或者

c) 不提及被引用文件具体内容的编号[见下文"五"中的(一)]。

不注日期引用应该在符合上述条件 a)的基础上,再符合条件 b)或 c)中的一种,通常需要

符合条件 b)，在特殊情况下可以选择符合条件 c)。不注日期引用的一个先决条件是：接受所引用内容将来的所有变化，也就是要能够使用所引文件的最新版本。在这个前提下还要考虑符合下述两个条件中的一个。

通常情况下，还需要符合引用文件的所有内容这一条件[即条件 b)]。例如：在 GB/T 1.1—2020 的 9.4.1 中规定“文件中使用的汉字应为规范汉字，使用的标点符号应符合 GB/T 15834 的规定”。这里引用 GB/T 15834《标点符号用法》的目的，就是要使所有国家标准化文件中使用的标点符号符合汉字标点的规定，并且与其他类型的文件中的标点符号用法相一致。GB/T 15834 的内容无疑是最权威的，也是最适用的，并且这种权威性和适用性并不会因为今后的修订或修改而改变。所以，是“能够接受所引用内容将来的所有变化”的，加之是需要引用 GB/T 15834 的所有内容。在这种情形下选择了引用时不注日期。

特殊情况下，如果需要引用某文件中的具体内容，但又能够接受所引内容将来的所有变化，这时就需要做具体分析，在“使用最新版本”与“便利性”(提及引用内容的编号后便于查找)两者之间进行选择。如果“使用最新版本”更重要，也就是更想让文件使用者使用被引用文件的最新技术内容，那么就要损失一些便利性，选择不提及所引文件具体内容编号的引用形式[即上述条件 c)]，但仍然指明引用的具体内容[详见下文“五”中的(一)]。如果“便利性”更加重要，那么在引用时就要提及引用文件中的具体章、条、附录、图或表的编号，从而就得使用注日期引用的表述形式[见前文的(一)]，不选择使用所引文件的最新版本。

**请注意：**如果选择了不提及被引用文件具体内容编号的不注日期引用形式，为了方便文件使用者，可在脚注中给出被引用文件现行版本中需要使用的具体内容的编号。

示例 6-43 给出了通过不提及被引用文件具体内容编号的方式，而不注日期引用，并且在脚注中指出了现行版本中所引内容的编号。

**【示例 6-43】**

…………

6.2.1 在导向要素中，方向符号应使用 GB/T 10001.1[2)] 中规定的图形。

…………

2) 该文件的现行版本为 GB/T 10001.1—2012，其中编号为 001 的图形符号为“方向”符号。

## 五、具体内容或所有内容的引用

标准化文件中可以引用其他文件的所有内容，也可以只引用其他文件中的具体内容。具体引用哪些内容完全取决于所起草文件的需要。

### （一）具体内容的引用

具体内容的引用是指在引用其他文件时，并不是引用该文件的所有内容，而只是引用了其中的某些需要的内容。

具体引用时，又分两种情况：一是提及了所引用内容的章、条、图、表或附录的编号；二是虽然没有提及所引具体内容的编号，但仍然指向了所引文件中的某些特定内容。

假如，GB/T 23XX1—2016 描述了测试某个特性的三种方法，其中“乙方法”规定在第 6 章。

在起草一个产品标准时，需要引用乙方法，文中引用时可能出现下列两种表述形式：

a) ……按照 GB/T 23XX1—2016 第 6 章描述的方法测定……；

b) ……按照 GB/T 23XX1 描述的乙方法测定……。

可见，没有提及所引具体内容的编号而要引用某些特定内容时，需要对该内容进行指明，如指明是“乙方法”。上述两种表述形式，虽然有的指明了日期[如 a)]，有的没有指明日期[如 b)]；有的提及了章编号[如 a)]，有的没有提及章编号[如 b)]，但是它们都属于引用了具体内容，也就是都要引用 GB/T 23XX1 中的乙方法。

这里需要注意，上述两种表述形式中，只有在 a)提及了所引具体内容的编号，注日期引用才成为必须；而 b)并未提及所引具体内容的编号，可以不注日期，表示可以接受所引内容将来的所有变化[见前文“四”中的(二)]。

### （二）所有内容的引用

所有内容的引用是指在引用其他文件时，引用了该文件的所有内容，也就是说，这些内容全都适用于引用它的文件。

这里“所有内容的引用”需要和前面的“没有提及所引具体内容的编号，但仍指向所引文件中的某些特定内容”进行辨析，主要区别为是否指向了所引用文件中的特定内容。仍以前文(一)中的试验方法标准为例，在起草某个文件时，假如引用该试验方法标准，文中可能出现下列两种表述形式：

a) ……按照 GB/T 23XX1 描述的方法测定……；

b) ……按照 GB/T 23XX1 描述的乙方法测定……。

这两种引用方式中，虽然都没有指明试验方法的章条编号，但 a)是所有内容的引用，即标准中描述的三种试验方法都适用；b)是没有提及所引具体内容的编号，但仍指向所引文件中的特定内容，即“乙方法”适用。

## 六、规范性或资料性

根据文件中引用某文件的内容或提示文件自身其他位置的内容后，这些内容在引用它的文件中所起的作用，可以将引用或提示分成“规范性”和“资料性”两种。

### （一）规范性

以下将对规范性引用和规范性提示进行详细介绍。

#### 1. 规范性引用

规范性引用是指引用的文件内容构成了引用它的文件中必不可少的条款。

由于不同功能类型的标准中构成必不可少的条款类型不同，所以表述规范性引用的条款类型也会不同。对于任何文件，只要有要求或指示型条款都是必不可少的条款；指南标准中虽然不准许使用要求型或指示型条款，但是这类标准中推荐型条款即是必不可少的条款；任何文件中，术语和定义是必不可少的要素，其中的术语条目也是必不可少的。

根据上述分析，在引用其他文件时，以下表述形式属于规范性引用：

——任何文件中，由要求型或指示型条款提及文件；

——任何文件中，由“按”“按照”提及试验方法类文件；

——指南标准中，由推荐型条款提及文件；

——任何文件中，在“术语和定义”中由引导语提及文件。

示例 6-44 中提及的文件均属于规范性引用的文件。

**【示例 6-44】**

——标准洗涤物应符合 GB/T 4288 规定的要求；(由要求型条款引用的文件)

——按照 GB/T 2912.1—2009 描述的方法测定，甲醛含量应不大于 20 mg/kg；(由“指示型条款”引用的试验方法标准)

——团体标准涉及专利的政策宜按照 GB/T 20003.1 制定；(指南标准中由推荐型条款引用的文件)

——GB/T 15971—2010、GB/T 16766 和 GB/T 31385—2015 界定的以及下列术语和定义适用于本文件。(在“术语和定义”一章中由引导语提及的文件)

对于规范性引用，被引用的文件内容成为引用它的文件中的必不可少的条款，因此在声称符合某文件时，除了要遵守文件中的规范性内容外，还要遵守文件中规范性引用的其他文件中相应的条款。

文件中所有规范性引用的文件，无论是注日期，还是不注日期，均应在要素“规范性引用文件”中列出(见第五章第一节)。

**2. 规范性提示**

需要提示使用者遵守、履行或符合文件自身的具体条款时，应使用适当的能愿动词或句子语气类型(见本章第二节中的“一”)提及文件内容的编号。这类提示属于规范性提示。

**【示例 6-45】**

“……应符合 7.5.2 中的相关规定。”

“……按照 5.1 规定的测试程序……”

### (二) 资料性

以下将对资料性引用和资料性提示进行详细介绍。

**1. 资料性引用**

前文介绍了规范性引用的概念，如果在文件中没有使用前文(一)中的“1.”所述的表述形式引用其他文件，则属于资料性引用。示例 6-46 的引用形式都是资料性引用。

**【示例 6-46】**

——“……的信息见 GB/T XXXXX。”

——“……GB/T XXXXX 中给出了进一步的说明。”

——“……参见 GB/T XXXXX……的内容。”

**2. 外部约束的提及**

如果确有必要，标准化文件中可资料性提及法律法规，或者可通过包含“必须”的陈述，指出由法律要求形成的对文件使用者的约束或义务(外部约束)。

**请注意**：这里提及的法律法规，并不是文件自身规定的条款。它仅是提示使用者法律法规在某些方面是有约束的，使用“必须”也是表明是外部约束的“必须”。因此，这种提及的法律法规属于资料性引用文件，通常宜与文件的条款分条表述。

**【示例 6-47】**

“……强制认证标志的使用见《……管理办法》。”

**【示例 6-48】**

“依据……法律规定，在这些环境中必须穿戴不透明的护目用具。”(用“必须”指出由于某法律的规定形成的外部约束)

文件中所有资料性引用的文件，无论是注日期，还是不注日期，均应在要素“参考文献”中列出(见第五章第四节中的“二”)。

**3. 资料性提示**

需要提示使用者参看、阅看文件自身的具体内容时，不应使用诸如“见上文”“见下文”或“见×××内容”等形式，而应使用“见”提及文件内容的编号(见示例 6-49)。这类提示属于资料性提示。

**【示例 6-49】**

——“(见 5.2.3)”；

——“……见 6.3.2 b)”；

——“(见表 B.2)”；

——“见图 3”。

**请注意**：提示本文件中的资料性附录、示例、条文中的注、脚注、图中的注、表中的注等资料性内容时，应使用资料性的提及方式，如：

——“……见 4.1 的注”；

——“见表 2 的注”；

——“见 6.6.4 示例 3”；

——“相关信息见附录 B”。

其中使用“见”提及附录是“资料性提示”，不是指明附录的表述(参见本章第五节的“四”)。

## 七、标明来源

正如本节“一”中阐述的原因，在需要使用其他文件中的内容时，通常不抄录需引用的具体内容，而采取引用的表述形式。然而，在特殊情况下，如果确有必要抄录其他文件中的少量内容，应在抄录的内容之下或之后准确地标明来源，具体方法为：在方括号中写明“来源：文件编号，章/条编号或条目编号”。如：

[来源：GB/T XXXXX—2015，4.3.5]

**请注意**：准确地标明出处是保证文件间协调性的一种有效方法。标明出处意味着重复抄录只是为了提供信息，一旦抄录的内容与原文件不一致时，能分辨出哪一个文件中的规定是原始规定，从而以其出处的原文为准。

如果需要，被抄录的原文件可列入参考文献，但不应将其列入规范性引用文件。这是由于具体原文已经被抄录在目前的文件中，因此原文件不是使用目前文件所必需的文件。

## 八、规范性引用其他文件需注意的问题

一个标准化文件规范性引用了另一个文件，被引用的文件或其有关内容构成了引用它的文件必不可少的条款。因此，应将规范性引用文件及其内容作为所起草文件自身的条款对待，一些文件起草者对这一点并没有引起足够的重视。为此，当文件中规范性引用其他文件时应注意做到以下几点。

### （一）做好资料收集检索工作

在起草文件之前和起草文件的过程中要及时收集、查找和检索相关资料。一旦与文件有关的内容已经在其他文件中作出规定，就要考虑采取引用这种表述形式，充分利用现有的成果，尤其是标准化成果。

### （二）应引用另一文件现行有效的版本

在起草文件时，如果需要引用另一个文件，但该文件存在着新旧两个版本，在这种情况下，不准许引用文件的先前版本，也就是说文件发布时所引用的文件应为现行有效的版本。

### （三）时刻关注所引文件的版本变化

在决定引用某个文件后，应认真核对所引文件的版本。如是标准化文件，则要准确核实文件的发布年份号。在起草文件的全过程中，应时刻留意所引用文件的版本变化，以便随时调整所起草的文件。当所起草的文件形成报批稿时，应再一次核对所有注日期的规范性引用文件。如果所引用的文件又发布了新的版本，应研究其适用性，如适用则应再一次对报批稿进行调整，以便引用新的版本；如不适用，按照前文（二）所述的规则也不应引用已经被代替的文件，这时需要研究重新起草相关内容的方案。

### （四）标准化文件发布后要留意注日期引用文件的最新版本变化

标准化文件发布后，对于文件中注日期的规范性引用文件也应时刻留意其最新变化，如果发布了新版本，要研究其适用性，如果适用应尽快对文件进行调整（如发布文件的修改单或对文件进行修订），以便引用最新版本。

当对文件进行修订时，文件中所有引用的文件都要确认其有效性，凡是引用文件被新的文件所代替，都要评估新文件的适用性，如适用才可继续引用，不然则要研究相应的解决方案。

# 第五节 其他适用的表述形式

## ※ 本节结构及内容导引 ※

- 一、图
  - （一）图的用法
  - （二）图的指明
  - （三）图的编写
    - 1. 图编号和图题
    - 2. 图的转页接排
    - 3. 图中的字母符号、标引序号和标记
    - 4. 图中的段、注和图脚注
  - （四）分图
    - 1. 分图的设置
    - 2. 分图的编号
  - （五）常用图形绘制
- 二、表
  - （一）表的用法
  - （二）表的指明
  - （三）表的编写
    - 1. 表编号和表题
    - 2. 表的转页接排
    - 3. 表头
    - 4. 表中的段、注和表脚注
- 三、数学公式
  - （一）数学公式的用法
  - （二）数学公式的编号
  - （三）表示
- 四、附录
  - （一）附录的用法
    - 1. 安排附加条款
    - 2. 合理安排文件的结构
  - （二）附录的规范性或资料性的作用
    - 1. 在文中指明附录并明确其作用
    - 2. 附录作用的标明
  - （三）附录的编写
    - 1. 附录的位置和顺序
    - 2. 附录的标识
    - 3. 附录的细分

前文介绍了各种要素内容表述形式中的两种：条文、引用和提示。在用条文表述要素内容时，有时不容易清晰表述，这时使用或者辅以图、表、公式可能表述起来更容易、更清晰。另外，文件中有些内容可能不是文件的主要内容，属于附加条款，或者由于文件结构安排的考虑，需要将要素的某些内容作为附录处理。因此图、表、数学公式和附录都是条文的表述形式之一，本节将对这些表述形式进行详细阐述。

## 一、图

首先讨论文件中的图。文件中什么情况下需要使用图，每幅图起到什么作用，如何编写，这些问题是每一个文件起草者需要关注并且应该掌握的。

### （一）图的用法

图是条文的一种特殊表述形式，当用图呈现所要表达的内容比用文字表述得更清晰易懂时，图这种特殊的表述形式将是一个理想的选择。在对事物进行空间、流程等描述时使用图往往会收到事半功倍的效果。因此，文件中通常用图来反映需要规定的结构型式、形状、工艺流程、工作程序或组织结构等。很显然，这种情况下将文字的内容“图形化”能够提高文件的适用性。

文件中的图通常使用线图来表示。在某些情况下当不能使用线图时，才可使用图片和其他媒介来表示图。

### （二）图的指明

图是条文内容“图形化”的一种表述形式，它将本来用条文表述的内容改变为用图形表述，图形所在的位置基本上就是原来条文所在的位置，因此可以说图是条文内容的一种“就地变形”，是用另一种更加适合的表述形式来表达条文的内容。文件中的图所起的作用是不同的，它可以表示不同的条款类型。

在文件中将条文内容图形化之处，应在条文中指明该图形。图的指明包括两个方面：一是通过使用适当的能愿动词或句子语气类型（见本章第二节中的“一”）明确该图所起的作用；二是提及图编号。文件中的每幅图均应被指明，也就是说文件中不应存在没有被指明的图。如果文件中某幅图没有被指明，则其存在的必要性将受到质疑，该图或者需要删除，或者需要被指明。

以下的示例，提及了图编号，并用能愿动词指明了图的条款类型。示例 6-50 表明图 5 为要求型条款；示例 6-51 表明图 3 为陈述型条款。

**【示例 6-50】**

“……的结构应与图 5 相符合。”

**【示例 6-51】**

“……的示意图见图 3。”

图可以是规范性的，也可以是资料性的。凡是将规范性内容“图形化”形成的图是规范性的，例如，规程标准中程序确立中表明程序流程的图；凡是将资料性内容“图形化”形成的图是资料性的，例如，示例中给出的示意图。

### （三）图的编写

图的编写涉及图编号和图题、图的转页接排以及图中的内容。

**1. 图编号和图题**

为了便于提及，需要对图进行编号，并给出图题。图编号和图题应置于图之下居中位置。

每幅图均应有编号。图编号由“图”和从 1 开始的阿拉伯数字组成，例如“图 1”“图 2”等。只有一幅图时，仍需给出编号“图 1”。图编号从引言开始一直连续到附录之前，并与章、条和表的编号无关。附录中的图编号见下文“四”（三）中的“3”。

每幅图宜给出图题，图题也可理解为图的名称。文件中的图有无图题应一致。

图编号和图题见示例 6-52。

**【示例 6-52】**

| **图 X　图题** |
|---|

**2. 图的转页接排**

当某幅图需要转页接排时，随后接排该图的各页上应重复图编号、后接图题（可选）和“（续）”或“（第 # 页/共 * 页）”，其中 # 为该图当前的页面序数，* 是该图所占页面的总数，均使用阿拉伯数字。使用“（续）”还是使用“（第 # 页/共 * 页）”，取决于图转页接排页数的多少。转页接排页数较少，建议使用“（续）”；转页接排页数较多，建议使用“（第 # 页/共 * 页）”。

示例 6-53 给出了图在转页接排时，接排的各页图编号及相关内容的各种选择。

**【示例 6-53】**

| **图 X**（续）<br>**图 X　图题**（续）<br>**图 X**　（第 2 页/共 3 页）<br>**图 X　图题**（第 2 页/共 3 页） |
|---|

如果在图的右上方有“关于单位的陈述”[见下文“3”中的(1)]，那么续图均应重复该陈述。

**3. 图中的字母符号、标引序号和标记**

（1）字母符号

图中用于表示角度量或线性量的字母符号应符合 GB/T 3102.1 的规定，必要时，使用下标以区分特定符号的不同用途。

图中表示各种长度时使用符号系列 $l_1$、$l_2$、$l_3$ 等，而不使用诸如 $A$、$B$、$C$ 或 $a$、$b$、$c$ 等符号。

如果图中所有量的单位均相同，应在图的右上方用一句适当的关于单位的陈述（例如“单位为毫米”）表示。（见示例 6-54 线框右上角的“单位为毫米”）

示例 6-54 给出了图的示例，包含了关于单位的陈述、长度符号的表示、标引序号说明、图中的段、图中的注、图脚注以及图编号和图题等。

**【示例 6-54】**

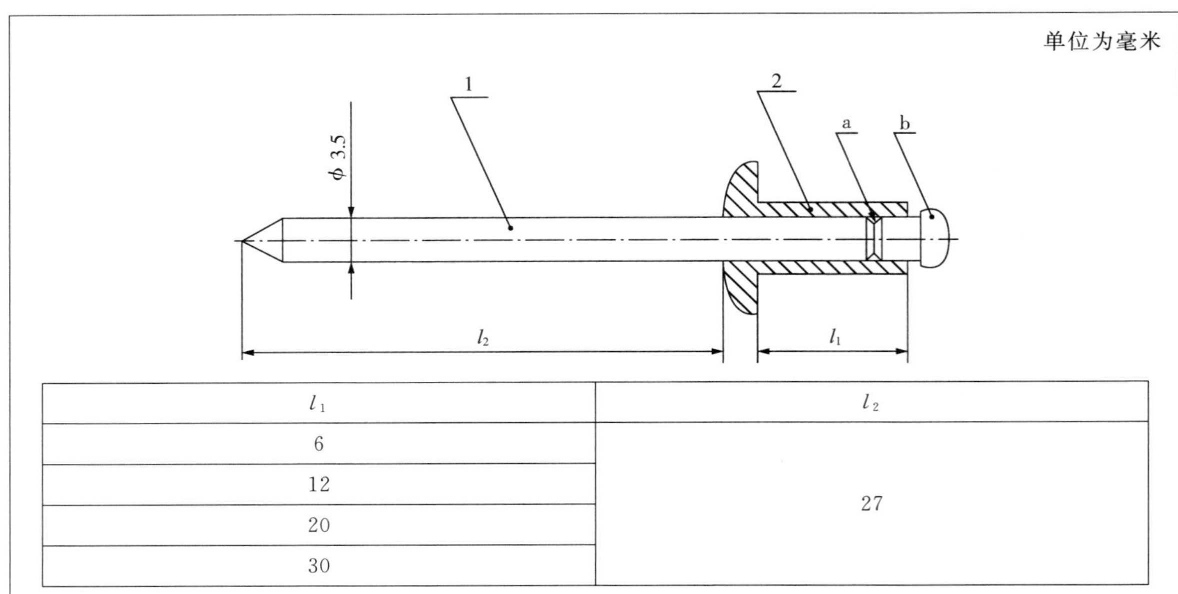


| $l_1$ | $l_2$ |
|---|---|
| 6 | 27 |
| 12 | |
| 20 | |
| 30 | |

标引序号说明：

1——钉芯；

2——钉体。

钉芯的设计应保证：安装时，钉体变形、胀粗，之后钉芯抽断。

**注**：此图所示为开口型平圆头抽芯铆钉。

[a] 断裂槽应滚压成型。

[b] 钉芯头的形状和尺寸由制造者确定。

**图 X　抽芯铆钉**

（2）标引序号和标记

在图中应使用标引序号或图脚注[见本章第二节“二”（三）中的“2”]代替文字描述，文字描述的内容在标引序号说明或图脚注中给出。标引序号说明应置于图题之上，图中的段之前。（见示例 6-54 中的“标引序号说明”）

在曲线图中，坐标轴上的标记不应以标引序号代替，以避免标引序号的数字与坐标轴上数值的数字相混淆。曲线图中的曲线、线条等的标记应以标引序号代替。

示例 6-55 中，为了避免与坐标轴上数值的数字相混淆，坐标轴上的标记 $w$、$t$，未用标引序号 1、2 代替。

【示例 6-55】

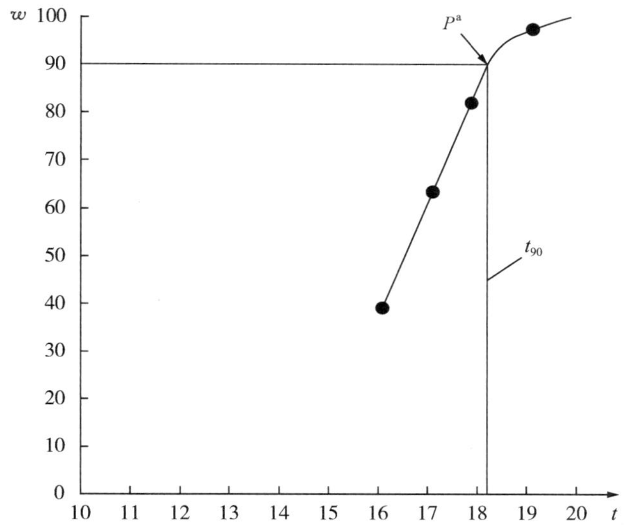

标引序号说明：

$w$ ——凝胶谷粒的质量分数，以百分数计；

$t$ ——蒸煮时间，以分钟计；

$t_{90}$——使 90% 的谷粒成凝胶状所需的时间；

$P$ ——与 $t_{90}$ 的蒸煮时间相对应的曲线上的点。

**注**：这些结果基于针对三种不同类型谷粒所开展的研究。

[a] 本示例中 $t_{90}$ 约为 18.2 min。

**图 X　曲线图示例**

在流程图和组织系统图中，允许使用文字直接描述，不使用标引序号进行标记。见示例 6-56。

【示例 6-56】

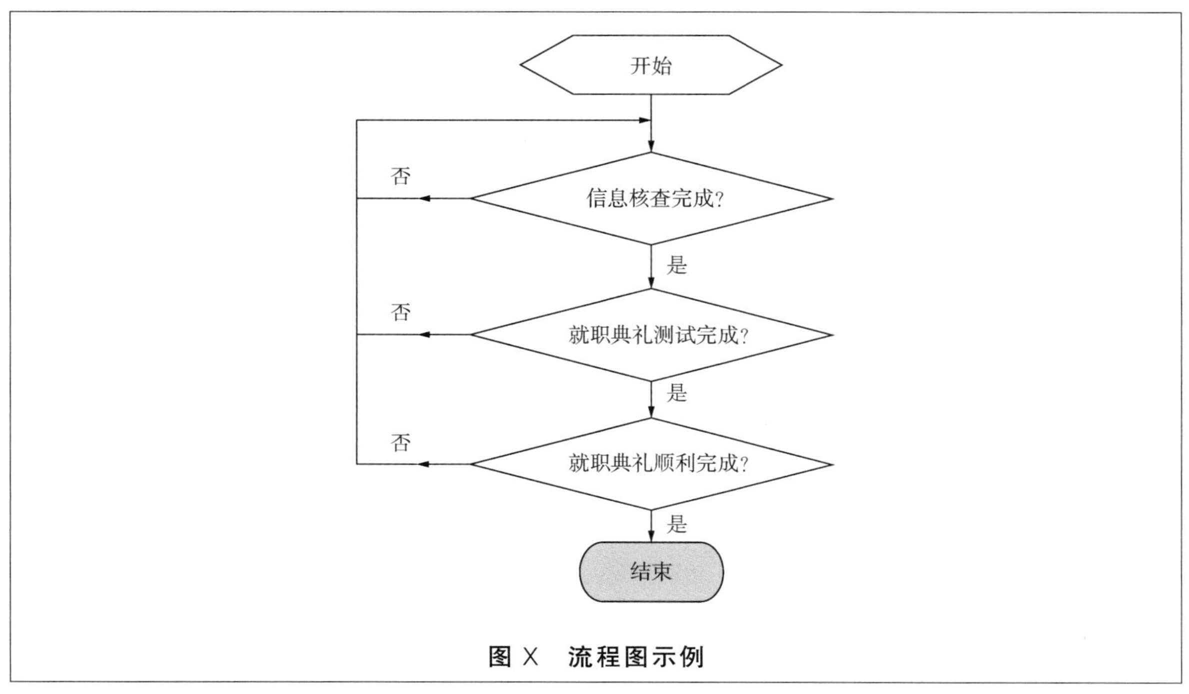


**图 X　流程图示例**

4. 图中的段、注和图脚注

当需要针对图提出要求、说明情况时,可以在图中以段的形式安排。图中的段应置于图题之上的图中的注之前。(见示例 6-54 注之前的文字)

图中的注应置于图题和图脚注(如果有)之上。图中的注的编写详见本章第二节“二”(二)中的“3”。

图脚注应置于图题之上并紧跟图中的注(如果有)。图脚注的编写详见本章第二节“二”(三)中的“2”。

前文示例 6-54 和示例 6-55 中给出了图中的注和图脚注的编写例子。

### (四) 分图

分图会使文件的编排和管理变得复杂,因此只要可能,宜避免使用。

1. 分图的设置

只有当图的表示或内容的理解特别需要时,才可使用分图;然而只准许对图作一个层次的细分。通常存在诸如以下情况需要设置分图:多幅图共用图题、标引序号说明、图中的注或图中的脚注,或者图中的段等内容。反之,如果每幅分图中都包含了各自的标引序号说明、图中的注、图中的脚注或图中的段,那么就不应将它们设为分图,而应调整为单独的图。

2. 分图的编号

分图应使用字母编号[后带半圆括号的小写拉丁字母,例如图 1 可包含分图 a)、b)等],不应使用其他形式的编号(例如 1.1、1.2、…,1-1、1-2、…,等)。

【示例 6-57】

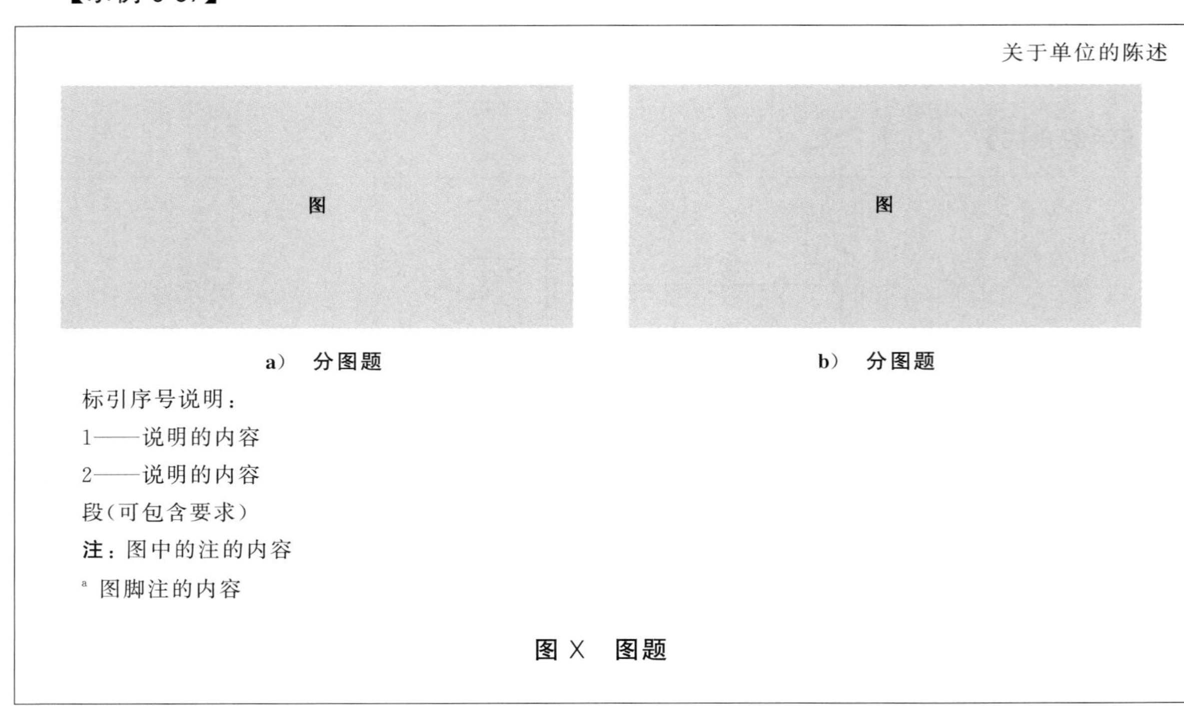


### (五) 常用图形绘制

文件中各类图形的绘制需要遵守相应的规则。以下列出了有关的国家标准化文件:

——机械工程制图：GB/T 1182、GB/T 4458.1、GB/T 4458.6、GB/T 14691(所有部分)、GB/T 17450、ISO 128-30、ISO 128-40、ISO 129(所有部分)；

——电路图和接线图：GB/T 5094(所有部分)、GB/T 6988.1、GB/T 16679；

——流程图：GB/T 1526。

## 二、表

前文讨论了文件中的图。以下讨论文件中的表。文件中什么情况下需要使用表，每张表起到什么作用，如何编写，这些问题同样是每一个文件起草者需要关注并且应该掌握的。

### (一) 表的用法

表也是条文的一种特殊表述形式，当用表呈现所要表达的内容比用文字表述得更简洁明了、易理解时，表这种特殊的表述形式也将是一个理想的选择。通常，在需要对大量数据或事件等进行对比、计算或显示时，使用表来表述，其优势显而易见。很显然，在这种情况下将文字的内容“表格化”能够提高文件的适用性。

通常表的表述形式越简单越好，创建几个表格比试图将太多内容整合成为一个表格更好。因此，不准许将表再细分为分表[例如，不再将“表 2”分为“表 2a)”和“表 2b)”]，也不准许表中套表或表中含有带表头的子表。

### (二) 表的指明

表是条文内容“表格化”的一种表述形式，它将本来用条文表述的内容改变为用表格表述，表格所在的位置基本上就是原来条文所在的位置，因此可以说表也是条文内容的一种“就地变形”，是用另一种更加适合的表述形式来表达条文的内容。文件中的表所起的作用是不同的，它可以表示不同的条款类型。在文件中将条文内容表格化之处，应在条文中指明该表格。表的指明包括两个方面：一是通过使用适当的能愿动词或句子语气类型(见本章第二节中的“一”)明确该表所起的作用；二是提及表编号。文件中的每幅表均应被指明，也就是说文件中不应存在没有被指明的表。如果文件中某张表没有被指明，则其存在的必要性将受到质疑，该表或者需要删除，或者需要被指明。

以下的示例，提及了表编号，并用能愿动词指明了表的条款类型。示例 6-58 表明表 7 为要求型条款；示例 6-59 表明表 2 为陈述型条款。

【示例 6-58】

“……的技术特性应符合表 7 给出的特性值。”

【示例 6-59】

“……的相关信息见表 2。”

表可以是规范性的，也可以是资料性的。凡是将规范性内容“表格化”形成的表是规范性的。例如，规范标准中呈现要求的特性、特性值和对应证实方法的表格；凡是将资料性内容“表格化”形成的图是资料性的，例如，资料性附录中给出的供参考的数据表格。

### (三) 表的编写

表的编写涉及表编号和表题、表的转页接排、表头以及表中的内容。

### 1. 表编号和表题

为了便于提及，需要对表进行编号，并给出表题。表编号和表题应置于表之上居中位置。

每个表均应有编号。表编号由“表”和从 1 开始的阿拉伯数字组成，例如“表 1”“表 2”等。只有一个表时，仍需给出编号“表 1”。表编号从引言开始一直连续到附录之前，并与章、条和图的编号无关。附录中的表编号见下文“四”(三)中的“3”。

每个表宜给出表题，表题也可理解为表的名称。文件中的表有无表题应一致。

表编号和表题见示例 6-60。

**【示例 6-60】**

**表 X　表题**

| ×××× | ×××× | ×××× | ×××× |
|---|---|---|---|
| | | | |

### 2. 表的转页接排

当某个表需要转页接排时，随后接排该表的各页上应重复表编号、后接表题(可选)和“(续)”或“(第 # 页/共 * 页)”，其中 # 为该表当前的页面序数，* 是该表所占页面的总数，均使用阿拉伯数字。使用“(续)”还是使用“(第 # 页/共 * 页)”，取决于表转页接排页数的多少。转页接排页数较少，建议使用“(续)”；转页接排页数较多，建议使用“(第 # 页/共 * 页)”。

示例 6-61 给出了表在转页接排时，接排的各页表编号及相关内容的各种选择。

**【示例 6-61】**

**表 X** (续)

**表 X　表题** (续)

**表 X**　(第 2 页/共 3 页)

**表 X　表题** (第 2 页/共 3 页)

如果在表的右上方有“关于单位的陈述”(见下文的“3”)，那么续表均应重复该陈述。

### 3. 表头

每个表应有表头。表头通常位于表的上方(见示例 6-62)，特殊情况下出于表述的需要，也可位于表的左侧边栏。

表中各栏/行使用的单位不完全相同时，宜将单位符号置于相应的表头中量的名称之下(见示例 6-62)。如果表中所有量的单位均相同，应在表的右上方用一句适当的关于单位的陈述(例如“单位为毫米”)代替各栏中的单位符号(见示例 6-63)。

**【示例 6-62】**

| 类型 | 线密度<br>kg/m | 内圆直径<br>mm | 外圆直径<br>mm |
|---|---|---|---|
| | | | |

【示例 6-63】

单位为毫米

| 类型 | 长度 | 内圆直径 | 外圆直径 |
| --- | --- | --- | --- |
| | | | |

适用时，表头中可用量和单位的符号表示（见示例 6-64）。需要时，可在指明表的条文中或在表中的注中对相应的符号予以解释。

【示例 6-64】

| 类型 | $\rho_1$/(kg/m) | $d$/mm | $D$/mm |
| --- | --- | --- | --- |
| | | | |

表头中不准许使用斜线（见示例 6-65 和示例 6-66）。

【示例 6-65】

**不正确的表头：**

| 类型<br>尺寸 | A | B | C |
| --- | --- | --- | --- |
| | | | |

**正确的表头：**

| 尺寸 | 类型 | | |
| --- | --- | --- | --- |
| | A | B | C |
| | | | |

【示例 6-66】

**不正确的表头：**

| 材料<br>心部硬度<br>壁厚 mm | 20 | 15Cr、20Cr | 20Mn2 |
| --- | --- | --- | --- |
| 2～10 | ≤HRC38 | HRC24～45 | HRC24～48 |
| ＞10～18 | — | HRC20～40 | |

**正确的表头：**

| 壁厚<br>mm | 材料 | | |
| --- | --- | --- | --- |
| | 20 | 15Cr、20Cr | 20Mn2 |
| 2～10 | ≤HRC38 | HRC24～45 | HRC24～48 |
| ＞10～18 | — | HRC20～40 | |

**4. 表中的段、注和表脚注**

当需要针对表规定要求、说明情况时，可以在表中以段的形式安排。表中的段应置于表中，并位于表注之前（见示例 6-67）。

表中的注应置于表内下方，表脚注（如果有）之上。表中的注的编写详见本章第二节“二”（二）中的“3”。

表脚注应置于表内的最下方，并紧跟表中的注（如果有）。表脚注的编写详见本章第二节“二”（三）中的“2”。

示例 6-67 给出了表的典型编排样式，包含了表编号和表题、关于单位的陈述、表头、表中的段、表中的注和表脚注等。

**【示例 6-67】**

**表 X　表题**

单位为毫米

| 类型 | 长度 | 内圆直径[a] | 外圆直径 |
|---|---|---|---|
| A | 230 | 100 | 125 |
| …… | …… | …… | …… |
| 段（可包含要求型条款）<br>**注 1**：表中的注的内容<br>**注 2**：表中的注的内容 | | | |
| [a] 表脚注的内容 | | | |

示例 6-68 给出了表中的注的编写实例；示例 6-69 给出了表脚注的编写实例。另外，这两个示例中，还给出了在条款中指明相应的表的实例。

**【示例 6-68】**

**7.2.2　安装位置的最低亮度**

在现场激发照明停止后的 10 min、60 min 和 90 min，最低亮度值应分别达到表 3 规定的要求。……

**表 3　安装要素的最低亮度要求**

| 消隐时间<br>min | 最低亮度<br>$mcd/m^2$ |
|---|---|
| 10 | ⩾30 |
| 60 | ⩾7 |
| 90 | ⩾5 |
| **注**：安装要素的亮度特性取决于磷光材料的固有性能、启用前的激发照明水平和类型。 | |

[选自 GB/T 23809.1—2020《应急导向系统　设置原则与要求　第 1 部分：建筑物内》，做了适当改动]

【示例 6-69】

7.15 耐化学试剂腐蚀性

试样应放置在试验板上，将其一半浸入表 9 所列的某种试剂，试剂的选取按照生产商和采购商之间的约定。……

表 9 试剂

| 代 码 | 试 剂 | 试验温度<br>℃(±2 ℃) | 浸没时间<br>h |
|---|---|---|---|
| W | 蒸馏水 | 65 和 95 | 8 |
| L | 去垢剂[a] | 23 | 8 |
| K | 通用清洗剂[a] | 23 | 8 |
| T | 变压器油 | 23 | 24 |
| B | 石油溶剂油(庚烷) | 23 | 1 |
| …… | …… | …… | …… |
| [a] 去垢剂溶液和通用清洗剂的成分为生产商和采购商约定的在市场上可以买到的浓缩液。 | | | |

[选自 GB/T 26443—2010《安全色和安全标志 安全标志的分类、性能和耐久性》，做了适当改动]

## 三、数学公式

在讨论了文件中的图、表之后，以下我们开始讨论文件中的数学公式。文件中什么情况下需要使用数学公式，以及数学公式如何编写，这些问题也是文件起草者需要掌握或了解的。

### (一) 数学公式的用法

数学公式是条文内容的又一种表述形式。当需要使用符号表示量之间关系时，或者当文件内容涉及数学运算时，使用数学公式表达既简单又方便。

### (二) 数学公式的编号

公式的编号是可选的。当需要指明、引用或提示时，为了方便应使用带圆括号从 1 开始的阿拉伯数字对数学公式编号。公式与编号之间用“……”连接。

【示例 6-70】

$$x^2+y^2<z^2 \quad \cdots\cdots\cdots\cdots\cdots\cdots\cdots\cdots (1)$$

数学公式编号应从引言开始一直连续到附录之前，并与章、条、图和表的编号无关。不准许将数学公式进一步细分，例如不应将“公式(2)”分为“公式(2a)”和“公式(2b)”等。

数学公式通常紧接着条文中相关内容编排，通常不需要在条文中特别指明。当需要指明时，应在文件中提及公式编号，如“见公式(3)”“按照公式(2)进行计算”等。

附录中的数学公式编号见下文“四”(三)中的“3”。

## （三）表示

数学公式应以正确的数学形式表示。

数学公式通常使用量关系式表示，也就是说在量关系式与数值关系式之间应首选前者。公式中的变量应由字母符号来代表。字母符号除非已经在“符号和缩略语”（见第四章第五节）中列出，否则应通过在数学公式后使用“式中：”引出对字母符号含义的解释。

【示例 6-71】

$$v=\frac{l}{t}$$

式中：

$v$ ——匀速运动质点的速度；

$l$ ——运行距离；

$t$ ——时间间隔。

特殊情况下，数学公式如果使用了数值关系式，应解释表示数值的符号，并给出单位（见示例 6-72）。

【示例 6-72】

$$v=3.6\times\frac{l}{t}$$

式中：

$v$ ——匀速运动质点的速度的数值，单位为千米每小时（km/h）；

$l$ ——运行距离的数值，单位为米（m）；

$t$ ——时间间隔的数值，单位为秒（s）。

一个文件中同一个符号不应既表示一个物理量，又表示其对应的数值。例如，在一个文件中既使用示例 6-71 的数学公式，又使用示例 6-72 的数学公式，就意味着 1=3.6，这显然不正确。

数学公式中不应使用单位的符号，只能用量的符号来表达，并且不应使用量的名称或描述量的术语表示（见示例 6-73 和示例 6-74）。

【示例 6-73】

| 正确： | 不正确： |
|---|---|
| $\rho=\frac{m}{V}$ | $密度=\frac{质量}{体积}$ |

【示例 6-74】

| 正确： | 不正确： |
|---|---|
| dim(*E*)=dim (*F*)×dim (*l*)<br>式中：<br>*E* ——能量；<br>*F* ——力；<br>*l* ——长度。 | dim(能量) = dim (力)×dim (长度)<br>或<br>dim(*能量*)=dim (*力*)×dim (*长度*) |

量的名称或多字母缩略术语，不论正体或斜体，亦不论是否含有下标，都不应该用来代替量的符号（见示例 6-75）。

**【示例 6-75】**

| 正确： | 不正确： |
|---|---|
| $$t_i=\sqrt{\frac{S_{\mathrm{ME},i}}{S_{\mathrm{MR},i}}}$$ | $$t_i=\sqrt{\frac{MSE_i}{MSR_i}}$$ |
| 式中： | 式中： |
| $t_i$ ——系统 $i$ 的统计量； | $t_i$ ——系统 $i$ 的统计量； |
| $S_{\mathrm{ME},i}$——系统 $i$ 的残差均方； | $MSE_i$——系统 $i$ 的残差均方； |
| $S_{\mathrm{MR},i}$——系统 $i$ 由于回归产生的均方。 | $MSR_i$——系统 $i$ 由于回归产生的均方。 |

在数学公式中宜避免使用多于一个层次的上标或下标符号，例如 $D_{1,\max}$ 优于 $D_{1_{\max}}$，并避免使用多于两行的表示形式（见示例 6-76）。

**【示例 6-76】**

| 在数学公式中，使用 | 而不使用 |
|---|---|
| $$\frac{\sin[(N+1)\varphi/2]\sin(N\varphi/2)}{\sin(\varphi/2)}=\cdots\cdots$$ | $$\frac{\sin\left[\frac{(N+1)}{2}\varphi\right]\sin\left(\frac{N}{2}\varphi\right)}{\sin\frac{\varphi}{2}}=\cdots\cdots$$ |

## 四、附录

附录与图、表、数学公式一样，也是条文表述的一种形式，只不过它不同于条文的“就地变形”，而是条文内容的一种“异地安置”的表述形式。以下将介绍，文件中在什么情况下需要使用附录这种表述形式，附录的性质以及附录的编写。

**请注意：**在 GB/T 1.1—2020 中，附录不再是文件的一种要素，而是作为要素的一种表述形式。由于要素需要具有自己独立的功能，然而每个附录的功能都是通过在前言、引言或正文中对其进行指明时赋予的，也就是说附录不是一个具有独立功能的要素，它是其他要素中的条款在附录的表述形式。

### （一）附录的用法

附录是用来承接和安置不便在文件正文、前言或引言中表述的内容，附录的内容源自正文、前言或引言，是对其内容的补充或附加。附录的设置一方面可以使文件的结构更加平衡；另一方面通过附录可以更好地设置条文的层次和展示条文的内容。

**1. 安排附加条款**

附加条款是文件中要用到的，但却不属于文件的主要技术内容的条款。这些技术内容往往在特殊情况下才会用到。

在起草文件时，经常遇到有些内容不是所起草文件的主要技术内容，而是一些附加的但又是需要涉及的内容，也就是说，这些内容是规范性的要素，但它却是附加的，不宜安排在正文中。这种情况下，为了表明这些内容的非主体性，可以考虑将这些内容移作规范性附录。

因此，只要表述的是文件正文的附加条款，无论内容的多寡，是否影响了文件结构的平衡，都需要设置一个规范性附录，将相关的内容移到附录中。

例如，GB/T 1.1—2020 中 9.13.2 关于“文件中与专利有关的事项的说明和表述”即属于附加条款。GB/T 1.1 主要规定如何起草标准化文件，而专利并不是起草标准化文件本身的事项，但如果标准化文件涉及专利，它们之间的关系又是必须处理清楚的，而处理标准化文件与专利关系的过程或结果，需要在文件形成过程中相应阶段的草案和正式文本中体现，需要规定在文件的“封面”“前言”和“引言”中如何反映涉及专利的情况。因此，GB/T 1.1 将这些附加条款作为规范性附录，即“附录 D　专利”。

**2. 合理安排文件的结构**

当文件中的某些要素或章条与其他要素或章条相比篇幅较大，影响了文件结构的整体平衡时，或者当文件中的图、表或信息很长，影响了使用者关注主要技术内容时，可考虑设置附录，将相关内容移到附录中，从而使得文件的结构趋于平衡。

(1) 将规范性内容作为正文的补充条款移作附录

补充条款是对文件正文中某些技术内容进一步补充或细化的条款。当文件中的某些规范性内容较多，影响了文件结构的平衡时，可以设置一个规范性附录，并采取以下两个方法之一调整文件的结构。

一是将篇幅较多的技术内容全部移到附录中。例如，在一个规范标准中，针对每个技术要求都需要描述相应的证实方法，其中某个方法非常复杂，导致要素“证实方法”与“技术要求”相比占据了大量篇幅，影响了文件结构的整体平衡，这种情况下通常可以将相应的证实方法全部移到附录中。又如，GB/T 1.1—2020，在其 8.12 中规定“如果涉及有关标准化项目标记的内容，应符合附录 B 规定”，实际上“附录 B 标准化项目标记”中的全部技术内容即是从 8.12 移植过来的。

二是在文件正文中仅保留主要技术内容，将其他补充或细化的内容移到附录中。例如，GB/T 1.1—2020 的“附录 C　条款类型的表述使用的能愿动词或句子语气类型”即属于这类附录。在“9.1 条款”中，规定了总的要求后，进一步规定“条款类型的表述应遵守附录 C 的规定，并使用附录 C 中各表左侧栏中规定的能愿动词或句子语气类型，只有在特殊情况下由于语言的原因不能使用左侧栏中给出的能愿动词时，才可使用对应的等效表述”。可见，这里的附录 C 起到了对文件中的条款进一步补充或细化的作用。

(2) 将资料性内容作为附加信息移作附录

当文件中的示例、信息说明或数据等过多，可以将其移出形成资料性附录。资料性附录通常可以给出有助于理解或使用文件的附加信息或情况说明，包括以下三方面的内容。

第一，正确使用文件的示例、说明等。如果文件中给出的示例所占篇幅过大，那么需要设置一个资料性附录，将相应的示例移到附录中。这时的附录起到给出正确使用文件示例的作用。GB/T 1.1—2020 的“附录 A　层次编号示例”即属于这类情况。

第二，对文件中某些条款进一步解释或说明的资料性信息。如果需要对文件中的条款进行较多解释或说明，由于需要占据较多的篇幅，不宜作为文件条文中的“注”。这时需要设置一个资料性附录，将相关内容移到附录中。这时的附录起到提供资料性信息的作用。在某些文件中，在提供了一些须遵守的原则的基础上，为了便于使用者了解和使用文件，需要提供较多的资料或信息，这些内容是资料性的，但又不宜作为"注"。这时也是要设置一个资料性附录，将它们移到附录中。

第三，给出与采用的国际标准化文件相比，详细技术性差异或文本结构变化等情况说明。在修改采用国际标准化文件形成我国标准化文件时（见第七章），如果在前言中需要说明的技术性差异或文本结构变化等内容较多，为了避免前言的篇幅过大，需要设置一个资料性附录，以便将相应的内容移到附录中。这时的附录起到说明与采用的国际标准化文件的详细差异情况的作用。

第四，给出已经识别出涉及专利的说明。如果在引言中需要给出有关专利的内容较多时，可以设置一个资料性附录，将其中的一些内容移作附录。

### （二）附录的规范性或资料性的作用

在前文（一）中多次提到"规范性附录"和"资料性附录"。附录是源自文件正文、前言或引言的，因此附录所起的规范性或资料性的作用也是源自正文、前言或引言。规范性附录给出正文的补充或附加条款；资料性附录给出有助于理解或使用文件的附加信息。

#### 1. 在文中指明附录并明确其作用

在将正文、前言或引言的内容移到附录之处，应通过使用适当的表述形式指明附录，同时提及该附录编号。

凡在文件中使用下列表述形式指明的附录属于规范性附录：

a） 任何文件中，要求型条款或指示型条款；

b） 指南标准中，推荐型条款；

c） 规范标准中，由"按"或"按照"指明的试验方法附录。

**【示例 6-77】**

——……应符合附录 B 的规定；（任何文件）

——……宜根据附录 A 中的……开展评价工作；（指南标准）

——……按附录 C 描述的试验方法……。（规范标准）

其他表述形式指明的附录都属于资料性附录。

**【示例 6-78】**

——……相关示例见附录 D；

——附录 F 给出了进一步的信息。

可见指明附录时，除了使用上述 a）～c）给出的表述形式，还要提及附录的编号。在编写文件的过程中，如果认为将某些内容移作附录更合适，那么就应当在原来要编写这些内容的位置用一句话指明相关附录。指明附录包含两层含义：一是指出原来的内容已经移到某个附录中去了；二是说明该附录所起的作用是规范性的还是资料性的。

如果文件中存在着没有在正文、前言或引言中指明的附录，那么说明：或者在应该指明附录的位置忘记了提及，或者附录本身就没有存在的必要。这种情况下，应加以检查、修正，根据情况，或者在正文、前言或引言的适当位置指明附录，或者删去无关的附录。

在指明附录的同时，应对附录的作用表明态度，即通过使用上述 a）～c）给出的表述形式明确附录是规范性的，还是资料性的。

在文中指明附录时，应提及整个附录，不应提及附录中的具体内容。由于任何一个附录都是将文中的某些内容移过来而形成的，在原来要编写这些内容的位置指明附录时就应该提及整个附录，如“文件中与专利有关的事项的说明和表述应遵守附录D的规定”“层次编号见附录A给出的示例”。

**请注意**：附录的作用并不是由附录自身决定的。如前文所述，在编写文件的某些内容时，如果认为将这些内容移作一个附录更合适，才需要设置附录，所以附录的作用应与它原本在文中所起的作用相一致。也就是说，原本在文中是规范性的内容，移作附录就应编写成规范性附录；原本在正文中是资料性的内容，移作附录就只能编写成资料性附录。

**2. 附录作用的标明**

除了在文中指明附录时需要明确附录的规范性或资料性的作用，还需要在以下位置标明附录的作用。

（1）在附录编号下标明

附录的作用应在每个附录的编号[见下文（三）中的“2”]下的圆括号中标明，如示例6-79所示。

**【示例6-79】**

**附　录　A**

**（资料性）**

**绩效指标——指南**

（2）在目次中标明

在目次中列出附录时，附录的作用应在附录编号后的圆括号中标明，如示例6-80所示。

**【示例6-80】**

**目　　次**

…………

9　委托方关系 ………………………………………… 7

附录A（资料性）　绩效指标——指南 ………………………… 8

附录B（资料性）　委托方/顾客联络中心的关系 ………………… 12

…………

### （三）附录的编写

具体编写附录时会涉及到如何编排附录的顺序，如何对附录进行标识以及附录内容的细分等内容。

**1. 附录的位置和顺序**

附录应位于正文之后，参考文献之前。附录的顺序取决于其被移作附录之前所处位置（前言、引言或正文中）的前后顺序。换个角度来说，附录的顺序也就是在前言、正文或引言中指明附录时所处位置在文件中的前后顺序。

这里需要注意，文件中的附录，不但在前言、引言或正文中指明时会提及，还会在正文中规范性或资料性"提示"时提及（见本章第四节中有关"提示"的内容）。这种在文件中提示涉及的附录不应作为编写附录顺序的依据。例如，在GB/T 1.1—2020中，附录D中的内容首先是在"8.3　前言"的e）中提及"D.2中规定了尚未识别出文件的内容涉及专利时，在前言中需要给出的相关内容"，其次又在"9.13.2　专利"中指明"文件中与专利有关的事项的说明和表述应遵守附录D的规定"。附录D与其他附录的编排顺序不是按照"提示"的位置（8.3），而是按照"指明"的位置（9.13.2）编排的；因此它排在了指明条款类型表述的位置（"9.1　条款"中指明"条款类型的表述应遵守附录C的规定……"）的后面。

由于附录的前后顺序只取决于在文件中被指明的先后顺序，与附录的规范性或资料性的作用无关；因此附录的顺序可能会将规范性附录和资料性附录前后穿插编排。附录的前后顺序由附录编号来表示（见下文中的"2"）。

**2. 附录的标识**

每一个附录的前三行是附录的标识，它提供了识别附录的信息。见示例6-79。

（1）附录编号

附录的第一行为附录的编号。每个附录均应有附录编号。附录编号由"附录"和随后表明顺序的大写拉丁字母组成，字母从A开始，例如"附录A""附录B""附录C"等。只有一个附录时，仍应给出附录编号"附录A"。

（2）附录的作用

附录编号之下，也就是附录的第二行应标明附录的作用，即"（规范性）"或"（资料性）"。

（3）附录标题

附录的第三行为附录标题。每个附录都应有标题，以标明附录规定或陈述的内容。

附录标题应与文中指明附录时的表述相一致。例如，文中表述为："基础国家标准见附录B"，如果附录B的标题设置为"标准文献"就不恰当，应将附录标题改为"基础国家标准"。

附录的标题应与附录的具体内容相一致。例如：附录标题为"基础国家标准"，但如果附录的内容不但包括了基础国家标准，还列出了有关行业标准、国际标准等，就是犯了"文不对题"的错误。

**3. 附录的细分**

（1）条、图、表和数学公式

附录可以分为条，条还可以进一步细分。每个附录中的条、图、表和数学公式的编号均应重新从1开始，应在阿拉伯数字编号之前加上表明附录顺序的大写拉丁字母，字母后跟下脚点。例如：

——附录A中的条用"A.1""A.1.1""A.1.2"……"A.2"……表示；

——附录B中的图用"图B.1""图B.2"……表示；

——附录C中的表用"表C.1""表C.2"……表示；

——附录D中的数学公式，如需编号，用"（D.1）""（D.2）"……表示。

附录只有一幅图或一个表也应对其编号，例如对于附录 B，这时编号应为“图 B.1”“表 B.1”；当该附录中只有一个公式时，如果需要编号，那么应编为“(B.1)”。

（2）不准许设置的内容

在附录中不准许设置“范围”“规范性引用文件”“术语和定义”等内容。因为附录不是文件的要素，它是要素的表述形式。所以正文中的必备要素不应再重复设置成附录的条。

**请注意**：GB/T 1.1—2020 不再将附录划分出的第一层次作为“章”，而是作为“条”。

## 第六节　其他规则

**※ 本节结构及内容导引 ※**

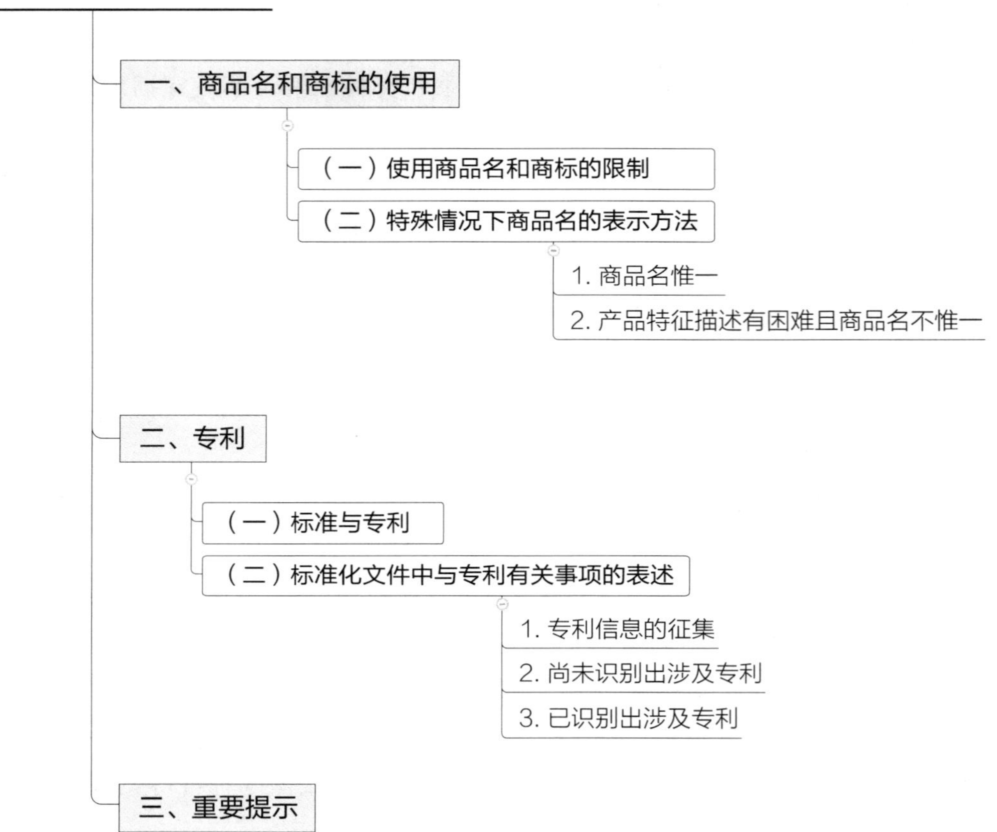


要素的表述还有一些重要方面，例如，标准化文件中涉及商品名、专利、重要提示等事项如何表达的问题，这些表达只有准确无误，并符合相应事项的处置规则，才能保证文件的应用顺畅。

### 一、商品名和商标的使用

商品名具有简短、上口、易记的特点，与商品特点有联系，容易发生联想，使用方便。商品名与企业注册的商标有联系，如果商品名注册了即成为商标，例如商品名“可口可乐”注册商标为“可口可乐”。商标权受法律保护。商品名是企业为了占领市场、推销自己的产品而起的专有名称。因此，不同企业生产的同类商品可能具有不同的商品名。

## （一）使用商品名和商标的限制

相对于产品的正确名称，商品名或商标更明确指向产品的生产者或服务的提供者。在文件中给出商品名或商标容易让文件使用者误认为标准机构对该商品的品质给予了认可。同时，由于文件的权威性和普及性还有可能给该商品提供广告效应，而文件的本意不希望造成给某些厂家做广告的嫌疑，这样会在不同的厂家间造成不公正。并且，商品名的出现是商品花样品种增加的结果，而如果在文件中使用五花八门的商品名，则会给文件使用者带来困惑。

基于上述考虑，为了科学正确地描述产品和促成相互理解，应使用统一公认的正确名称。正确名称的优点是具有惟一性，不同企业生产的同类商品将具有同一个正确名称。通常文件中不宜出现商品名或商标，应始终给出产品的正确名称或描述。即便某个商品名或商标已被广泛使用，也宜尽可能避免给出。例如，对于某涂层材料，用正确名称“聚四氟乙烯（PTFE）”，而不用商品名“特氟纶”或商标“特氟纶®”。

由于正确名称是按照一定规律确定的，因此形成的名称可能较长、拗口、难记，不易关联到商品的性能或用途，造成理解困难。此时，为了说明产品特性，便于文件使用者理解，把商品名或商标的提及作为辅助说明方式。

## （二）特殊情况下商品名的表示方法

在如下例外情况不可避免地提到商品名时，首先应指明其名称性质仅是商品名还是商标或注册商标，例如，对于注册商标，用符号“®”指明；对于未注册的商标或注册申请中的商标，用符号“™”指明，这个符号仅表明所注图案或文字虽当做商标使用，但不具有法律意义，不受有关商标的法律保护。

### 1. 商品名惟一

如果适用某文件的产品目前只有一种，而其正确名称又比较生疏，商品名却有一定的知名度，那么，为了清楚地陈述文件的条款，可以在文件文本中给出产品的商品名或商标，但应附上具有如下内容的脚注。

“X） ……[产品的商品名]……是由……[供应商]……提供的产品的商品名。给出这一信息是为了方便本文件的使用者，并不表示对该产品的认可。如果其他等效产品具有相同的效果，则可使用这些等效产品。”

一旦市场上出现了同类商品，商品名惟一的局面被打破，上述规则就不再适用。

### 2. 产品特征描述有困难且商品名不惟一

如果由于产品特性难以详细描述，而有必要给出市售产品的一个或多个实例，则在文件的条文中简单地描述产品的特征后，可在具有如下内容的脚注中给出这些商品名或商标。

“X） ……[产品（或多个产品）的商品名（或多个商品名）]……是适合的市售产品的实例（或多个实例）。给出这一信息是为了方便本文件的使用者，并不表示对这一（这些）产品的认可。”（见示例6-81）

【示例 6-81】

> **C.2 燃烧试验箱**
>
> 选用适合高温的材料。包括水制冷结构钢管和耐高温炉，以锆材料为基础。[市场上锆材料例如 Zicron[1)]]
>
> …………
>
> ---
>
> 1) Zicron 是适合的市售产品的实例。给出这一信息是为了方便本文件的使用者，并不表示对这一产品的认可。

[选自 GB/T 21204.1—2007《用于严酷环境的数字通信用对绞或星绞多芯对称电缆 第 1 部分：总规范》，做了适当改动]

在公平竞争的市场经济条件下，上述脚注是十分必要的，可以给文件使用者明确的信息，避免误导文件使用者。

## 二、专利

自 20 世纪末以来，标准化文件涉及知识产权，尤其是涉及专利的问题，逐渐引起国际国内的普遍关注。一方面，知识产业的快速发展使得专利持有人利用知识产权保护自身利益的意识日益增强；另一方面，由于在标准化文件的制定过程中不断吸纳新技术，难以避免新技术中涉及的专利。

### （一）标准与专利

标准化文件具有公共资源的属性，可公开获得。标准化文件发布机构的主要工作是按照规定的制定程序，选择文件中的技术要素，编写文件文本并发布文件。文件使用者虽然能够通过公开渠道获得文件，但是通常不能无偿使用专利，要根据专利持有人对专利的许可条件支付一定费用。专利属于个体权利。如果在制定标准化文件的过程中，不可避免地涉及被专利保护的技术，那么标准机构需要考虑和解决与文件使用者的利益相协调的问题，与专利持有人进行协商，只有得到了专利持有人在公平、合理、无歧视基础上的专利实施许可声明后，标准化文件才可以涉及专利，这种专利是“标准必要专利”。

由于上述原因，标准机构对于标准化文件涉及专利的问题持慎重的态度，只有符合下述条件才可以涉及专利：

——从技术角度考虑确实无法避免涉及专利，即涉及的是标准必要专利；

——专利持有人在自愿的基础上，向文件发布机构提交专利实施许可声明，同意可以免费使用其专利，或愿意同任何申请人在合理且无歧视的条款和条件下就专利授权许可进行协商。

符合上述条件时，经过了相应的程序，标准化文件才可以涉及专利。在这种情况下，标准机构对于专利的真实性、有效性和范围不持任何立场。

### （二）标准化文件中与专利有关事项的表述

在编写文件时，针对涉及专利的有关问题拟定了三段典型表述，分别用于文件草案、尚未识别出技术内容涉及专利的文件和已经识别出技术内容涉及专利的文件中。这三段典型表述分别写入文件的封面、前言和引言。

**1. 专利信息的征集**

为了提请参与文件编制的各相关方注意，并向相关方收集文件可能涉及的专利信息，在文件的工作组讨论稿、征求意见稿、送审稿，以及编制过程中已经识别出涉及专利的文件报批稿①的封面显著位置应给出以下内容：

"在提交反馈意见时，请将您知道的相关专利连同支持性文件一并附上。"

**2. 尚未识别出涉及专利**

经过文件制定的全过程，可能仍然存留没有识别出的涉及专利的内容，为了避免不该由标准机构承担的专利识别的责任，应给出免责声明，说明文件与其他文件(此处指与专利有关的文件)之间的关系。按照前言和引言的分工，说明文件与其他文件之间关系的内容，应该放在文件的"前言"中：

"请注意本文件的某些内容可能涉及专利。本文件的发布机构不承担识别专利的责任。"

**3. 已识别出涉及专利**

如果在文件编制过程中已经识别出文件中的某些内容涉及专利，并且专利持有人已经提交必要专利许可声明，同意在公平、合理、无歧视基础上许可任何组织或者个人在实施该文件时实施专利，那么根据文件内容涉及专利的情况在文件的引言中应说明以下相关内容：

"本文件的发布机构提请注意，声明符合本文件时，可能涉及……[条]……与……[内容]……相关的专利的使用。

本文件的发布机构对于该专利的真实性、有效性和范围无任何立场。

该专利持有人已向本文件的发布机构承诺，他愿意同任何申请人在合理且无歧视的条款或条件下，就专利授权许可进行谈判。该专利持有人的声明已在本文件的发布机构备案。相关信息可以通过以下联系方式获得：

专利持有人姓名：……

地址：……

请注意除上述专利外，本文件的某些内容仍可能涉及专利。本文件的发布机构不承担识别专利的责任。"

## 三、重要提示

在涉及人身安全或健康情况下，对于风险比较高的事项，例如，产品生产、运输、仓储、废弃或提供服务的过程中存在的风险，如果需要给文件使用者一个涉及整个文件内容的提示，以便引起注意，那么在正文首页文件名称与"范围"之间，以"重要提示："开头，或者按照风险程度以"危险：""警告："或"注意："开头，陈述提示事项。为了醒目，字体用黑体，见示例 6-82 和示例 6-83。

---

① 按照国家标准化管理委员会、国家知识产权局关于发布《国家标准涉及专利的管理规定(暂行)》的公告(2013-12-19)第八条的规定，涉及专利的国家标准批准发布前，需要进行公示。

【示例 6-82】

> **重要提示：本文件电子文件中所呈现的颜色不能当作实际颜色在屏幕上观看或用于印刷。虽然本文件中颜色的使用符合要求（根据目测检验在容许偏差内），但印刷版本不能用于颜色的匹配。有关颜色匹配的要求，请查阅 GB/T 2893.4，该部分在给出色度属性和光度属性的同时给出了引自色序系统的颜色参考值。**

[选自 GB/T 2893.2—2020《图形符号　安全色和安全标志　第 2 部分：产品安全标签的设计原则》，做了适当修改]

【示例 6-83】

> **警告：使用本文件的人员具备实验室工作经验十分重要。本文件并未指出所有可能的安全问题。使用者有责任采取适当的安全和健康措施，并保证符合国家有关法规规定的条件。**

# 第七章

# 以ISO和/或IEC标准化文件为基础起草标准化文件的规则

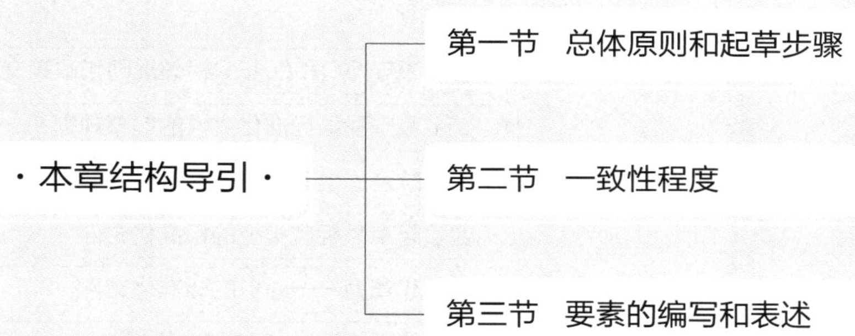


本书第一章第三节指出了起草标准化文件的两种方法：一是自主研制起草；二是以ISO和/或IEC标准化文件为基础起草。前面各章已经详细阐述了使用自主研制的方法如何起草标准化文件，本章将重点介绍以ISO和/或IEC标准化文件为基础如何起草国家标准化文件。

ISO/IEC指南21-1:2005《区域标准或国家标准采用ISO和/或IEC标准和其他标准化文件　第1部分：采用ISO和/或IEC标准》和ISO/IEC指南21-2:2005《区域标准或国家标准采用ISO和/或IEC标准和其他标准化文件　第2部分：采用ISO和/或IEC标准以外其他标准化文件》是各成员国以ISO和/或IEC标准化文件为基础起草国家标准化文件的指南。我国是ISO、IEC的成员国，对于我国来说，只有国家层次的标准化文件可以采用ISO和/或IEC标准化文件，这样才符合ISO、IEC的相关规定和版权政策。

在采用ISO和/或IEC标准化文件的工作中，与ISO/IEC指南21相协调，能够促进我国采用的标准化文件得到国际承认和各国的相互认可，从而促进我国对外贸易和国际交流。

GB/T 1.2—2020《标准化工作导则　第2部分：以ISO/IEC标准化文件为基础起草标准化文件的规则》以ISO/IEC指南21为基础起草，遵守了ISO/IEC指南21的原则和精神。在起草以ISO和/或IEC标准化文件为基础的国家标准化文件时，需要遵守GB/T 1.2的规定，以促进采用ISO和/或IEC标准化文件的规范化和应用效率。

本章将首先阐述以ISO和/或IEC标准化文件为基础起草国家标准化文件的总体原则和起草步骤；其次从一致性程度类别、一致性程度标识以及双编号的组成和使用等方面，深入探讨国家标准化文件与ISO和/或IEC标准化文件的一致性程度内涵和外延；最后详细阐述国家标准化文件相关要素的编写和表述规则。

## 第一节　总体原则和起草步骤

起草以 ISO 和/或 IEC 标准化文件为基础的国家标准化文件时，需要在考虑并满足总体原则和要求的前提下，遵循一定的起草步骤，以保证起草过程的规范性和有效性。本节首先讨论 ISO 和/或 IEC 其他类型标准化文件概念的内涵；其次阐明了以 ISO 和/或 IEC 标准化文件为基础起草国家标准化文件的总体原则和要求；最后阐述了起草的具体步骤，分析了每个步骤中需要遵守的行为指示。

### 一、ISO 和/或 IEC 其他类型标准化文件

ISO 和 IEC 制定发布的标准化文件包括 ISO 和/或 IEC 标准[①]和其他类型标准化文件，其

① ISO/IEC 指南 21-1：2005 界定了英文首字母小写的国际标准（international standard）和英文首字母大写的国际标准（International Standard）的定义。英文首字母小写的国际标准指“由国际标准化组织或国际标准组织通过并公开发布的标准”，属于广义上的国际标准；英文首字母大写的国际标准指“由国际标准化组织（ISO）和国际电工委员会（IEC）通过并公开发布的标准”，专指 ISO 和 IEC 标准。

他类型标准化文件主要有技术规范(TS)、可公开提供规范(PAS)、技术报告(TR)、指南(Guide)和国际研讨会协议(IWA)等。ISO 和/或 IEC 标准与其他类型标准化文件的主要区别在于是否完全履行了标准制定程序并且达到标准所需的协商一致程度。

TS 是现阶段由于标准化对象涉及的技术内容仍处在发展阶段或未达成形成标准所需要的协商一致等原因,在委员会阶段通过的未来有可能形成标准的标准化文件。制定 TS 的原因还包括尚不能立即获得批准成为 ISO 和/或 IEC 标准所需要的支持或者其他原因。对于 TS 的制定程序来说,标准化技术委员会通常在提案阶段提出 TS 新工作项目提案,不过实践中也存在提案阶段提出制定标准的新工作项目提案,而在委员会阶段再决定作为 TS 发布的情况;委员会阶段通过条件为标准化技术委员会三分之二以上的参与成员(Participating Member)投赞成票。需要注意的是,TS 的最长有效期限为六年,六年后,TS 经过复审可以确定为国际标准或者撤销。

PAS 是为了满足市场急需,在 ISO 或 IEC 以外的组织或工作组内专家达成协商一致的,在起草阶段通过的,未来有可能形成技术规范或标准的标准化文件。对于 PAS 的制定程序来说,提案阶段提出 PAS 新工作项目提案的主体有 A 联络组织、C 联络组织①或者标准化技术委员会的参与成员;起草阶段的通过条件为标准化技术委员会的参与成员简单多数投赞成票。需要注意的是,PAS 的最长有效期为六年,六年后,PAS 经过复审可以确定为技术规范、标准或者撤销。

TR 是包含不同于技术规范或标准的资料,在委员会阶段通过的,未来不会形成技术规范或标准的标准化文件。这些资料可能包括实践中获得的数据、工作数据或标准中特定标准化对象最新技术水平的数据。TR 在委员会阶段的通过条件为标准化技术委员会的参与成员简单多数投赞成票。

Guide 是由 ISO 或 IEC 中由标准化技术委员会或分委会之外的机构制定的,为国际标准化活动提供规则、指导或建议的标准化文件,用于处理所有 ISO 和 IEC 标准用户关注的问题。需要注意的是,由 ISO 发布的 Guide,未来有可能转化为标准。

IWA 是为了满足市场急需,通过 ISO 研讨会机制而不是经标准制定程序形成的标准化文件。ISO 技术管理局批准任何方面提出举办研讨会的提案,并指定一个 ISO 成员协助提案人,IWA 最终经研讨会成员协商一致通过。需要注意的是,IWA 的最长有效期为六年,六年后,IWA 经过复审可以确定为其他类型的标准化文件或者撤销。

## 二、总体原则和要求

在介绍"总体原则和要求"前,需要首先厘清"以 ISO 和/或 IEC 标准化文件为基础起草"和"采用"的关系,避免理解上产生混淆。"以 ISO 和/或 IEC 标准化文件为基础起草"是指基于 ISO 和/或 IEC 标准化文件起草国家标准化文件,国家标准化文件与对应 ISO 和/或 IEC 标准化文件可能只存在最小限度的编辑性改动,也可能存在结构调整或技术差异[见本章第二节

① 根据"ISO/IEC 导则,第 1 部分,2019,《合并补充的 ISO 特定程序》",A 联络组织和 C 联络组织是 ISO 或 IEC 以外的组织,按照 ISO 或 IEC 的相关规定,享有一定的权利和义务。A 联络组织主要为标准化技术委员会的工作提供有效贡献,没有投票权,但是可以发表意见建议;C 联络组织主要为工作组起草标准时提供技术贡献,受标准化技术委员会的邀请,相关技术专家可以参与技术委员会的会议。

"一"中的(一)和(二)],甚至可能存在国家标准化文件只保留数量上较少或重要性上较小的 ISO 和/或 IEC 标准化文件条款的情况。"采用"是指"以对应 ISO 和/或 IEC 标准化文件为基础编制,并说明和标示了两者之间变化的国家标准化文件的发布"①。这就意味着:第一,"采用"需要以对应 ISO 和/或 IEC 标准化文件为基础;第二,"采用"可以是国家标准化文件与对应 ISO 和/或 IEC 标准化文件在文本结构和技术内容上相同,也可以予以改变而造成结构调整或技术差异,但是需要清楚地说明这些结构调整或者清楚地说明这些差异及其产生的原因;第三,"采用"需要经过我国国家标准化文件制定程序直至最终发布。

**请注意**:如果在国家标准化文件中没有说明结构调整,或者没有说明与 ISO 和/或 IEC 标准化文件的技术差异,又或者国家标准化文件与 ISO 和/或 IEC 标准化文件的差异太大、只保留了数量上较少或重要性上较小的条款,那么这些情况便不属于"采用"了,只是"以 ISO 和/或 IEC 标准化文件为基础起草"而已。

为了保证国家标准化文件的合规性和适用性,以 ISO 和/或 IEC 标准化文件为基础起草国家标准化文件时,需要遵守 ISO 和 IEC 关于版权和专利等方面的规定,符合采用 ISO 和/或 IEC 标准化文件的原则和要求,结合我国国情并遵守我国标准化文件的起草规则。因此,在起草以 ISO 和/或 IEC 标准化文件为基础的国家标准化文件时,通常需要遵循以下六个方面的总体原则和要求。

### (一)遵守 ISO 和/或 IEC 相关规则和政策文件

以 ISO 和/或 IEC 标准化文件为基础起草国家标准化文件时,需要遵守 ISO 和/或 IEC 标准化文件的规则和政策文件中有关其出版物的版权、版权使用权、销售和专利等方面的规定。

关于标准化文件的版权保护和销售问题,ISO 和 IEC 已经制定并公布了相关政策②。

ISO 对于成员国采用其标准化文件的版权政策是:只有使用再版法③和签署认可法④采用其标准化文件制定的国家标准化文件,涉及版权问题,需要按照规定进行版权保护、版权声明等。国家标准化文件的版权声明可以替代 ISO 的版权声明,但是国家标准化文件版权声明中最好提及该国家标准化文件采用的是 ISO 标准化文件。对于使用再版法采用 ISO 标准化文件的国家标准化文件,销售时无须向 ISO 支付版税;使用签署认可法采用 ISO 标准化文件的国家标准化文件,销售时需要按照规定向 ISO 支付版税,或者与 ISO 中央秘书处协商签署相关许可协议。此外,ISO 还规定,未经 ISO 理事会明确授权,不得向终端用户免费提供采用 ISO 标准化文件的国家标准化文件及其某些内容。

IEC 对于成员国采用其标准化文件的版权政策是:等同或修改采用的国家标准化文件中包含的 IEC 出版物的版权归 IEC 所有,需要进行相应的版权保护,并且国家标准化文件中应包

---

① GB/T 1.2—2020《标准化工作导则 第 2 部分:以 ISO 和/或 IEC 标准化文件为基础起草标准化文件的规则》,定义 3.2。

② 1993 年,ISO 和 IEC 共同制定并发布了 ISO/IEC POCOSA《ISO/IEC 共同版权、文本使用权和销售政策》。其后 ISO 对其进行了多次独立修订,2017 年 ISO 发布了最新版权保护政策——ISO POCOSA《ISO 出版物发行、销售、复制及 ISO 版权保护政策》;IEC 也对其进行了多次独立修订,2016 年 IEC 发布了最新的版权保护和销售政策《IEC 销售政策》。

③ 再版法包括重新印刷法、翻译法和重新起草法,使用再版法时,区域或国家标准化文件与对应 ISO 和/或 IEC 标准化文件的一致性程度标识应标示在封面页和其他必需的页面上。

④ 签署认可法指通过发布认可公告声明 ISO 和/或 IEC 标准化文件与区域或国家标准化文件具有同等地位。只有区域或国家标准化文件与 ISO 和/或 IEC 标准化文件完全相同,没有任何改变时,才可以使用签署认可法。

括 IEC 的版权声明;对于采用 IEC 标准化文件的国家标准化文件的销售,国家成员需每季度向 IEC 中央办公室提交销售情况的详细报告。此外,IEC 还规定,要极力阻止成员国免费提供采用 IEC 标准化文件的国家标准化文件。

由此可见,我国作为 ISO 和 IEC 的成员国,采用 ISO 和/或 IEC 标准化文件时需要进行版权保护,并按照规定进行版权声明,但是销售时无须支付版税。如果我国想要采用除 ISO 和 IEC 以外的其他国际组织发布的标准化文件,需要在获得相应国际组织的版权使用权授予,并且在遵守其采用政策后,再采用其标准化文件,以预防版权纠纷。

关于标准化文件中涉及专利问题,ISO 和 IEC 已经制定并公布了《ITU-T/ITU-R/ISO/IEC 共同专利政策实施指南》。ISO 和 IEC 对于成员国采用 ISO 和/或 IEC 标准化文件的专利政策是:"ISO 和/或 IEC 标准化文件的专利许可声明仅适用于声明表格中所示的 ISO 和/或 IEC 标准化文件,不适用于更改后的标准化文件(例如通过国家或区域采用的方式),但是,等同采用的国家标准化文件的实施,可依赖 ISO 和 IEC 提交的相关标准化文件的专利许可声明"①。由此可见,只有等同采用 ISO 和/或 IEC 标准化文件时,该 ISO 和/或 IEC 标准化文件中所涉及专利的实施许可声明可以适用于国家标准化文件。修改采用或者国家标准化文件与 ISO 和/或 IEC 标准化文件的一致性程度为非等效时,需要按照 GB/T 20003.1《标准制定的特殊程序　第 1 部分:涉及专利的标准》的有关规定处置标准中涉及的专利问题。

### (二) 遵守我国标准化文件的起草规则

以 ISO 和/或 IEC 标准化文件为基础起草国家标准化文件时,需要遵守 GB/T 1.2 中涉及的总体原则和要求、起草步骤以及相关要素和附录的编写规则。GB/T 1.2 未作具体规定的,需要遵守 GB/T 1.1 的有关规定,以保证我国标准化文件的文本结构、表述形式和编排格式等方面的规范性和一致性。

此外,由于 GB/T 1.1—2020《标准化工作导则　第 1 部分:标准化文件的结构和起草规则》参考"ISO/IEC 导则,第 2 部分,2018,《ISO 和 IEC 文件的结构和起草的原则与规则》"起草,两者在标准化文件的结构、起草规则和表述形式等方面整体上是一致的,因此按照 GB/T 1.1 起草的国家标准化文件,与按照"ISO/IEC 导则,第 2 部分"起草的 ISO 和/或 IEC 标准化文件是协调的,不会产生理解上的困难和障碍。

### (三) 结合国情等同或修改采用

以 ISO 和/或 IEC 标准化文件为基础起草国家标准化文件时,需要研究分析我国国情,在结合我国国情的基础之上,尽可能使得国家标准化文件与 ISO 和/或 IEC 标准化文件一致性程度为"等同"[见本章第二节"一"中的(一)],以促进国际贸易和交流。

我国国情主要涉及三个方面的主要内容。

第一,健康、安全和环境问题。如果 ISO 和/或 IEC 标准化文件涉及维护国家安全、保护人类健康或安全、保护动植物的生命和健康、保护环境、防止欺诈行为等技术内容,需要注意我国

① 引自"ISO/IEC 导则,第 1 部分,2019,《合并补充的 ISO 专用程序》",规范性附录 I。

法律法规或者强制性标准是否已有具体规定。已有具体规定的，国家标准化文件中没有必要再对其进行规定，相关方遵守相应规定即可；没有具体规定的，需要研究分析 ISO 和/或 IEC 标准化文件相关技术内容是否满足我国在这些方面的要求。

第二，基本的气候、地理等自然条件。尽管 ISO 和/或 IEC 标准化文件的制定会考虑各国共同需要和全球适用性，但是由于各国的自然条件千差万别，针对具体地域仍有可能考虑不充分。因此，如果 ISO 和/或 IEC 标准化文件涉及的技术内容受到气候、地理等自然条件的影响，需要充分考虑我国的实际情况。

第三，基本的技术条件。尽管 ISO 和/或 IEC 标准化文件的制定会考虑全球范围内的技术水平，但是它并不代表某一个国家具体的技术水平，对一个国家来说不一定完全适用，这就意味着以 ISO 和/或 IEC 标准化文件为基础起草国家标准化文件时，一个国家的技术条件是影响一致性程度的重要因素。因此，为了避免技术指标过高或过低导致的不适用性，需要充分考虑我国的技术条件。

一致性程度为“等同”，意味着符合国家标准化文件即符合 ISO 和/或 IEC 标准化文件，这是国际贸易和交流的基本条件之一。在采用同一项 ISO 和/或 IEC 标准化文件时，即使不同国家标准机构各自仅做了一些很小的改变，这些改变也可能会叠加在一起导致相互之间产生很大的变化，从而使得不同国家标准化文件相互不被接受，这表明了等同采用 ISO 和/或 IEC 标准化文件的重要性。尤其是对于 ISO 和/或 IEC 标准化文件中的基础标准宜等同采用，因为这些标准（包括术语标准、符号标准、分类标准和试验标准等）可以为人类的交流提供概念体系或者为人类的试验活动提供方法，只有世界各国在这些方面达成共识，在其他方面才能达成相互理解和认可。

如果出于对我国国情的研究分析，例如保障健康、安全，保护环境，基本的气候、地理或技术原因等，不能使得一致性程度为“等同”，也宜尽量将变化控制在合理的、必要的并且是最小的范围之内，并清楚地标示这些变化和说明产生这些变化的原因，即尽可能使得一致性程度为“修改”。需要注意不应以夸大的无科学依据的基本自然和技术问题拒绝先进的、科学合理的 ISO 和/或 IEC 标准化文件。

### （四）起草为相应类型的标准化文件

ISO 和/或 IEC 标准化文件包括 ISO 和/或 IEC 标准和其他类型标准化文件（见本章第一节的“一”）。我国的标准化文件包括标准和标准化指导性技术文件，国家层次的标准化文件称为国家标准和国家标准化指导性技术文件。国家标准化指导性技术文件针对的是技术尚在发展中，或者采用 ISO、IEC 以及其他国际组织技术报告的情况。需要注意的是，该处的技术报告在 1999 年中期以后，由 ISO 和 IEC 调整为现在的 TS 和 TR。

以 ISO 和/或 IEC 标准化文件为基础起草国家标准化文件时，宜起草为相应类型的标准化文件。因为不同类型的标准化文件，履行不同的制定程序，满足不同的协商一致条件，具有不同的内容和作用。因此，ISO 和/或 IEC 标准最好起草为国家标准，ISO 和/或 IEC 其他类型标准化文件最好起草为国家标准化指导性技术文件。然而，由于 TS、PAS 和 Guide 涉及的内容包含规范性内容，并且未来有可能形成 ISO 和/或 IEC 标准，可以根据我国实际需求进行判断，认为确有必要的，再起草为国家标准。由于 TR 涉及的内容是资料性的，IWA 虽然可能包含规范性内容，但其制定过程并未遵守标准制定程序而是按照协议议定的特定程序形成并发布的，因此 TR 和 IWA 不准许起草为我国的国家标准，只能起草为国家标准化指导性技术文件。

### （五）起草为一一对应的标准化文件

以 ISO 和/或 IEC 标准化文件为基础起草国家标准化文件时，为了与 ISO 和/或 IEC 标准化文件体系协调衔接、促进相互理解和交流，最好起草为一一对应的国家标准化文件，主要包括以下三个方面的内容：

——一项 ISO 和/或 IEC 标准化文件最好对应一项国家标准化文件，不宜对应多项国家标准化文件，避免随意拆分 ISO 和/或 IEC 标准化文件，破坏了文件的完整性，造成使用不便等情况；

——多项 ISO 和/或 IEC 标准化文件不宜对应一项国家标准化文件，避免导致 ISO 和/或 IEC 标准化文件的辨识度降低，或者国家标准化文件篇幅过长、编制目的过多等情况；

——对于分部分的 ISO 和/或 IEC 标准化文件，起草时需要综合考虑 ISO 和/或 IEC 标准化文件所分部分的原因和涉及的技术内容，尽量以分部分的形式编制，并且所分部分与对应 ISO 和/或 IEC 标准化文件所分部分一致，不宜编制为一项未细分为部分的整体国家标准化文件；

——然而，如果出于促进与我国标准化文件体系协调衔接或者便于使用者应用等原因，无法遵守上述原则时，最好清楚地说明原因，并且明确指出该国家标准化文件与 ISO 和/或 IEC 标准化文件之间的对应关系。

### （六）纳入修正案和/或技术勘误

ISO 和 IEC 的修正案（Amendments）是用来增加、更改或删除现有 ISO 和/或 IEC 标准中原已达成一致的技术条款①，IEC 的技术勘误（Technical Corrigendum）是为了纠正标准、技术规范、可公开提供规范或技术报告在起草或印刷中由于疏忽引起的技术错误或歧义。可见，不管修正案还是技术勘误，涉及的都是 ISO 和/或 IEC 标准化文件的技术内容，是 ISO 和/或 IEC 标准化文件的一部分，对于标准化文件的应用是必不可少的。

采用 ISO 和/或 IEC 标准化文件时，需要将已发布的 ISO 和/或 IEC 标准化文件全部修正案和/或技术勘误纳入国家标准化文件内，以保证对应 ISO 和/或 IEC 标准化文件的完整性。采用 ISO 和/或 IEC 标准化文件后，对于新发布的 ISO 和/或 IEC 标准化文件修正案和/或技术勘误也最好尽快纳入国家标准化文件内。需要时，可以使用国家标准化文件制定的快速程序，或者使用修改单的方式予以修订。

**请注意**：纳入修正案和/或技术勘误时，并不意味着不加改变地全部接受，而是同样需要结合我国国情[见前文中的（四）]，判断该修正案和/或技术勘误是否需要改变。

---

① 参见“ISO/IEC 导则，第 1 部分，2019，《合并补充的 ISO 专用程序》”中 2.10.3。

### （七）遵守条款中助动词的翻译规定

ISO/IEC标准化文件条款中的助动词翻译为国家标准化文件的能愿动词时①，应符合相应的规定。因为不同的助动词表述的条款类型不同（见第六章第二节中的“一”），助动词翻译不准确，就可能造成条款类型不明确，甚至导致条款类型的错误。

表7-1至表7-4给出了ISO/IEC标准化文件条款中助动词及其等效表述的翻译。

翻译表示要求的助动词使用表7-1给出的用词。

**表7-1　ISO、IEC表示“要求”的用词对应我国的用词**

| ISO和/或IEC标准化文件的助动词 | 国家标准化文件对应的能愿动词 | ISO和/或IEC标准化文件在特殊情况下使用的等效表述 | 国家标准化文件在特殊情况下使用的等效表述 |
| --- | --- | --- | --- |
| shall | 应 | is to<br>is required to<br>it is required that<br>has to<br>only … is permitted<br>it is necessary | 应该<br>只准许 |
| shall not | 不应 | is not allowed [permitted]<br>[acceptable] [permissible]<br>is required to be not<br>is required that … be not<br>is not to be<br>do not | 不应该<br>不准许 |

翻译表示推荐的助动词使用表7-2给出的用词。

**表7-2　ISO、IEC表示“推荐”的用词对应我国的用词**

| ISO和/或IEC标准化文件的助动词 | 国家标准化文件对应的能愿动词 | ISO和/或IEC标准化文件在特殊情况下使用的等效表述 | 国家标准化文件在特殊情况下使用的等效表述 |
| --- | --- | --- | --- |
| should | 宜 | it is recommended that<br>ought to | 推荐<br>建议 |
| should not | 不宜 | it is not recommended that<br>ought not to | 不推荐<br>不建议 |

翻译表示允许的助动词使用表7-3给出的用词。

**表7-3　ISO、IEC表示“允许”的用词对应我国的用词**

| ISO和/或IEC标准化文件的助动词 | 国家标准化文件对应的能愿动词 | ISO和/或IEC标准化文件在特殊情况下使用的等效表述 | 国家标准化文件在特殊情况下使用的等效表述 |
| --- | --- | --- | --- |
| may | 可 | is permitted<br>is allowed<br>is permissible | 可以<br>允许 |
| may not | 不必 | it is not required that<br>no … is required | 可以不<br>无须 |

① ISO和/或IEC标准化文件中的“助动词”翻译成中文后，按照中文习惯被称为“能愿动词”。

翻译表示能力或可能性的助动词使用表 7-4 给出的用词。当助动词或其等效表述表示需要去做或完成指定事项的才能、适应性或特性等能力时，翻译为“能/不能”“能够/不能够”；当助动词或其等效表述表示预期的或可想到的物质、生理或因果关系导致的可能结果时，翻译为“可能/不可能”“有可能/没有可能”。

**表 7-4　ISO、IEC 表示“能够和可能”的用词对应我国的用词**

| ISO 和/或 IEC 标准化文件的助动词 | 国家标准化文件对应的能愿动词 | ISO 和/或 IEC 标准化文件在特殊情况下使用的等效表述 | 国家标准化文件在特殊情况下使用的等效表述 |
|---|---|---|---|
| can | 能<br>可能 | be able to<br>there is a possibility of<br>it is possible to | 能够<br>有可能 |
| cannot | 不能<br>不可能 | be unable to<br>there is no possibility of<br>it is not possible to | 不能够<br>没有可能 |

## 三、起草步骤

以 ISO 和/或 IEC 标准化文件为基础起草国家标准化文件时，需要在研究 ISO 和/或 IEC 标准化文件的基础上，评估技术内容对我国的适用性，作出技术内容是否改变的判断并进行相应的改变，然后尽量列出结构调整、技术差异对照表，并说明产生技术差异的原因，进而才能判定一致性程度。具体起草遵守以下五个步骤。

### （一）翻译形成准确的译文

准确的译文是理解和研究 ISO 和/或 IEC 标准化文件的基础。因此，起草以 ISO 和/或 IEC 标准化文件为基础的国家标准化文件时，首先需要进行翻译，翻译时应忠实于 ISO 和/或 IEC 标准化文件的内容，以形成准确的译文。

### （二）研究并评估技术内容的适用性

形成 ISO 和/或 IEC 标准化文件的准确译文后，首先需要对其进行仔细研究，包括正文和附录中的所有内容。需要注意的是，ISO 和/或 IEC 标准化文件涉及的所有规范性引用文件的内容，构成了 ISO 和/或 IEC 标准化文件必不可少的条款，也需要认真研究。考虑到前言和引言的内容可能包含技术内容的变化、编制原因或一些特殊信息等，因此可以视情况进行研究。

然后，评估技术内容（包括规范性引用文件中被引用的内容）对我国的适用性，包括涉及的保障健康、安全，保护环境，以及基本的气候、地理或技术原因等方面[见本章第一节“二”中的（三）]，并且判断技术内容是否需要改变。如果需要改变，还需要明晰改变的程度。另外，如果我国法律法规或强制性标准已有具体规定的，不必在国家标准化文件中再次予以规定，相关方遵守相应的法律法规或强制性标准即可，这也意味着需要作出删除相应技术内容的判断。

### （三）改变相应的内容

在评估 ISO 和/或 IEC 标准化文件的技术内容对我国的适用性后，如果作出判断需要改变相应的内容,就要着手对文件的正文及相应的附录进行改变。

首先,对国家标准化文件的技术内容进行改变。可能需要更改条款表述所用的能愿动词以改变条款类型,或更改条款中的特性和/或特性值以及其他相关内容,或者增加、删除某些条款;还有可能用适用的我国标准化文件替换 ISO 和/或 IEC 标准化文件中规范性引用的文件。

其次,进行必要的结构改变。在对文件技术内容进行改变的过程中,可能需要增加或删除一些条款,由此造成文件中的章、条、段、附录、图或表的增减以及前后位置的调整;另外,出于表述的需要也有可能对文件的结构进行调整。

再次,进行编辑性的改变。在对技术内容进行改变时,可能需要改变示例、注或资料性附录等附加信息,即增加、更改或者删除附加信息。

此外,最好对改变后的标准化文件的功能类型①进行分析,并且对照我国相应功能类型标准的编写规则进行校对和更正。

### (四)判定一致性程度

对比国家标准化文件与对应 ISO 和/或 IEC 标准化文件译文的变化情况,如果结构和技术内容均没有变化,那么一致性程度为"等同";如果存在结构调整或者技术差异,并且全部清楚地说明了结构调整、技术差异及其原因,那么一致性程度为"修改";如果存在结构调整或者技术差异,但是未清楚地说明结构调整或者技术差异及其原因,那么一致性程度便不是"修改",而是"非等效"。国家标准化文件与对应 ISO 和/或 IEC 标准化文件一致性程度的界定详见本章第二节。

### (五)编写文件要素和附录

判定了国家标准化文件与对应 ISO 和/或 IEC 标准化文件的一致性程度后,需要依据具体的一致性程度,对国家标准化文件的封面、前言、引言、规范性引用文件、参考文献等要素以及附录进行重新编写(本章第三节将详细阐述相关要素和附录的编写规则)。此外,如果一致性程度为"等同",还需要在国家标准化文件的封面、页眉、封底和版权页上使用双编号(见本章第二节的"三")。

① 目前,我国标准包括但不限于术语标准、符号标准、分类标准、试验方法标准、规范标准、规程标准和指南标准等功能类型。

# 第二节　一致性程度

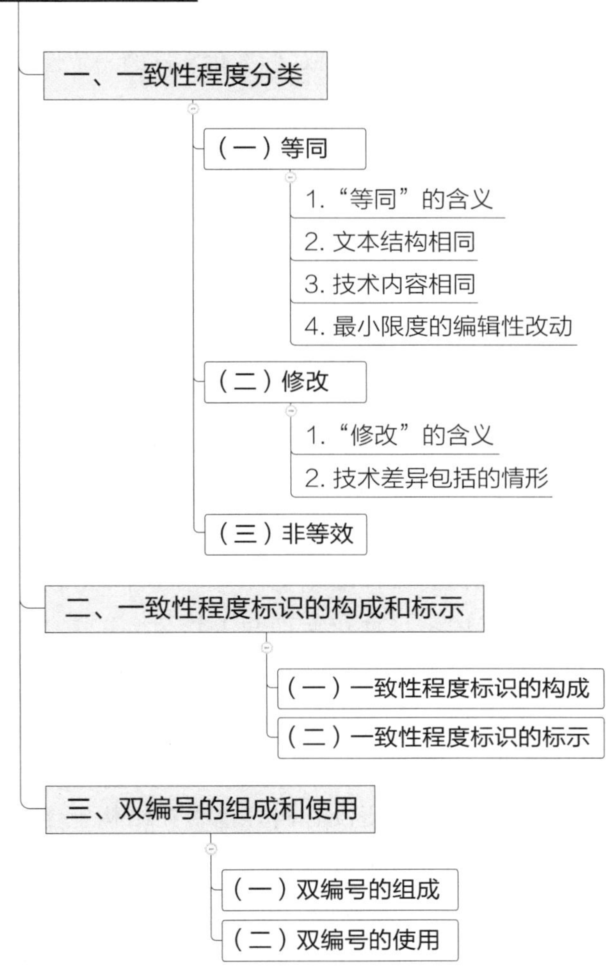


第一节详细介绍了以ISO和/或IEC标准化文件为基础起草国家标准化文件需要遵循的总体原则和要求，以及起草步骤。在具体起草国家标准化文件的过程中，我们还需要了解并判定国家标准化文件与对应ISO和/或IEC标准化文件的一致性程度，为相关要素和附录的编写做好准备。本节深入探讨了国家标准化文件与ISO和/或IEC标准化文件的一致性程度类别及其判定方法、一致性程度标识的构成和标示方法，以及双编号的组成和使用方法。

## 一、一致性程度分类

以ISO和/或IEC标准化文件为基础起草的国家标准化文件，与ISO和/或IEC标准化文件具有一致性程度对应关系。一致性程度用来描述国家标准化文件与对应ISO和/或IEC标准化文件之间的变化情况，分为三种：等同、修改和非等效。与ISO和/或IEC标准化文件的一致性程度为“等同”和“修改”的国家标准化文件，视为采用了ISO和/或IEC标准化文件；一致

性程度为“非等效”的国家标准化文件，不被视为采用了 ISO 和/或 IEC 标准化文件，仅表明国家标准化文件是以 ISO 和/或 IEC 标准化文件为基础起草的。

### （一）等同

下面将介绍一致性程度为“等同”的含义，并详细阐述“等同”时具有的文本结构相同、技术内容相同和最小限度编辑性改动的概念和内涵。

#### 1. “等同”的含义

国家标准化文件与对应 ISO 和/或 IEC 标准化文件的一致性程度为“等同”时，兼有下述情况：

——文本结构相同；

——技术内容相同；

——最小限度的编辑性改动。

一致性程度为“等同”时，对于采用和被采用的两个标准化文件来说，国家标准化文件可以接受的在 ISO 和/或 IEC 标准化文件中也可以接受，反之，ISO 和/或 IEC 标准化文件可以接受的在国家标准化文件中也可以接受。因此，符合国家标准化文件就意味着符合 ISO 和/或 IEC 标准化文件，符合 ISO 和/或 IEC 标准化文件也意味着符合国家标准化文件。这种情况称为“反之亦然原则”。“反之亦然原则”保证了国家标准化文件与 ISO 和/或 IEC 标准化文件之间关系的透明度。这也是为什么等同采用时，更有利于促进国际贸易和交流的原因。

#### 2. 文本结构相同

一致性程度为“等同”时，国家标准化文件与 ISO 和/或 IEC 标准化文件的文本结构必须是相同的。文本结构相同，指国家标准化文件与 ISO 和/或 IEC 标准化文件在层次、要素以及附录、图和表的位置和排列顺序是相同的。

需要注意的是，文本结构相同时可以存在一种特殊情况，即“允许的结构调整”。由于 2016 年发布的“ISO/IEC 导则，第 2 部分，《ISO 和 IEC 文件结构和起草的原则与规则》”规定了“规范性引用文件”“术语和定义”两章即便没有内容也要在结构上予以保留①（这与 GB/T 1.1—2020 的规定是一致的），然而 2016 年版本以前的“ISO/IEC 导则，第 2 部分”并未作出该规定，这就意味着 2016 年以前发布的 ISO 和/或 IEC 标准化文件可能没有“规范性引用文件”“术语和定义”两章。因此，起草以 ISO 和/或 IEC 标准化文件（2016 年以前发布的）为基础的国家标准化文件时，可能会产生 ISO 和/或 IEC 标准化文件没有设置“规范性引用文件”“术语和定义”，而按照 GB/T 1.1—2020 的规定起草的国家标准化文件需要设置这两章。这样会引起国家标准化文件章条编号的顺延，被称作“允许的结构调整”。

#### 3. 技术内容相同

一致性程度为“等同”时，国家标准化文件与 ISO 和/或 IEC 标准化文件的技术内容必须是相同的。技术内容相同，指国家标准化文件与 ISO 和/或 IEC 标准化文件中规范性要素②中的条款是相同的，不应该增加、更改或者删除这些条款，包括不更改条款类型（即更改能愿动词）。例如，如果 ISO 和/或 IEC 标准化文件在表述特性和特性值时使用了要求型条款，增加、更改或者删除了特性或特性值，或者没有更改特性和特性值，但是将条款类型由要求型条款更改为了

---

① 参见“ISO/IEC 导则，第 2 部分，2016，《ISO 和 IEC 文件结构和起草的原则与规则》”中 15.3 和 16.3。

② 规范性要素的内容由条款和附加信息构成。

推荐型条款(即能愿动词由“应”更改为“宜”),技术内容都不再相同。

**4. 最小限度的编辑性改动**

起草以 ISO 和/或 IEC 标准化文件为基础的国家标准化文件时,作出编辑性改动是不可避免的。编辑性改动指“国家标准化文件与对应 ISO/IEC 标准化文件在不改变技术内容情况下的变化”①,即在不改变标准化文件条款情况下的变化,包括增加、更改或者删除附加信息等。编辑性改动分为最小限度的编辑性改动和其他编辑性改动,只有下列最小限度的编辑性改动才是“等同”允许的。

(1) 改变标准化文件名称

标准化文件的名称是对其所覆盖主题的清晰、简明的描述。以 ISO 和/或 IEC 标准化文件为基础的国家标准化文件,在编制之初就需要明确标准化文件的名称,并且考虑如何将该标准化文件纳入国家标准化文件体系,以保证国家标准化文件体系的连续性和完整性。因此,如果 ISO 和/或 IEC 标准化文件名称与拟纳入的系列或分部分的国家标准化文件的名称不一致,为了与现有国家标准化文件体系协调衔接,可以改变 ISO 和/或 IEC 标准化文件的名称。

(2) 纳入 ISO 和/或 IEC 标准化文件修正案和/或技术勘误的内容

ISO 和/或 IEC 标准化文件发布后,针对技术内容的修正或者勘误,还有可能发布修正案和/或技术勘误[见本章第一节“二”中的(六)],这些修正案和/或技术勘误与发布的 ISO 和/或 IEC 标准化文件共同构成了一项完整的、最新的文件。因此,为了保证采用的 ISO 和/或 IEC 标准化文件的完整性,需要纳入修正案和/或技术勘误的内容。

(3) 增加附加信息和资料性附录

附加信息一般是对条款的进一步解释或说明,或者是有助于理解或使用标准化文件的信息。资料性附录是以附录的形式给出、内容来源于正文或前言的资料性内容,属于附加信息。附加信息不是应用标准化文件所必不可少的,增加 ISO 和/或 IEC 标准化文件中未包括的附加信息和资料性附录,不影响一致性程度为“等同”。

以 ISO 和/或 IEC 标准化文件为基础的国家标准化文件的附加信息,可以是对条款的解释或举例,一般以条文的注、脚注或示例的形式给出;也可以是对标准化文件使用者的建议、培训指南或推荐的表格或报告,一般以资料性附录的形式给出。

(4) 用小数符号“.”代替“,”

ISO 和/或 IEC 标准化文件中表示小数时,使用小数逗点符号“,”,而我国标准化文件中表示小数时,使用小数符号“.”。小数符号“.”是我国法定的数学符号。因此,以 ISO 和/或 IEC 标准化文件为基础形成的国家标准化文件中表示小数时,需要用小数符号“.”代替小数逗点符号“,”。

(5) 改正印刷错误

印刷错误是指 ISO 和/或 IEC 标准化文件出版印刷过程中发生的错误,例如拼写导致的内容错误、章条顺序编号错误等。以 ISO 和/或 IEC 标准化文件为基础起草国家标准化文件时,如果发现了这些印刷错误,而 ISO、IEC 还未发布有关这些错误的勘误,需要进行更正。

(6) 删除多语种出版的 ISO 和/或 IEC 标准化文件版本中某些语种

一项 ISO 和/或 IEC 标准化文件可能以英文、法文或俄文等多种语言发布,也可能为了促

① GB/T 1.2—2020《标准化工作导则 第 2 部分:以 ISO 和/或 IEC 标准化文件为基础起草标准化文件的规则》,定义 3.5。

进多个国家的有效应用，某些内容以多种语言的形式给出。对于我国来说，针对多种语言发布的 ISO 和/或 IEC 标准化文件或者以多种语言给出的标准化文件的某些内容，可以仅保留一种语言版本，例如删除法文和俄文版本的内容，只保留英文版本。

(7) 用"本文件"代替 ISO 和/或 IEC 标准化文件提及自身时的表述

根据 2016 年发布的"ISO/IEC 导则，第 2 部分"，ISO 和/或 IEC 标准化文件在提及自身的时候使用"本文件"[①]，代替了之前使用的"本国际标准"。但是，2016 年前发布的 ISO 和/或 IEC 标准化文件在提及自身的时候仍有可能使用的是"本国际标准"。按照 GB/T 1.1 的规定，国家标准化文件提及自身的时候使用"本文件"。可见，使用"本文件"代替 ISO 和/或 IEC 标准化文件提及自身时的表述，既符合 GB/T 1.1 的规定，也符合"ISO/IEC 导则，第 2 部分"的最新要求。

(8) 删除 ISO 和/或 IEC 标准化文件的封面、目次、前言和引言

ISO 和/或 IEC 标准化文件的封面、目次、前言和引言为资料性要素，其编写规则和格式与 GB/T 1.1 的规定不尽相同。删除 ISO 和/或 IEC 标准化文件的封面、目次、前言和引言，在国家标准化文件中进行重新编写，不影响一致性程度为"等同"。

对于封面来说，国家标准化文件与 ISO 和/或 IEC 标准化文件封面的样式和内容是不同的，需要改用我国的封面样式；对于目次来说，由于国家标准化文件可能增加了资料性附录，导致目次发生变化，可以重新编写；对于前言来说，ISO 和/或 IEC 标准化文件一般陈述制定程序及通过条件、与前一版本技术内容的变化等，与我国的编写规则不完全相同，需要重新编写；对于引言来说，可以根据实际情况，将适用的 ISO 和/或 IEC 标准化文件引言的内容纳入到国家标准化文件的引言中。

(9) 要素"规范性引用文件"中文件清单的变化

要素"规范性引用文件"中的文件清单来源于标准化文件中规范性引用的文件，其设立目的是为了清楚地了解标准化文件规范性引用了哪些文件，其本身属于资料性内容。

影响一致性程度判定的是规范性要素中规范性引用的文件，不是要素"规范性引用文件"中的文件清单；规范性引用的文件发生变化，才有可能改变文件中的规范性内容，从而影响一致性程度的判定。即便规范性引用的文件确实发生了变化，也应通过分析这些文件来判定一致性程度是否为等同［见第三节"一"中的(一)］。如果分析研究后确定是"等同"，那么无论要素"规范性引用文件"中文件清单如何变化都不会再影响一致性程度的判断；如果分析研究后确定不是"等同"，例如规范性引用文件中被引用的条款发生了改变，那么也不需要再考虑要素"规范性引用文件"中文件清单的变化了。鉴于此，将文件清单的变化作为"最小限度的编辑性改动"来处理。

(10) 要素"术语和定义"中注的更改

GB/T 1.1 中规定"术语和定义"的"注"不应包含要求或指示型条款，也不应包含推荐或允许型条款，最好表述为对事实的陈述。"ISO/IEC 导则，第 2 部分"中规定"术语和定义"的"注"可以包含与使用术语相关的条款，比如陈述、推荐、要求或者指示型条款[②]。因此，在起草以 ISO 和/或 IEC 标准化文件为基础的国家标准化文件时，有可能 ISO 和/或 IEC 标准化文件的

① 参见"ISO/IEC 导则，第 2 部分，2016，《ISO 和 IEC 文件结构和起草的原则与规则》"中 10.6。

② 参见"ISO/IEC 导则，第 2 部分，2018，《ISO 和 IEC 文件结构和起草的原则与规则》"中 16.5.9。

“注”包含要求或指示，但是为了符合 GB/T 1.1 的规定，国家标准化文件更改了“注”中的相应内容。由于“术语和定义”中的“注”属于有助于理解和使用标准化文件的附加信息，因此由于编写规则不同导致的“注”的更改不影响判定一致性程度为“等同”。

（11）要素“参考文献”中文件清单的变化

要素“参考文献”中的文件清单来源于标准化文件中资料性引用的文件，以及其他信息资源，其设立目的是为了更清楚地了解标准化文件资料性引用了哪些文件或者参考了哪些文件，属于资料性内容。

影响一致性程度判定的是资料性引用的文件，不是要素“参考文献”中的文件清单。即便资料性引用的文件确实发生了变化，也应通过分析这些文件来判定一致性程度是否为等同[见第三节“一”中的(一)]。如果分析研究后确定是“等同”，那么无论要素“参考文献”中文件清单如何变化都不会再影响一致性程度的判断；如果分析研究后确定不是“等同”，例如资料性引用文件中被引用的内容发生了除最小限度的编辑性改动之外的任何改变，那么也不需要再考虑要素“参考文献”中文件清单的变化了。鉴于此，将文件清单的变化作为“最小限度的编辑性改动”来处理。

**请注意：**文件版式（例如，页码、字体、字号等）的变化，不影响一致性程度。

### （二）修改

下面将介绍一致性程度为“修改”的含义，并详细阐述“修改”时技术差异通常包括的四种情形。

**1.“修改”的含义**

国家标准化文件与对应 ISO 和/或 IEC 标准化文件的一致性程度为“修改”时，至少存在下述情况之一：

——结构调整，同时清楚地说明了这些调整；

——技术差异，同时清楚地说明了这些差异及其产生的原因。

一致性程度为“修改”，表明国家标准化文件与对应 ISO 和/或 IEC 标准化文件要么存在结构调整，要么存在技术差异，要么两者兼有。如果存在结构调整，需要有清楚的结构比较；如果存在技术差异，需要清楚地说明并给出产生差异的原因。

结构调整指“国家标准化文件与对应 ISO/IEC 标准化文件在结构上的变化”①，主要包括文件中层次、要素以及附录、图和表的位置和排列顺序等方面的变化。结构调整时需要慎重，如果不需调整结构即可解决问题，那么尽量不进行调整结构，因为结构的调整很容易造成国家标准化文件与 ISO 和/或 IEC 标准化文件对比的困难。

技术差异指“国家标准化文件与对应 ISO/IEC 标准化文件在技术内容上的变化”②，即文件条款中内容的变化，包括三种情况：删除了对应 ISO 和/或 IEC 标准化文件的某些条款；增加了新的条款；更改了对应 ISO 和/或 IEC 标准化文件的条款。需要注意增加与对应 ISO 和/或 IEC 标准化文件条款同等地位的条款也属于技术差异（见下文中的“2”）。

一致性程度为“修改”时还可以包括编辑性改动，包括最小限度的编辑性改动[见本节“一”(一)中的“4”]和其他编辑性改动。其他编辑性改动主要包括更改或删除 ISO 和/或 IEC 标准

① GB/T 1.2—2020《标准化工作导则 第 2 部分：以 ISO 和/或 IEC 标准化文件为基础起草标准化文件的规则》，定义 3.3。

② GB/T 1.2—2020《标准化工作导则 第 2 部分：以 ISO 和/或 IEC 标准化文件为基础起草标准化文件的规则》，定义 3.4。

化文件的附加信息(比如注、示例、条文脚注)或资料性附录等。

**2. 技术差异包括的情形**

一致性程度为“修改”时,如果存在技术差异,通常包括下述的四种情形。

第一,国家标准化文件的条款少于对应ISO和/或IEC标准化文件的条款。这意味着国家标准化文件删除了对应的ISO和/或IEC标准化文件的一些条款。需要注意的是,如果ISO和/或IEC标准化文件中规定了不同情况下可供选择的几种方案(方案由条款构成),而国家标准化文件根据我国国情选用了其中的部分方案,那么这种情况也属于“国家标准化文件的条款少于对应ISO和/或IEC标准化文件的条款”的情况。

第二,国家标准化文件的条款多于对应ISO和/或IEC标准化文件的条款。这意味着国家标准化文件增加了ISO和/或IEC标准化文件没有的条款,例如,增加了某些内容或种类,规定了更严格的要求,加入了附加试验。

第三,国家标准化文件更改了对应ISO和/或IEC标准化文件的一些条款。这意味着国家标准化文件含有一些与ISO和/或IEC标准化文件不同的条款。根据文件的不同类型,“更改”可以包括特性或特性值的更改、确立的程序或程序指示的更改、试验步骤或试验数据处理的更改等。

**请注意:**即便没有更改条款的主要技术指标,只是更改了能愿动词,使得条款类型发生了变化,也属于存在技术差异。例如,如果ISO和/或IEC标准化文件规定“甲醛含量应小于20 mg/kg”,国家标准化文件中只是将能愿动词由“应”改为了“宜”,即“甲醛含量宜小于20 mg/kg”,使得条款类型由要求型条款变为了推荐型条款,也属于产生了技术差异。

第四,国家标准化文件增加了与对应ISO和/或IEC标准化文件条款同等地位的条款。这意味着国家标准化文件增加了ISO和/或IEC标准化文件某条款的另外一种选择。例如,如果ISO和/或IEC标准化文件规定了不同情况下磨耗试验可选择使用的摩擦材料,包括砂轮、砂纸和砂布,而国家标准化文件增加了可选择使用的摩擦材料“金属刀”这一条款,作为除了“砂轮、砂纸和砂布”之外的另一种选择,那么增加的条款就属于“同等地位”的条款。

需要注意的是,“修改”所允许的技术差异并不是毫无限制的。当技术差异较多或程度较大,只保留了数量较少或重要性较小的ISO和/或IEC标准化文件的条款时,不管该国家标准化文件是否清楚地说明了技术差异及其原因,该国家标准化文件与ISO和/或IEC标准化文件的一致性程度也只能是“非等效”。

### (三)非等效

国家标准化文件与对应ISO和/或IEC标准化文件的一致性程度为“非等效”时,至少存在下述情况之一:

——结构调整,没有清楚地说明这些调整;

——技术差异,没有清楚地说明这些差异及其产生的原因;

——只保留了数量较少或重要性较小的ISO和/或IEC标准化文件的条款。

“非等效”与“修改”最主要的区分标志在于结构调整或者技术差异及其原因是否被清楚地说明。如果没有被清楚地说明,那么一致性程度为“非等效”;如果全部被清楚地说明,那么一致性程度为“修改”。需要注意的是,即便国家标准化文件与ISO和/或IEC标准化文件仅有很少的技术差异,但是如果没有清楚地说明这些差异及其原因,也只能属于“非等效”;当然,如果技术差异太大，只保留了数量较少的或者重要性较小的 ISO 和/或 IEC 标准化文件条款，那么无论结构调整或者技术差异及其原因是否被清楚地说明，都只能是“非等效”。

## 二、一致性程度标识的构成和标示

一致性程度标识是一致性程度的记号、标志，可以简单、清楚地表明国家标准化文件与对应 ISO 和/或 IEC 标准化文件的关系，具有醒目的区分作用。在国家标准化文件上标示一致性程度标识，可以公开国家标准化文件与对应 ISO 和/或 IEC 标准化文件的一致性程度，提高两者之间关系的透明度，方便标准化文件使用者理解和交流。下面将介绍一致性程度标识的构成和标示。

### （一）一致性程度标识的构成

一致性程度标识由“对应的 ISO 和/或 IEC 标准化文件编号”“,”“一致性程度代号”构成。ISO 和/或 IEC 标准化文件编号的构成详见本节中的“三”。一致性程度标识中“,”是英文逗点符号。一致性程度代号由大写的英文字母构成，表明了我国国家标准化文件与对应的 ISO 和/或 IEC 标准化文件具体的一致性程度。表 7-5 给出了一致性程度代号。

**表 7-5　一致性程度代号**

| 一致性程度 | 代号 |
|---|---|
| 等同 | IDT |
| 修改 | MOD |
| 非等效 | NEQ |

示例 7-1 给出了等同、修改和非等效时的一致性程度标识。

【示例 7-1】

——一致性程度为等同时标识为：ISO 9000:2015，IDT；

——一致性程度为修改时标识为：IEC 60398:2015，MOD；

——一致性程度为非等效时标识为：ISO/IEC 24727-6：2010，NEQ。

### （二）一致性程度标识的标示

一致性程度标识可以标示在国家标准化文件文本、标准化文件目录或者其他媒介上。首先，一致性程度标识应在要素“封面”上使用，以便通过查看封面就能快速了解国家标准化文件与对应 ISO 和/或 IEC 标准化文件的关系；其次，可能会在要素“规范性引用文件”的文件清单中使用，以方便了解引用的国家标准化文件与对应 ISO 和/或 IEC 标准化文件的关系；最后，一致性程度标识还可以标示在标准化文件目录、年报、数据库和其他相关媒介上，以利于文件使用者查询相关信息。在要素“封面”“规范性引用文件”中使用的一致性程度标识的格式，详见本章第三节“二”中的（一）和（四）；在数据库中使用的一致性程度标识的格式可以参考 ISONET 手册的有关内容设置①。

① ISONET 手册规定了标准类文件、法规文件和它们的主题内容的表述方法，以便于交换有关这些文件的信息。

## 三、双编号的组成和使用

国家标准化文件等同采用ISO和/或IEC标准化文件，意味着在国际贸易中使用该国家标准化文件不存在任何障碍，因此“等同”这一信息应能快速传达给标准化文件使用者。为此，选择了同时给出国家标准化文件编号和对应的ISO和/或IEC标准化文件编号的双编号方法。使用双编号方法，可以立即识别出等同采用的ISO和/或IEC标准化文件，让文件使用者、查询者一目了然，便于在查阅内容之前就能清楚获悉“等同”这一信息。下面将介绍双编号的组成和使用方法。

### （一）双编号的组成

等同采用ISO和/或IEC标准化文件的国家标准化文件编号方式是将国家标准化文件编号与ISO和/或IEC标准化文件编号结合在一起的双编号方法。双编号的组成为“国家标准化文件编号/对应的ISO和/或IEC标准化文件编号”。

国家标准化文件编号由国家标准化文件代号（包括GB/T、GB和GB/Z）、国家标准化文件顺序号和发布年份号构成，顺序号和发布年份号之间用“—”相连，例如，GB/T 19001—2016。

ISO和IEC标准编号由ISO和/或IEC标准代号（包括ISO、IEC和ISO/IEC）、标准顺序号和发布年份号构成，顺序号和发布年份号之间用“:”相连，例如，ISO 16297:2020。ISO和IEC其他标准化文件的编号，除了符合上述编号规则外，还需要在ISO和/或IEC标准化文件代号后面给出其他标准化文件类型的代号（见本章第一节的“一”），例如ISO/IEC发布的技术规范的编号为：ISO/IEC TS 29125:2017；ISO发布的技术报告的编号为：ISO/TR 23989:2020。

示例7-2给出了不同类型的国家标准化文件与对应的ISO和/或IEC标准化文件双编号的示例。

**【示例7-2】**

GB 7000.1—2015/IEC 60598-1:2014
GB/T 1040.1—2018/ISO 527-1:2012
GB/T 22081—2016/ISO/IEC 27002:2013
GB/T 27028—2008/ISO/IEC Guide 28:2004
GB/T 36638—2018/ISO/IEC TS 29125:2017
GB/Z 27907—2011/ISO/TS 10004:2010
GB/Z 34447—2017/IEC TR 62854:2014
GB/Z 36471—2018/ISO/IEC TR 19766:2007
GB/Z 19031—2009/ISO IWA1:2005

### （二）双编号的使用

国家标准化文件与ISO和/或IEC标准化文件一致性程度为“等同”时，需要使用双编号；一致性程度为“修改”或“非等效”时，不应使用双编号。

双编号在国家标准化文件中仅用于封面、页眉、封底和版权页上。在国家标准化文件的其他位置，包括文中引用“等同采用ISO和/或IEC标准化文件的国家标准化文件”时，以及要素“规范性引用文件”“参考文献”中列出“等同采用ISO和/或IEC标准化文件的国家标准化文件”时，均不应使用双编号。

# 第三节 要素的编写和表述

## ※ 本节结构及内容导引 ※

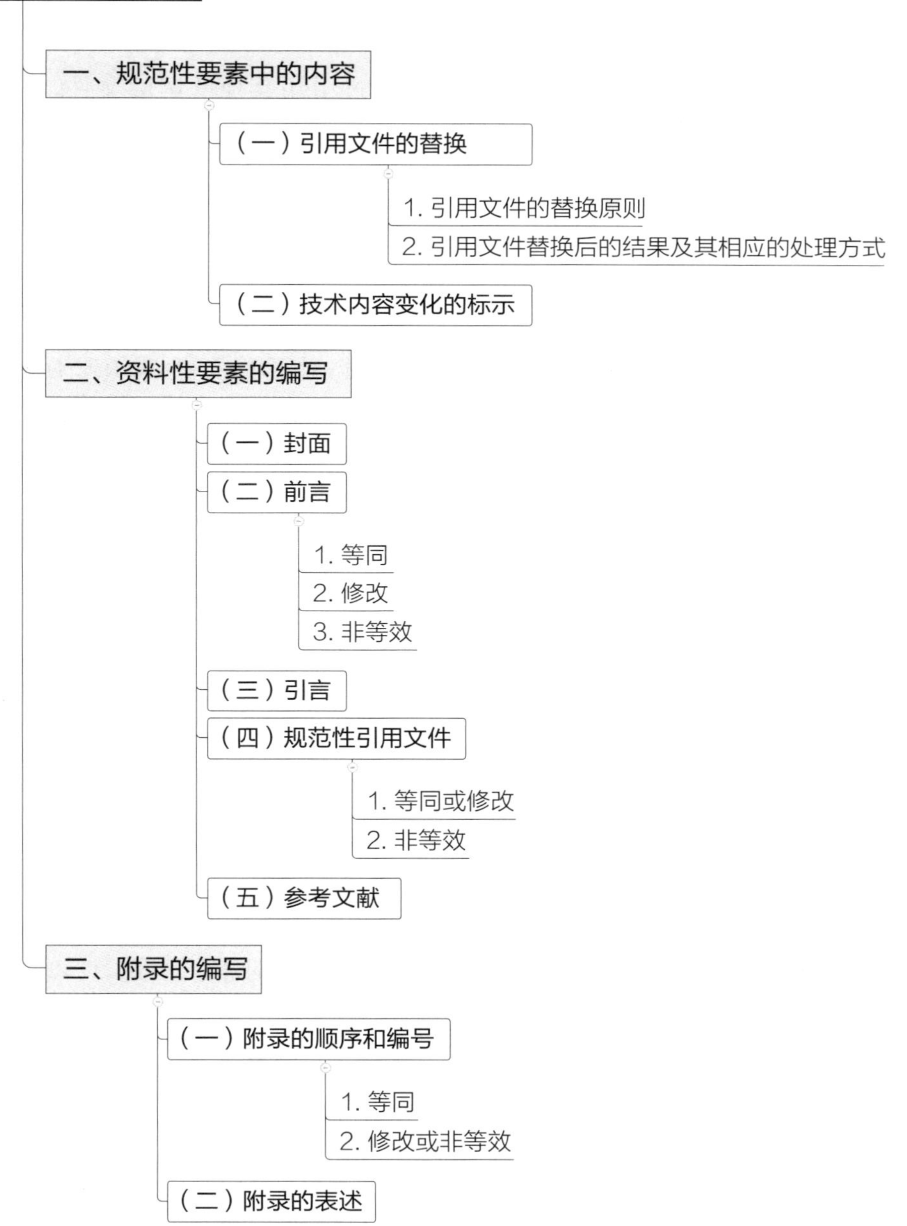


起草有一致性对应关系的国家标准化文件时，在了解和认识总体原则和起草步骤，以及一致性程度的概念和内涵之后，需要明晰国家标准化文件相关要素的编写和表述规则，这也是起草国家标准化文件的最后一个步骤。本节深入阐述了规范性要素中相关内容的处理和标示方法、资料性要素和附录的编写和表述规则。

## 一、规范性要素中的内容

为了适应我国的国情，起草有一致性对应关系的国家标准化文件时，可能会替换 ISO 和/或 IEC 标准化文件规范性要素中的引用文件，以保证国家标准化文件的适用性。此外，如果国家标准化文件与 ISO 和/或 IEC 标准化文件相比，规范性要素中的技术内容发生了变化，还需要视情况标示这些变化，以提醒标准化文件使用者注意这些变化。

### （一）引用文件的替换

一项 ISO 和/或 IEC 标准化文件往往会通过引用其他的国际文件，使得本文件更具协调性。起草有一致性对应关系的国家标准化文件时，如果用我国的标准化文件替换 ISO 和/或 IEC 标准化文件引用的国际文件，需要明晰一些重要的问题，比如引用文件的替换原则、引用文件替换后会导致什么样的变化、什么样的替换方式会导致这些变化等，以方便标准化文件起草者理解、分析和使用。

**1. 引用文件的替换原则**

起草有一致性对应关系的国家标准化文件时，对于 ISO 和/或 IEC 标准化文件引用的国际文件，在国家标准化文件中可以进行如下处理：

——如果有适用的我国标准化文件，可以用适用的我国标准化文件替换；

——如果没有适用的我国标准化文件，可以保留引用的国际文件。

这里适用的我国标准化文件没有严格限制，只要经过研究认为适用就可以替换国际文件。但是，替换的是 ISO 和/或 IEC 标准化文件的条款中引用的还是附加信息中引用的国际文件，可能导致的结果会不同：如果替换的是条款中引用的国际文件，由于条款构成了标准化文件的技术内容，那么替换后可能产生技术差异；如果替换的是附加信息中引用的国际文件，由于附加信息只是有助于理解或使用标准化文件的信息，那么替换后可能产生编辑性改动。

**请注意**：这里的引用文件的替换，不是指要素“规范性引用文件”或者要素“参考文献”中所列的文件的替换，而是规范性要素中相关内容引用了的文件的替换。

**2. 引用文件替换后的结果及其相应的处理方式**

由于国家标准化文件与 ISO 和/或 IEC 标准化文件相比，是否产生技术差异，是否只产生最小限度的编辑性改动，直接影响一致性程度是否为“等同”。因此，可以根据引用文件替换后是否产生技术差异或最小限度编辑性改动之外的编辑性改动，来研究相应引用文件的处理方式，共分为两种情况：第一种情况，替换了引用的国际文件后不产生技术差异，或者只产生最小限度的编辑性改动；第二种情况，替换了引用的国际文件后产生技术差异，或者产生除最小限度编辑性改动之外的其他编辑性改动。

为了方便理解、避免混淆，以下国家标准化文件及其引用的国家标准化文件分别用“甲”“乙”表示；ISO 和/或 IEC 标准化文件及其引用的 ISO 和/或 IEC 标准化文件分别用“A”“B”表示。

（1）第一种情况，主要涉及以下三种引用文件的替换处理方式

第一，对于注日期引用的“B”，用一致性对应关系为“等同”的“乙”替换。首先，“B”是注日期的，意味着“B”被引用的内容是固定不变的，不会随着版本的变化而变化；其次，“乙”和“B”的一致性对应关系为“等同”，意味着“乙”和“B”的技术内容是完全相同的，只是有可能增加了一些附加信息。因此，如果“B”是条款中引用的文件，由于“乙”和“B”的技术内容是相同的，那么

替换后“甲”不产生技术差异；如果“B”是附加信息中引用的文件，由于“乙”中可能包括“B”中没有的附加信息，那么替换后“甲”可能会由于增加了附加信息、更正了印刷错误等，而产生最小限度的编辑性改动。

第二，对于注日期引用的“B”，同时提及了“B”的具体内容编号，用一致性程度为“修改”或“非等效”的并且与“B”中被引用的内容没有变化的“乙”替换。首先，“B”是注日期的，意味着“B”中被引用的内容是固定不变的，不会随着版本的变化而变化；其次，提及了“B”中被引用内容的具体编号，说明并未引用整个文件，可以明确获得具体的引用内容；再次，明确了“乙”与“B”存在一致性对应关系——“修改”或“非等效”，这样便可以查询到具体的被引用的内容，并且可以进行对比；最后，明确了替换的引用内容是没有变化的，包括条款和附加信息中的内容。可见，即便“乙”和“B”的一致性对应关系为“修改”或“非等效”（文件的内容会存在变化），但是由于引用的并不是整个文件，而且“乙”和“B”中被引用的内容是固定版本且明确编号，并没有发生任何变化。因此，如果“B”是条款中引用的文件，由于“乙”和“B”的技术内容是相同的，那么替换后“甲”不产生技术差异；如果“B”是附加信息中引用的文件，虽然“乙”和“B”的附加信息也是相同的，但是替换后可能会由于更正了印刷错误等，导致“甲”产生最小限度的编辑性改动。

第三，“甲”中保留了“A”中引用的“B”，没有进行替换。如果“B”是条款中引用的文件，那么保留“B”后不产生技术差异；如果“B”是附加信息中引用的文件，那么保留“B”后不产生编辑性改动。

（2）第二种情况主要涉及除上述三种方式外，其余情形下替换“A”中引用的国际文件的处理方式

第一，所有情形的不注日期引用文件的替换，“不注日期引用”意味着被引用的文件的内容有可能随着版本的变化而变化。需要注意的是，这种处理方式也包括，用与当前版本“B”的一致性对应关系为“等同”的“乙”替换“A”中引用的“B”的情况。

第二，注日期引用文件的替换，具体包括：

——用一致性对应关系为“修改”或“非等效”的“乙”替换“A”中引用的“B”，并且被引用的内容发生了变化；

——用没有一致性对应关系的我国标准化文件替换“A”中引用的“B”；

——用我国标准化文件替换“A”中引用的除 ISO 和/或 IEC 标准化文件之外的其他国际文件。

这些处理方式意味着，替换的两个文件不论是条款中还是附加信息中的内容都不是相同的，因此，如果替换的是“A”条款中引用的国际文件，由于替换后技术内容发生了变化，那么将产生技术差异；如果替换的是“A”附加信息中引用的国际文件，由于替换后附加信息是不同的，那么将产生除最小限度编辑性改动之外的其他编辑性改动。

### （二）技术内容变化的标示

起草有一致性对应关系的国家标准化文件时，技术内容的变化主要有两种：一是，国家标准化文件与对应 ISO 和/或 IEC 标准化文件相比存在技术差异；二是，国家标准化文件中纳入了 ISO 和/或 IEC 标准化文件的修正案和/或技术勘误。这两种技术内容的变化，都会涉及国家标准化文件中的标示问题。

第一，修改采用 ISO 和/或 IEC 标准化文件时，当存在较多的技术差异时，应在国家标准化

文件上清楚地标示这些差异。如果不标示这些技术差异，由于国家标准化文件与 ISO 和/或 IEC 标准化文件可能存在表述或结构的不同，那么技术差异将很难被识别出来。清楚地标示技术差异具有两方面的功能：一是，提醒标准化文件使用者注意这些技术差异所反映出的国内和国外之间技术水平、应用环境等方面的差异；二是，提醒起草者考虑这些差异是否还有存在的必要，而不标示的技术差异，即使随后已没有存在的必要了，也可能因被忽视而仍保留在国家标准化文件中。

标示技术差异时，应在正文中对应有技术差异条款的外侧页边空白位置用垂直单线(|)进行标示。具体的标示方法为：

a) 若增加、更改或删除了段、条或附录中的一些条款，在涉及的段或条的外侧标示；

b) 若删除了某个附录，在正文中删除指明该附录的表述所涉及的段或条的外侧标示；

c) 若增加了一段、一条、一章或一个附录，在涉及的整段、整条、整章或整个附录的外侧标示；

d) 若删除了一段、一条，在涉及的段或条的上一层次条(也可能是章)标题或附录编号连同标题的外侧标示；

e) 若删除了章，在正文首页文件名称的外侧标示。

第二，起草有一致性对应关系的国家标准化文件时，如果将该 ISO 和/或 IEC 标准化文件的修正案和/或技术勘误纳入了国家标准化文件中，也应在对应有变化条款的外侧用垂直双线(‖)标示，以提醒标准化文件使用者这些修正或勘误的技术内容已经被研究并纳入。

在上述的两种情况下标示技术内容的变化时，单数页标示在条文右侧页边空白位置，双数页标示在条文左侧页边空白位置。

示例 7-3 中的国家标准与对应的 ISO/IEC 标准相比，在双数页中增加了“6.1 包装”一条，更改了“6.2 储运、标志和质量证明书”中条款的内容和条标题，此时使用垂直单线(|)在涉及的条的左侧页边空白位置标示。

**【示例 7-3】**

> **6 包装、储运、标志和质量证明书**
>
> | **6.1 包装**
>
> | 金属铬采用铁桶或集装袋包装，每桶净含量分 100 kg、250 kg 两种，每集装袋净含量按需方要求在合同中注明。需方对产品的包装如果有特殊要求，按合同规定。
>
> | **6.2 储运、标志和质量证明书**
>
> | 金属铬的储运、标志和质量证明书应符合 GB/T 3650 的规定。需方对产品的储运、标志等如果有特殊要求，按合同规定。
>
> …………
>
> 6

示例 7-4 中的国家标准与对应的 ISO 标准相比，在单数页中删除了对应 ISO 标准的“符号和缩略语”一章、删除了“4.1 牌号及化学成分”中的某个下一层次条，并且删除了附录 A(ISO 标准中的附录 A 在 4.2.1 的第二段被移出)，此时使用垂直单线(|)在文件名称、条“4.1”的标题

和条“4.2.1”的右侧页边空白位置标示。

【示例 7-4】

金　属　铬

…………

4　要求

4.1　牌号及化学成分

4.1.1　金属铬按铬及杂质含量不同分为 JCr99.2、JCr99-A、JCr99-B、JCr98.5、JCr98 五个牌号，化学成分应符合表 1 的规定。

……

4.2　物理状态

4.2.1　金属铬以块状交货，最大块度应通过 150 mm×150 mm 筛孔，通过 10 mm×10 mm 筛孔的量不允许……

超过该批总量的 10%。需方对颗粒度有特殊要求时，可由供需双方另行商定。

…………

1

## 二、资料性要素的编写

起草有一致性对应关系的国家标准化文件时，需要根据判定的一致性程度，对一些资料性要素进行重新编写。编写的内容主要涉及如何在“封面”“规范性引用文件”“参考文献”中标示一致性程度标识；如何在“前言”中陈述结构调整、技术差异及其原因、编辑性改动等变化的信息；如何在“引言”中纳入对应的 ISO 和/或 IEC 标准化文件引言中的内容等。

### （一）封面

起草有一致性对应关系的国家标准化文件时，应在封面上的国家标准化文件名称的英文译名下面，给出一致性程度标识并加圆括号，即使用“（对应的 ISO 和/或 IEC 标准化文件编号，一致性程度代号）”的形式，见示例 7-5 和示例 7-6。其中，示例 7-5 给出了与 IEC 标准的一致性程度标识，示例 7-6 给出了与 IEC 技术规范的一致性程度标识。

【示例 7-5】

阴极射线管机械安全

Mechanical safety of cathode ray tubes

（IEC 61965:2003，IDT）

**【示例 7-6】**

用于移动能量存储单元的低压对接连接器
Low-voltage docking connectors for removable energy storage units
(IEC TS 63066:2017, MOD)

如果国家标准化文件的英文译名与对应的 ISO 和/或 IEC 标准化文件名称不一致,那么需要在一致性程度标识中 ISO 和/或 IEC 标准化文件编号后与一致性程度代号之间,给出该 ISO 和/或 IEC 标准化文件英文名称,即使用"(ISO 和/或 IEC 标准化文件编号, ISO 和/或 IEC 标准化文件英文名称, 一致性程度代号)"的形式,见示例 7-7 至示例 7-8。其中,示例 7-7 给出了与 ISO/IEC 指南的一致性程度标识;示例 7-8 给出了与 IEC 技术报告的一致性程度标识。

**【示例 7-7】**

标准中特定内容的起草 第 1 部分:儿童安全
Drafting for special aspects in standards—Part 1: Child safety
(ISO/IEC Guide 50:2002, Safety aspects—Guidelines for child safety, IDT)

**【示例 7-8】**

电子设备可靠性预计模型及数据手册
Handbook of reliability prediction model and data for electronic equipment
(IEC TR 62380:2004, Reliability data handbook—Universal model for reliability prediction of electronics components, PCBs and equipment, NEQ)

### (二)前言

起草有一致性对应关系的国家标准化文件时,不应保留 ISO 和/或 IEC 标准化文件的前言,而是按照 GB/T 1.1 中对于前言的规定进行重新编写。在"前言"中"文件与国际文件关系的说明"处[见第五章第三节"三"中的(四)],根据判定的一致性程度,依次陈述如下内容:

a) 与对应的 ISO 和/或 IEC 标准化文件的一致性程度类别、该 ISO 和/或 IEC 标准化文件的编号及其中文译名;
b) 文件类型的改变;
c) 结构调整;
d) 技术差异及其原因;
e) 编辑性改动。

首先,不论一致性程度为"等同""修改"还是"非等效",均应陈述 a)中所列内容;如果存在文件类型的改变,那么还应陈述 b)中所列内容。

陈述 a)和 b)中所列内容时,如果一致性程度为"等同"或"修改",通常使用句式:"本文件等同采用(或修改采用)ISO XXXX: XXXX(根据具体情况,可将 ISO 改为 IEC 或 ISO/IEC)《……》。";如果一致性程度为"非等效",通常使用句式:"本文件参考 ISO XXXX: XXXX(根据具体情况,可将 ISO 改为 IEC 或 ISO/IEC)《……》起草,一致性程度为非等效。"。如果同时存在文件类型的改变,通常在后面紧跟句子"文件类型由××××调整为××××",例如,文件类型由 ISO、IEC 的技术规范调整为我国的国家标准。

另外,根据一致性程度的具体情况,还应按照下文"1"至"3"的规定陈述 c)至 e)中所列内容。

### 1. 等同

一致性程度为“等同”时，国家标准化文件可能存在允许的结构调整和最小限度的编辑性改动[见本章第二节“一”中的(一)]。编写“前言”中“文件与国际文件关系的说明”时，根据国家标准化文件的具体情况，还需依次陈述如下内容：

——允许的结构调整；

——需要列入的最小限度编辑性改动。

陈述允许的结构调整时，根据增加的是“规范性引用文件”“术语和定义”两章中的一章，还是同时增加了两章，通常使用句式：“本文件增加了‘规范性引用文件’一章”“本文件增加了‘术语和定义’一章”或者“本文件增加了‘规范性引用文件’和‘术语和定义’两章”。

陈述最小限度的编辑性改动时，只需要列出其中的三种即可，包括：

——改变标准化文件名称；

——纳入 ISO 和/或 IEC 标准化文件修正案和/或技术勘误的内容；

——增加附加信息和资料性附录。

当涉及“纳入 ISO 和/或 IEC 标准化文件修正案和/或技术勘误的内容”的情况时，可以陈述两种信息：一是，说明纳入的修正案和/或技术勘误的信息，给出修正案的编号或技术勘误的发布时间等；二是，说明已经在这些纳入的内容所涉及的条款的外侧页边空白位置，用垂直双线(‖)进行了标示[见本节“一”中的(二)]。

示例 7-9 给出了一致性程度为“等同”时，国家标准前言中陈述与对应的 ISO 技术规范的一致性对应关系、文件类型的改变、允许的结构调整和三种最小限度编辑性改动的情况。

**【示例 7-9】**

> 本文件等同采用 ISO/TS 29XX5:2017《××……》，文件类型由 ISO 的技术规范调整为我国的国家标准。
>
> 本文件增加了“术语和定义”一章。
>
> 本文件做了下列最小限度的编辑性改动：
>
> ——为与现有标准协调，将标准名称改为《××……》；
>
> ——纳入了 ISO/TS 29XX5:2017/Amd.1:2019 的修正内容，所涉及的条款的外侧页边空白位置用垂直双线(‖)进行了标示；
>
> ——增加了附录 NA(资料性)。

### 2. 修改

一致性程度为“修改”时，国家标准化文件至少存在结构调整、技术差异和编辑性改动三种情况之一。编写“前言”中“文件与国际文件关系的说明”时，根据所形成的国家标准化文件的具体情况，还需依次陈述下列内容：

——允许的结构调整(见前文的“1”)；

——结构调整；

——技术差异及其原因；

——需要列入的最小限度编辑性改动(见前文的“1”)；

——最小限度编辑性改动之外的其他编辑性改动。

(1) 陈述结构调整

陈述结构调整时，需要给出国家标准化文件与 ISO 和/或 IEC 标准化文件的结构编号对照情况，并且宜以列项的形式陈述。当结构调整较少时，可以在前言中直接陈述结构编号对照情况；当结构调整较多时，最好将陈述结构调整的内容移作资料性附录，同时在前言中指明该附录。

(2) 陈述技术差异及其原因

陈述技术差异及其原因时，宜以列项的形式给出。根据技术差异可能包括的情形[见本章第二节“一”中的(二)]，陈述具体每项技术差异及其原因时应以“增加”“更改”或“删除”为引导词。其中，“增加”对应的是国家标准化文件增加了 ISO 和/或 IEC 标准化文件中没有的技术内容，以及增加了同等地位条款的情况；“更改”对应的是国家标准化文件更改了 ISO 和/或 IEC 标准化文件某条款中技术内容的情况，例如更改了指标、参数或条件等；“删除”对应的是国家标准化文件删除了 ISO 和/或 IEC 标准化文件中相关技术内容的情况。

需注意的是，如果由于替换规范性引用的文件而产生了技术差异，同样需要在前言中陈述技术差异及其原因时予以说明。这时常使用的句式为“用规范性引用的 GB/T XXXX—XXXX 替换了 ISO XXXX:XXXX(根据具体情况，可将 ISO 改为 IEC 或 ISO/IEC)，两个文件之间的一致性程度为修改(或非等效)，……”。例如：用规范性引用的 GB/T 3075—2008 替换了 ISO 1099:2006，两个文件之间的一致性程度为修改，以适应我国的技术条件、提高可操作性。当替换的两个标准化文件之间没有一致性对应关系时，通常使用的句式为“用规范性引用的 GB/T XXXX—XXXX 替换了 ISO XXXX:XXXX(根据具体情况，可将 ISO 改为 IEC 或 ISO/IEC)，两个文件之间没有一致性对应关系，……”。

当技术差异较少时，可以在前言中直接陈述技术差异及其原因；当技术差异较多时，宜将正文页边空白处用垂直单线标示的这些技术差异归纳在一起[见本节“一”中的(二)]，编排一个资料性附录，附录中用表格的形式陈述技术差异及其原因，同时在前言中指明该附录。前言中陈述较多的技术差异及其原因时，通常使用的句式为：

“本文件与 ISO XXXX:XXXX(根据具体情况，可将 ISO 改为 IEC 或 ISO/IEC)相比，存在较多技术差异，在所涉及的条款的外侧页边空白位置用垂直单线(|)进行了标示。这些技术差异及其原因一览表见附录×”。

(3) 陈述编辑性改动

陈述编辑性改动时，需要涵盖前文所列三种最小限度的编辑性改动和其他编辑性改动。陈述其他编辑性改动时，应使用引导词“更改”“删除”，包括更改或删除 ISO 和/或 IEC 标准化文件的附加信息(比如注、示例、条文脚注)或资料性附录的情况。

需要注意的是，如果由于替换资料性引用的文件而产生了除最小限度的编辑性改动以外的其他编辑性改动，同样需要在前言中陈述编辑性改动时予以说明。这时通常使用的句式为“用资料性引用的 GB/T XXXX—XXXX(或 GB XXXX—XXXX)替换了 ISO XXXX:XXXX(根据具体情况，可将 ISO 改为 IEC 或 ISO/IEC)”。

示例 7-10 至示例 7-13 给出了以“增加”“更改”或“删除”为引导词陈述的技术差异及其原因，其中示例 7-10 针对的是增加条款的情况，示例 7-11 针对的是更改条款的情况，示例 7-12 针对的是删除条款的情况，示例 7-13 针对的是增加另一种供选择的方案的情况。

**【示例 7-10】**

> 在“几何精度检验”中有关检验项目的内容增加了“连接部件的总间隙的允差要求、检验工具和检验方法”(见第 4 章)。
>
> 因为连接部件的总间隙精度对于确保用机械压力机加工产品的尺寸精度和产品质量的稳定是必需的，因此增加此内容。

**【示例 7-11】**

在“工业大气试验”中将“25 ℃±2 ℃”更改为“40 ℃±1 ℃”，将“在 70%～80%范围内尽量接近 75%”更改为“80%±5%”(见第 5 章)。

更改加速试验的环境条件以使试验在高温和高湿度的天气条件下有更好地反映。

**【示例 7-12】**

在“用户文档设计”中删除了涉及英语语言习惯的条款(见 7.3)。

因为涉及英语语言习惯的条款不适用于我国的语言环境，因此删除该内容。

**【示例 7-13】**

——在“肖氏硬度计：A 型和 D 型”中增加 E 型(见 4.1)，其中：
- 在“压脚”中关于中心孔直径增加“使用 E 型硬度计时，为 5.4 mm±0.2 mm”(见 4.1.1)；
- 在 “压头”中增加压头形状和尺寸的描述和图形(见 4.1.2)；
- 在“标准弹簧”中关于 A 型弹簧力方程式适用范围增加“E 型硬度计”[见 4.1.4a)]；

——增加“当用 A 型硬度计测定的硬度小于 A20″时，用 E 型硬度计测定”(见 7.3)。

因为 D 型硬度计用于测定高硬度的橡胶，A 型用于标准硬度的橡胶。国家标准需要有一个专门测定低硬度橡胶的方法，以提高测定精度，此方法需要使用 E 型硬度计。

示例 7-14 给出了一致性程度为“修改”时，国家标准前言中陈述结构调整、技术差异和编辑性改动的情况，其中，陈述技术差异及其原因时给出了由于替换规范性引用的文件和增加技术内容而产生技术差异的情况；陈述编辑性改动时给出了最小限度的和其他的编辑性改动，其他编辑性改动是由于替换资料性引用的文件而产生的。

**【示例 7-14】**

本文件修改采用 ISO 6XX9:20XX《××……》。

本文件与 ISO 6XX9:20XX 相比做了下述结构调整：

——第 4 章对应 ISO 6XX9:20XX 中的第 4 章和第 5 章，其中 4.1 对应 ISO 6XX9:20XX 中的第 4 章，4.2 对应 ISO 6XX9:20XX 中的第 5 章；

——第 5 章对应 ISO 6XX9:20XX 中的第 6 章，其中 5.1～5.3 对应 ISO 6XX9:20XX 的 6.1～6.3，增加了 5.4；

——第 6 章对应 ISO 6XX9:20XX 中的第 7 章。

本文件与 ISO 6XX9:20XX 的技术差异及其原因如下：

——用规范性引用的 GB/T 3XX5—20XX 替换了 ISO 1XX9:20XX(见 5.2)，两个文件之间的一致性程度为修改，以适应我国的技术条件，增加可操作性；

——增加了断口形貌观察的有关内容(见 5.4)，断口形貌记录着试样断裂的重要信息，是分析试样之间 KIC 差距的重要依据；

——增加了 KIC 试验结果数值的修约要求(见第 6 章)，以提高判定的可操作性，消除歧义。

> 本文件做了下列编辑性改动：
> ——为与现有标准协调，将标准名称改为《××……》；
> ——用资料性引用的 GB/T 12XX0 替换了 ISO 9XX3(见第 6 章)；
> ——增加了附录 E(资料性)C 形拉伸试样试验；
> ——增加了附录 F(资料性)圆形紧凑拉伸试样试验。
> …………

示例 7-15 给出了一致性程度为“修改”并且结构调整、技术差异较多时，国家标准前言中指出有关附录以及如何标示技术差异的情况。

**【示例 7-15】**

> 本文件修改采用 ISO 12XX5:20XX《金属材料　准静态断裂韧度的统一试验方法》。
> 本文件与 ISO 12XX5:20XX 相比，在结构上有较多调整，两个文件之间的结构编号变化对照一览表见附录 A。
> 本文件与 ISO 12XX5:20XX 相比，存在较多技术差异，在所涉及的条款的外侧页边空白位置用垂直单线(|)进行了标示。这些技术差异及其原因一览表见附录 B。

**3. 非等效**

一致性程度为“非等效”，不属于采用 ISO 和/或 IEC 标准化文件，编写“前言”中“文件与国际文件关系的说明”时，不必说明结构调整、技术差异或编辑性改动等内容。

示例 7-16 给出了一致性程度为“非等效”时国家标准前言中的相应表述。

**【示例 7-16】**

> …………
> 本文件参考 ISO 6XX:20XX《结构钢　钢板、宽扁钢、钢棒、型钢和异型钢》起草，一致性程度为“非等效”。
> …………

## （三）引言

起草有一致性对应关系的国家标准化文件时，不应保留 ISO 和/或 IEC 标准化文件的引言，但是可以根据需要将 ISO 和/或 IEC 标准化文件引言中适用的内容纳入到国家标准化文件的引言中，比如，可以考虑纳入编制标准化文件的原因或目的、技术内容的特殊信息或说明等；如果是分部分的标准化文件，还应纳入分部分的原因、部分的构成以及适用情形等。

示例 7-17 给出了 GB/T 20002.3—2014 中“引言”的有关内容，该内容纳入了 ISO Guide 64:2008(GB/T 20002.3—2014 修改采用 ISO Guide 64:2008)“引言”中技术内容的产生背景和有关说明，增加了文件的编制目的，具体情况如下：

——纳入了 ISO Guide 64“引言”中陈述的技术内容产生背景，例如“产品在生命周期的各个阶段都对环境产生影响……产品环境影响与产品标准的条款相关”；

——增加了文件的编制目的，例如“具体内容包括：概括产品标准条款与产品环境因素和影响之间的关系……”；

——纳入了 ISO Guide 64“引言”中技术内容的有关说明，例如“……编制产品标准，重要的是要尽早评价产品在不同的生命周期阶段对环境的影响……”“……本文件依据生命周期理念原则，提出如图 1 所示的步进法途径……”等。

**【示例 7-17】**

产品在生命周期的各个阶段都对环境产生影响，影响的强度或大或小，影响的持续时间可长可短，影响的范围可至本地、区域或全球。而产品环境影响与产品标准的条款相关。

…………

本文件的编制目的，一是促使产品标准的起草者在支持国际贸易持续发展的同时重视环境问题；二是帮助产品标准的起草者弄清并了解相关的产品环境因素和影响，并判定环境问题能否借助于产品标准来解决。具体内容包括：

——概括产品标准条款与产品环境因素和影响之间的关系；

——协助起草或修订产品标准条款，以便在产品的整个生命周期不同阶段减少对环境的不利影响；

…………

识别产品在生命周期内涉及的各种不同环境因素并预测这些因素的影响是一个复杂的过程。制定产品标准，重要的是要尽早评价产品在不同的生命周期阶段对环境的影响。这种评价结果对制定标准的条款尤为重要。无疑，标准起草者会主动按照国家、地区和本地与产品相关的一切适用法规考虑评价结果。

为了减少产品给环境带来的不利影响，本文件依据生命周期理念（见 3.2.1）原则，提出如图 1 所示的步进法途径，以安排本文件各章的内容。

…………

[选自 GB/T 20002.3—2014《标准中特定内容的起草　第 3 部分：产品标准中涉及环境的内容》，做了适当改动]

### （四）规范性引用文件

起草有一致性对应关系的国家标准化文件的要素“规范性引用文件”时，不应直接纳入 ISO 和/或 IEC 标准化文件中“规范性引用文件”的文件清单，而是需要根据规范性要素中规范性引用的文件按照 GB/T 1.1 的规定进行重新梳理和编写。不同的一致性程度，“规范性引用文件”的编写规则是不同的。

由于该处涉及较多的标准化文件概念，为了方便理解、避免混淆，国家标准化文件及其规范性引用的国家标准化文件分别用“甲”“乙”表示；ISO 和/或 IEC 标准化文件及其规范性引用的 ISO 和/或 IEC 标准化文件分别用“A”“B”表示。

**1. 等同或修改**

当“甲”与“A”的一致性程度为“等同”或者“修改”时，按照如下规则编写“甲”中“规范性引用文件”的文件清单。

（1）用“乙”替换“B”的情况

在“甲”中用“乙”替换了“B”的情况下：如果“乙”和“B”没有一致性对应关系，文件清单中无须标注相关信息（相应的技术差异及其原因将在前言中予以说明）；如果“乙”和“B”有一致性对应关系，为了让标准化文件使用者及时获悉“乙”和“B”的关系，需要在“乙”的名称后的括号中标示一致性程度标识（见示例 7-18）。另外，根据替换文件的不同情况还应符合如下编写规则。

第一，对于注日期引用的“乙”和“B”的替换，如果两者的一致性对应关系为“修改”或“非等效”,并且“乙”中被引用的内容与“B”中被引用的内容没有技术上的差异,那么需要在注中予以说明,以清楚地表明该处引用文件的替换不会产生技术差异(见示例 7-19)。

第二,对于不注日期引用的“乙”和“B”的替换,在括号中一致性程度标识之前增加现行有效的国家标准化文件的编号,以准确、有效地标示一致性程度标识(见示例 7-20)。

这是因为一致性程度标识是针对具体版本的,无法对没有标注日期的国家标准化文件标示一致性程度。这种情况下,只有标注了国家标准化文件的日期,才能给出具体版本与对应的 ISO 和/或 IEC 标准化文件的一致性程度是等同、修改还是非等效。

第三,对于不注日期引用的“乙”和“B”的所有部分的替换,应在“乙”的名称后的方括号中列出“对应的‘B’的代号、顺序号”和“(所有部分)”。另外,当涉及的标准化文件所分部分较少时,直接在相应的“注”中标示现行有效的“乙”的各部分与“B”的各部分之间的一致性程度标识(见示例 7-21);当涉及的标准化文件所分部分较多时,最好编排一个附录列出各部分之间的一致性程度标识,并在“注”中指明该附录(见示例 7-22)。

**【示例 7-18】**

GB/T 36243—2018　水表输入输出协议及电子接口　要求(ISO 22158:2011,IDT)

**【示例 7-19】**

GB/T 36525—2018　冲模　斜楔板(ISO 23481:2013,MOD)

注:GB/T 36525—2018 被引用的内容与 ISO 23481:2013 被引用的内容没有技术上的差异。

**【示例 7-20】**

GB/T 23704　二维条码符号印制质量的检验(GB/T 23704—2017,ISO/IEC 15415:2011,MOD)

**【示例 7-21】**

GB/T 27050(所有部分)　合格评定　供方的符合性声明[ISO 17050(所有部分)]

注:GB/T 27050.1—2006　合格评定　供方的符合性声明　第 1 部分:通用要求(ISO 17050-1:2004,IDT);
GB/T 27050.2—2006　合格评定　供方的符合性声明　第 2 部分:支持性文件(ISO 17050-2:2004,IDT)。

**【示例 7-22】**

GB/T 6988(所有部分)　电气技术用文件的编制[IEC 61082(所有部分)]

注:GB/T 6988(所有部分)与 IEC 61082(所有部分)各部分之间的一致性程度见附录 X。

(2)“甲”中保留引用“B”的情况

在“甲”保留引用了“B”的情况下,当存在与“B”有一致性对应关系的“乙”时,需要在保留引用的“B”的下方给出“注”,列明“乙”和“B”的关系,以方便标准化文件使用者获得相关信息。“注”中内容的编写规则如下:

第一,对于注日期引用的“B”,不论“乙”对应的是否为当前版本的“B”,均应在“乙”名称后的括号中标示一致性程度标识,示例 7-23 给出了“乙”对应的是当前版本“B”的情况,示例 7-24

给出了“乙”对应的不是当前版本“B”的情况；

第二，对于不注日期引用的“B”，需要在现行有效的“乙”的名称后的括号中标示一致性程度标识(见示例 7-25)；

第三，对于不注日期引用的“B”的所有部分，需要在“乙”的顺序号后给出“(所有部分)”，并在名称后的方括号中列出“‘B’的代号、顺序号”和“(所有部分)”(见示例 7-26)。

**【示例 7-23】**

ISO 9235:2013　芳香族天然原料　词汇(Aromatic natural raw materials—Vocabulary)

**注**：GB/T 21171—2018　香料香精术语(ISO 9235:2013，MOD)

**【示例 7-24】**

ISO 8124-1:2018　玩具安全　第 1 部分：与机械和物理性能相关的安全方面(Safety of toys—Part 1: Safety aspects related to mechanical and physical properties)

**注**：GB 6675.2—2014　玩具安全　第 2 部分：机械与物理性能(ISO 8124-1:2000，MOD)

**【示例 7-25】**

ISO 124　胶乳　总固体含量的测定(Latex, rubber—Determination of total solids content)

**注**：GB/T 8298—2017　胶乳　总固体含量的测定(ISO 124:2014，MOD)

**【示例 7-26】**

ISO 3534(所有部分)　统计学　词汇和符号(Statistics—Vocabulary and symbols)

**注**：GB/T 3358(所有部分)　统计学术语[ISO 3534(所有部分)]

### 2. 非等效

当“甲”与“A”的一致性程度为“非等效”时，对于用“乙”替换“B”，并且“乙”和“B”有一致性对应关系的情况，编写“甲”中“规范性引用文件”的文件清单时，可选择：

——不标示“乙”和“B”的一致性程度标识；或

——按照等同或修改情况下规定的方法，标示“乙”和“B”的一致性程度标识。

## (五) 参考文献

起草有一致性对应关系的国家标准化文件的“参考文献”时，不应直接纳入 ISO 和/或 IEC 标准化文件中“参考文献”的文件清单，而是需要根据国家标准化文件中资料性引用的文件和参考过的文件进行重新编写。对于要素“规范性引用文件”的“注”中给出的文件，可不列入“参考文献”的文件清单，这是因为在“注”中已经给出了相应文件的名称。

在编写“参考文献”文件清单时，对于其中列出的国家标准化文件，可以仅给出编号和中文名称，即使与 ISO 和/或 IEC 标准化文件有一致性对应关系，也可不标示一致性程度标识；对于其中保留的国际文件，可以仅给出编号和英文名称，无须将英文名称译成中文。

## 三、附录的编写

起草有一致性对应关系的国家标准化文件的附录时，一方面，可能会增加、更改或删除附录；另一方面，当存在较多的结构调整或者技术差异时，会将前言中陈述的结构编号对照情况或者技术差异及其原因移作资料性附录。这样便需要对附录的顺序和编号规则、表述规则等进行规定。

### （一）附录的顺序和编号

国家标准化文件与对应 ISO 和/或 IEC 标准化文件一致性程度是“等同”还是“修改”“非等效”，附录的排序和编号规则是不同的。

**1. 等同**

一致性程度为“等同”的国家标准化文件，如果增加了资料性附录，那么这些附录要置于国家标准化文件所有附录之后，并按照在条文中移出时的前后顺序另行编号。每个增加的附录的编号由“附录”加上区别原有附录的标志“N”[N 即英文字母 National（国家的）的首字母]和随后表明顺序的大写拉丁字母组成，字母从“A”开始，例如“附录 NA”“附录 NB”等。

每个增加的附录中的条、图、表和数学公式的编号均从 1 开始，编号前加上区别原有附录的标志“N”和随后表明该附录顺序的大写拉丁字母，后跟下脚点，例如，附录 NA 中的条用“NA.1”“NA.2”等表示；图用“图 NA.1”“图 NA.2”等表示。

这样增加的国家标准化文件附录的位置及编号不影响 ISO 和/或 IEC 标准化文件附录的顺序，因此没有改变 ISO 和/或 IEC 标准化文件的结构。

**2. 修改或非等效**

一致性程度为“修改”或者“非等效”的国家标准化文件，不管是增加了附录，还是删除了附录，所有附录按照在条文中移出的先后顺序统一编号。因为“修改”或“非等效”本身就允许结构调整，无须特意保持 ISO 和/或 IEC 标准化文件的结构，按照 GB/T 1.1 中的规则对附录进行编号即可。

### （二）附录的表述

当结构调整、技术差异较多，将前言中结构调整情况、技术差异及其原因移作附录时（见本节“二”中的“（二）”），最好以表格的形式进行表述，以清晰地表示结构调整对照情况，以及所有技术差异涉及的结构编号、具体内容及其产生的原因，从而让标准化文件使用者很容易便能获悉这些变化。

当将结构调整情况形成表格时，为了清楚地说明结构编号对照情况，宜遵守下述规则：

——形成的表格通常为两栏，左侧栏按顺序给出国家标准化文件全部的结构编号，包括章、条、图、表和附录的编号等；右侧栏给出左侧栏的结构编号对应的 ISO 和/或 IEC 标准化文件结构编号；

——如果国家标准化文件某章中所有的条和分条均与 ISO 和/或 IEC 标准化文件相应的章条对应，那么无须在左右栏中列出文件的所有条和分条编号，只需列出对应的章编号即可；

——左侧栏中的结构编号没有对应的 ISO 和/或 IEC 标准化文件中的结构编号时，在右侧栏中相应位置用一字线形式的连接号（—）表示；

——国家标准化文件中未保留的ISO和/或IEC标准化文件中的某些章条，在右侧栏中的最后一行集中列出这些结构编号，在左侧栏的相应位置用一字线形式的连接号(—)表示。

当将技术差异及其原因形成表格时，为了清晰地给出技术差异涉及的结构和内容，宜遵守下述规则：形成的表格通常为三栏，左侧栏按顺序给出技术差异涉及的所有结构编号，中间栏给出左侧栏结构编号对应的技术差异，右侧栏给出产生这些技术差异的原因。

示例7-27给出了以表格形式列出的结构编号对照情况，示例7-28给出了以表格形式列出的技术差异及其原因。

**【示例7-27】**

**表× 本文件与ISO 10XX7:20XX结构编号对照情况**

| 本文件结构编号 | ISO 10XX7:20XX结构编号 |
|---|---|
| 1 | 1 |
| 2 | 2 |
| 3 | 3 |
| 4 | — |
| 4.1 | — |
| 4.1.1 | 5.2.1 |
| 4.1.2 | 5.2.2 |
| 4.2 | — |
| 4.2.1 | 5.3.1 |
| 4.2.2 | 5.3.2 |
| 4.2.3 | 5.4 |
| 5 | — |
| 5.1 | 6.1.2,6.2 |
| 5.2 | 6.1.5 |
| 5.3 | 6.1.3,6.1.6 |
| 6 | — |
| 6.1 | 6.3 |
| 6.2 | 5.1 |
| 7 | — |
| 7.1 | 7 |
| 7.2 | 6.1.1 |
| 附录A | — |
| 附录B | — |
| 附录C | — |
| — | 4,5.2.3,6.1.4 |

【示例 7-28】

**表× 本文件与 ISO 12××5:20××技术差异及其原因**

| 本文件的结构编号 | 技术差异 | 原因 |
| --- | --- | --- |
| 4 | 增加参数符号 $V_g$、$A_p$、$\delta_{Q0.2BL}$ 的定义 | 界定符号的名称定义，使其后的图例和公式计算更清晰 |
| 图 5 | 更改台阶位置，增加燕尾槽 | 增加可操作性，便于本文件的应用 |
| 5.8.2 | 增加裂纹长起始位置的描述 | |
| 6.3.4，6.4.4 | 增加转动半径 $R$ 的计算公式及适用不同加载位置和试样类型的计算公式 | 用于支持三点弯曲试样施力点位移和紧凑拉伸试样加载线位移的计算，提高计算的准确性 |
| …… | …… | …… |
| 8.2.1 | 增加试样进行旋转修正的情况要求 | 提高计算的准确性 |
| 8.3.1，8.3.2 | 更改部分计算公式 | |
| 8.4.1.2 | 重新定义 $\Delta\alpha_{max}$ | 增加可操作性，便于本文件的应用 |
| 8.5.1.1 | 增加 $\delta-\Delta\alpha$ 阻力曲线上边界线的界定方法 | |
| 8.6.1.2 | 明确 $\delta_{Q0.2BL}$ 的定义，增加其界定方法 | |
| 9 | 增加性能测定结果数值的修约 | |
| 附录 C | 更改数值计算的步长值 | 提高数据的准确性 |
| 附录 I | 更改初始裂纹长度的计算公式 | |
| 附录 J | 增加剖面法测定 CTOD | 增加可操作性，便于本文件的应用 |

# 第八章 标准化文件的编排

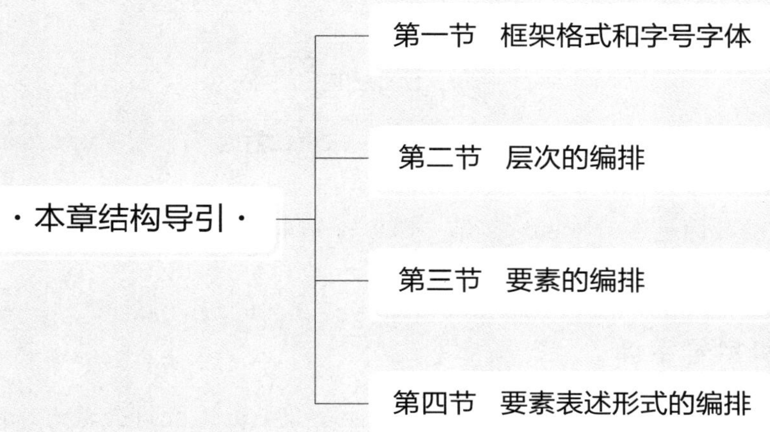


标准化文件的编排是标准的表现形式，编排的好坏不仅影响着标准版面的美观，而且会影响到标准的使用效果。编制文件的目标——规定清晰、准确、无歧义的条款，文件编排格式的良好设计是实现文件清晰目标的手段之一。文件的编排要与标准的结构相协调，好的编排将会使标准的结构更加清晰明了，从而方便标准使用者。

标准的编排格式参见附录四。

## 第一节 框架格式和字号字体

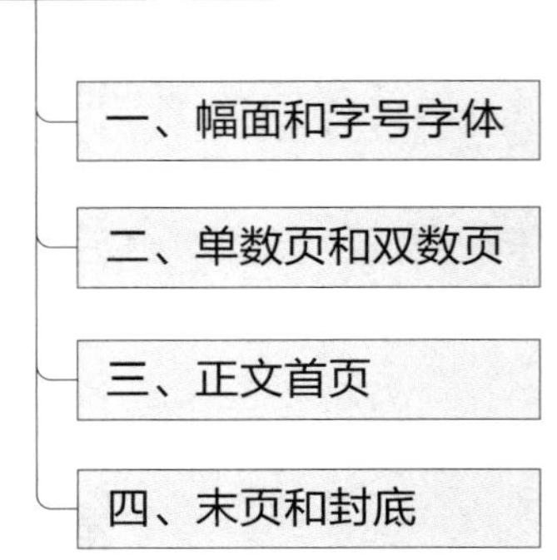


标准化文件的版面是否清晰、美观，第一印象首先来自标准整体的框架格式以及文件中文字的字号和字体。

### 一、幅面和字号字体

出版文件应采用 A4 开本，幅面尺寸为 210 mm×297 mm，允许公差±1 mm。在特殊情况下(例如图、表不能缩小时)，文件幅面可根据实际需要加宽和/或延长，倍数不限。

文件中各个位置的文字的字号和字体应符合表 8-1 的规定。表中规定的文件中各个位置的字号或字体各不相同，但也有一定的规律可循：除了封面以外，字体为“黑体”，通常都是各类标题、名称、编号(章条、图表)、标识(“示例”“注”)等；字体为“宋体”，通常都为各类要素、层次、表述形式的内容。除封面外，只有要素标题“目次”“前言”“引言”及正文首页的“文件名称”的字号为“三号”，以示突出；表中字号为“小五号”，图中字号为“六号”，是从排版的协调性考虑；示例、注、脚注中的字号为“小五号”，表示相应内容为资料性的；文件中其他文字的字号通常都为“五号”。

表 8-1 文件中使用的字号和字体

| 序号 | 层次、要素及表述 | 位置 | 文字内容 | 字号和字体 |
|---|---|---|---|---|
| 01 | 封面 | 左上第一、二行 | ICS 号、CCS 号 | 五号黑体 |
| 02 | | 右上第一行 | 文件代号 | 专用美术体字 |
| 03 | | 右上第二行 | 文件编号 | 四号黑体 |
| 04 | | 右上第三行 | 代替文件编号 | 五号黑体 |
| 05 | | 第一行 | 中华人民共和国国家标准 | 专用字 |
| 06 | | 第一行 | 中华人民共和国××行业标准 | 专用字 |
| 07 | | 第二行 | 文件名称 | 一号黑体 |
| 08 | | 文件名称之下 | 文件名称的英文译名 | 四号黑体 |
| 09 | | 英文译名之下 | 与国际文件的一致性程度标识 | 四号黑体 |

表 8-1（续）

| 序号 | 层次、要素及表述 | 位置 | 文字内容 | 字号和字体 |
|---|---|---|---|---|
| 10 | 封面 | 倒数第二行 | 发布日期、实施日期 | 四号黑体 |
| 11 | | 倒数第一行 | 发布机构 | 专用字 |
| 12 | | 右下 | 发布 | 四号黑体 |
| 13 | 目次 | 第一行 | 目次 | 三号黑体 |
| 14 | | 其他各行 | 目次内容 | 五号宋体 |
| 15 | 前言 | 第一行 | 前言 | 三号黑体 |
| 16 | | 其他各行 | 前言内容 | 五号宋体 |
| 17 | 引言 | 第一行 | 引言 | 三号黑体 |
| 18 | | 其他各行 | 引言内容 | 五号宋体 |
| 19 | 正文首页 | 第一行 | 文件名称 | 三号黑体 |
| 20 | | 文件名称之下 | 重要提示及其内容 | 五号黑体 |
| 21 | 术语条目 | 第一行 | 条目编号 | 五号黑体 |
| 22 | | 第二行 | 术语、英文对应词 | 五号黑体 |
| 23 | | 其他各行 | 条目内容 | 五号宋体 |
| 24 | 参考文献 | 第一行 | 参考文献 | 五号黑体 |
| 25 | | 其他各行 | 参考文献内容 | 五号宋体 |
| 26 | 索引 | 第一行 | 索引 | 五号黑体 |
| 27 | | 其他各行 | 索引内容 | 五号宋体 |
| 28 | 层次 | 各页 | 章、条编号及其标题 | 五号黑体 |
| 29 | | | 条文、列项及其编号 | 五号宋体 |
| 30 | 附录 | 第一行 | 附录编号 | 五号黑体 |
| 31 | | 第二行 | （规范性）、（资料性） | 五号黑体 |
| 32 | | 第三行 | 附录标题 | 五号黑体 |
| 33 | | 其他各行 | 附录内容 | 五号宋体 |
| 34 | 图、表 | 各页 | 图编号、图题；表编号、表题 | 五号黑体 |
| 35 | | | 分图编号、分图题 | 小五号黑体 |
| 36 | | | 续图、续表的“（续）”“（第 # 页/共 * 页）” | 五号宋体 |
| 37 | | | 图、表右上方“关于单位的陈述” | 小五号宋体 |
| 38 | | | 图中的段、标引序号说明 | 小五号宋体 |
| 39 | | | 图中的数字和文字 | 六号宋体 |
| 40 | | | 表中的数字和文字 | 小五号宋体[a] |
| 41 | 示例 | 各页 | 标明示例的“示例”“示例 X” | 小五号黑体 |
| 42 | | | 示例内容 | 小五号宋体[b] |

表 8-1（续）

<table>
<tr><th>序号</th><th>层次、要素及表述</th><th>位置</th><th>文字内容</th><th>字号和字体</th></tr>
<tr><td>43</td><td rowspan="3">注、脚注</td><td rowspan="3">各页</td><td>标明注的“注”“注 X”</td><td>小五号黑体</td></tr>
<tr><td>44</td><td>注的内容</td><td>小五号宋体</td></tr>
<tr><td>45</td><td>脚注编号，脚注、图脚注、表脚注的内容</td><td>小五号宋体</td></tr>
<tr><td>46</td><td>来源</td><td>各页</td><td>标明来源的“来源”</td><td>五号宋体</td></tr>
<tr><td>47</td><td rowspan="2">单双数页</td><td>书眉右、左侧</td><td>文件编号</td><td>五号黑体</td></tr>
<tr><td>48</td><td>版心右、左下角</td><td>页码</td><td>小五号宋体</td></tr>
<tr><td>49</td><td>封底</td><td>右上角</td><td>文件编号</td><td>四号黑体</td></tr>
<tr><td colspan="5">[a] 以表的形式编写的术语标准，表中的文字使用五号宋体。<br>[b] 如果需要通过示例示出文件相应内容的编排格式，线框中的示例内容应与需要示出内容的字号和字体相一致。</td></tr>
</table>

## 二、单数页和双数页

文件的单数页和双数页的格式应分别符合图 8-1、图 8-2 的规定。

从目次开始，在每个单数页的书眉右侧（见图 8-1）、双数页的书眉左侧（见图 8-2）应编排文件编号。

单数页的页码编排在版心右下角（见图 8-1），双数页的页码编排在版心左下角（见图 8-2）。

从目次页到正文首页前用从Ⅰ开始的正体大写罗马数字编页码；正文首页起用从 1 开始的阿拉伯数字另编页码。

## 三、正文首页

正文首页应从单数页开始编排，其格式应符合图 8-3 的规定。

正文首页中文件名称应居中编排。当文件名称由多个元素组成时，各元素之间应空一个汉字的间隙。文件名称文字较多时可上下多行编排。

重要提示应空两个汉字起排，文字回行时顶格编排。

## 四、末页和封底

在末页中文件的最后一个要素的内容之下，应有文件的终结线。终结线为居中的粗实线，长度为版心宽度的四分之一。终结线应与文件最后一个要素的内容位于同一页，不准许另起一面编排。

封底的格式应符合图 8-4 的规定。

单位为毫米

图 8-1　单数页格式

单位为毫米

图 8-2 双数页格式

单位为毫米

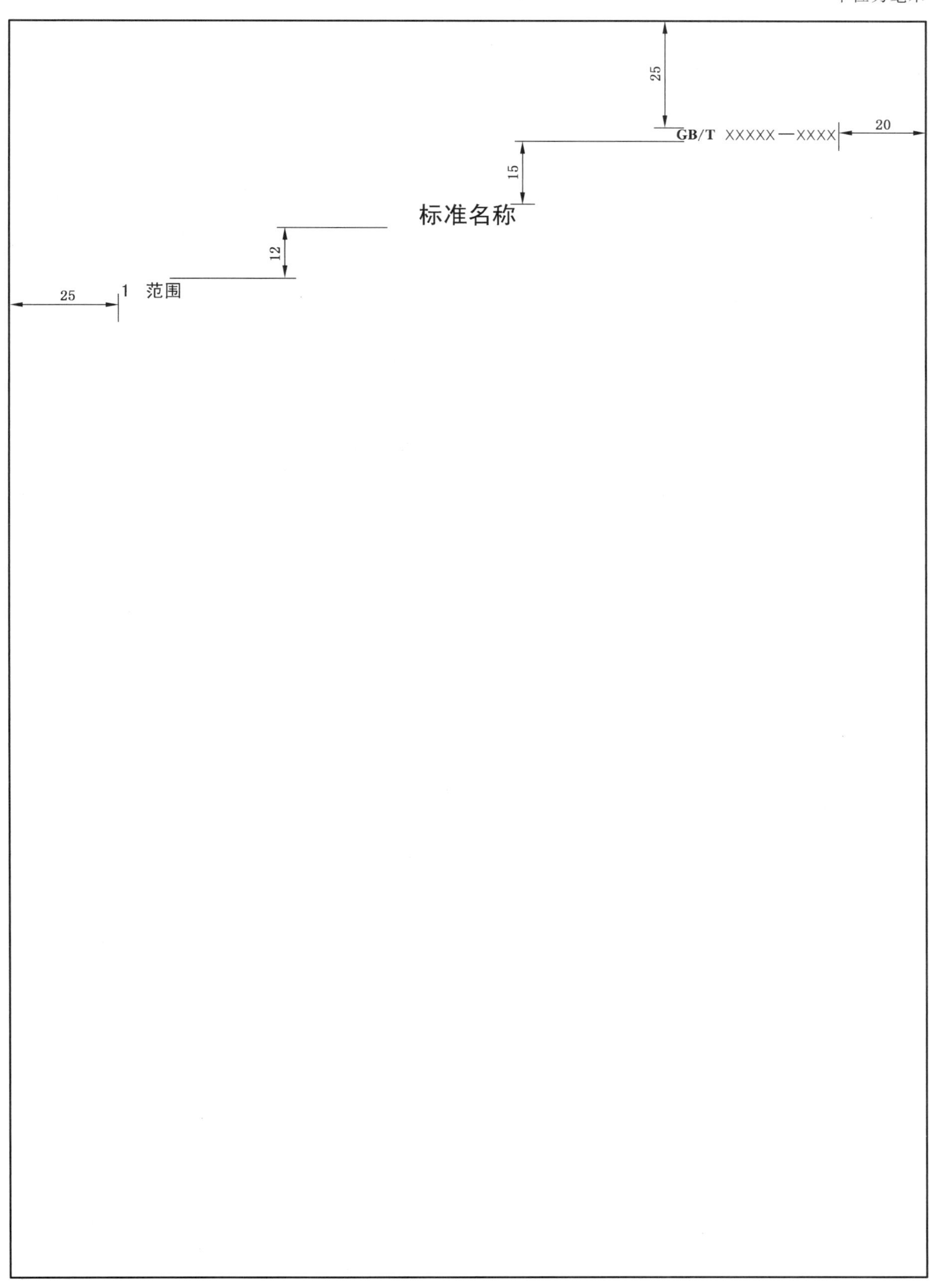


图 8-3 正文首页格式

单位为毫米

图 8-4 封底格式

# 第二节　层次的编排

※ 本节结构及内容导引 ※

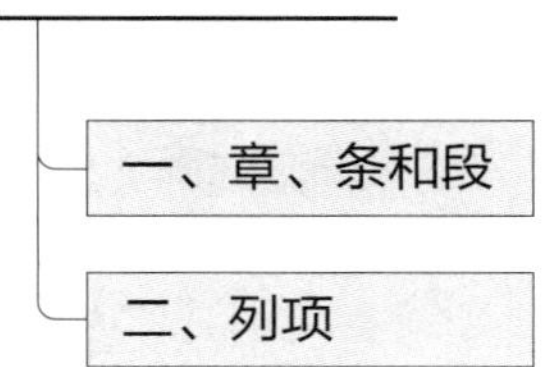


层次的编排格式是保证文件内容清晰、重点突出的方法。主要采用两种方式保证各个层次清晰易辨：一是章条编号和标题所占行数的不同；二是列项符号或编号的起排位置的差别以及回行位置的不同。

## 一、章、条和段

章、条编号应顶格起排，空一个汉字的间隙接排章、条标题。

章编号和章标题应单独占一行，上下各空一行；条编号和条标题也应单独占一行，上下各空半行。按照这种规定编排的“章编号和标题”要占三行，这比“条编号和标题”所占的两行多一行。这种层次编排的规定，一方面使得文件中的章、条容易从众多文字形成的段中区分出来；另一方面使得章与条也容易分辨。

无标题条的条编号之后，空一个汉字的间隙接排条文。无标题条主要通过起始的条编号予以区别。

段的文字应空两个汉字起排，回行时顶格编排。

## 二、列项

第一层次列项的各项之前的破折号、字母编号均应空两个汉字起排，其后的文字以及文字回行均应置于版心左边第五个汉字的位置。

第二层次列项的各项之前的间隔号、数字编号均应空四个汉字起排，其后的文字以及文字回行均应置于版心左边第七个汉字的位置。

可见列项首先通过列项符号或编号与段相区别；其次，第一层次与第二层次列项的缩进位置的不同，使它们能够快速被识别。

# 第三节　要素的编排

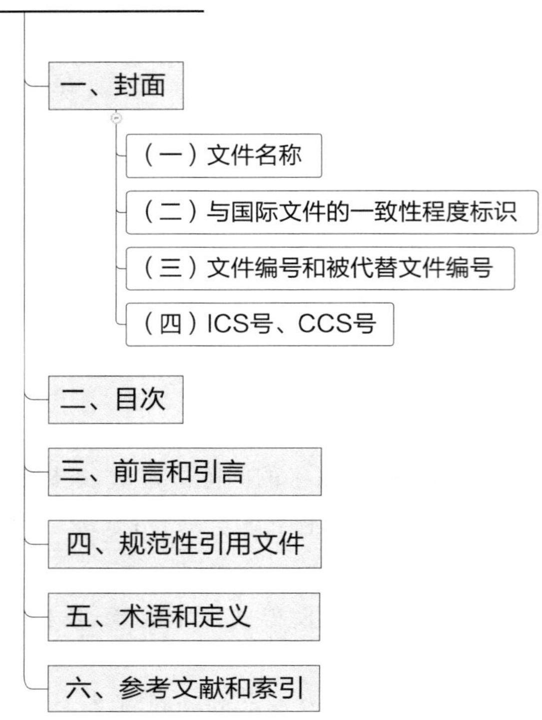


文件中涉及需要规定编排格式的要素包括：封面、目次、前言、引言、规范性引用文件、术语和定义、参考文献和索引等。

为了便于使用者更好地掌握相关编排格式，对正文之前的目次、前言和引言三个要素的基本格式进行了统一；还对正文之后的参考文献和索引两个要素的基本格式进行了统一。

## 一、封面

国家标准、行业标准、地方标准、团体标准和企业标准的封面格式见图 8-5 至图 8-9。封面提供了大量识别标准的信息，通过将这些信息显示在封面的不同位置，并且设置不同的字体字号，突出主要信息。

下面对图中无法显示的封面上的一些具体信息的编排格式进行说明。

### （一）文件名称

文件名称由多个元素组成时，各元素之间应空一个汉字的间隙。文件名称文字较多时可上下多行编排，行间距应为 3 mm。

文件名称的英文译名各元素的第一个字母大写，其余字母小写，各元素之间为一字线形式的连接号(—)。

### （二）与国际文件的一致性程度标识

国家标准、行业标准如果与ISO、IEC标准化文件存在一致性程度，那么在我国文件名称的英文译名之下标示与国际文件的一致性程度标识，并加上圆括号。

### （三）文件编号和被代替文件编号

封面的文件编号中，文件代号与顺序号之间应空半个汉字的间隙，顺序号与年份号之间为一字线形式的连接号。

如果有被代替的文件，应在文件编号之下另行编排被代替文件的编号。如果代替的文件多于一个，那么被代替的文件编号之间用逗号分隔。被代替文件的编号之前应编排“代替”二字。文件编号与被代替文件的编号右端对齐。

### （四）ICS号、CCS号

封面中的ICS号和CCS号应分为上下两行编排，左端对齐。

单位为毫米

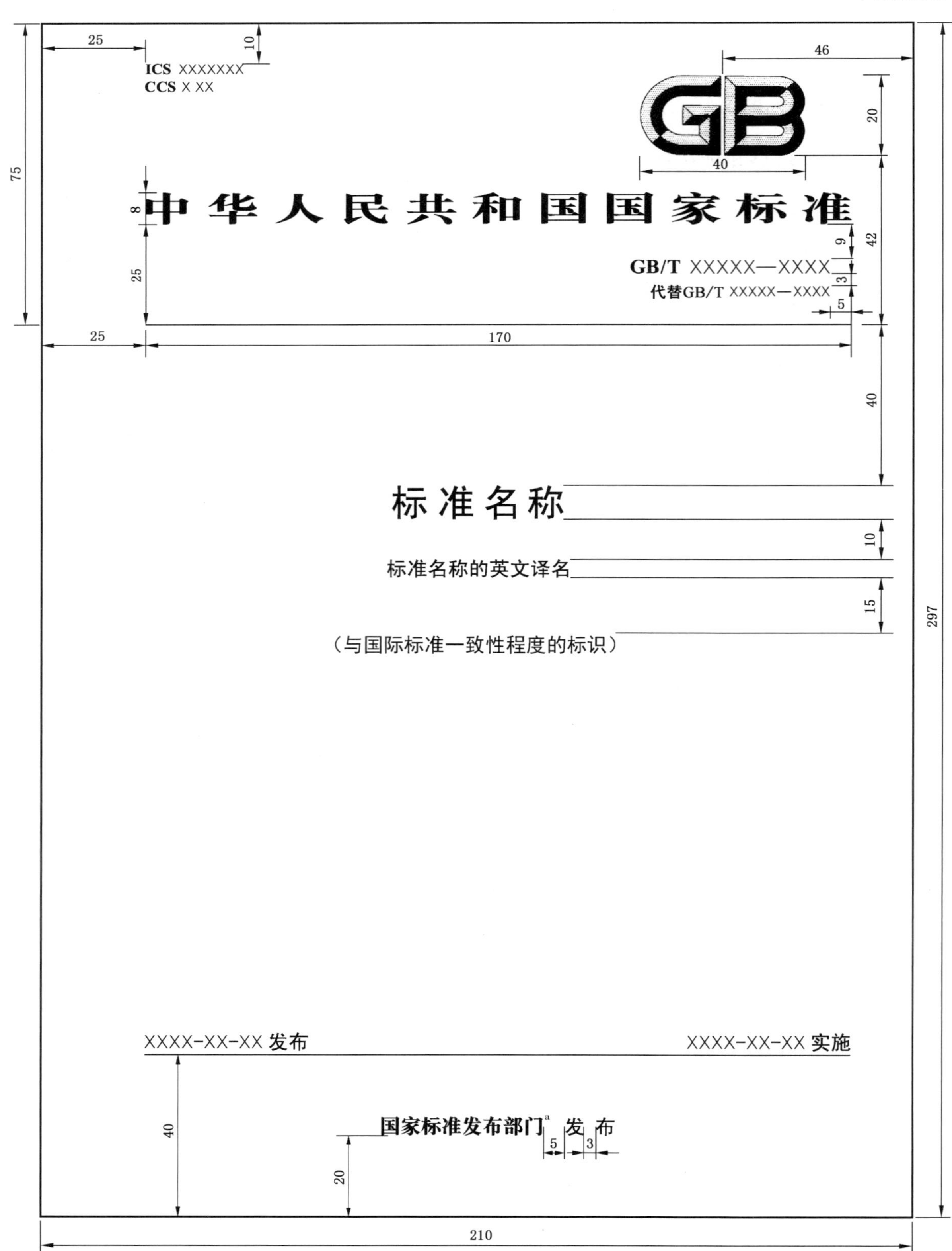


[a] 国家标准发布部门按照有关规定填写。

图 8-5 国家标准封面格式

单位为毫米

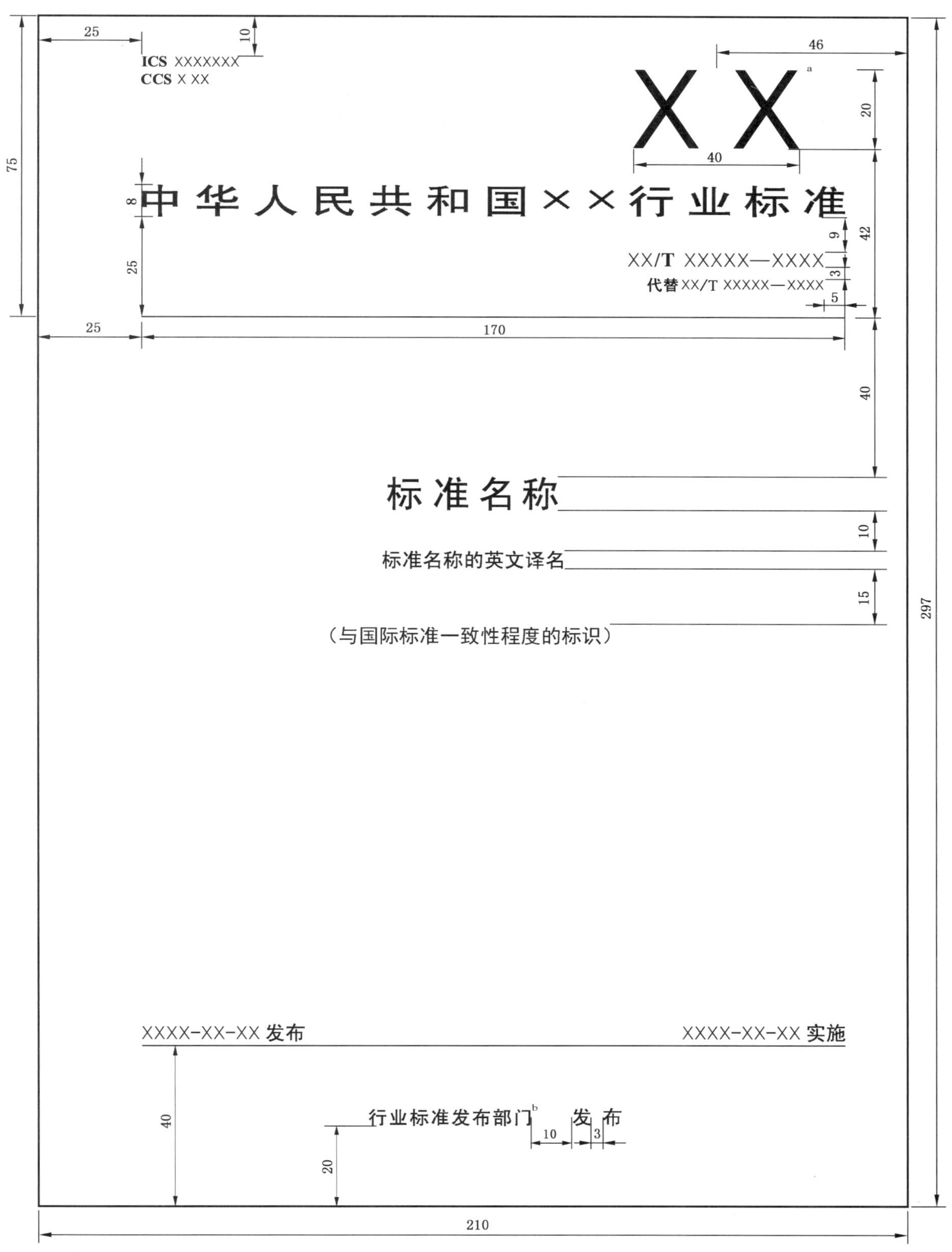


a 填写行业标准代号。

b 行业标准发布部门按照有关规定填写。

图 8-6 行业标准封面格式

单位为毫米

[a] 填写地方标准代号。

[b] 地方标准发布部门按照有关规定填写。

图 8-7 地方标准封面格式

单位为毫米

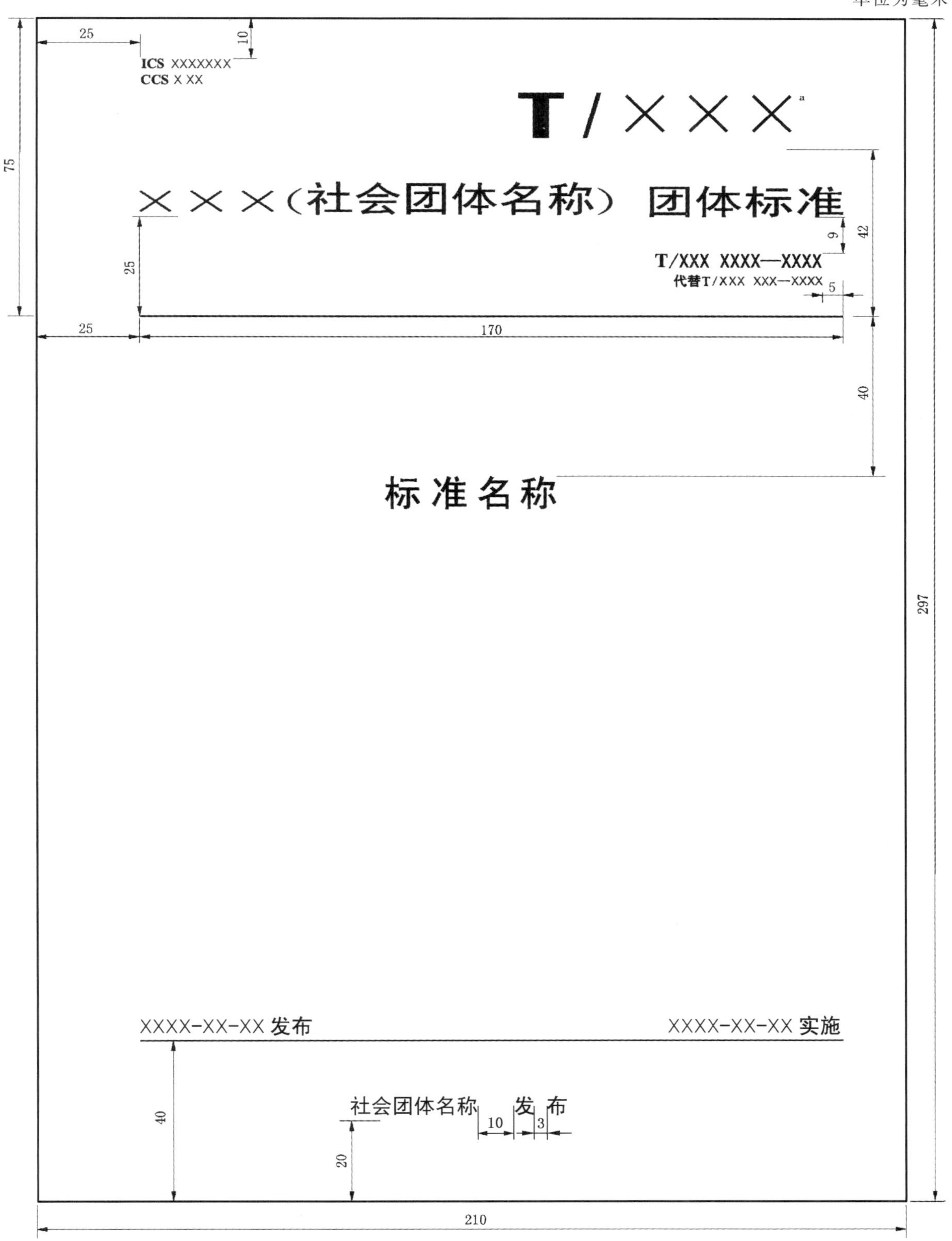


[a] 填写团体代号。

注：本封面格式仅供参考。

图 8-8 团体标准封面格式

单位为毫米

[a] 填写企业代号。

注：本封面格式仅供参考。

图 8-9 企业标准封面格式

## 二、目次

目次应紧跟封面，另起一面，其编排格式应符合图 8-10 的规定。

目次中所列的前言、引言、章、附录、参考文献、索引等上下均应各空四分之一行，顶格起排。第一层次的条应空一个汉字起排，第二层次的条空两个汉字起排，依此类推。图或表的目次与其前面的内容之间均应空一行，顶格起排。

章、条、图、表的目次应给出编号，空一个汉字的间隙后给出完整的标题；附录的目次应给出附录编号，后跟“(规范性)”或“(资料性)”，空一个汉字的间隙后给出附录标题。前言、引言、各类标题、参考文献、索引与页码之间均由“……”连接。页码不加括号。

## 三、前言和引言

前言和引言均应另起一面，引言应位于前言之后，其格式应符合图 8-11 的规定。

将图 8-3、图 8-10 和图 8-11 相互对比可以看出，文件正文首页与正文之前的三个要素在编排格式上也遵循了一致性原则，正文首页、目次、前言和引言的格式基本相同，即正文首页中的文件名称，目次、前言和引言的标题，与书眉之间均空 15 mm 的间距，与内容之间的间距也都为 12 mm，它们的字体都为“三号黑体”，标题与“目次”“前言”“引言”均居中编排，标题的两个汉字之间也都空两个汉字的间隙。

## 四、规范性引用文件

规范性引用文件中所列文件均应空两个汉字起排，回行时顶格编排，文件之后不加标点符号。所列出的文件编号与文件名称之间应空一个汉字的间隙。

规范性引用文件清单前的引导语的编排格式与条文的段的编排格式相同。

## 五、术语和定义

标准中的“术语和定义”一章不应采用表的形式编排。

条目编号应顶格起排，单独占一行，上下无空行。

“英文对应词”位于“术语”之后，与术语之间空一个汉字的间隙。除非原文需要大写，英文对应词的字母均小写。

除条目编号、英文对应词外，术语条目的各项内容均应另行空两个汉字起排，定义回行时顶格编排。

## 六、参考文献和索引

参考文献和索引均应另起一面，索引位于参考文献之后。格式应分别符合图 8-12 和图 8-13 的规定。

从图中可以看出，参考文献和索引的格式、字体、字号相同，符合一致性原则。参考文献或索引的标题与书眉之间空 15 mm 的间距，与内容之间空 5 mm 的间距，标题文字都为“五号黑体”。“参考文献”“索引”应居中编排。

参考文献中所列文件均应空两个汉字起排，回行时顶格编排，文件之后不加标点符号。所列出的文件编号与文件名称之间应空一个汉字的间隙。

索引的“关键词”与对应的章、条、图、表、附录的编号之间均由“……”连接。

单位为毫米

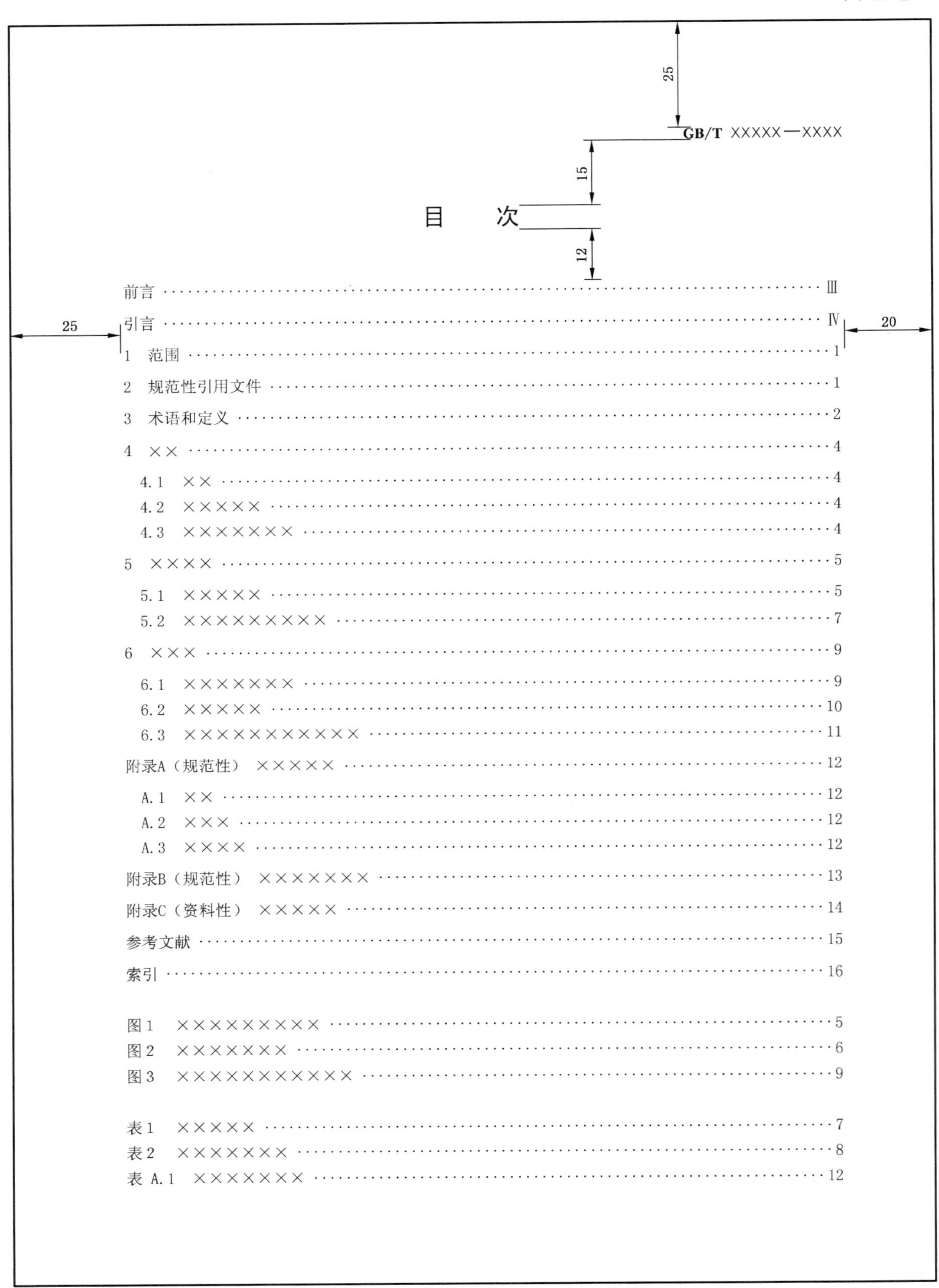


GB/T XXXXX—XXXX

目　次

前言 …………………………………………………… Ⅲ
引言 …………………………………………………… Ⅳ
1　范围 ………………………………………………… 1
2　规范性引用文件 …………………………………… 1
3　术语和定义 ………………………………………… 2
4　×× ………………………………………………… 4
　4.1　×× ……………………………………………… 4
　4.2　××××× ………………………………………… 4
　4.3　×××××××× ……………………………………… 4
5　×××× ……………………………………………… 5
　5.1　××××× ………………………………………… 5
　5.2　×××××××××× …………………………………… 7
6　××× ………………………………………………… 9
　6.1　×××××××× ……………………………………… 9
　6.2　××××× ………………………………………… 10
　6.3　××××××××××××× ……………………………… 11
附录A（规范性）　××××× ………………………… 12
　A.1　×× ……………………………………………… 12
　A.2　××× …………………………………………… 12
　A.3　×××× …………………………………………… 12
附录B（规范性）　××××××× ……………………… 13
附录C（资料性）　××××× ………………………… 14
参考文献 ……………………………………………… 15
索引 …………………………………………………… 16

图1　×××××××××× ………………………………… 5
图2　×××××××× …………………………………… 6
图3　××××××××××××× …………………………… 9

表1　××××× ………………………………………… 7
表2　×××××××× …………………………………… 8
表 A.1　×××××××× ………………………………… 12

**注**：以单数页为例。

**图 8-10　目次格式**

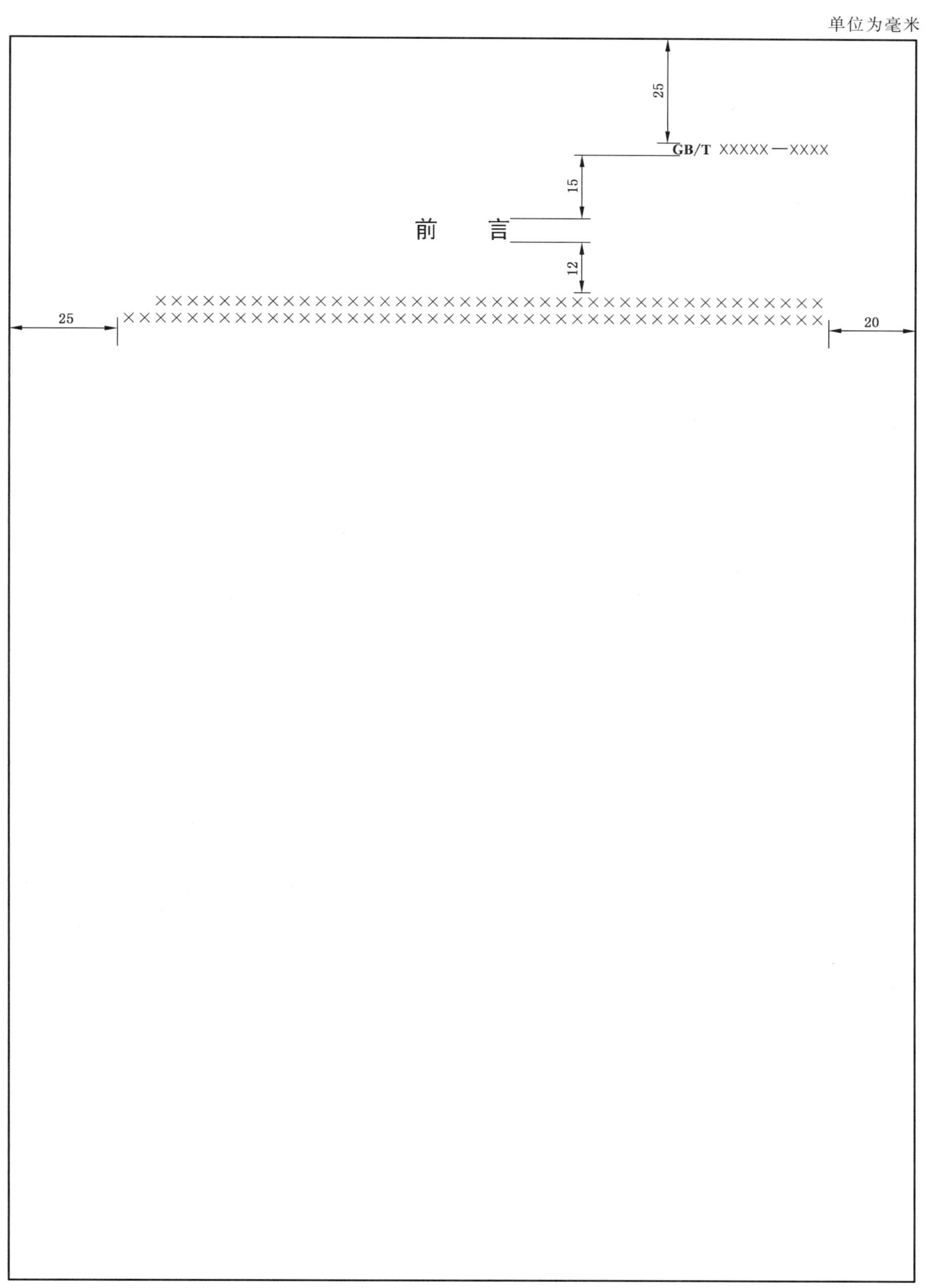


注 1：以单数页为例。

注 2：“引言”格式与此格式相同，只是将“前言”改为“引言”。

图 8-11　前言或引言格式

单位为毫米

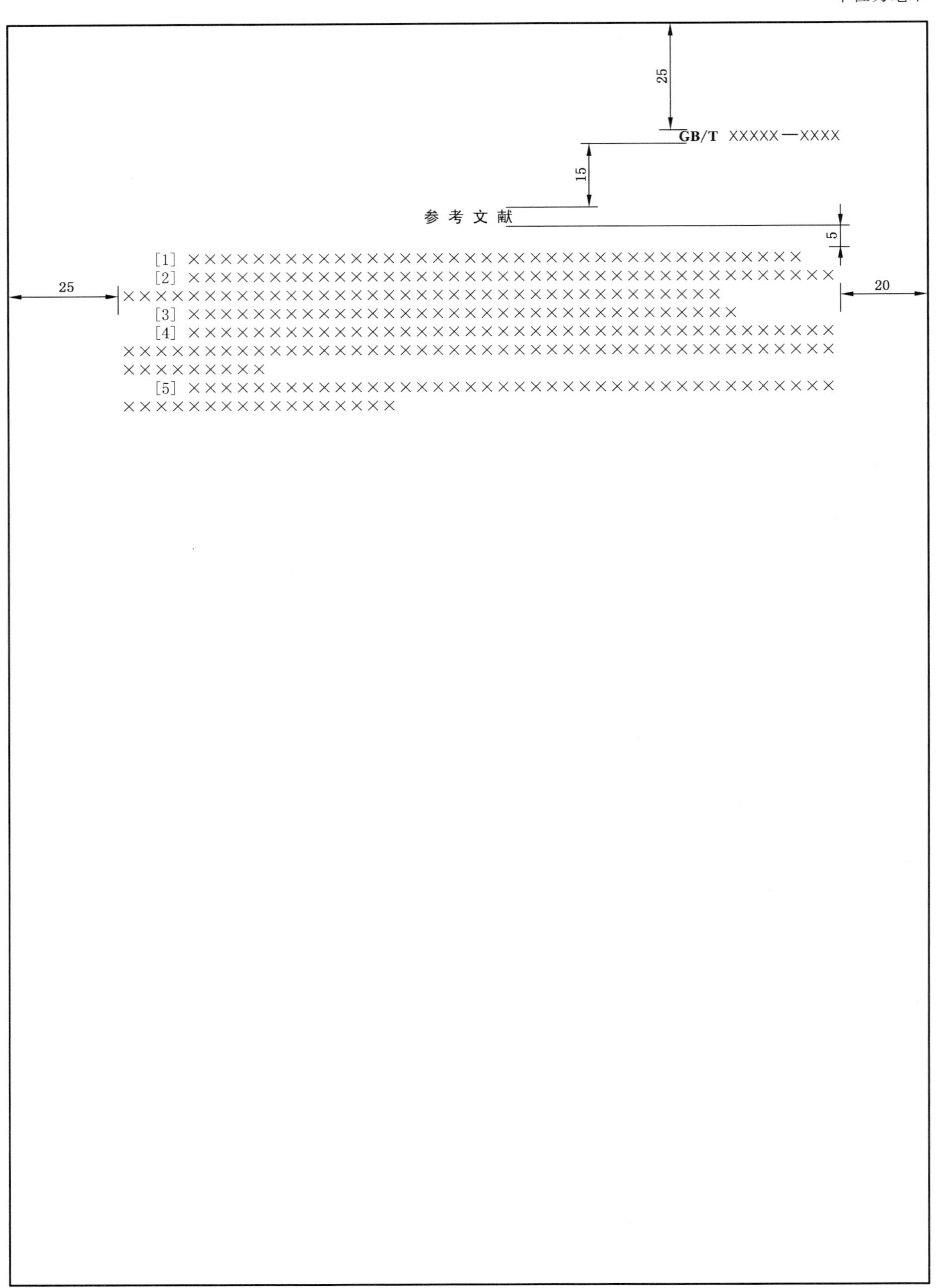


**注**：以单数页为例。

图 8-12 参考文献格式

单位为毫米

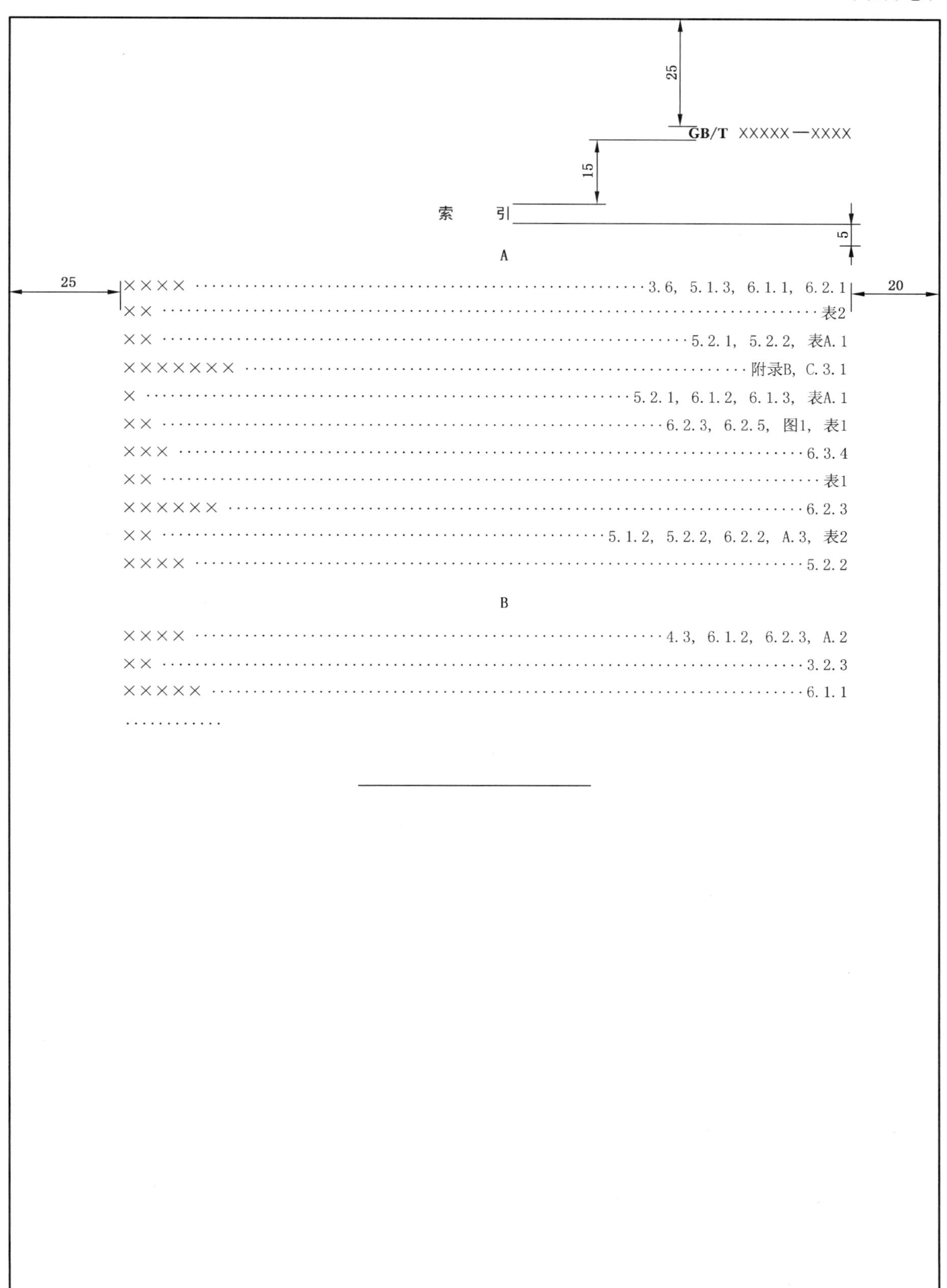


**注**：以“索引”为文件的最后一个要素并位于单数页为例。

图 8-13　索引格式

## 第四节 要素表述形式的编排

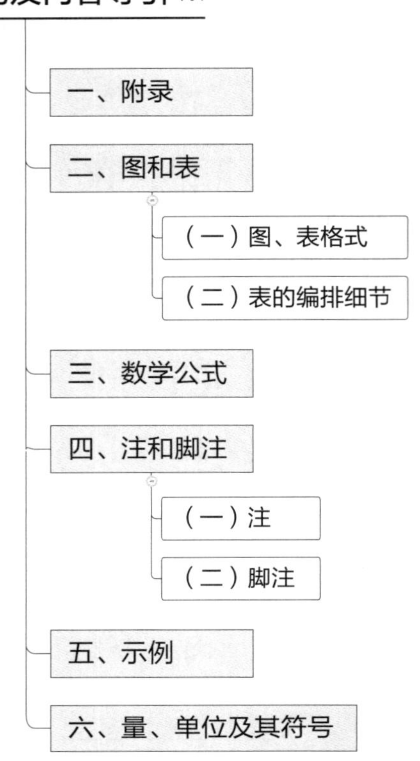


要素表述形式的编排，一方面通过突出它们的编号、标题、标识，增加醒目感，便于查找，如图和表、注和脚注、示例等；另一方面，通过对内容格式的规定，增加编排的规律性和内容清晰性，如表的内容编排，数学公式，量、单位及其符号的编排等。

### 一、附录

每个附录均应另起一面，其格式应符合图 8-14 的规定。

从图 8-14 中可以看出，附录编号（即“附录 X”）的每个字之间空一个汉字的间距。附录编号、附录的作用，即“（规范性）”或“（资料性）”，以及附录标题，每项各占一行，置于附录条文之上居中位置，字体都为“五号黑体”。

每个附录的标题与书眉之间均空 15 mm 的间距，与内容之间空 5 mm 的间距。

单位为毫米

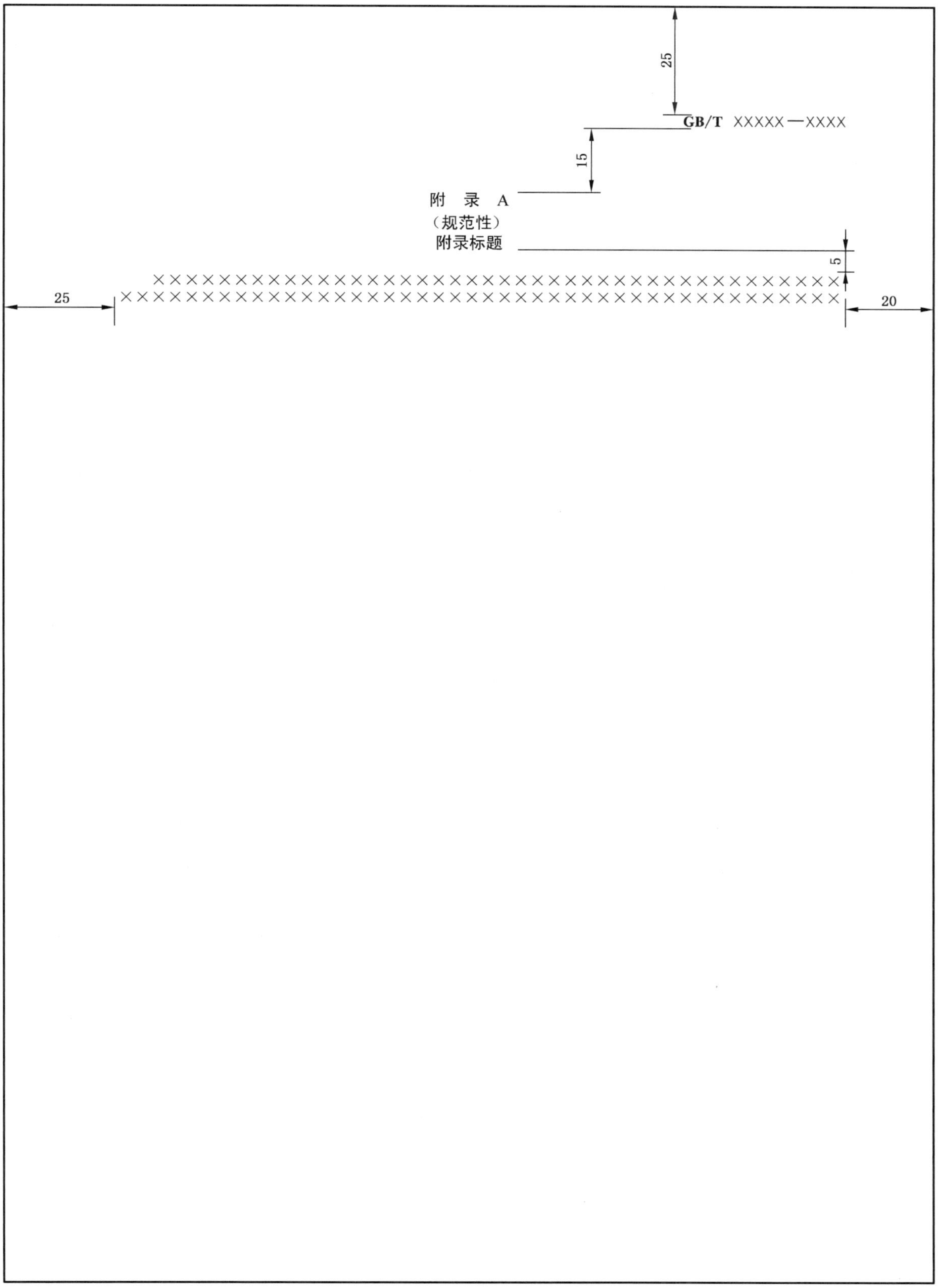

**注**：以单数页为例。

图 8-14 附录格式

## 二、图和表

图、表的编号和标题的设置具有相似性与可比性，放到一起进行介绍。表中内容的编排具有自己的特点，单独进行介绍。

### （一）图、表格式

每幅图与其前面的条文，每个表与其后面的条文之间均宜空一行。

图编号和表编号之后均应空一个汉字的间隙接排图题和表题。

图编号和图题应置于图之下居中位置；表编号和表题应置于表之上居中位置。图编号和图题、表编号和表题的上下应各空半行。

### （二）表的编排细节

表的外框线、表头的框线以及表中的注、表脚注所在的框线均应为粗实线。

除非特殊需要，表中的段宜空一个汉字起排，回行时顶格编排，段后不必加标点符号。表中的内容为数字时，数字宜居中编排，同列的数字应上下个位对齐或小数点对齐；数字间有浪纹线形式的连接号（～）时，应上下符号对齐。

表中相邻数字或文字内容相同时，不应使用“同上”“同左”等字样，而应以通栏表示，也可写上具体数字或文字。表的单元格中不应有空格，如果某个单元格没有任何内容，应使用一字线形式的连接号表示。

## 三、数学公式

文件中的数学公式应另行居中编排，较长的数学公式应在符号 =、+、−、± 或 ∓ 之后，必要时，在 ×、· 或 / 之后回行。数学公式中的分数线，主线与辅线应明确区分，主线应与等号取平。

数学公式编号应右端对齐，公式与编号之间由“……”连接。

数学公式之下的“式中：”应空两个汉字起排，单独占一行。数学公式中需要解释的符号应按先左后右，先上后下的顺序分行说明，每行空两个汉字起排，并用破折号与释文连接，回行时与上一行释文的文字位置左对齐。各行的破折号对齐。

## 四、注和脚注

注在文件中的不同位置有不同的称谓，但它们的编排格式是相同的。文件中的条文脚注有自己特定的格式；图脚注、表脚注的编排格式具有相似性。

### （一）注

条文中的注、术语条目中的注、图中的注和表中的注均应另行空两个汉字起排，文字回行时应与注的内容的文字位置左对齐。

### （二）脚注

条文脚注应另行空两个汉字起排，其后的文字以及文字回行均应置于版心左边第五个汉字的位置。分隔条文脚注与正文的细实线长度应为版心宽度的四分之一。

图脚注应另行空两个汉字起排，其后的文字以及文字回行均应置于版心左边第四个汉字的位置。

表脚注应另行空两个汉字起排，其后的文字以及文字回行均应置于表的左框线第四个汉字的位置。

## 五、示例

示例应另行空两个汉字起排。“示例：”或“示例 X：”宜单独占一行。文字类的示例回行时宜顶格编排。

区分示例的线框应为细实线。

## 六、量、单位及其符号

表示变量的符号应该用斜体表示，其他符号应该用正体表示。

表示平面角的度、分和秒的单位符号应紧跟数值之后；所有其他单位符号前均应空四分之一个汉字的间隙。

# 附　　录

# 附录一

# GB/T 1.1—2020与GB/T 1.1—2009相比的主要变化

GB/T 1.1—2020《标准化工作导则　第1部分:标准化文件的结构和起草规则》代替了GB/T 1.1—2009《标准化工作导则　第1部分:标准的结构和编写》。本次修订从规范性要素的选择,尤其是核心技术要素的编写出发,确立了相关的总体原则,完善了文件的结构,细化了表述规则。与GB/T 1.1—2009相比,GB/T 1.1—2020的总体变化有以下三点,具体细节见附表1-1。

## 一、确立了选择规范性要素的三项原则

起草标准化文件的核心工作是确立条款,并将这些条款形成文件的规范性要素。为了指导条款的确立以及要素的选择和确定,GB/T 1.1—2020确立了选择规范性要素需要遵守的三项总体原则:确认标准化对象、明确标准使用者、目的导向,同时界定了标准的类别和功能类型。三项总体原则需要文件起草者综合考虑后,与标准的类别和功能类型相结合,并在此基础上对条款进行选择和确立,从而形成文件的规范性要素。同时GB/T 1.1—2020还完善了文件编制成整体或部分、通用或专用的原则,为文件的整体框架的搭建提供了明确的指导。(参见本书第一章第三节)

## 二、对标准化文件的结构进行了调整,确定了文件的"核心技术要素"

GB/T 1.1—2020进一步完善了标准化文件的结构,对构成文件的要素进行了调整,确立了文件的"核心技术要素"且将其明确为必备要素,并将这一要素与标准的功能类型相对应,与GB/T 20001(所有部分)《标准编写规则》相衔接。由于GB/T 20001明确了不同功能类型的标准各自具有的核心技术要素,因此GB/T 1.1与GB/T 20001相衔接,解决了GB/T 1.1没有对文件中最核心的技术内容进行明确,而用省略号(……)代替的问题。GB/T 1.1—2020确立了"核心技术要素"+"其他技术要素",解决了文件中最核心的技术内容如何选择与确认,以及形成的技术要素如何称谓与表述的问题。

另外,本次修订将"分类和编码/系统构成""总体原则和/或总体要求"纳入文件的规范性要素;将"规范性引用文件"和"术语和定义"确定为"必备/可选要素",即这两个要素的"章编号和标题的设置是必备的,要素内容的有无根据具体情况进行选择";将"规范性引用文件"由"规范性要素"更改为"资料性要素";并且将"文件名称""附录"定位为要素的表述形式,也就是说它们不再是文件的要素。(详见附表1-1)

## 三、明确了标准化文件的表述原则及编写细则,增强了文件的清晰准确性

GB/T 1.1—2020将2009年版中大部分"总则"内容调整为"一致性、协调性和易用性"三项文件的表述原则。在上述原则的指导下,调整了许多具体编写细则,以便增强标准化文件的清晰准确性。(详见附表1-1)。

**附表 1-1　GB/T 1.1—2020 与 GB/T 1.1—2009 相比主要技术变化对照表**

| 项目 | GB/T 1.1—2020 | GB/T 1.1—2009 | 变化的原因 |
|---|---|---|---|
| 标准化文件的分类 | 增加了“文件的类别”一章。从标准化对象、标准内容的功能两个维度对标准进行了分类(见第 4 章) | 未作规定 | 便于基于标准的类别和功能类型选择和确定标准的条款和要素 |
| 总体原则 | 确立了起草标准化文件的三项原则:标准化对象、文件使用者、目的导向原则(见 5.3) | 规定了“目的性原则”(见 6.3.1.1) | 指导标准起草者选择和确定规范性要素及其条款内容 |
| | 删除了性能原则、可证实性原则和针对“要求”的编写规定 | 在 6.3.1.2、6.3.1.3、6.3.4 中有相应的规定 | 两个“原则”以及对“要求”的规定,都是针对文件中的要素“要求”。这些内容已经在指导规范标准编写的 GB/T 20001.5 中作了规定 |
| | 更改了“总则”中的内容,将相关原则明确为文件表述三原则:一致性、协调性和易用性原则(见 5.4) | 未明确相关原则的定位(见第 4 章) | 三原则只是针对文件表述的,目前的定位针对性更强 |
| 文件名称 | 增加了表示标准功能类型的词语及其英文译名(见 6.1.4.2) | 未作规定 | 与标准的功能类型分类相呼应,使得文件名称更确切地反映标准的功能类型 |
| 要素 | “规范性引用文件”由“规范性要素”更改为“资料性要素”(见 6.2.2、表 3) | “规范性引用文件”为规范性要素(见 5.1.3、表 1) | 因为判断某文件是否为规范性引用文件要依据该文件是否被文中规范性引用,而不是是否列在了要素“规范性引用文件”中 |
| | “规范性引用文件”“术语和定义”由“可选要素”更改为“必备/可选”要素(见 6.2.2、表 3) | “规范性引用文件”“术语和定义”都为可选要素(见 5.1.3、表 1) | 增强标准化文件之间文件结构的一致性 |
| | 增加了可选的规范性要素“分类和编码/系统构成”“总体原则和/或总体要求”“其他技术要素”(见 6.2.2、表 3) | 未作规定,仅以省略号“……”代表(见表 1) | 增强针对起草各类文件的适用性 |
| | 删除了要素“要求” | 在表 1 中给出了要素“要求” | 要求是“规范标准”的必备要素,在 GB/T 20001.5 中作为规范标准的必备的核心技术要素 |
| | 增加了“核心技术要素”,并作为必备要素(见 6.2.2、表 3) | 未作规定,仅以省略号“……”代表(见表 1) | 与标准的功能类型相呼应,这一要素的增加避免了标准化文件中没有一个技术要素是必备的核心要素的问题 |
| | “文件名称”“附录”不再作为文件的要素,仅作为要素的一种表述形式 | 标准名称、附录都作为文件的要素(见 5.1.3、表 1) | 类似章条的标题,名称应是文件的标题,不应是文件的要素<br>要素需要具有自己独立的功能,然而每个附录的功能都是通过在前言、引言或正文中对其进行指明时赋予的,因此附录不是具有独立功能的要素,而是其他要素中的条款在附录的表述形式 |

**附表 1-1**（续）

| 项目 | GB/T 1.1—2020 | GB/T 1.1—2009 | 变化的原因 |
|---|---|---|---|
| 层次 | 更改了“列项”的具体形式，由：<br>——后跟句号的完整句子引出后跟句号的各项；<br>——后跟冒号的文字引出后跟分号或逗号的各项<br>（见 7.5.1） | 列项应由一段后跟冒号的文字引出（见 5.2.6） | 规定的更加明确，更加符合标点符号的用法 |
| | 明确了列项符号“——”“·”所适用的列项层次：通常在第一层次列项的各项之前使用破折号“——”，第二层次列项的各项之前使用间隔号“·”（见 7.5.3） | 在列项的各项之前应使用列项符号（“破折号”或“圆点”），在一项标准的同一层次的列项中，使用破折号还是圆点应统一（见 5.2.6） | 增强文本的一致性 |
| 前言 | 更改了编写要素“前言”时不允许使用的条款类型的规定：前言不应包含要求、指示、推荐或允许型条款（见 8.3） | 前言为必备要素，不应包含要求和推荐（见 6.1.3） | 更加符合前言的资料性要素的定位 |
| 引言 | 增加了编写“引言”时需要给出的具体背景信息，以及某些条件下需要设置要素“引言”的规定：文件的某些内容涉及了专利，或者分为部分的文件的每个部分均应设置引言（见 8.4） | 原规定（见 6.1.4） | 明确了引言中需要说明的事项，进一步区分了引言与前言中表述的内容 |
| 范围 | 更改了陈述“范围”所使用的条款类型：范围应表述为一系列事实的陈述，使用陈述型条款，不应包含要求、指示、推荐和允许型条款（见 8.5.3） | 范围不应包含要求（见 6.2.2） | 更加符合范围的“界定”功能 |
| | 更改了“范围”的陈述使用的表述形式：<br>——“本文件规定了……的要求/特性/尺寸/指示”；<br>——“本文件确立了……的程序/体系/系统/总体原则”；<br>——“本文件描述了……的方法/路径”；<br>——“本文件提供了……的指导/指南/建议”；<br>——“本文件给出了……的信息/说明”；<br>——“本文件界定了……的术语/符号/界限”。<br>（见 8.5.3） | 标准化对象的陈述应使用下列表述形式：<br>——“本标准规定了……的尺寸/方法/特征。”<br>——“本标准确立了……的系统/一般原则。”<br>——“本标准给出了……的指南。”<br>——“本标准界定了……的术语。”<br>（见 6.2.2） | 调整后的表述与文件内容和文件的功能类型更加吻合 |
| 规范性引用文件 | 更改了引导语（见 8.6.2） | 原引导语（见 6.2.3） | 适应调整后的规范性引用的概念且表述得更加准确 |

**附表 1-1（续）**

| 项目 | GB/T 1.1—2020 | GB/T 1.1—2009 | 变化的原因 |
| --- | --- | --- | --- |
| 术语和定义 | 增加了对术语定义的优选结构的规定（见 8.7.3.3）<br>更改了编写“术语条目”的一些规则：抄录少量术语条目，改写所抄录的术语条目中的定义，均在“来源”中说明（见 8.7.3.4） | 未对优选结构作规定<br>重复某术语已经标准化的定义，需要标明该定义出自的标准（见 8.1.1）<br>改写已经标准化的定义，加注说明（见 6.3.2） | 进一步规范了定义的表述，术语条目“来源”的表述 |
| 符号和缩略语 | 增加了引出符号和/或缩略语清单的引导语（见 8.8.2） | 未作规定（见 6.3.3） | 增强文本的一致性 |
| 分类和编码/系统构成 | 更改了要素“分类和编码”的编写规则（见 8.9.1、8.9.3） | 未作详细规定（见 6.3.5） | 明确了分类和编码与文件中核心技术要素的关系 |
| | 增加了要素“系统构成”的编写规则（见 8.9.2、8.9.3） | 未作规定 | 明确了系统标准中要素“系统构成”编写的内容、使用的条款等 |
| 总体原则/总体要求 | 增加了要素“总体原则”“总体要求”的编写规则（见 8.10） | 未作规定 | 为文件起草者编写方向性、原则性的条款以及总体的要求提供依据及准则 |
| 核心技术要素 | 增加了要素“核心技术要素”（见 8.11）、“其他技术要素”的编写规则（见 8.12）<br>删除了“技术要素的表述” | 仅规定了名称中包含“规范”“规程”或“指南”，使用的条款类型等（见 7.1.3） | 与 GB/T 20001（所有部分）紧密衔接，针对最核心的技术内容建立规则 |
| 参考文献 | 增加了：在某些情况下需要设置参考文献的规定；参考文件不应分条的规定；列出清单可以通过描述性的标题进行分组，标题不应编号的规定（见 8.13） | 未作规定（见 6.4.2） | 更加便于操作 |
| 索引 | 规定了要素“索引”编写的具体内容（见 8.14） | 未作规定（见 6.4.3） | 更加便于操作 |
| 条款 | 将“助动词”更改为“能愿动词”（见 9.1、附录 C） | 使用“助动词”（见 7.1.2、附录 F） | 更加符合现代汉语的词类划分 |
| | 增加了指示型条款、允许型条款（见 9.1、表 C.2、表 C.4） | 将指示型条款纳入要求型条款，允许型条款纳入陈述型条款（见附录 F） | 条款类型的划分更加精细、准确 |
| | 更改了条款类型以及条款表述使用的一些能愿动词（见 9.1、附录 C） | 原助动词（见附录 F） | 选择的能愿动词更加准确 |
| | 增加了表述一般性陈述的典型用词（见表 C.7） | 未作规定（见附录 F） | 增强表述一般性陈述的一致性 |
| 附加信息 | 增加了“附加信息”的表述规则，明确了附加信息包括的内容，规定了不应使用的条款类型：不应包含要求或指示型条款，也不应包含推荐或允许型条款（见 9.2） | 未作规定 | 增强附加信息表述的规范性 |

附表 1-1（续）

| 项目 | GB/T 1.1—2020 | GB/T 1.1—2009 | 变化的原因 |
|---|---|---|---|
| 通用内容 | 增加了“通用内容”的表述规则（见 9.3） | 未作规定 | 明确了“通用内容”的定位及表述细则，增强表述的规范性 |
| 常用词的使用 | 增加了条文中常用词的使用规则（见 9.4.2） | 未作规定 | 规范了文件中经常使用的词汇，以及相关词汇与能愿动词一起使用的规则 |
| 引用 | 用“本文件……”代替“本标准”“本部分”“本标准化指导性技术文件”（见 9.5.2） | 使用“本标准”“本部分”“本标准化指导性技术文件”（见 8.1.2.1） | 简化了文件自身的称谓 |
| | 增加了注日期引用同一日历年发布不止一个版本的文件的标注规则（见 9.5.4.1.1） | 未作规定 | 适应新的变化 |
| | 更改了不注日期引用的规则：<br>——引用一个文件的所有部分时，应在文件顺序号之后标明“（所有部分）”；<br>——引用了被引用文件的具体内容，但未提及具体内容编号时，可在脚注中提示所涉及的现行文件中具体内容的编号<br>（见 9.5.4.1.2） | 未规定标明“（所有部分）”<br>未提示可加脚注进行提示<br>（见 8.1.3.3） | 文中表述更加明确<br>增强易用性 |
| | 增加了规范性引用和资料性引用的表述规则（见 9.5.4.2） | 未作规定 | 明确了文中规范性引用和资料性引用的表述形式 |
| | 增加了标明来源的方法（见 9.5.4.3） | 未作规定 | 来源的表述更加一致、醒目 |
| | 更改了被引用文件的限定条件：包括了文件的可获得性，涉及专利的处理（见 9.5.4.4.1） | 原规定（见 8.1.3.1） | 更加严谨，避免在专利处置上发生问题 |
| | 增加了不应被引用的文件的规定（见 9.5.4.4.2、9.5.4.4.3） | 未作规定 | 明确了不应引用的文件 |
| | 删除了关于部分之间引用的规则 | 在 8.1.4 中作了相应的规定 | 原规定不具备普遍性，意义不大 |
| | 更改了提示文件自身的具体内容的表述规则，明确了文中规范性提示、资料性提示使用的能愿动词（见 9.5.5） | 原规定（见 8.1.2.2） | 更加明确与规范 |
| 附录 | 更改了“附录”的表述规则，明确了：<br>——指明附录的位置；<br>——提及规范性附录的表述形式<br>（见 9.6） | 原规定（见 5.2.7、6.3.6、6.4.1.1） | 与将“附录”调整为条文的表述形式相适应，对相关规则进行调整 |
| | | 删除了关于资料性附录可包含的内容的规定（见 6.4.1.2） | 避免混淆 |

附表 1-1（续）

| 项目 | GB/T 1.1—2020 | GB/T 1.1—2009 | 变化的原因 |
| --- | --- | --- | --- |
| 图表 | 更改了“图”和“表”用法的规则（见 9.7.1、9.8.1） | 原规则（见 7.3.1、7.4.1） | 明确了“图”“表”是条文的表述形式，以及指明图、表的具体位置 |
| | 更改了图和表转页接排的表述规则（见 9.7.3、9.8.3） | 原规定（见 7.3.7、7.4.5） | 适用于多页转页接排的表述 |
| | 更改了曲线图中标引序号的使用规则（见 9.7.4.2） | 原规定（见 7.3.5） | 更加明确 |
| | 更改了表头的编写规则，允许左侧表头的形式（见 9.8.4） | 未规定左侧表头（见 7.4.4） | 适用性更加广泛 |
| 示例 | 增加了“示例”的表述规则：<br>——示例不宜单独设章或条（见 9.10.3）<br>——可将示例内容置于线框内（见 9.10.4） | 未作规定 | 示例是资料性内容，不适合在正文中作为独立的章条<br>更加清晰，避免混淆 |
| 编排格式 | 增加了条目编号上下行空的规定（见 10.3.5），表中内容的编排规定（见 10.4.2.2），区分示例的线框的规定（见 10.4.5） | 未作规定 | 更加清晰、规范 |

# 附录二

# GB/T 1.2—2020与GB/T 20000.2—2009相比的主要变化

GB/T 1.2—2020《标准化工作导则　第2部分：以ISO/IEC标准化文件为基础的标准化文件起草规则》以ISO/IEC指南21:2005《区域标准或国家标准采用ISO/IEC标准和其他标准化文件》为基础起草，从指导我国国家标准化文件起草的实际出发，将GB/T 20000.2—2009《标准化工作指南　第2部分：采用国际标准》和GB/T 20000.9—2014《标准化工作指南　第9部分：采用其他国际标准化文件》整合修订为一个标准化文件。由于GB/T 20000.2和GB/T 20000.9仅是标准化对象不同，在文本结构、技术内容及表述上基本相同，因此仅将GB/T 1.2与GB/T 20000.2中的规定进行比较，便可清楚地获悉本次修订的主要内容。GB/T 1.2与GB/T 20000.2相比，整体的变化如下所述。以ISO和/或IEC标准化文件为基础起草时涉及的具体变化对照情况见附表2-1。

## 一、明确区分了有关概念

GB/T 1.2—2020明确区分了“以ISO和/或IEC标准化文件为基础起草”和“采用”的概念，根据ISO/IEC指南21的规定，“以ISO和/或IEC标准化文件为基础起草”包括一致性程度为等同、修改或非等效三种情况，“采用”仅包括一致性程度为等同或修改的情况。

## 二、重新界定了适用范围

随着版权意识的不断提高，GB/T 1.2—2020对文件的适用范围进行了重新界定。

第一，将适用的我国标准严格限定为国家标准化文件，将依据的国际标准确定为ISO和/或IEC标准化文件。因为ISO/IEC指南21规定的是其成员国采用ISO和/或IEC标准化文件作为国家标准化文件，而不是其他层次的标准化文件。此外，ISO/IEC指南21也并不涉及采用除ISO和IEC以外的其他组织发布的标准化文件的情况。因此，对于我国来说，只有国家层次的标准化文件才可以采用ISO和/或IEC标准化文件，这样才符合ISO、IEC的相关规定。

第二，明确了以其他组织发布的标准化文件为基础起草时，需要根据相应组织的版权和采用政策参考使用。因为通常每个组织都会有各自的版权政策，在未获得相应组织版权使用权授予的情况下，以其发布的标准化文件为基础起草，将有可能发生版权纠纷。此外，在获得版权使用权授予的前提下，还需要了解这些组织的采用政策。如果该组织已有自己的采用政策，则需要遵守其政策；如果该组织没有自己的采用政策但是不反对使用ISO和IEC的采用政策，才可以参考使用GB/T 1.2。

## 三、适当调整了“等同”的含义

与GB/T 20000.2—2009相比，GB/T 1.2—2020对“等同”的含义做了适当调整。

第一，增加了一致性程度为“等同”时“允许的结构调整”这一特殊情况。起草以ISO和/或

IEC 标准化文件(2016 年以前发布的)为基础的国家标准化文件时,可能会产生国家标准化文件章条编号顺延的情况,具体见本书第七章第二节“一”中的(一)。考虑到章条编号的顺延是由于 ISO 和 IEC 标准化文件编写规则的不断更新产生的,未来随着标准化文件的修订(或废止)会逐步消失,因此将其作为“允许的结构调整”,允许的结构调整不影响一致性程度为“等同”的判定。

第二,最小限度的编辑性改动中:

——增加了要素“规范性引用文件”中文件清单的变化、要素“术语和定义”中注的更改、要素“参考文献”中文件清单的变化,具体原因见本书第七章第二节“一”中的(一);

——删除了“使用不同计量单位制时增加单位换算内容”的这一情况,因为当前我国的计量单位与 ISO 和 IEC 规定是一致的,不存在使用不同计量单位的情况。

## 四、调整了文件的结构

与 GB/T 20000.2—2009 相比,GB/T 1.2—2020 的结构做了较大的调整。这些结构调整主要表现在将 GB/T 20000.2 的以不同事项为主的结构,包括采用方法、技术差异和编辑性改动的表述和标示、编号方法、一致性程度的标示方法等,调整为以起草过程中需要逐一确定的方面为主的结构,包括总体原则和要求、起草步骤、要素的编写、附录的编写等。调整后的文本结构,逻辑上更加清晰,极大地方便了以 ISO 和 IEC 标准化文件为基础的文件编制人员对于 GB/T 1.2 的应用。

**附表 2-1　GB/T 1.2—2020 与 GB/T 20000.2—2009 相比主要技术变化对照表**

| 项目 | GB/T 1.2—2020 | GB/T 20000.2—2009 | 变化的原因 |
| --- | --- | --- | --- |
| 以 ISO 和/或 IEC 标准化文件为基础起草时的总体原则和要求 | 增加了遵守 ISO、IEC 有关“专利”政策的情况(见 5.1) | 仅规定了遵守 ISO、IEC 有关其出版物的版权、版权使用权和销售的政策文件的情况(见 5.1.1) | 更加全面、严谨 |
| | 将等同原则更改为结合国情等同的原则,即“在结合国情的基础上尽可能使一致性程度为‘等同’”(见 5.3) | 等同原则,即“尽可能等同采用国际标准”(见 5.1.3) | 更符合我国国情 |
| | 更改了“起草为相应类型国家标准化文件”的有关原则:<br>——将“相似类型的我国文件”明确为“相应类型的国家标准化文件”,包括国家标准和国家标准化指导性技术文件;<br>——细化了具体标准化文件的对应类型<br>(见 5.4) | 采用为与国际文件相似类型的我国文件(见 5.1.2) | 更加明确、便于操作 |
| | 增加了“起草为一一对应的国家标准化文件”这一原则(见 5.5) | 未作规定 | 促进与 ISO 和/或 IEC 标准化文件体系协调,便于文件技术内容的对比,促进相互理解和交流 |
| | 更改了某些 ISO 和/或 IEC 标准化文件中有关助动词的翻译(见附录 A) | 见附录 E | 符合 GB/T 1.1—2020 的规定 |

附表 2-1（续）

| 项目 | GB/T 1.2—2020 | GB/T 20000.2—2009 | 变化的原因 |
| --- | --- | --- | --- |
| 以 ISO 和/或 IEC 标准化文件为基础的起草步骤 | 增加了“起草步骤”一章，具体起草步骤为：<br>a) 翻译 ISO 和/或 IEC 标准化文件；<br>b) 研究并评估技术内容；<br>c) 改变相应的内容；<br>d) 判定一致性程度；<br>e) 编写要素和附录<br>（见第 6 章） | 未作规定 | 起草步骤有据可依，更符合我国实际，并且更具可操作性 |
| 规范性要素中引用文件的替换 | 增加了引用文件的替换原则：对于 ISO 和/或 IEC 标准化文件中引用的国际文件，可以用适用的我国标准化文件替换（见 7.5.1.1） | 根据不同的一致性程度，使用不同的引用文件替换规则（见 6.2） | 引用文件的替换，不需要首先预设一致性程度，而是根据我国国情，仅以是否适用作为是否替换的原则，以提高采用后的国家标准化文件的适用性、可用性 |
| | 增加了引用文件替换后产生的结果及其相应的处理方式（见 7.5.1.2 和 7.5.1.3），包括条款中引用文件的替换和附加信息中引用文件的替换 | 未作规定 | 清楚获悉引用文件的处理方式，以及该处理方式是否产生技术差异或最小限度编辑性改动之外的编辑性改动，对于一致性程度的判断非常重要 |
| 规范性要素中技术内容变化的标示 | 针对修改采用 ISO 和/或 IEC 标准化文件并且存在较多技术差异的情况，在对应有技术差异条款的外侧用垂直单线“\|”标示时，增加了标示的具体位置和示例（见 7.5.2.1） | 未作规定 | 规定更加全面、明确，可以清楚了解不同情况下的标示位置 |
| 前言的编写 | 明确了不同一致性程度下，在“文件与国际文件关系的说明”处应陈述的内容及其顺序（见 7.2.1.2） | 未作规定 | 明晰了应陈述的内容以及陈述的顺序，更具可操作性 |
| | 明确了一致性程度为等同时，需要陈述的内容及顺序：<br>a) 与对应的 ISO 和/或 IEC 标准化文件的一致性程度类别、该 ISO 和/或 IEC 标准化文件的编号及其中文译名；<br>b) 文件类型的改变；<br>c) 允许的结构调整；<br>d) 需要陈述的最小限度的编辑性改动，包括：改变标准化文件名称、纳入 ISO 和/或 IEC 标准化文件修正案和/或技术勘误的内容、增加附加信息和资料性附录<br>（见 7.2.2） | 一致性为等同时，需要陈述的内容为：<br>a) 四类最小限度编辑性改动（见 6.1.3），包括纳入国际标准修正案或技术勘误的内容、改变标准名称、增加资料性附录、增加单位换算的内容；<br>b) 规范性引用时保留引用的国际文件与我国文件的一致性对应关系（见 8.3.2） | 根据实际中可能遇到的状况，调整并确定了具体应陈述的内容及顺序，增强了可操作性、规范性 |

**附表 2-1**（续）

<table>
<tr><th>项目</th><th>GB/T 1.2—2020</th><th>GB/T 20000.2—2009</th><th>变化的原因</th></tr>
<tr><td rowspan="2">前言的编写</td><td>需要注意的是，应陈述的内容中：<br>a） 增加了文件类型的改变；<br>b） 增加了允许的结构调整；<br>c） 更改了需要陈述的最小限度编辑性改动的内容；<br>d） 删除了规范性引用时保留引用的国际文件与我国文件的一致性对应关系</td><td></td><td>根据实际中可能遇到的状况，调整并确定了具体应陈述的内容及顺序，增强了可操作性、规范性</td></tr>
<tr><td>明确了一致性程度为修改时，需要陈述的内容及顺序：<br>a） 与对应的 ISO 和/或 IEC 标准化文件的一致性程度类别、该 ISO 和/或 IEC 标准化文件的编号及其中文译名；<br>b） 文件类型的改变；<br>c） 允许的结构调整；<br>d） 结构调整；<br>e） 技术差异及其原因；<br>f） 编辑性改动，包括需要陈述的最小限度的编辑性改动（见上文）和其他编辑性改动<br>（见 7.2.3）<br>需要注意的是，应陈述的内容中：<br>a） 增加了文件类型的改变；<br>b） 增加了允许的结构调整；<br>c） 增加了正文页边空白处有垂直单线标示时，陈述技术差异及其原因的句式；<br>d） 更改了需要陈述的最小限度编辑性改动</td><td>一致性程度为修改时，需要陈述：<br>a） 技术差异及其原因（见 6.1.1）；<br>b） 结构调整（见 6.1.2）；<br>c） 上述的四类最小限度编辑性改动和其他编辑性改动（见 6.1.3）</td><td>根据实际中可能遇到的状况，调整并确定了具体应陈述的内容及顺序，增强了可操作性、规范性</td></tr>
<tr><td>规范性引用文件的编写</td><td>一致性程度为等同时（见 7.4.2），对于用国家标准化文件替换引用的 ISO 和/或 IEC 标准化文件，且两者有一致性对应关系的情况，增加了编写规则：<br>对于注日期引用文件之间的替换，若替换文件的一致性对应关系为“修改”或“非等效”，并且两个文件被引用的内容没有技术上的差异时，在“注”中予以说明</td><td>一致性程度为等同时，规定了对于注日期引用文件之间的替换，且替换文件的一致性对应关系为“等同”的标示方法（见 6.2.1 和 8.3.2）</td><td>更加全面、严谨，并且在“注”中说明替换的两个文件之间的关系，更加醒目、便于查找</td></tr>
</table>

附表 2-1（续）

| 项目 | GB/T 1.2—2020 | GB/T 20000.2—2009 | 变化的原因 |
|---|---|---|---|
| 规范性引用文件的编写 | 一致性程度为修改时（见 7.4.2），对于用国家标准化文件替换引用的 ISO 和/或 IEC 标准化文件，且两者有一致性对应关系的情况：<br>a) 增加了编写规则：对于注日期引用文件之间的替换，若替换文件的一致性对应关系为“修改”或“非等效”，并且两个文件被引用的内容没有技术上的差异时，在“注”中予以说明；<br>b) 更改了标示的位置：对于不注日期引用文件的所有部分的替换，在相应的“注”中（而不是前言中）标示现行有效的国家标准化文件各部分与 ISO 和/或 IEC 标准化文件各部分之间的一致性程度标识 | 一致性程度为修改时，规定了注日期引用文件替换的标示方法、不注日期引用文件替换的标示方法，并且对不注日期引用文件的所有部分的替换，规定在相应前言中标示一致性程度标识（见 8.3.3） | 更加全面、严谨，并且在“注”中说明替换的两个文件之间的关系，更加醒目、便于查找 |
| | 一致性程度为等同时（见 7.4.2），对于保留引用的 ISO 和/或 IEC 标准化文件的情况，若存在有一致性对应关系的国家标准化文件：<br>a) 更改了标示的位置：在相应的“注”（而不是前言中）标示一致性程度；<br>b) 增加了编写规则：对于注日期的 ISO 和/或 IEC 标准化文件，不论存在的国家标准化文件对应的是否为当前版本的 ISO 和/或 IEC 标准化文件（而不是仅针对当前版本），均应在国家标准化文件名称后的括号中标示一致性程度标识；<br>c) 增加了编写规则：对于不注日期的 ISO 和/或 IEC 标准化文件，在现行有效的国家标准化文件名称后的括号中标示一致性程度标识 | 一致性程度为等同时，对于保留引用的国际文件，存在有一致性对应关系的国家文件时，两个文件的一致性程度的标示位置为前言，具体的标示规则中规定了保留引用的国际文件的标示方法，以及保留引用的国际文件的所有部分的标示方法（见 6.2.1 和 8.3.2） | 规定更加全面，并且在“注”中说明保留的 ISO 和/或 IEC 标准化文件与我国国家标准化文件的一致性对应关系，更加便于文件使用者查询、参考 |
| | 一致性程度为修改时（见 7.4.2），对于保留引用的 ISO 和/或 IEC 标准化文件的情况，增加了存在有一致性对应关系的国家标准化文件时的编写规则 | 未作规定 | 规定更加全面，并且在“注”中说明保留的 ISO 和/或 IEC 标准化文件与我国国家标准化文件的一致性对应关系，更加便于文件使用者查询、参考 |

**附表 2-1**（续）

| 项目 | GB/T 1.2—2020 | GB/T 20000.2—2009 | 变化的原因 |
|---|---|---|---|
| 参考文献的编写 | 增加了参考文献的一些编写规则：<br>——重新编写要素“参考文献”中的文件清单；<br>——要素“规范性引用文件”的“注”中给出的资料性引用文件，可不列入参考文献的文件清单<br>（见 7.6） | 参考文献的编写规则为：<br>（见 6.2.4）<br>——与国际文件有一致性对应关系的我国文件，可不标示与国际文件的一致性程度标识；<br>——对于保留的参考文献中的国际文件的英文名称，不必译成中文<br>（见 6.2.4） | 更加全面、明确 |
| 附录的表述 | 当将前言中结构调整情况或技术差异及其原因移作附录时，增加了表述规则：<br>——分别形成表格；<br>——将结构调整情况形成表格时，宜按全部国家标准化文件结构编号的顺序给出对应的 ISO 和/或 IEC 标准化文件结构编号<br>（见 8.3） | 未作规定 | 更具可操作性 |

# 附录三

# 编写标准化文件常用的基础标准化文件目录

## 一、标准化原理和方法

GB/T 1.1 标准化工作导则 第1部分:标准化文件的结构和起草规则(GB/T 1.1—2020, ISO/IEC Directives, Part 2, 2018, NEQ)

GB/T 1.2 标准化工作导则 第2部分:以ISO/IEC标准化文件为基础的标准化文件起草规则(GB/T 1.2—2020, ISO/IEC Guide 21:2005, NEQ)

GB/T 20000.1 标准化工作指南 第1部分:标准化和相关活动的通用术语(GB/T 20000.1—2014, ISO/IEC Guide 2:2004, MOD)

GB/T 20000.3 标准化工作指南 第3部分:引用文件

GB/T 20000.6 标准化活动规则 第6部分:良好实践指南

GB/T 20000.7 标准化工作指南 第7部分:管理体系标准的论证和制定(GB/T 20000.7—2006, ISO Guide 72:2001, MOD)

GB/T 20000.8 标准化工作指南 第8部分:阶段代码系统的使用原则和指南(GB/T 20000.8—2014, ISO Guide 69:1999, MOD)

GB/T 20000.10 标准化工作指南 第10部分:国家标准的英文译本翻译通则

GB/T 20000.11 标准化工作指南 第11部分:国家标准的英文译本通用表述

GB/T 20001.1 标准起草规则 第1部分:术语

GB/T 20001.2 标准编写规则 第2部分:符号标准

GB/T 20001.3 标准编写规则 第3部分:分类标准

GB/T 20001.4 标准编写规则 第4部分:试验方法标准

GB/T 20001.5 标准编写规则 第5部分:规范标准

GB/T 20001.6 标准编写规则 第6部分:规程标准

GB/T 20001.7 标准编写规则 第7部分:指南标准

GB/T 20001.8 标准起草规则 第8部分:评价标准

GB/T 20001.10 标准编写规则 第10部分:产品标准

GB/T 20001.11 标准编写规则 第11部分:管理体系标准

GB/T 20002.1 标准中特定内容的起草 第1部分:儿童安全(GB/T 20002.1—2008, ISO/IEC Guide 50:2002, IDT)

GB/T 20002.2 标准中特定内容的起草 第2部分:老年人和残疾人的需求(GB/T 20002.2—2008, ISO/IEC Guide 71:2001, IDT)

GB/T 20002.3 标准中特定内容的起草 第3部分:产品标准中涉及环境的内容

(GB/T 20002.3—2014, ISO Guide 64:2008, MOD)

GB/T 20002.4 标准中特定内容的起草 第4部分:标准中涉及安全的内容(GB/T 20002.4—2015, ISO/IEC Guide 51:2014, MOD)

GB/T 20002.6 标准中特定内容的编写指南 第6部分:涉及中小微型企业需求

GB/T 20003.1 标准制定的特殊程序 第1部分:涉及专利的标准

GB/T 20004.1 团体标准化 第1部分:良好行为指南

GB/T 20004.2 团体标准化 第2部分:良好行为评价指南

## 二、标准化术语

GB/T 2900(所有部分) 电工术语(其中某些部分与IEC 60050的某些部分有一致性程度对应关系)

GB/T 5271(所有部分) 信息技术 词汇

GB/T 14733(所有部分) 电信术语(其中某些部分与IEC 60050的某些部分有一致性程度对应关系)

GB/T 27000 合格评定 词汇和通用原则(GB/T 27000—2023, ISO/IEC 17000:2020, IDT)

ISO/IEC 2382(所有部分) 信息技术 词汇

ISO/IEC 指南 99 国际计量学词汇 基础和通用概念及相关术语(VIM)

IEC 60050(所有部分) 国际电工词汇

注:相关信息可在 http://www.electropedia.org 获得。

## 三、术语的原则和方法

GB/T 10112 术语工作 原则与方法(GB/T 10112—2019, ISO 704:2009, IDT)

ISO 10241-1 标准中的术语条目 第1部分:通用要求及表述示例

## 四、量、单位及其符号

GB 3100 国际单位制及其应用

GB/T 3101 有关量、单位和符号的一般原则

GB/T 3102(所有部分) 量和单位

ISO 80000(所有部分) 量和单位

IEC 60027(所有部分) 电工技术用字母符号

IEC 80000(所有部分) 量和单位

## 五、符号、代号和缩略语

GB/T 2659 世界各国和地区名称代码(GB/T 2659—2000, eqv ISO 3166-1:1997)

GB/T 4880(所有部分) 语种名称代码(其中某些部分与ISO 639的某些部分有一致性程度对应关系)

GB/T 23829 辞书条目XML格式(GB/T 23829—2009, ISO 1951:2007, IDT)

## 六、参考文献

GB/T 7714　信息与文献　参考文献著录规则（GB/T 7714—2015，ISO 690:2010，NEQ）

## 七、技术制图和图表

GB/T 4457.2　技术制图　图样画法　指引线和基准线的基本规定（GB/T 4457.2—2003，ISO 128-22:1999，IDT）

GB/T 4457.4　机械制图　图样画法　图线（GB/T 4457.4—2002，ISO 128-24:1999，MOD）

GB/T 4458（所有部分）　机械制图

GB/T 5094.1　工业系统、装置与设备以及工业产品　结构原则与参照代号　第1部分：基本规则（GB/T 5094.1—2018，IEC 81346-1:2009，IDT）

GB/T 5094.2　工业系统、装置与设备以及工业产品　结构原则与参照代号　第2部分：项目的分类与分类码（GB/T 5094.2—2018，IEC 81346-2:2009，IDT）

GB/T 6988.1　电气技术用文件的编制　第1部分：规则（GB/T 6988.1—2024，IEC 61082-1:2014，IDT）

GB/T 14691（所有部分）　技术产品文件　字体（其中某些部分与ISO 3098的某些部分有一致性程度对应关系）

GB/T 16679　工业系统、装置与设备以及工业产品　信号代号（GB/T 16679—2009，IEC 61175:2005，IDT）

GB/T 17450　技术制图　图线（GB/T 17450—1998，ISO 128-20:1996，IDT）

GB/T 17453　技术制图　图样画法　剖面区域的表示法（GB/T 17453—2005，ISO 128-50:2001，IDT）

GB/T 18686　技术制图　CAD系统用图线的表示（GB/T 18686—2002，ISO 128-21:1997，IDT）

ISO 128（所有部分）　技术制图　一般表示原则

ISO 129（所有部分）　技术制图　尺寸标注

ISO 3098（所有部分）　技术产品文件编制　字体

ISO 6433　技术制图　项目标记

ISO 14405（所有部分）　产品几何技术规范　尺寸公差

## 八、技术文件编制

GB/T 17564（所有部分）　电气元器件的标准数据元素类型和相关分类模式（其中某些部分与IEC 61360的某些部分有一致性程度对应关系）

IEC 61355-1　设施、系统和设备用文件的分类及代号　第1部分：规则和分类表

IEC 61360（所有部分）　电气元器件的标准数据元素类型和相关分类模式

其他有关技术文件编制的国家标准化文件见国家标准化文件目录。

## 九、图形符号、公共信息符号和安全标志

GB/T 2893（所有部分）　图形符号　安全色和安全标志[ISO 3864（所有部分）]

GB/T 4728(所有部分)　电气简图用图形符号(与 IEC 60617 有一致性程度对应关系)

GB/T 5465(所有部分)　电气设备用图形符号(与 IEC 60417 有一致性程度对应关系)

GB/T 7291　图形符号　基于消费者需求的技术指南(GB/T 7291—2008，ISO/IEC Guide 74:2004，MOD)

GB/T 10001(所有部分)　公共信息图形符号(其中某些部分与 ISO 7001 有一致性程度对应关系)

GB/T 16273(所有部分)　设备用图形符号(其中某些部分与 ISO 7000 有一致性程度对应关系)

GB/T 16900　图形符号表示规则　总则

GB/T 16900.2　图形符号表示规则　第 2 部分:理解度测试方法(GB/T 16900.2—2020，ISO 9186-1:2014，MOD)

GB/T 16900.4　图形符号表示规则　第 4 部分:对象相关性测试方法(GB/T 16900.4—2020，ISO 9186-3:2014，MOD)

GB/T 16901.1　技术文件用图形符号表示规则　第 1 部分:基本规则(GB/T 16901.1—2008，ISO 81714-1:1999，MOD)

GB/T 16901.2　技术文件用图形符号表示规则　第 2 部分:图形符号(包括基准符号库中的图形符号)的计算机电子文件格式规范及其交换要求(GB/T 16901.2—2013，IEC 81714-2:2006，MOD)

GB/T 16902(所有部分)　设备用图形符号表示规则(其中某些部分与 ISO 80416 的某些部分有一致性程度对应关系)

GB/T 16903　标志用图形符号表示规则　公共信息图形符号的设计原则与要求(GB/T 16903—2021，ISO 22727:2007，NEQ)

GB/T 16903.3　标志用图形符号表示规则　第 3 部分:感知性测试方法(GB/T 16903.3—2013，ISO 9186-2:2008，MOD)

GB/T 20063(所有部分)　简图用图形符号[ISO 14617(所有部分)]

GB/T 23371(所有部分)　电气设备用图形符号基本规则(其中某些部分与 IEC 80416 的某些部分有一致性程度对应关系)

GB/T 31523.1　安全信息识别系统　第 1 部分:标志(GB/T 31523.1—2015，ISO 7010:2011，MOD)

## 十、极限、配合和表面特性，尺寸公差和测量不确定度

有关极限、配合和表面特性与有关尺寸公差和测量不确定度的国家标准化文件见国家标准化文件目录。

## 十一、优先数

GB/T 321　优先数和优先数系(GB/T 321—2005，ISO 3:1973，IDT)

GB/T 2471　电阻器和电容器优先数系(GB/T 2471—2024，IEC 60063:2015，IDT)

GB/T 19763　优先数和优先数系的应用指南(GB/T 19763—2005，ISO 17:1973，IDT)

GB/T 19764　优先数和优先数化整值系列的选用指南(GB/T 19764—2005，ISO 497:

1973, IDT)

IEC 指南 103　尺寸配合指南

## 十二、统计方法

GB/T 3358(所有部分)　统计学词汇及符号(其中某些部分与 ISO 3534 的某些部分有一致性程度对应关系)

GB/T 27418　测量不确定度评定和表示(GB/T 27418—2017, ISO/IEC Guide 98-3: 2008, MOD)

ISO 3534(所有部分)　统计学　词汇和符号

其他有关统计方法的国家标准化文件见国家标准化文件目录。

## 十三、环境条件及相关试验

IEC 指南 106,规定设备性能等级的环境条件的指南

其他有关环境条件及相关试验的国家标准化文件见国家标准化文件目录。

## 十四、健康和安全

GB/T 16499　电工电子安全出版物的编写及基础安全出版物和多专业共用安全出版物的应用导则(GB/T 16499—2017, IEC Guide 104:2010, NEQ)

## 十五、化学

ISO 78-2　化学　标准的编排　第 2 部分:化学分析方法

## 十六、电磁兼容(EMC)

GB/Z 18509　电磁兼容　电磁兼容标准起草导则(GB/Z 18509—2016, IEC Guide 107: 2009, NEQ)

## 十七、符合性和质量

GB/T 19000　质量管理体系　基础和术语(GB/T 19000—2016, ISO 9000:2015, IDT)

GB/T 19001　质量管理体系　要求(GB/T 19001—2016, ISO 9001:2015, IDT)

GB/T 19004　追求组织的持续成功　质量管理方法(GB/T 19004—2011, ISO 9004: 2009, IDT)

GB/T 27050.1　合格评定　供方的符合性声明　第 1 部分:通用要求(GB/T 27050.1—2006, ISO/IEC 17050-1:2004, IDT)

GB/T 27050.2　合格评定　供方的符合性声明　第 2 部分:支持性文件(GB/T 27050.2—2006, ISO/IEC 17050-2:2004, IDT)

GB/T 27023　第三方认证制度中标准符合性的表示方法(GB/T 27023—2008, ISO/IEC Guide 23:1982, IDT)

## 十八、环境管理

GB/T 24040　环境管理　生命周期评价　原则与框架(GB/T 24040—2008, ISO 14040:

2006，IDT)

GB/T 24044　环境管理　生命周期评价　要求与指南(GB/T 24044—2008，ISO 14044:2006，IDT)

## 十九、包装、防护和储存

有关包装、防护和储存的国家标准化文件见国家标准化文件目录。

## 二十、消费者问题

GB/T 5296.1　消费品使用说明　第1部分:总则(GB/T 5296.1—2012，ISO/IEC Guide 37:1995，MOD)

GB/T 21737　为消费者提供产品及相关服务的信息(GB/T 21737—2022，ISO/IEC Guide 14:2018，MOD)

GB/T 24620　服务标准制定导则　考虑消费者需求(GB/T 24620—2022，ISO/IEC Guide 76:2020，IDT)

ISO/IEC 指南 41　包装涉及消费者需求的建议

ISO/IEC 指南 46　消费品和相关服务的比较试验　总则

## 二十一、可达性

ISO 17069　无障碍设计　无障碍会议的考虑和辅助产品

## 二十二、可持续性

GB/T 20877　电子电气产品标准中引入环境因素的指南(GB/T 20877—2016，IEC Guide 109:2012，MOD)

GB/T 33719　标准中融入可持续性的指南(GB/T 33719—2017，ISO Guide 82:2014，MOD)

# 附录四

# 标准编排格式示例

标准编排格式示例如下。

ICS XX.XX
CCS X XX

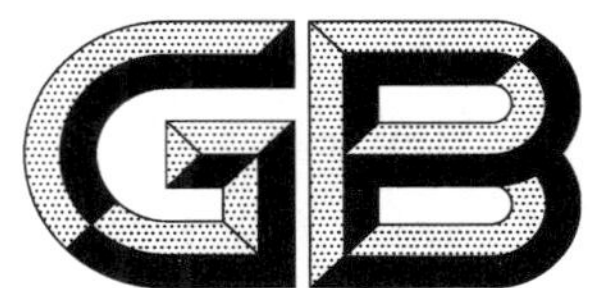

# 中华人民共和国国家标准

GB/T XXXXX.1—20XX
代替 GB/T XXXXX.1—2013

---

# ×××××××
# 第1部分:××××××××××

××××××××××××××××××××××××—
Part 1:××××××××××××××××××××××××××××××××××

(ISO XXXXX-1:20XX,×××××××××××××××××××××××××××—
Part 1:××××××××××××××××××××××××××××××××××,MOD)

20XX-XX-XX 发布 20XX-XX-XX 实施

国家市场监督管理总局
国家标准化管理委员会 发布

# 目　次


前言 …… X

引言 …… X

1　范围 …… X

2　规范性引用文件 …… X

3　术语和定义 …… X

4　符号 …… X

5　××××× …… X

　5.1　×××××××× …… X

　5.2　××××××× …… X

　5.3　×××× …… X

6　×××××× …… X

　6.1　××××× …… X

　6.2　××××× …… X

　6.3　×××××××× …… X

　6.4　×××××× …… X

　6.5　×××××××××× …… X

7　××××× …… XX

　7.1　×××××××× …… XX

　7.2　××××× …… XX

附录A（资料性）　××××× …… XX

附录B（规范性）　×××××××××××××× …… XX

　B.1　×××× …… XX

　B.2　×××××× …… XX

附录C（资料性）　××××××××××× …… XX

　C.1　××××× …… XX

　C.2　×××××× …… XX

参考文献 …… XX

索引 …… XX

图X　××××××××× …… X

图B.X　×××××× …… XX

表X　××××××××××× …… X

表C.X　×××××× …… XX

# 前　言

本文件按照 GB/T 1.1—2020《标准化工作导则　第 1 部分:标准化文件的结构和起草规则》的规定起草。

本文件是 GB/T XXXXX《××××××》的第 1 部分。GB/T XXXXX 已经发布了以下部分:

——第 1 部分:×××××××××××××;

——第 2 部分:×××××××××。

本文件代替 GB/T XXXXX.1—2013《××××××　第 1 部分:×××××××××》,与 GB/T XXXXX.1—2013 相比,除结构调整和编辑性改动外,主要技术变化如下:

——增加了××××××××(见 X.X.X);

——更改了×××××××××××××(见 X.X.X,2013 年版的 X.X.X);

——删除了×××××××××××××(见 2013 年版的 X.X.X);

——增加了×××××××××(见附录 X)。

…………

本文件修改采用 ISO XXXXX-1:20XX《××××××　第 1 部分:××××××××××》。

本文件与 ISO XXXXX-1:20XX 相比做了下述结构调整:

——第 5 章对应 ISO XXXXX-1:20XX 中的第 5 章和第 6 章,其中 5.1 对应 ISO XXXXX-1:20XX 中的第 5 章,5.2 对应 ISO XXXXX-1:20XX 中的第 6 章;

…………

本文件与 ISO XXXXX-1:20XX 的技术差异及其原因如下:

——增加了×××××××××××(见 X.X)×××××××××××;

——用规范性引用的 GB/T XXXXX—20XX 替换了 ISO XXXXX:20XX(见 X.X),两个文件之间的一致性程度为修改,××××××××××××××××××××;

——删除了××××××××××××,×××××××××××;

——更改了××××××××××××××××(见 X.X.X),×××××××××××××;

…………

本文件做了下列编辑性改动:

——用资料性引用的 GB/T ××××替换了 ISO XXXX(见第 X 章);

——在附录 A 中,删除 ISO XXXXX-1:20XX 的资料性附录 A 中的 A.X.X;

——删除 ISO XXXXX-1:20XX 的资料性附录 C“×××××”;

——增加了资料性附录 C“××××××××××”。

本文件由全国×××××××××标准化技术委员会(SAC/TC XXX)归口。

本文件起草单位:中国×××研究院、中国×××××标准化研究所、×××××××××××××、×××××××××××××××、××××××××××××××。

本文件主要起草人:×××、×××、××、×××、××、×××。

本文件于 1988 年 4 月首次发布,1995 年 1 月第一次修订,2003 年 11 月第二次修订,2008 年 9 月为第三次修订,2013 年为第四次修订。

# 引　　言

××××××××××××××××××××××××××××××××××××××××××××××××××××××××××××××××××××××××××××××××××××××××××××××××××××××××××××××××××××××××××××××××××。GB/T XXXXX 旨在××××××××××××××××××××××,拟由三个部分构成。

——第 1 部分:××××××××××××××××。

——第 2 部分:××××××××××××××××××××。

——第 3 部分:××××××××××××××××××××。

××××××××××××××××××××××××××××××××××××××××××××××××××××××××××××××××××××××××××××××××××××××××。

××××××××××××××××××××××××××××××××××××××××××××××××××××××××××××××××××××××××××××××××××××××××××××××××××××××××××××××××××××××××××××××××××××××××××××××××××××××××××××××××××××××××××。

…………

# ×××××××
# 第1部分：××××××××××

## 1 范围

本文件界定/确立/描述/规定/提供了××××××××××××××××××××××××××××××××××××××××××××××××××××××××××××××××××××××××××××××××××××××××××××××××××××××××××××。

本文件适用于×××××××××××××××××××××××××××××××××××××××××××××××××××××××××××××××××××××××。

## 2 规范性引用文件

下列文件中的内容通过文中的规范性引用而构成本文件必不可少的条款。其中，注日期的引用文件，仅该日期对应的版本适用于本文件；不注日期的引用文件，其最新版本(包括所有的修改单)适用于本文件。

GB/T XXX　××××××××××××××××(GB/T XXX—XXXX，ISO XXXX：XXXX，IDT)

GB/T XXXX　××××××××××××(GB/T XXXX—XXXX，ISO XXXX：XXXX，MOD)

GB/T XXXXX.1—XXXX　××××××××　第1部分：××××××××××××××××××××××××(ISO XXXXX-1：XXXX，MOD)

注：GB/T XXXXX.1—XXXX 被引用的内容与 ISO XXXXX-1：XXXX 被引用的内容没有技术上的差异。

## 3 术语和定义

下列术语和定义适用于本文件。

3.1

**×××××**　×××××××

××××××××××××××××××××××××××××××××××××××××××××××××××××××××××××××××××。

注：××××××××××××××××××××××××××××××××××××××××××××××××××××××××××××××××××××××××××。

3.2

**×××**　×××××

×××××××××××××××××××××××××××××××××××××××××××××××××××××××××××××××××××××××××××××××××××××××××××××××××××××××××××。

3.3

**××××××** ×××××；×××××××

××××××××××××××××××××××××××××××××××××××

×××××××××××××××××××××××××××××××××。

[来源：GB/T XXXXX—20XX，X.X]

## 4 符号

下列符号适用于本文件。

$b$ ——××××××××××××。

$D$ ——×××××××。

$d$ ——××××××。

$d_e$ ——×××××××××。

$m_d$ ——×××××××××××××××。

$m_1$ ——××××××××××。

$s$ ——×××××××××××××××××××××。

## 5 标题

### 5.1 标题

**5.1.1** ×××××××××××××××××××××××××××××××××××××
××××××××××××××××××××××××××××××××××××××××
××××××××××××××××××××××××××××××××[1)]。

**5.1.2** ×××××××××××××××××××××××××××××××××××××
××××××××××××××××××××××××××××××××××××××××
××××××。

注：×××××××××××××××××××××××××××××××××××××××××××××
×××××××××××××××××××××。

### 5.2 标题

××××××××××××××××××××××××××××××××××××××
××××××××××××××××××××××××××××××××。

×××××××××××××××××××××。

a) ××××××××××××××××××××××××××××××××××××
×××××××××××××××××××。

b) ××××××××××××××××××××××××××：

1) ×××××××××××××××××××××××××××××××××；

1) ×××××××××××××××××××××××××××××××××××××××××。

2）××××××××××××××××××××××××××××××××××××××××××××××××××××××××××××××××××××××××××××。

### 5.3 标题

××××××××××××××××××××××××××××××××××××××××××××××××××××××××××××××××××××××××××××××××××××××××××××××××××××××××××××××××××××××××××××××××××××××××××××××××××××××××××××××××××××××××××××××××××××××××××应符合表×中的规定。

**表×　表题**

单位为毫米

| 类型 | 长度 | 内圆直径 | 外圆直径 |
|---|---|---|---|
|  | $l_1$[a] | $d_1$ |  |
|  | $l_2$ | $d_2$[b] |  |
| 段（可包含要求）<br>**注 1**：表注的内容<br>**注 2**：表注的内容 | | | |
| [a] 表的脚注的内容<br>[b] 表的脚注的内容 | | | |

## 6 标题

### 6.1 标题

#### 6.1.1 标题

××××××××××××××××××××××××××××××××××××××××××××××××××××××××××××××××××××××××××××××××××××××××××××××[2)]。

#### 6.1.2 标题

×××××××××××××××××××××××××××××××××××××××××××××××××××××××。

**注 1**：××××××××××××××××××××××××××××××××××××××××××××××××××××××××××××××××××××××××××。

**注 2**：××××××××××××××××××××××××××××××××××。

2）×××××××××××××××××××××××××××××××××××××××××××××××××××××××××××××××××××××××××××××××××××××。

## 6.2 标题

××××××××××××××××××××××××××××××××××××××××××××××××××××××××××××××××××××××××××××××××××××××××××××××××××××××××××××××××××。

**注 1**：×××××××××××××××××××××××××××××××××××××。

××××××××××××××××××××××××××××××××××××××××××××××××××××××××××××××××××××。

**注 2**：××××××××××××××××××××××××××××××××××××××××××××××××××××××××××××××××××××××××。

## 6.3 标题

**6.3.1** ×××××××××××××××××××××××××××××××××××××××××××××××××××××××××××××××××××××××××××××××××××。

**6.3.2** ×××××××××××××××××××××××××××××××××××××××××××××××××××××××××××××××××××××××。

**示例**：×××××××××××××××××××××××××××××××××××××××××××××××××××××××××××××××××××××××××××××××××××。

## 6.4 标题

**6.4.1** ××××××××××××××××××××××××××××××××××××××××××××××××××××××××××××××××××××××××××××××××××××××××××××××××××××××××。

××××××××××××××××××××××××××××××××××。

——×××××××××××××××××××××××××××××××××××××××××××××××××××××××××××××××。

——××××××××××××××××××××××××××××：

- ××××××××××××××××××××××××××××××××××××××××××××××××××××××××××××××××；
- ×××××××××××××××××××××××××××××××××××××××××××××××××××××××××。

——××××××××××××××××××××××××××××××××××××××××××××××××××××××××××××。

**6.4.2** ×××××××××××××××××××××××××××××××××××××××××××××××××××××××××××××××××××××××。

**示例 1**：×××××××××××××××××××××××××××××××××××××××××××××××××××××××××××××××××××××××××××××××××××××。

示例 2：×××××××××××××××××××××××××××××××××××。

### 6.5 标题

**6.5.1** ××××××××××××××××××××××××××××××××××××××××××××××××××××××××××××××××××××××××××××××××××××××××××××××××的结构应与图 X 相符合。

关于单位的陈述

段(可包含要求)

**注**：图注的内容

[a] 图的脚注的内容

[b] 图的脚注的内容

**图 X　图题**

**6.5.2** ×××××××××××××××××××××××××××××××××××××××××××××××××××××××××××××××××××××××××××××××××××××××××××××××××××××××××××××××××××××××××××××××××××××××××××××××××××××××××××××。

××××××××××××××××××××××××××××××××××××××××××××××××××××××××××××××××××××××××××××××××××××××××××××××××××××。

## 7 标题

### 7.1 标题

××××××××××××××××××××××××××××××××××××××××××××××××××××××××××××××××××××××。

$$x=\frac{y}{z} \qquad \cdots\cdots\cdots\cdots (1)$$

式中：

$x$ ——××××××××××××××；

$y$ ——××××××××；

$z$ ——××××××××××。

××××××××××××××××××××××××××××××××××××××××××××××××××××××××××××××××××××××××××××××××××××××××××××××××××××××××××××××××××××××××××××××。

## 7.2 标题

### 7.2.1 标题

××××××××××××××××××××××××××××××××××××××××××××××××××××××××××××××××××××××××××××××××××××××××××××××××××××××××××。

### 7.2.2 标题

×××××××××××××××××××××××××××××××××××××××××××××××××××××××××××××××××××××××××××××××××××××××××××××××××××××××××××××××××××××××××××××××××××××××××××××。

### 7.2.3 标题

××××××××××××××××××××××××××××××××××××××××××××××××××××××××××××××××××××。

×××××××××××××××××××××××××××××××××××××××××××××××××××××××××××××××××××××××××××××××××××××××××××××××××××××。

# 附　录　A

（资料性）

××××× 

**A.1**　×××××××××××××××××××××××××××××××××××××××××××××××××××××××××××××××××××××××××××××××××××××××××××××××××××××××××。

**A.2**　×××××××××××××××××××××××××××××××××××××××××××××××××××××××××××××××××××××××××××××××××××××××××××××××××××××××××××××××××××××××××××××××××××××××××××××××××××××××××××××××××××××××××××。

××××××××××××××××××××××××××××××××××××××××××××××××××××××××××××××××××××××××××。

…………

# 附　录　B
（规范性）
××××××××××××××

## B.1　标题

### B.1.1　标题

××××××××××××××××××××××××××××××××××××××××××××××××××××××××。

### B.1.2　标题

××××××××××××××××××××××××××××××××××××××××××××××××××××××××××××××××××。

×××××××××××××××××××××××××××××××××××××××××××××××××××××××××：

a）××××××××××××××××××××××××××××××××；

b）××××××××××××××××××××××××××××××××××××××；

c）××××××××××××××××××××××××××：

- ×××××××××××××××××××××；
- ××××××××××××××××××××××××××××××。

### B.1.3　标题

×××××××××××××××××××××××××××××××××××××××××××××××××××××××××××××××××××××××××××××××××。

××××××××××××××××××××××××××××××××××××××××××××××××××。

### B.1.4　标题

**B.1.4.1**　×××××××××××××××××××××××××。

**B.1.4.2**　××××××××××××××××××××××××××××××。

## B.2　标题

### B.2.1　标题

×××××××××××××××××××××××××××××××××××××××××××××××××××××××××××××××××××××××××××××××××××××。

…………

# 附　录　C

（资料性）

××××××××××××

## C.1　标题

### C.1.1　标题

××××××××××××××××××××××××××××××××××××××××××××××××××××××××。

### C.1.2　标题

××××××××××××××××××××××××××××××××××××××××××××××××××××××××××××××××××××××××××××××××××××××××××××××××××××××××××××××××××。

## C.2　标题

××××××××××××××××××××××××××××××××××××××××××××××××××××××××××××××××××××××××××××××××××××××××××××××××××××××××××××××××××。

××××××××××××××××××××××××××××××××××××××××××××××××××××××××××××××××××××××××××××××××××××××××××××××××××××××××××××××××××。

…………

## 参 考 文 献

[1] GB/T XXX ××××× ××××××××× ×××××

[2] GB/T XXXX(所有部分) ××××××××××

[3] GB XXXX(所有部分) ×××××××××××××××

[4] GB XXXX.1 ×××××××××× 第1部分:××

[5] GB/T XXXXX ×××××××××××××××

[6] GB/T XXXXX ××××××× ×××××

[7] GB/T XXXXX.2—2018 ×××××××× 第2部分:××××××××××

[8] ISO XXXX:2015 ×××××××××××××××××××××××××××××

[9] ISO/IEC Directives—Part X:2018,××××××××××××××××××××××××××××××××××××××××

[10] ISO/IEC Guide XX:2014 ×××××××××××××××××××××××××××

[11] ISO/IEC Guide XX:2008 ×××××××××××××××××××××××××××××××××××××××××××

[12] IEC Guide 102 ×××××××××××××××××××××××××××××××

# 索　引

## A

××……X.X.X

## B

××××××……X.X.X，X.X.X
××××……X.X.X
××……X.X.X
×××××××××……X.X，X.X
××××××……X.X
×××××××××……X.X.X
××××××……X.X
×××……X.X.X，B.X.X，图 X
×××××××……X.X.X
×××××……X.X.X
××××××……B.X.X
×××××……X.X.X
××××……X.X.X
×××××……X.X
××××××××××××……X.X

## C

××××××××××××××××……X.X.X
××××××……X.X
×××××××××……B.X.X，图 B.X，表 X
××××××……X.X.X
×××××……X.X
××××××……X.X.X
…………

# 附录五

# 与行业标准和地方标准有关的信息

附表 5-1　行业标准代号、领域和主管部门

| 序号 | 行业标准代号 | 行业标准领域 | 国务院行政主管部门 |
|---|---|---|---|
| 1 | AQ | 安全生产 | 应急管理部 |
| 2 | BB | 包装 | 工业和信息化部 |
| 3 | CB | 船舶 | 工业和信息化部 |
| 4 | CH | 测绘 | 自然资源部 |
| 5 | CJ | 城镇建设 | 住房和城乡建设部 |
| 6 | CY | 新闻出版 | 国家新闻出版署 |
| 7 | DA | 档案 | 国家档案局 |
| 8 | DB | 地震 | 中国地震局 |
| 9 | DL | 电力 | 国家能源局 |
| 10 | DY | 电影 | 国家电影局 |
| 11 | DZ | 地质矿产 | 自然资源部 |
| 12 | EJ | 核工业 | 国家国防科技工业局 |
| 13 | FZ | 纺织 | 工业和信息化部 |
| 14 | GA | 公共安全 | 公安部 |
| 15 | GC | 国家物资储备 | 国家粮食和物资储备局 |
| 16 | GH | 供销合作 | 中华全国供销合作总社 |
| 17 | GM | 国密 | 国家密码管理局 |
| 18 | GY | 广播电影电视 | 国家广播电视总局 |
| 19 | HB | 航空 | 国家国防科技工业局 |
| 20 | HG | 化工 | 工业和信息化部 |
| 21 | HJ | 环境保护 | 生态环境部 |
| 22 | HS | 海关 | 海关总署 |
| 23 | HY | 海洋 | 自然资源部 |
| 24 | JB | 机械 | 工业和信息化部 |
| 25 | JC | 建材 | 工业和信息化部 |
| 26 | JG | 建筑工业 | 住房和城乡建设部 |
| 27 | JR | 金融 | 中国人民银行 |

附表 5-1（续）

| 序号 | 行业标准代号 | 行业标准领域 | 国务院行政主管部门 |
|---|---|---|---|
| 28 | JT | 交通 | 交通运输部 |
| 29 | JY | 教育 | 教育部 |
| 30 | LB | 旅游 | 文化和旅游部 |
| 31 | LD | 劳动和劳动安全 | 人力资源和社会保障部 |
| 32 | LS | 粮食 | 国家粮食和物资储备局 |
| 33 | LY | 林业 | 国家林业和草原局 |
| 34 | MH | 民用航空 | 中国民用航空局 |
| 35 | MT | 煤炭 | 国家煤矿安全监察局 |
| 36 | MZ | 民政 | 民政部 |
| 37 | NB | 能源 | 国家能源局 |
| 38 | NY | 农业 | 农业农村部 |
| 39 | QB | 轻工 | 工业和信息化部 |
| 40 | QC | 汽车 | 工业和信息化部 |
| 41 | QJ | 航天 | 国家国防科技工业局 |
| 42 | QX | 气象 | 中国气象局 |
| 43 | RB | 认证认可 | 国家认证认可监督管理委员会 |
| 44 | SB | 国内贸易 | 商务部 |
| 45 | SC | 水产 | 农业农村部 |
| 46 | SF | 司法 | 司法部 |
| 47 | SH | 石油化工 | 工业和信息化部 |
| 48 | SJ | 电子 | 工业和信息化部 |
| 49 | SL | 水利 | 水利部 |
| 50 | SN | 出入境检验检疫 | 海关总署 |
| 51 | SW | 税务 | 国家税务总局 |
| 52 | SY | 石油天然气 | 工业和信息化部 |
| 53 | SY(10000 号以后) | 海洋石油天然气 | 工业和信息化部 |
| 54 | TB | 铁道 | 国家铁路局 |
| 55 | TD | 土地管理 | 自然资源部 |
| 56 | TY | 体育 | 国家体育总局 |
| 57 | WB | 物资管理 | 国家发展和改革委员会 |
| 58 | WH | 文化 | 文化和旅游部 |
| 59 | WJ | 兵工民品 | 工业和信息化部、国家国防科技工业局 |
| 60 | WM | 外经贸 | 商务部 |

附表 5-1（续）

| 序号 | 行业标准代号 | 行业标准领域 | 国务院行政主管部门 |
|---|---|---|---|
| 61 | WS | 卫生 | 国家卫生健康委员会 |
| 62 | WW | 文物保护 | 国家文物局 |
| 63 | XB | 稀土 | 工业和信息化部 |
| 64 | XF | 消防救援 | 应急管理部 |
| 65 | YB | 黑色冶金 | 工业和信息化部 |
| 66 | YC | 烟草 | 国家烟草专卖局 |
| 67 | YD | 通信 | 工业和信息化部 |
| 68 | YJ | 减灾救灾与综合性应急管理 | 应急管理部 |
| 69 | YS | 有色金属 | 工业和信息化部 |
| 70 | YY | 医药 | 国家食品药品监督管理局 |
| 71 | YZ | 邮政 | 国家邮政局 |
| 72 | ZY | 中医药 | 国家中医药管理局 |

附表 5-2 省、自治区、直辖市行政区划代码表

| 名称 | 代码 | 名称 | 代码 |
|---|---|---|---|
| 北京市 | 110000 | 湖南省 | 430000 |
| 天津市 | 120000 | 广东省 | 440000 |
| 河北省 | 130000 | 广西壮族自治区 | 450000 |
| 山西省 | 140000 | 海南省 | 460000 |
| 内蒙古自治区 | 150000 | 重庆市 | 500000 |
| 辽宁省 | 210000 | 四川省 | 510000 |
| 吉林省 | 220000 | 贵州省 | 520000 |
| 黑龙江省 | 230000 | 云南省 | 530000 |
| 上海市 | 310000 | 西藏自治区 | 540000 |
| 江苏省 | 320000 | 陕西省 | 610000 |
| 浙江省 | 330000 | 甘肃省 | 620000 |
| 安徽省 | 340000 | 青海省 | 630000 |
| 福建省 | 350000 | 宁夏回族自治区 | 640000 |
| 江西省 | 360000 | 新疆维吾尔自治区 | 650000 |
| 山东省 | 370000 | 台湾省 | 710000 |
| 河南省 | 410000 | 香港特别行政区 | 810000 |
| 湖北省 | 420000 | 澳门特别行政区 | 820000 |

**注**：GB/T 2260—2007《中华人民共和国行政区划代码》规定了我国县级及县级以上行政区划代码。

# 参考文献


[1] 白殿一等. 标准的编写[M]. 北京:中国标准出版社,2009.

[2] 白殿一等. 产品标准的编写方法[M]. 北京:中国标准出版社,2017.

[3] 白殿一,王益谊等. 标准化基础[M]. 北京:清华大学出版社,2019.

[4] 白殿一. 标准编写知识问答[M]. 北京:中国标准出版社,2013.

[5] 国家标准化管理委员会,国家知识产权局. 国家标准涉及专利的管理规定(暂行)[Z]. 2013 年 12 月 19 日.

[6] 国家技术监督局. 地方标准管理办法[Z]. 1990 年 9 月 6 日.

[7] 国家技术监督局. 国家标准管理办法[Z]. 1990 年 8 月 24 日.

[8] 国家技术监督局. 行业标准管理办法[Z]. 1990 年 8 月 14 日.

[9] 国家技术监督局. 企业标准化管理办法[Z]. 1990 年 8 月 24 日.

[10] 国家质量技术监督局. 国家标准化指导性技术文件管理规定[Z]. 1998 年 12 月 24 日.

[11] 国家质量监督检验检疫总局,国家标准化管理委员会,民政部. 团体标准管理规定(试行)[Z]. 2017 年 12 月 15 日.

[12] GB/T 1.1—2009 标准化工作导则 第 1 部分:标准的结构和编写[S].

[13] GB/T 1.1—2020 标准化工作导则 第 1 部分:标准化文件的结构和起草规则[S].

[14] GB/T 1.2—2020 标准化工作导则 第 2 部分:以 ISO/IEC 标准化文件为基础的标准化文件起草规则[S].

[15] GB/T 714—2015 桥梁用结构钢[S].

[16] GB/T 1526—1989 信息处理 数据流程图、程序流程图、系统流程图、程序网络图和系统资源图的文件编制符号及约定[S].

[17] GB/T 1703—2017 力车内胎[S].

[18] GB/T 3098.1—2010 紧固件机械性能 螺栓、螺钉和螺柱[S].

[19] GB 3100—1993 国际单位制及其应用[S].

[20] GB/T 3101—1993 有关量、单位和符号的一般原则[S].

[21] GB/T 3102.1~3102.13—1993 量和单位[S].

[22] GB/T 3211—2008 金属铬[S].

[23] GB/T 3358.2—2009 统计学词汇及符号 第 2 部分:应用统计[S].

[24] GB/T 4288—2018 家用和类似用途电动洗衣机[S].

[25] GB/T 4650—2012 工业用化学产品 采样 词汇[S].

[26] GB/T 4754—2017 国民经济行业分类[S].

[27] GB/T 6132—2006 铣刀和铣刀刀杆的互换尺寸[S].

[28] GB/T 6324.10—2020 有机化工产品试验方法 第 10 部分:有机液体化工产品微量硫

的测定　紫外荧光法[S].
[29]　GB/T 6379　测量方法与结果的准确度(正确度与精密度)[S].
[30]　GB/T 6730.82—2020　铁矿石　钡含量的测定　EDTA 滴定法[S].
[31]　GB/T 6911—2017　工业循环冷却水和锅炉用水中硫酸盐的测定[S].
[32]　GB/T 9065.3—2020　液压传动连接　软管接头　第 3 部分:法兰式[S].
[33]　GB/T 10001.1—2012　公共信息图形符号　第 1 部分:通用符号[S].
[34]　GB/T 10112—2019　术语工作　原则与方法[S].
[35]　GB 10631—2013　烟花爆竹　安全与质量[S].
[36]　GB/T 10944.2—2013　自动换刀 7∶24 圆锥工具柄　第 2 部分:J、JD 和 JF 型柄的尺寸和标记[S].
[37]　GB/T 12214—2019　熔模铸造用硅砂、粉[S].
[38]　GB/T 12688.5—2019　工业用苯乙烯试验方法　第 5 部分:总醛含量的测定　滴定法[S].
[39]　GB/T 13304.2—2008　钢分类　第 2 部分:按主要质量等级和主要性能或使用特性的分类[S].
[40]　GB/T 14776—1993　人类工效学　工作岗位尺寸　设计原则及其数值[S].
[41]　GB/T 15565—2020　图形符号　术语[S].
[42]　GB/T 15834—2011　标点符号用法[S].
[43]　GB/T 15971—2010　导游服务规范[S].
[44]　GB/T 16273.7—2010　设备用图形符号　第 7 部分:牙科设备通用符号[S].
[45]　GB/T 17187—2009　农业灌溉设备　滴头和滴灌管　技术规范和试验方法[S].
[46]　GB/T 18788—2008　平板式扫描仪通用规范[S].
[47]　GB/T 19068.3—2019　小型风力发电机组　第 3 部分:风洞试验方法[S].
[48]　GB/T 19208—2020　硫化橡胶粉[S].
[49]　GB/T 19233—2020　轻型汽车燃料消耗量试验方法[S].
[50]　GB/T 20000.1—2014　标准化工作指南　第 1 部分:标准化和相关活动的通用术语[S].
[51]　GB/T 20000.2—2009　标准化工作指南　第 2 部分:采用国际标准[S].
[52]　GB/T 20001.1—2001　标准编写规则　第 1 部分:术语[S].
[53]　GB/T 20001.2—2015　标准编写规则　第 2 部分:符号标准[S].
[54]　GB/T 20001.3—2015　标准编写规则　第 3 部分:分类标准[S].
[55]　GB/T 20001.4—2015　标准编写规则　第 4 部分:试验方法标准[S].
[56]　GB/T 20001.5—2017　标准编写规则　第 5 部分:规范标准[S].
[57]　GB/T 20001.6—2017　标准编写规则　第 6 部分:规程标准[S].
[58]　GB/T 20001.7—2017　标准编写规则　第 7 部分:指南标准[S].
[59]　GB/T 20001.10—2014　标准编写规则　第 10 部分:产品标准[S].
[60]　GB/T 20002.1—2008　标准中特定内容的起草　第 1 部分:儿童安全[S].
[61]　GB/T 20002.2—2008　标准中特定内容的起草　第 2 部分:老年人和残疾人的需求[S].
[62]　GB/T 20002.3—2014　标准中特定内容的起草　第 3 部分:产品标准中涉及环境的内容[S].
[63]　GB/T 20003.1—2014　标准制定的特殊程序　第 1 部分:涉及专利的标准[S].

[64] GB/T 20004.1—2016 团体标准化 第1部分:良好行为指南[S].
[65] GB/T 20671.5—2020 非金属垫片材料分类体系及试验方法 第5部分:垫片材料蠕变松弛率试验方法[S].
[66] GB/T 20975.14—2020 铝及铝合金化学分析方法 第14部分:镍含量的测定[S].
[67] GB/T 21143—2014 金属材料 准静态断裂韧度的统一试验方法[S].
[68] GB/T 21171—2018 香料香精术语[S].
[69] GB/T 22508—2008 预防与降低谷物中真菌毒素污染操作规范[S].
[70] GB/T 23149—2008 洗衣机牵引器技术要求[S].
[71] GB/T 23173—2008 乐器分类[S].
[72] GB/T 24257—2009 石油天然气工业 功能规范的内容与编写[S].
[73] GB 24461—2009 洁净室用灯具技术要求[S].
[74] GB/T 25262—2010 硫化橡胶或热塑性橡胶 磨耗试验指南[S].
[75] GB/T 26443—2010 安全色和安全标志 安全标志的分类、性能和耐久性[S].
[76] GB/T 26974—2011 平板型太阳能集热器吸热体技术要求[S].
[77] GB/T 31416—2015 色漆和清漆 多组分涂料体系适用期的测定 样品制备和状态调节及试验指南[S].
[78] GB/T 31523.1—2015 安全信息识别系统 第1部分:标志[S].
[79] GB/T 32424—2015 系统与软件工程 用户文档的设计者和开发者要求[S].
[80] GB/T 34395—2017 展览场馆功能性设计指南[S].
[81] GB/T 35531—2017 胶鞋 苯乙酮含量试验方法[S].
[82] GB/T 35532—2017 胶鞋 烷基酚含量试验方法[S].
[83] GB/T 35770—2017 合规管理体系 指南[S].
[84] GB/T 35780.1—2017 顾客联络服务 第1部分:顾客联络中心要求[S].
[85] GB/T 36387—2018 病媒生物防制操作规程 船舶[S].
[86] GB/T 36576—2018 废电池分类及代码[S].
[87] GB/T 36577—2018 废玻璃分类及代码[S].
[88] GB/T 36608.1—2018 家用电器的人类工效学技术要求与测评 第1部分:电冰箱[S].
[89] GB/T 36673—2018 自升式钻井平台钻台滑移系统设计要求[S].
[90] GB/T 37028—2018 全国主要经济功能区分类与代码[S].
[91] GB/T 37192—2018 新风空调设备分类与代号[S].
[92] GB/T 37521.3—2019 重点场所防爆炸安全检查 第3部分:规程[S].
[93] GB/T 37885—2019 化学试剂 分类[S].
[94] GB/T 37963—2019 电子设备可靠性预计模型及数据手册[S].
[95] GB/T 38116—2019 用于移动能量存储单元的低压对接连接器[S].
[96] GB/T 38136—2019 化学纤维 产品分类[S].
[97] GB/T 38230—2019 坠落防护 缓降装置[S].
[98] GB/T 38232—2019 工程用钢丝绳网[S].
[99] GB/T 38265.16—2019 软钎剂试验方法 第16部分:软钎剂润湿性能 润湿平衡法[S].
[100] GB/T 38292—2019 塑料材料中汞含量的测定[S].

[101] GB/T 38494—2020 陶瓷器抗冲击试验方法[S].

[102] GB/T 38565—2020 应急物资分类及编码[S].

[103] GB/T 38794—2020 家具中化学物质安全 甲醛释放量的测定[S].

[104] GB/T 38822—2020 金属材料 蠕变-疲劳试验方法[S].

[105] GB/T 38949—2020 多孔膜孔径的测定 标准粒子法[S].

[106] IEC Sales Policy [Z]. 2016.

[107] ISO/IEC Directives, Part 1, 2019, Consolidated ISO Supplement—Procedures specific to ISO[S].

[108] ISO/IEC Directives, Part 2, 2018, Principles and rules for the structure and drafting of ISO and IEC documents[S].

[109] ISO/IEC GUIDE 21-1:2005 Regional or national adoption of International Standards and other International Deliverables—Part 1:Adoption of International Standards[S].

[110] ISO/IEC GUIDE 21-2:2005 Regional or national adoption of International Standards and other International Deliverables—Part 2: Adoption of International Deliverables other than International Standards[S].

[111] ISO POCOSA 2017 Policy for the distribution, sales and reproduction of ISO publications and the protection of ISO's copyright [Z]. 2017-08.

[112] LB/T 061—2017 自驾游目的地基础设施和公共服务指南[S].

# 关键词/短语索引


| 关键词/短语 | 章条 | 页码 |
|---|---|---|
| 《标准化工作导则》 | 第一章第二节“一”(一) | 17 |
| 《标准化活动规则》 | 第一章第二节“一”(二) | 17 |
| 《标准起草规则》 | 第一章第二节“一”(三) | 19 |
| 《标准制定的特殊程序》 | 第一章第二节“一”(五) | 20 |
| 《标准中特定内容的编写指南》 | 第一章第二节“一”(四) | 19 |
| 《团体标准化》 | 第一章第二节“一”(六) | 20 |
| ISO 和/或 IEC 其他类型标准化文件 | 第七章第一节“一” | 346 |
| 被引用文件的限定条件 | 第六章第四节“三” | 313 |
| 必备要素 | 第二章第二节“一”(二)“1” | 54 |
| 编码 | 第三章第三节“三”(二) | 111 |
| 编码方法的类型及编写 | 第三章第三节“三”(二)“1” | 112 |
| 标记中使用的字符 | 第四章第四节“二”(一) | 222 |
| 标明来源(确有必要抄录) | 第六章第四节“七” | 321 |
| 标引序号 | 第六章第五节“一”(三)“3”(2) | 326 |
| 标准 | 第一章第一节“一”(三)“2” | 5 |
| 标准化 | 第一章第一节“一”(二) | 3 |
| 标准化对象 | 第一章第一节“一”(一)“1” | 3 |
| 标准化对象原则 | 第一章第三节“一”(一) | 22 |
| 标准化领域 | 第一章第一节“一”(一)“2” | 3 |
| 标准化目的 | 第一章第一节“一”(一)“3” | 3 |
| 标准化文件 | 第一章第一节“一”(三)“1” | 5 |
| 标准化项目标记 | 第四章第四节 | 220 |
| 标准化项目标记的界定及构成 | 第四章第四节“一”(二) | 221 |
| 标准化项目的识别 | 第四章第四节“一”(一) | 221 |
| 表 | 第六章第五节“二” | 329 |
| 表编号 | 第六章第五节“二”(三)“1” | 330 |
| 表脚注 | 第六章第五节“二”(三)“4” | 331 |
| 表述形式“引用和提示” | 第六章第四节 | 310 |
| 表题 | 第六章第五节“二”(三)“1” | 330 |
| 表中的注 | 第六章第二节“二”(二)“3” | 294 |

（续）


| 关键词/短语 | 章条 | 页码 |
|---|---|---|
| 并置编码方法 | 第三章第三节“三”(二)“1”(2) | 113 |
| 不同功能类型文件范围的表述 | 第四章第一节“三” | 202 |
| 不同类别标准的文件名称 | 第二章第一节“三” | 40 |
| 不注日期引用 | 第六章第四节“四”(二) | 317 |
| 部分 | 第二章第三节“一” | 60 |
| 部分编号 | 第二章第三节“一”(二) | 63 |
| 部分名称 | 第二章第一节“四” | 46 |
| 参考文献 | 第五章第四节 | 256 |
| 参考文献和索引(编排) | 第八章第三节“六” | 395 |
| 参考文献中列出的文献 | 第五章第四节“二” | 257 |
| 层次编码方法 | 第三章第三节“三”(二)“1”(1) | 112 |
| 层次统称 | 第三章第三节“三”(一)“1” | 111 |
| 产品标准 | 第一章第一节“三”(三)“1” | 12 |
| 产品规范标准 | 第三章第五节“四” | 153 |
| 常用措辞的使用 | 第六章第三节“二” | 300 |
| 陈述型条款 | 第二章第二节“二”(一)“1”(5) | 56 |
| 程序类指南标准需考虑的因素 | 第三章第七节“三”(三) | 191 |
| 尺寸和公差 | 第六章第三节“五” | 303 |
| 代码 | 第三章第三节“三”(二)“2” | 115 |
| 单数页和双数页 | 第八章第一节“二” | 382 |
| 地方标准 | 第一章第一节“三”(一)“5” | 11 |
| 等同 | 第七章第二节“一”(一) | 356 |
| 段 | 第二章第三节“四” | 69 |
| 对概念下定义 | 第三章第一节“三”(一) | 78 |
| 多个产品或服务的配合 | 第一章第三节“一”(三)“1”(3) | 25 |
| 范围 | 第四章第一节 | 196 |
| 非等效 | 第七章第二节“一”(三) | 360 |
| 分类标准 | 第一章第一节“三”(五)“3” | 15 |
| 分类标准(核心要素的编写) | 第三章第三节 | 104 |
| 分类方法 | 第三章第三节“二”(一) | 106 |
| 分类方法的编写规则 | 第三章第三节“二”(三) | 110 |

（续）



| 关键词/短语 | 章条 | 页码 |
|---|---|---|
| 分类和编码/系统构成 | 第四章第三节 | 212 |
| 分类和/或编码的编写 | 第四章第三节“二” | 213 |
| 分类结果的表述 | 第三章第三节“三”(三) | 117 |
| 分类结果的识别与表述 | 第三章第三节“三” | 110 |
| 分类体系 | 第三章第三节“二”(二) | 107 |
| 封面 | 第五章第七节 | 267 |
| 封面(编排) | 第八章第三节“一” | 388 |
| 服务标准 | 第一章第一节“三”(三)“3” | 12 |
| 服务规范标准 | 第三章第五节“六” | 168 |
| 符号标准 | 第一章第一节“三”(五)“2” | 15 |
| 符号标准(核心要素的编写) | 第三章第二节 | 89 |
| 符号标准的索引 | 第五章第五节“三”(二) | 262 |
| 符号表的编写 | 第三章第二节“四” | 95 |
| 符号的呈现 | 第三章第二节“三” | 93 |
| 符号和缩略语 | 第四章第五节 | 226 |
| 符号或标志的规范性 | 第三章第二节“二” | 90 |
| 附加信息(表述) | 第六章第二节“二” | 289 |
| 附加信息(界定) | 第二章第二节“二”(一)“2” | 56 |
| 附录 | 第六章第五节“四” | 335 |
| 附录(编排) | 第八章第四节“一” | 400 |
| 附录的编写 | 第六章第五节“四”(三) | 338 |
| 附录的规范性或资料性的作用 | 第六章第五节“四”(二) | 337 |
| 附录的用法 | 第六章第五节“四”(一) | 335 |
| 覆盖全面且相互独立原则 | 第三章第三节“一”(一) | 105 |
| 概括文件的“主要技术内容”(范围) | 第四章第一节“二”(一) | 197 |
| 概念体系的构建 | 第三章第一节“二” | 77 |
| 公共利益 | 第一章第三节“一”(三)“1”(4) | 26 |
| 公益标准 | 第一章第一节“三”(四)“3” | 13 |
| 规程标准 | 第一章第一节“三”(五)“6” | 16 |
| 规程标准(核心要素的编写) | 第三章第六节 | 172 |
| 规范标准 | 第一章第一节“三”(五)“5” | 15 |

（续）



| 关键词/短语 | 章条 | 页码 |
|---|---|---|
| 规范标准(核心要素的编写) | 第三章第五节 | 141 |
| 规范或规程 | 第一章第一节“二”(二) | 7 |
| 规范性附录 | 第六章第五节“四”(一)(二) | 335/337 |
| 规范性提示 | 第六章第四节“六”(一)“2” | 320 |
| 规范性要素 | 第二章第二节“一”(一)“1” | 53 |
| 规范性引用 | 第六章第四节“六”(一)“1” | 319 |
| 规范性引用文件 | 第五章第一节 | 236 |
| 规范性引用文件(编排) | 第八章第三节“四” | 395 |
| 国际标准 | 第一章第一节“三”(一)“1” | 9 |
| 国际标准分类法 | 第一章第一节“三”(二)“1” | 11 |
| 国际标准化项目标记的采用 | 第四章第四节“三” | 224 |
| 国家标准 | 第一章第一节“三”(一)“3” | 10 |
| 过程标准 | 第一章第一节“三”(三)“2” | 12 |
| 过程规范标准 | 第三章第五节“五” | 165 |
| 汉字和标点符号 | 第六章第三节“一” | 299 |
| 混合分类体系 | 第三章第三节“二”(二)“3” | 109 |
| 基础标准 | 第一章第一节“三”(四)“1” | 13 |
| 基础适用 | 第一章第三节“一”(三)“1”(1) | 24 |
| 技术报告 | 第一章第一节“二”(三) | 8 |
| 技术标准 | 第一章第一节“三”(四)“2” | 13 |
| 界定文件的“适用界限”(范围) | 第四章第一节“二”(二) | 199 |
| 具体内容的引用 | 第六章第四节“五”(一) | 318 |
| 可操作性原则 | 第三章第六节“一”(一) | 173 |
| 可选要素 | 第二章第二节“一”(二)“2” | 55 |
| 可用性 | 第一章第三节“一”(三)“1”(2) | 24 |
| 可证实性原则 | 第三章第五节“一”(二) | 144 |
| 可重复可再现原则 | 第三章第四节“一”(一) | 121 |
| 可追溯/可证实性原则 | 第三章第六节“一”(二) | 173 |
| 扩展性原则 | 第三章第三节“一”(二) | 105 |
| 类目/项目的命名和类目/项目名称 | 第三章第三节“三”(一)“2” | 111 |
| 例如 | 第六章第二节“二”(一)“2” | 292 |

（续）



| 关键词/短语 | 章条 | 页码 |
|---|---|---|
| 量、单位及其符号 | 第六章第三节“七” | 308 |
| 量、单位及其符号（编排） | 第八章第四节“六” | 403 |
| 列项 | 第二章第三节“五” | 70 |
| 列项（编排） | 第八章第二节“二” | 387 |
| 面分类法 | 第三章第三节“二”（一）“2” | 106 |
| 面分类体系 | 第三章第三节“二”（二）“2” | 108 |
| 描述段 | 第四章第四节“二”（二） | 222 |
| 名称的构成和形式 | 第二章第一节“一” | 37 |
| 名称中各元素的选择 | 第二章第一节“二” | 37 |
| 命名 | 第三章第三节“三”（一） | 111 |
| 末页和封底 | 第八章第一节“四” | 382 |
| 目次 | 第五章第六节 | 264 |
| 目次（编排） | 第八章第三节“二” | 395 |
| 目的导向原则 | 第一章第三节“一”（三） | 23 |
| 能愿动词 | 第六章第二节“一”（一）（二）（三） | 284/285/287 |
| 其他适用的表述形式 | 第六章第五节 | 323 |
| 起草标准化文件的途径和步骤 | 第一章第三节“二” | 28 |
| 起草标准化文件遵循的三项原则 | 第一章第三节“一” | 21 |
| 前言 | 第五章第三节 | 246 |
| 前言和引言（编排） | 第八章第三节“三” | 395 |
| 前言中说明各事项的内容及表述 | 第五章第三节“三” | 247 |
| 区域标准 | 第一章第一节“三”（一）“2” | 10 |
| 全称、简称和缩略语 | 第六章第三节“三” | 301 |
| 确立术语 | 第三章第一节“三”（二） | 82 |
| 如何列出参考文献 | 第五章第四节“三” | 257 |
| 如何列出引用文件 | 第五章第一节“三”（一） | 238 |
| 商品名和商标 | 第六章第六节“一” | 340 |
| 识别段 | 第四章第四节“二”（三） | 222 |
| 示例 | 第六章第二节“二”（一）“1” | 290 |
| 示例（编排） | 第八章第四节“五” | 403 |
| 试验标准 | 第一章第一节“三”（五）“4” | 15 |

（续）



| 关键词/短语 | 章条 | 页码 |
|---|---|---|
| 试验标准(核心要素的编写) | 第三章第四节 | 120 |
| 试验方法类指南标准需考虑的因素 | 第三章第七节“三”(一) | 184 |
| 术语标准 | 第一章第一节“三”(五)“1” | 14 |
| 术语标准(核心要素的编写) | 第三章第一节 | 76 |
| 术语标准的索引 | 第五章第五节“三”(一) | 260 |
| 术语和定义 | 第四章第六节 | 228 |
| 术语和定义(编排) | 第八章第三节“五” | 395 |
| 术语条目 | 第三章第一节“四” | 82 |
| 术语条目中的注 | 第三章第一节“四”(三)“10” | 88 |
| 数和数值的表示 | 第六章第三节“四” | 302 |
| 数学公式 | 第六章第五节“三” | 333 |
| 数学公式(编排) | 第八章第四节“三” | 402 |
| 数值的选择 | 第六章第三节“六” | 305 |
| 双编号 | 第七章第二节“三” | 362 |
| 所有内容的引用 | 第六章第四节“五”(二) | 319 |
| 索引 | 第五章第五节 | 258 |
| 索引的检索和表述 | 第五章第五节“二” | 259 |
| 特性类指南标准需考虑的因素 | 第三章第七节“三”(二) | 187 |
| 条 | 第二章第三节“三” | 65 |
| 条编号 | 第二章第三节“三”(二) | 66 |
| 条标题 | 第二章第三节“三”(三) | 67 |
| 条款(表述) | 第六章第二节“一” | 284 |
| 条款(界定) | 第二章第二节“二”(一)“1”; | 55 |
| 条目编号(术语和定义中) | 第四章第六节“四”(三)“1” | 233 |
| 条文中的注 | 第六章第二节“二”(二)“1” | 293 |
| 通用标准 | 第一章第一节“三”(六)“1” | 16 |
| 通用内容 | 第六章第二节“三” | 296 |
| 图 | 第六章第五节“一” | 324 |
| 图编号 | 第六章第五节“一”(三)“1” | 325 |
| 图和表(编排) | 第八章第四节“二” | 402 |
| 图脚注 | 第六章第五节“一”(三)“4” | 328 |

（续）



| 关键词/短语 | 章条 | 页码 |
|---|---|---|
| 图题 | 第六章第五节“一”(三)“1” | 325 |
| 图中的注 | 第六章第二节“二”(二)“3” | 294 |
| 推荐型条款 | 第二章第二节“二”(一)“1”(3) | 56 |
| 外部约束的提及 | 第六章第四节“六”(二)“2” | 320 |
| 惟一性原则(符号标准) | 第三章第二节“一” | 90 |
| 惟一性原则(术语标准) | 第三章第一节“一” | 77 |
| 文件编号 | 第五章第七节“三”(一)“4” | 270 |
| 文件表述的三原则 | 第六章第一节 | 277 |
| 文件的层次 | 第二章第三节 | 59 |
| 文件名称的英文译名 | 第五章第七节“三”(二)“1” | 273 |
| 文件使用者原则 | 第一章第三节“一”(二) | 22 |
| 文件自身的称谓 | 第六章第四节“二”(一) | 312 |
| 系统构成的编写 | 第四章第三节“三” | 216 |
| 线分类法 | 第三章第三节“二”(一)“1” | 106 |
| 线分类法和面分类法形成的层次 | 第三章第三节“二”(一)“3” | 107 |
| 线分类体系 | 第三章第三节“二”(二)“1” | 107 |
| 协调性原则 | 第六章第一节“二” | 280 |
| 协议 | 第一章第一节“二”(四) | 8 |
| 行业/专业/团体标准 | 第一章第一节“三”(一)“4” | 10 |
| 性能/效能原则 | 第三章第五节“一”(一) | 142 |
| 修改 | 第七章第二节“一”(二) | 359 |
| 要求型条款 | 第二章第二节“二”(一)“1”(1) | 55 |
| 要求型条款常用措辞的使用 | 第六章第三节“二”(一) | 300 |
| 要素“程序确立”的编写 | 第三章第六节“二” | 174 |
| 要素“程序指示”的编写 | 第三章第六节“三” | 176 |
| 要素“精密度”的编写 | 第三章第四节“四”(七) | 138 |
| 要素“警示”的编写 | 第三章第四节“四”(一) | 129 |
| 要素“试剂或材料”的编写 | 第三章第四节“四”(四) | 131 |
| 要素“试验报告”的编写 | 第三章第四节“四”(八) | 140 |
| 要素“试验步骤”的编写 | 第三章第四节“二” | 122 |
| 要素“试验数据处理”的编写 | 第三章第四节“三” | 128 |

（续）



| 关键词/短语 | 章条 | 页码 |
| --- | --- | --- |
| 要素“试验条件”的编写 | 第三章第四节“四”(三) | 131 |
| 要素“试样”的编写 | 第三章第四节“四”(六) | 136 |
| 要素“术语条目”层次结构的设置 | 第三章第一节“四”(一) | 82 |
| 要素“术语条目”的编写(术语标准) | 第三章第一节“四”(三) | 83 |
| 要素“需考虑的因素”的编写 | 第三章第七节“三” | 184 |
| 要素“要求”的编写 | 第三章第五节“二” | 145 |
| 要素“仪器设备”的编写 | 第三章第四节“四”(五) | 133 |
| 要素“原理”的编写 | 第三章第四节“四”(二) | 130 |
| 要素“证实方法”的编写 | 第三章第五节“三” | 150 |
| 要素“追述/证实方法”的编写 | 第三章第六节“四” | 179 |
| 要素“总则”的编写 | 第三章第七节“二” | 182 |
| 要素的编写和表述(以 ISO 和/或 IEC 标准化文件为基础) | 第七章第三节 | 363 |
| 要素的分类 | 第二章第二节“一” | 52 |
| 要素的构成 | 第二章第二节“二”(一) | 55 |
| 要素内容的表述 | 第六章第二节 | 283 |
| 一致性程度 | 第七章第二节 | 355 |
| 一致性程度标识 | 第七章第二节“二” | 361 |
| 一致性程度分类 | 第七章第二节“一” | 355 |
| 一致性原则 | 第六章第一节“一” | 277 |
| 以 ISO 和/或 IEC 标准化文件为基础起草标准化文件遵循的步骤 | 第一章第三节“二”(二)；<br>第七章第一节“三” | 33<br>353 |
| 易用性原则 | 第六章第一节“三” | 281 |
| 引言 | 第五章第二节 | 240 |
| 引言的编号 | 第五章第二节“二” | 240 |
| 引言中包含的内容 | 第五章第二节“三” | 241 |
| 引用文件的排列顺序 | 第五章第一节“三”(二) | 239 |
| 与能愿动词匹配措辞的使用 | 第六章第三节“二”(二) | 300 |
| 允许型条款 | 第二章第二节“二”(一)“1”(4) | 56 |
| 章 | 第二章第三节“二” | 64 |
| 章、条和段(编排) | 第八章第二节“一” | 387 |

（续）



| 关键词/短语 | 章条 | 页码 |
|---|---|---|
| 章编号 | 第二章第三节“二”(二) | 65 |
| 章标题 | 第二章第三节“二”(三) | 65 |
| 正文首页 | 第八章第一节“三” | 382 |
| 支撑标准化工作的基础性国家标准体系 | 第一章第二节“一” | 17 |
| 指导方向明确原则 | 第三章第七节“一” | 182 |
| 指南 | 第一章第一节“二”(五) | 8 |
| 指南标准 | 第一章第一节“三”(五)“7” | 16 |
| 指南标准(核心要素的编写) | 第三章第七节 | 181 |
| 指示型条款 | 第二章第二节“二”(一)“1”(2) | 56 |
| 中国标准文献分类法 | 第一章第一节“三”(二)“2” | 11 |
| 重要提示 | 第六章第六节“三” | 343 |
| 主要表述形式“条文” | 第六章第三节 | 298 |
| 注 | 第六章第二节“二”(二) | 292 |
| 注和脚注(编排) | 第八章第四节“四” | 402 |
| 注日期引用 | 第六章第四节“四”(一) | 315 |
| 专利 | 第六章第六节“二” | 342 |
| 专用标准 | 第一章第一节“三”(六)“2” | 17 |
| 准确度原则 | 第三章第四节“一”(二) | 121 |
| 资料性附录 | 第六章第五节“四”(一)(二) | 336/337 |
| 资料性提示 | 第六章第四节“六”(二)“3” | 321 |
| 资料性要素 | 第二章第二节“一”(一)“2” | 54 |
| 资料性引用 | 第六章第四节“六”(二)“1” | 320 |
| 自主研制标准化文件遵循的起草步骤 | 第一章第三节“二”(一) | 28 |
| 字号字体 | 第八章第一节“一” | 380 |
| 字母符号 | 第六章第五节“一”(三)“3”(1) | 325 |
| 总体要求 | 第四章第二节“二” | 210 |
| 总体原则 | 第四章第二节“一” | 208 |
| 组合编码方法 | 第三章第三节“三”(二)“1”(3) | 114 |